建设工程司法鉴定裁判规则 50 讲

吴　刚　编著

中国建筑工业出版社

图书在版编目（CIP）数据

建设工程司法鉴定裁判规则50讲 / 吴刚编著.

北京 ：中国建筑工业出版社，2024. 12. -- ISBN 978-7-112-30687-9

Ⅰ. D922. 297. 5

中国国家版本馆CIP数据核字第2025AF6621号

责任编辑：徐仲莉　张　磊
责任校对：赵　力

建设工程司法鉴定

裁判规则 50 讲

吴　刚　编著

*

中国建筑工业出版社出版、发行（北京海淀三里河路9号）
各地新华书店、建筑书店经销
北京鸿文瀚海文化传媒有限公司制版
鸿博睿特（天津）印刷科技有限公司印刷

*

开本：787毫米×1092毫米　1/16　印张：26½　字数：593千字
2024年12月第一版　2024年12月第一次印刷
定价：**98.00**元
ISBN 978-7-112-30687-9
（43940）

　　凡是办理过多件建设工程相关诉讼案件的当事人、律师、法官等人士基本会有这样的共识：当事人或代理律师若想办好建设工程诉讼案件，务必要掌握工程勘察、设计、监理、造价、施工、招标投标、司法鉴定、民事诉讼等相关法律知识和行业基本知识。而其中重中之重的知识是关于工程造价、质量、索赔等司法鉴定知识。因为绝大多数建设工程诉讼案件基本会涉及或者需要司法鉴定，如果当事人或代理律师不熟悉此类知识，诉讼结果可能事与愿违。

　　对于上述共识，笔者在办理和研究建设工程案件的过程中深有体会且非常赞同。而且笔者还发现：在建设工程案件司法实践中，尤其是在司法鉴定这个细分领域，同案或类案不同判的现象至今依然存在。对于同样的法条和法律问题，不同的法院、法官的理解和处理方式也不尽相同，甚至相反。有鉴于此，为了避免所学的建设工程知识与司法实践相脱节的窘境，笔者起初想找一本专门详解建设工程司法鉴定裁判规则的案例类图书拜读，但经过一番检索后发现：目前国内虽然出版了许多关于建设工程法律实务的图书（包括案例解析类图书），但很难找到一本专门研究、详解建设工程造价、质量等司法鉴定裁判规则的案例解析类图书。因此，笔者不揣浅陋，决定结合自己多年的法律实务经验和建设工程法律研究心得编写本书。借此抛砖引玉，供感兴趣的读者参考借鉴，供方家批评指正。

　　本书的主要特色如下：

一、本书的写作体例

　　本书属于针对建设工程司法鉴定裁判规则所编写的案例解析类著作，由50篇案例解析文章组成（笔者后续还将继续创作）。

　　本书每篇文章的写作体例基本相同：精选1篇主要由最高人民法院近年来作出的涉及建设工程司法鉴定裁判规则的生效裁判文书，依此作为释法案例，全文基本由"阅读提示""案例简介""案例解析""裁判理由""案例来源""裁判要旨""相关法条""实务交流""参考类案"9部分组成；同时附上被解析案例的裁判文书的全文或节选（部分案例的判决书篇幅实在过长，为避免喧宾夺主，只能割舍），以方便读者据此反复研读每篇文章总结的裁判规则和知识要点。

二、本书的案例特色

　　本书每篇文章所解析的案例以及提供的"参考类案"原则上只精选由最高人

民法院近年来裁判的或入选"人民法院案例库"、《最高人民法院公报》等期刊的建设工程案件，极少数案例精选由省级高级人民法院裁判的建设工程案件或其他类案。因为上述绝大多数案例暗含的裁判规则在中国的司法实践中具有最高的指导性和参考性。

其中，本书每篇文章末尾提供的"参考类案"有"正例"和"反例"之分。"正例"是指其裁判观点与本文解析案例的裁判观点基本一致的案例。"反例"是指其裁判观点与本文解析案例的裁判观点相反的案例。笔者之所以愿意投入巨大精力检索出这些不同观点的"参考类案"，意在帮助读者拓展更全面的司法实务视野，使读者能全面了解这些类案的不同裁判规则，避免在研究或办案中以偏概全。

需要说明的是，本书所引用案例的裁判文书来源于中国裁判文书网、人民法院案例库等官方网站，其中有少数文字须根据出版相关法律和标准修正，但并不影响裁判文书的实体内容，其权威版本仍应以法院送达当事人的裁判文书为准。

三、本书的写作标准

笔者是以编著一部专业、实用的参考书、工具书的目标创作本书的。因此，本书始终坚持"专业＋普法＋精品"的写作标准。

"专业"是指本书精选的案例必须有代表性和参考性，笔者必须结合自己多年的法律实战经验，试图站在律师和法官的双重视角，深入解析这些案例的裁判规则，并提供配套的法律和实务知识，力图使读者研读后能收获颇丰。

"普法"是指本书写作的语言尽量要写得通俗易懂，解读裁判规则要有理有据，力图使读者不仅能"知其然"，更能"知其所以然"，以起到助力读者工作实践的作用。

"精品"是指本书尽量要写得专业、独到，含金量高，不人云亦云、蜻蜓点水、纸上谈兵，力图将每一个裁判规则讲深讲透，并举一反三、以点带面，可供读者当作参考书、工具书反复使用。

总之，本书不仅是一部关于建设工程司法鉴定裁判规则的案例解析类著作，同时也是一部建设工程司法鉴定案例分类的参考书和工具书，非常值得感兴趣的读者长期惠存，以备不时之需。同时，笔者也真诚地欢迎大家批评指正，让我们共同为中国建设工程司法实务研究这座"大厦"添砖加瓦。

最后，本书的出版离不开中国建筑工业出版社的慧眼和支持，笔者特别感谢出版社各级领导和编辑徐仲莉老师对本书的辛勤付出。

编著者：吴刚律师
2024年9月24日于北京摩羯斋

目录

第 1 讲

当事人一审拒不申请司法鉴定，二审申请鉴定，二审法院应否准许

一、阅读提示

在建设工程相关诉讼案中，负有举证义务的当事人经一审法院释明拒不申请司法鉴定，其后向二审法院申请司法鉴定，二审法院依法应否准许？如果你是该案的当事人或代理律师，该如何应对？

二、案例简介

2014年，施工承包人A公司因建设工程施工合同纠纷将发包人B公司起诉至河南省洛阳市中级人民法院（以下简称一审法院），诉请B公司支付所欠工程款及相关损失。B公司遂提出反诉，诉请A公司支付逾期完工的违约金。

本案历经3次一审、3次二审。在一审诉讼中，一审法院向A公司释明其可以对诉请的工程款依法申请工程造价司法鉴定。但A公司认为其提交的工程结算书可以证明施工工程量，因此拒不申请司法鉴定。一审法院遂根据在案证据作出一审判决，仅支持了A公司和B公司的部分诉讼请求。

当事双方均不服一审判决，遂向河南省高级人民法院（以下简称二审法院）提起上诉。在二审诉讼中，A公司向二审法院申请对案涉工程造价委托司法鉴定，但二审法院不予准许，认为A公司经一审法院释明后坚持不申请司法鉴定，应视为其放弃申请鉴定的权利，同时亦应承担举证不能的法律后果。因此，二审法院于2019年5月28日作出二审判决，维持了一审判决。

其后，A公司向最高人民法院申请再审，其申请再审的主要理由之一是：二审法院引用《最高人民法院关于适用〈中华人民共和国民事诉讼法〉的解释》第三百四十二条的规定驳回其二审提出的工程造价司法鉴定申请属于适用法律错误。

最高人民法院经审查认为：A公司在一审中拒绝申请司法鉴定，应对不能查清案件基本事实负主要责任。但考虑到本案在通过其他证据仍不能确定工程造价的情况下，二审法院依法应准许A公司的司法鉴定申请。该院遂于2020年4月30日作出

（2020）最高法民申318号《民事裁定书》，指令二审法院再审本案。

三、案例解析

从上述案情中笔者总结出的法律问题是：**本案中，在A公司经一审法院释明后仍拒绝申请工程造价司法鉴定的前提下，其向二审法院申请司法鉴定，二审法院不予准许是否合法？**

笔者认为：二审法院不予准许缺乏事实依据和法律依据。主要分析如下：

其一，从A公司诉请的工程款是否有在案其他证据证明分析。一审法院和二审法院均认为即使A公司拒绝申请工程造价司法鉴定，但是根据在案其他证据也能查明、支持A公司的部分工程款诉求，因此二审法院不准许A公司的司法鉴定申请。但是，本案再审法院最高人民法院却认为在案其他证据并不能使法院查明A公司诉请的工程款等基本事实，因此其才会认为二审法院依法应准许A公司的司法鉴定申请。

其二，从相关法律依据分析。依据本案审理时施行的《最高人民法院关于审理建设工程施工合同纠纷案件适用法律问题的解释（二）》（法释〔2018〕20号）第十四条第二款的规定可知，一审诉讼中负有举证责任的当事人未申请鉴定，二审诉讼中申请鉴定，二审法院认为确有必要的，要么将本案发回一审法院重审，要么直接委托司法鉴定并据此改判。本案中，在现有证据不能使法院查明A公司诉请的工程款的前提下，二审法院并没有依据上述法律规定准许A公司的司法鉴定申请，显然适用法律错误。

其三，需要注意的是，本案历经二审法院两次发回重审，显然违反《中华人民共和国民事诉讼法》只允许二审法院发回一审法院重审一次的明文禁令。如果二审法院在本案第三次二审诉讼中被迫依据《最高人民法院关于审理建设工程施工合同纠纷案件适用法律问题的解释（二）》（法释〔2018〕20号）第十四条第二款的规定准许A公司的司法鉴定申请，其要么将本案第三次发回一审法院重审（此举显然再次严重违反法定程序），要么直接委托司法鉴定机构作出鉴定意见并据此改判（此举是二审法院唯一的合法选择，但在司法实践中被法院慎用，因为会影响当事人关于司法鉴定的程序性权利）。但是这两种处理结果均被二审法院放弃，因此其只能选择维持一审判决，没想到最终被再审法院认定其没有依法查明本案工程造价基本事实。

正是基于上述事实及法律依据，本案再审法院最高人民法院才会认为二审法院不准许A公司的司法鉴定申请没有事实依据和法律依据（详见本讲"裁判理由"）。

四、裁判理由

以下为最高人民法院作出的（2020）最高法民申318号《民事裁定书》对本讲总结的上述法律问题的裁判理由：

关于二审中A公司申请鉴定应否允许的问题。《最高人民法院关于审理建设工程施工合同纠纷案件适用法律问题的解释（二）》第十四条第二款规定，"一审诉讼中负有举证责任的当事人未申请鉴定，虽申请鉴定但未支付鉴定费用或者拒不提供相关材料，二审诉讼中申请鉴定，人民法院认为确有必要的，应当依照民事诉讼法第一百七十条第一款第三项的规定处理"。《中华人民共和国民事诉讼法》第一百七十条第一款第三项规定"原判决认定基本事实不清的，裁定撤销原判决，发回原审人民法院重审，或者查清事实后改判"。鉴于建设工程的特殊性及工程鉴定的重要性，人民法院应当对是否确有必要进行鉴定予以审查，而不能以一审时未申请鉴定为由一概不予准许。如果相关鉴定事项与案件基本事实有关，不鉴定不能查清案件基本事实的，应对鉴定申请予以准许。本案中，工程造价鉴定意见属于案件的基本事实证据，A公司经一审法院释明其具有举证责任，但其仍拒绝申请鉴定，其应对不能查清案件基本事实负主要责任。但考虑到本案通过其他证据仍不能确定工程造价的情况下，在二审程序中准许其鉴定申请，并按照《中华人民共和国民事诉讼法》第六十五条、第一百七十条第一款第三项的规定进行处理更为妥当。

五、案例来源

（一）一审：河南省洛阳市中级人民法院（2018）豫03民初614号《民事判决书》

（二）二审：河南省高级人民法院（2019）豫民终750号《民事判决书》

（三）再审审查：最高人民法院（2020）最高法民申318号《民事裁定书》（见本讲附件：案例）

六、裁判要旨

鉴于建设工程的特殊性及工程鉴定的重要性，二审法院应当对是否确有必要进行鉴定予以审查，而不能以负有举证义务的当事人在一审诉讼时未申请鉴定为由一概不予准许。如果相关鉴定事项与案件基本事实有关，不鉴定不能查清案件基本事实的，二审法院应对该当事人的鉴定申请予以准许，并按照现行《中华人民共和国民事诉讼法》第六十八条、第一百七十七条第一款第三项的规定进行处理更为妥当。

七、相关法条

（一）《最高人民法院关于审理建设工程施工合同纠纷案件适用法律问题的解释（一）》（法释〔2020〕25号）

第三十二条 当事人对工程造价、质量、修复费用等专门性问题有争议，人民法院认为需要鉴定的，应当向负有举证责任的当事人释明。当事人经释明未申请鉴定，虽申请鉴定但未支付鉴定费用或者拒不提供相关材料的，应当承担举证不能的法律后果。

一审诉讼中负有举证责任的当事人未申请鉴定，虽申请鉴定但未支付鉴定费用或者拒不提供相关材料，二审诉讼中申请鉴定，人民法院认为确有必要的，应当依照民事诉讼法第一百七十条（笔者注：现为第一百七十七条）第一款第三项的规定处理。

（二）《中华人民共和国民事诉讼法》（根据2023年9月1日第十四届全国人民代表大会常务委员会第五次会议《关于修改〈中华人民共和国民事诉讼法〉的决定》第五次修正）

第六十八条　当事人对自己提出的主张应当及时提供证据。

人民法院根据当事人的主张和案件审理情况，确定当事人应当提供的证据及其期限。当事人在该期限内提供证据确有困难的，可以向人民法院申请延长期限，人民法院根据当事人的申请适当延长。当事人逾期提供证据的，人民法院应当责令其说明理由；拒不说明理由或者理由不成立的，人民法院根据不同情形可以不予采纳该证据，或者采纳该证据但予以训诫、罚款。

第一百七十七条　第二审人民法院对上诉案件，经过审理，按照下列情形，分别处理：

（一）原判决、裁定认定事实清楚，适用法律正确的，以判决、裁定方式驳回上诉，维持原判决、裁定；

（二）原判决、裁定认定事实错误或者适用法律错误的，以判决、裁定方式依法改判、撤销或者变更；

（三）原判决认定基本事实不清的，裁定撤销原判决，发回原审人民法院重审，或者查清事实后改判；

（四）原判决遗漏当事人或者违法缺席判决等严重违反法定程序的，裁定撤销原判决，发回原审人民法院重审。

原审人民法院对发回重审的案件作出判决后，当事人提起上诉的，第二审人民法院不得再次发回重审。

八、实务交流

（一）在建设工程相关诉讼案中，对于负有举证义务的当事人而言，除非你能举出充分证据证明你的诉讼请求成立，否则在一审诉讼中不要轻易放弃司法鉴定申请，更不要寄希望于二审法院一定会准许你二审提出的鉴定申请。因为根据现行相关司法解释的规定（详见本讲"相关法条"），二审法院只有在"认为确有必要的"前提下才会准许你的鉴定申请，因此需要你或者你的代理律师花费大量的精力向二审法官论证你的司法鉴定申请"确有必要"，这是一个"吃力不讨好"的工作，本应在一审中避免。

（二）何谓法院"认为确有必要的"？对于这句话的内涵，目前没有明确的法律解释，但是根据最高人民法院民事审判第一庭编著的《最高人民法院新建设工程施工合同司法解释（一）理解与适用》一书的解读可知："确有必要"，一是指鉴定对于查清案件相关事实确有必要，在理解上可以参照当事人对工程造价、质量、修复费用等专门性问题有争议，法院"认为需要鉴定的"。二是指鉴定对于案件处理确有必要。三是指当事人不仅申请鉴定，而且表示愿意交纳鉴定费用、提供相关材料。

（三）笔者建议对现行《最高人民法院关于审理建设工程施工合同纠纷案件适用法律问题的解释（一）》（法释〔2020〕25号）第三十二条第二款有必要进行限缩性修改和完善。即对于负有举证义务的当事人经一审法院释明后仍拒绝申请司法鉴定，或申请鉴定后拒不配合司法鉴定的，明确规定二审法院不准许该当事人在二审中的司法鉴定申请。因为这类当事人的上述行为明显具有放弃自己法定举证义务的主观故意，其依法应当承担举证不利的法律责任，二审法院不应再给这类当事人改过自新的法律机会。

九、参考类案

为使广大读者有更多的权威类案参考，笔者专门检索、提供近年来由最高人民法院作出的部分类案的生效裁判文书的裁判理由（与本案上述裁判观点基本一致），供大家辩证参考、指导实践。

（一）最高人民法院（2019）最高法民终384号《民事裁定书》（二审）

本院认为，《中华人民共和国民事诉讼法》第六十四条第一款规定，"当事人对自己提出的主张，有责任提供证据"。本案中，A公司向B公司主张工程款，应当就B公司的应付款金额提供证据证明。A公司在一审时提交了其单方制作的4#、6#地块《竣工结算书》，并认为其已于2018年3月21日向B公司送达了上述《竣工结算书》，B公司在收到结算书之日起30个工作日内未予审核，按照双方合同约定，应以《竣工结算书》作为确定工程款的依据。但根据查明的事实，B公司在收到结算书后于2018年3月29日向A公司发出《工作联系函》，认为A公司施工工程未全部完工及竣工验收，未达到竣工结算条件。B公司同时在诉讼过程中对《竣工结算书》提出多项异议，认为《竣工结算书》存在多计、错计、重复计算工程量等情形。一审法院综合上述两方面因素，向A公司释明是否就已完工程造价申请司法鉴定，在A公司不申请鉴定的情况下，让其承担不利后果并无不当。

现A公司在二审中提出鉴定申请，根据《最高人民法院关于审理建设工程施工合同纠纷案件适用法律问题的解释（二）》第十四条第二款"一审诉讼中负有举证责任的当事人未申请鉴定，虽申请鉴定但未支付鉴定费用或者拒不提供相关材料，二审诉讼中申请鉴定，人民法院认为确有必要的，应当依照民事诉讼法第一百七十条第一款第三项的规定处理"的规定，为进一步查清案件事实，确定工程价款，解决当事人纠纷，本案应发回重审进行工程造价鉴定。发回重审后，一审法院还应对已付工程款数额、进度款报送及支付情况等基本事实予以查明，以明确欠款数额，分清违约责任。

（二）最高人民法院（2019）最高法民终1743号《民事裁定书》（二审）

本院认为，本案中，A公司提交30号楼的鉴定报告及公证书、照片证明案涉工程存在质量问题，而B只提交了包括30号楼在内的8栋楼房的外墙保温工程检测报告，其他楼房没有检测报告。案涉工程质量是否合格属于基本事实，确有必要予以查清。二审中，A公司申请对案涉工程质量问题进行鉴定。《最高人民法院关于审理建设工程施工合同纠纷案件适用法律问题的解释（二）》第十四条规定："当事人对工程造价、质量、修复费用等专门性问题有争议，人民法院认为需要鉴定的，应当向负有举证责任的当事人释明。当事人经释明未申请鉴定，虽申请鉴定但未支付鉴定费用或者拒不提供相关材料的，应当承担举证不能的法律后果。一审诉讼中负有举证责任的当事人未申请鉴定，虽申请鉴定但未支付鉴定费用或者拒不提供相关材料，二审诉讼中申请鉴定，人民法院认为确有必要的，应当依照民事诉讼法第一百七十条第一款第三项的规定处理。"根据上述规定，本案应当依照《中华人民共和国民事诉讼法》第一百七十条第一款第三项的规定处理。

附件：案例

中华人民共和国最高人民法院
民 事 裁 定 书

（2020）最高法民申318号

再审申请人（一审原告、反诉被告，二审上诉人）：A公司，住所地河南省郑州市金水区文化路115号。

法定代表人：向某某，A公司总经理。

委托诉讼代理人：段某某，北京市某某（郑州）律师事务所律师。

委托诉讼代理人：任某某，北京市某某（郑州）律师事务所律师。

被申请人（一审被告、反诉原告，二审上诉人）：B公司，住所地河南省洛阳市汝阳工业园区。

法定代表人：姬某某，B公司董事。

委托诉讼代理人：王某某，河南某某律师事务所律师。

再审申请人A公司因与被申请人B公司建设工程施工合同纠纷一案，不服河南省高级人民法院（2019）豫民终750号民事判决，向本院申请再审。在本院再审审查期间，B公司提出再审申请。本院依法组成合议庭进行了审查，现已审查终结。

A公司申请再审称，（一）本案审理程序违法，二审法院以相同理由发回一审法院重审两次，违反了《中华人民共和国民事诉讼法》（以下简称《民事诉讼法》）第一百七十条的规定。基于本案审理程序上的严重违法，以及因此导致的一审法院第三次审理后迫于上级法院压力不得不改判的现实情况，A公司认为必须启动审判监督程序对该案件进行程序上的纠正以及事实证据的重新认定。（二）本案工程价款应当依据《关于修正龙泽焦化煤塔工程施工组织和付款方式的协议》的约定据实结算已无争议，一审、二审法院判决依照《建设工程施工合同》约定的工程价款结算缺乏证据证明。（三）本案依据《关于修正龙泽焦化煤塔工程施工组织和付款方式的协议》约定据实结算的工程价款中并不包含煤塔15.5米以下原施工工程款，一审、二审法院计算B公司欠付工程款时扣除原施工工程款缺乏证据证明。（四）A公司所提供的《工程决算书》合法有效，经过双方认可，应当作为工程价款的结算依据。一审、二审法院在无证据证明的情况下就消除了《工程决算书》的证明力，导致本案实际工程价款无任何证据能够证明。属于认定事实缺乏证据证明。（五）一审、二审法院将本应由B公司承担的鉴定责任错误判给A公司承担，且无合理依据说明。（六）A公司基于该案工程造价存在较大争议及庭审法官释明，为更好地解决该案件依法于二审过程中申请对煤塔工程造价进行鉴定。二审法院引用《最高人民法院关于适用〈中华人民共和国民事诉讼法〉的解释》第三百四十二条的规定驳回A公司的鉴定申请属于法律适用错误。

A公司依据《中华人民共和国民事诉讼法》第二百条第二、六项规定申请再审。

B公司提交意见称：（一）关于两次发回重审。该再审理由不符合《中华人民共和国民事诉讼法》第二百条第二、六项情形，不应当列入再审审查的范围。（二）关于工程量与工程款的约定与认定问题。A公司在工程预算书、投标标书、投标函中对煤塔整体工程投标报价854万元。该854万元也是A公司的中标价格，A公司对该事实明确予以认可。双方签订的建设工程施工合同将工程价款调整为916万元，超出了中标价格62万元，是对中标价款的实质性变更，应为无效。该建设工程施工合同的工程量与工程价款也包含了已经施工的15.5米的工程与工程价款。（三）关于举证责任问题。2002年4月1日施行的《最高人民法院关于民事诉讼证据的若干规定》第二十五条规定："当事人申请鉴定，应当在举证期限内提出""对需要鉴定的事项负有举证责任的当事人，在人民法院指定的期限内无正当理由不提出鉴定申请……致使对案件争议的事实无法通过鉴定结论予以认定的，应当对该事实承担举证不能的法律后果"。河南省高级人民法院已经以生效的法律文书确定应由A公司申请鉴定。A公司置法律规定与人民法院生效于不顾，坚决不申请鉴定，直到二审庭审结束后再申请鉴定，超出了法律规定时间，A公司应承担举证不能与逾期申请鉴定的后果。（四）A公司伪造证据、隐瞒事实。A公司于2011年10月2日提交给申请人的"决算书"是在B公司签字后将"预算"涂改为"决算"的，其在诉讼中一直以该涂改伪造的"决算书"作为主张工程款的依据，并隐瞒了在2011年10月5日向某某公司出具"预算书"的事实。应在查明事实的基础上，对A公司予以处罚。（五）B公司认为原一、二审判决认定的工程价款及竣工时间均有错误，根据《中华人民共和国民事诉讼法》第二百条第二、六项规定，提出再审请求，一是原判决以双方签订的施工合同价款916万元作为认定价款的依据，违背法律强制性规定，应当以投标价款854万元扣减B公司支付给中某某工公司的3039926元作为认定工程价款的依据；二是A公司应承担逾期完工的违约责任，支付预期竣工违约金222000元。施工合同约定2010年11月25日竣工，一直推到2011年6月仍未竣工。2011年6月25日双方达成工期协议，约定A公司应当在2011年7月20日前将所有的工程经验收交付B公司，逾期每天予以2000元罚款，A公司于2011年11月9日才向B公司移交工程，超出约定工期111天，应当支付逾期违约金222000元。

本院经审查认为，本案有以下争议问题，一是A公司实际施工工程量与《建设工程施工合同》约定是否发生变化问题。二是本案工程价款的结算依据问题。三是关于举证责任分配问题。四是二审中A公司申请鉴定应否允许的问题。

关于A公司的实际施工工程量与《建设工程施工合同》约定是否发生了变化问题。《建设工程施工合同》工程内容包括煤塔工段工程，是对整个煤塔工程的施工，但原审已经查明"煤塔15.5米以下工程由中某某工公司施工"，河南高院（2018）豫民终839号民事裁定认定"本案工程涉及遗留工程问题，导致合同约定工程量与实际工程量发生巨大变化"，且在本案一审中法官释明"合同约定的工程量与实际的工程量发生较大变化"，因此，应认定A公司施工的工程量与合同约定发生了变化。

关于本案工程价款的结算依据问题。《建设工程施工合同》约定合同价款916万元，其通用条款33.1约定，"双方按照协议书约定的合同价款及专用条款约定的合同价款调整内容，进行工程竣工结算"，专用条款（八）工程变更约定"根据具体情况，进行调整，以2002年定额为依据"。在《关于修正龙泽焦化煤塔工程施工组织和付款方式的协议》中约定，"一、对15.5米以上工程按实际工程量执行2002版定额及三类取费办法，据实结算。材料价差以双方认定数量实际价格据实调整。二、对15.5米以下原遗留工程，委托承包方施工。取费办法按本补充协议第一款执行"，从以上可以看出，《关于修正龙泽焦化煤塔工程施工组织和付款方式的协议》对于工程价款方面进行了修正，即"按实际工程量执行2002版定额及三类取费办法，据实结算"。因此，本案的结算依据应是执行2002版定额及三类取费办法，据实结算。

关于举证责任分配问题。在施工人诉请工程款的案件中，一般情况下，施工人应当对工程造价承担举证责任。在本案中，A公司提交的三份决算书虽有建设单位工程师的签字，但合同并没有关于提交决算书后发包人在一定期限不答复视为认可的约定，且发包人提交的有施工方签字的关于煤塔主体施工决算书的价款与施工人提交的同一项目的决算书价款并不一致，该工程价款的举证责任应在A公司一方。因此，原审将该举证责任分配给A公司并无不当。

关于二审中A公司申请鉴定应否允许的问题。《最高人民法院关于审理建设工程施工合同纠纷案件适用法律问题的解释（二）》第十四条第二款规定，"一审诉讼中负有举证责任的当事人未申请鉴定，虽申请鉴定但未支付鉴定费用或者拒不提供相关材料，二审诉讼中申请鉴定，人民法院认为确有必要的，应当依照民事诉讼法第一百七十条第一款第三项的规定处理"。《中华人民共和国民事诉讼法》第一百七十条第一款第三项规定"原判决认定基本事实不清的，裁定撤销原判决，发回原审人民法院重审，或者查清事实后改判"。鉴于建设工程的特殊性及工程鉴定的重要性，人民法院应当对是否确有必要进行鉴定予以审查，而不能以一审时未申请鉴定为由一概不予准许。如果相关鉴定事项与案件基本事实有关，不鉴定不能查清案件基本事实的，应对鉴定申请予以准许。本案中，工程造价鉴定意见属于案件的基本事实证据，A公司经一审法院释明其具有举证责任，但其仍拒绝申请鉴定，其应对不能查清案件基本事实负主要责任。但考虑到本案通过其他证据仍不能确定工程造价的情况下，在二审程序中准许其鉴定申请，并按照《中华人民共和国民事诉讼法》第六十五条、第一百七十条第一款第三项的规定进行处理更为妥当。

综上，A公司的再审申请符合《中华人民共和国民事诉讼法》第二百条规定的应当再审情形。依照《中华人民共和国民事诉讼法》第二百零四条、第二百零六条，《最高人民法院关于适用〈中华人民共和国民事诉讼法〉的解释》第三百九十五条第一款之规定，裁定如下：

一、指令河南省高级人民法院再审本案；

二、再审期间，中止原判决的执行。

审判长　　万会峰

审判员　　张淑芳

审判员　　谢　勇

二〇二〇年四月三十日

书记员　　刘依珊

申请人一审拒不配合司法鉴定，二审又申请鉴定，二审法院应否准许

一、阅读提示

发包人因工程质量问题向一审法院申请司法鉴定后拒不配合鉴定，导致鉴定未成，其后又向二审法院申请司法鉴定。二审法院应否准许？是有条件准许，还是无条件准许？二审法院应直接委托司法鉴定并据此改判，还是应将本案发回一审法院重审？

二、案例简介

2018年6月，发包人A公司因建设工程质量纠纷向海南省高级人民法院（以下简称一审法院）起诉施工总承包人B公司，诉请该公司支付工程加固及修复费用，并赔偿相关经济损失。

在一审诉讼中，A公司向一审法院申请对案涉工程质量委托司法鉴定，一审法院准许鉴定。但在鉴定过程中，A公司多次拒绝法院工作人员及鉴定人员进入工程现场勘察，导致司法鉴定无法进行。一审法院据此直接认定案涉工程质量合格，遂作出一审判决，驳回A公司的相关诉求。

其后，A公司和B公司因不服一审判决均向二审法院最高人民法院上诉。在二审诉讼中，A公司再次申请对案涉工程质量委托司法鉴定。二审法院虽不认可A公司在一审中不配合司法鉴定的行为，但认为本案依法仍应对案涉工程是否存在质量问题、质量维修费用等基本事实予以查明，因此准许A公司的鉴定申请，但没有直接委托司法鉴定机构作出鉴定意见并改判，而是于2022年4月12日作出（2021）最高法民终1302号《民事裁定书》，撤销一审判决，将本案发回一审法院重审。

三、案例解析

从上述案情中笔者总结出的法律问题是：**本案中，A公司虽然向一审法院申请对**

案涉工程质量委托司法鉴定，但其拒不配合司法鉴定，导致鉴定未成。在此种情形下，A公司再次向二审法院申请司法鉴定，二审法院应否准许？二审法院是无条件地准许，还是有条件地准许？二审法院应将本案发回重审，还是直接委托司法鉴定并改判？

上述法律问题在本案裁判文书里虽有基本的说理、解释，但笔者不揣浅陋，愿意对其深入解读，供大家参考。笔者认为：本案二审法院依法应有条件地准许A公司的司法鉴定申请，并首选将本案发回一审法院重审。主要分析如下：

其一，本案属于建设工程类民事诉讼案，这类案件中的绝大多数具有必须借助工程相关的司法鉴定才能被法院正确审判的特殊性，因此对于A公司这类当事人在一审诉讼中举证不利的行为，最高人民法院宽宏大量，制定了明确的司法解释（详见本讲"相关法条"），再次赋予A公司这类当事人向二审法院申请司法鉴定的法定权利；同时，规定二审法院只有在认为该司法鉴定"确有必要"的前提下，才能准许A公司这类当事人的再次申请。因此，这个"确有必要"实际就是二审法院应有条件地准许A公司这类当事人的再次申请，而非无条件地准许或不准许。本案中，一审法院未经司法鉴定程序直接推定案涉工程质量合格，虽然情有可原，但是其实际上没有审理查明本案工程质量是否合格这一基本事实，因此二审法院才会据此认为A公司在二审提出的司法鉴定申请"确有必要"。

其二，既然本案二审法院是有条件地准许A公司的再次司法鉴定申请，那么其为何不直接委托司法鉴定机构作出鉴定意见并据此依法改判，而是将本案发回一审法院重审？因为现行相关司法解释并没有给二审法院作出唯一的明确指示，而是给二审法院作出了二选一的明确指示：二审法院需要根据每个个案的具体情况，要么选择将案件发回一审法院重审，要么选择直接委托司法鉴定机构作出鉴定意见并据此依法改判。但是在司法实践中，绝大多数二审法院考虑到要保护当事人对司法鉴定意见的质证权等程序性权利，基本首选将案件发回一审法院重审这一选项。本案二审法院即是采取如此裁判思路。

正是基于上述事实及法律依据，本案二审法院最高人民法院才会有条件地准许A公司的司法鉴定申请，裁定将本案发回一审法院重审（详见本讲"裁判理由"）。

四、裁判理由

以下为最高人民法院作出的（2021）最高法民终1302号《民事裁定书》对本讲总结的上述法律问题的裁判理由：

案涉建设工程涉及住宅及商业两种使用性质，建设工程的质量安全对于购房者人身和财产权益影响重大，且A公司诉讼请求得到支持的前提是案涉建设工程确实存在质量问题。因此，案涉建设工程质量如何是本案必须查明的事实。一审进行质量鉴定的过程中，A公司多次拒绝法院工作人员及鉴定人员进入现场勘察，一审法院据此直接认定案涉建设工程质量合格虽有不妥，但主要是因为A公司的不配合行为导致质量鉴定无法继续进行。二审庭审中，本院已向 A 公司及 B 公司释明其有配合法院进行鉴定的义务，且 A 公司向本院出具了书面承诺函。《最高人民法院关于审理建设工程施工合同纠纷案件适用法律问题的解释（二）》第十四条第二款规定，一审诉讼中负有举证责任的当事人未申请鉴定，虽申请鉴定但未支付鉴定费用或者拒不提供相关材料，二审诉讼中申请鉴定，人民法院认为确有必要的，应当依照民事诉讼法第一百七十条第一款第三项的规定处理（2021 年民事诉讼法修改后，旧法中的第一百七十条对应新法中的第一百七十七条）。为进一步查清事实、保障合法权益，根据上述规定，本案应发回一审法院重审，进行工程质量鉴定及工程造价鉴定，同时还应对工程是否存在质量问题、质量维修费用等基本事实予以查明，并对工程款数额、违约责任予以认定。发回重审后，若任何一方当事人仍不配合查明事实，可根据具体情况，适用民事诉讼法规定的对妨害民事诉讼的强制措施，或根据《最高人民法院关于民事诉讼证据的若干规定》第三十一条第二款之规定，认定相关当事人承担举证不能的法律后果。

五、案例来源

（一）一审：海南省高级人民法院（2018）琼民初 35 号《民事判决书》

（二）二审：最高人民法院（2021）最高法民终 1302 号《民事裁定书》（见本讲附件：案例）

六、裁判要旨

在建设工程相关诉讼案中，负有举证责任的当事人在一审诉讼中虽申请相关司法鉴定但其后拒不配合鉴定，导致案件基本事实未能查清的，其在二审诉讼中再次申请鉴定，二审法院认为确有必要的，应予准许，并应当依据现行《中华人民共和国民事诉讼法》第一百七十七条第一款第三项的规定处理。

七、相关法条

（一）《最高人民法院关于审理建设工程施工合同纠纷案件适用法律问题的解释（一）》（法释〔2020〕25 号）

第三十二条　当事人对工程造价、质量、修复费用等专门性问题有争议，人民法院认为需要鉴定的，应当向负有举证责任的当事人释明。当事人经释明未申请鉴定，虽申请鉴定但未支付鉴定费用或者拒不提供相关材料的，应当承担举证不能的法律后果。

一审诉讼中负有举证责任的当事人未申请鉴定，虽申请鉴定但未支付鉴定费用或者拒不提供相关材料，二审诉讼中申请鉴定，人民法院认为确有必要的，应当依照民事诉讼法第一百七十条（备注：现为第一百七十七条）第一款第三项的规定处理。

（二）《中华人民共和国民事诉讼法》（根据2023年9月1日第十四届全国人民代表大会常务委员会第五次会议《关于修改〈中华人民共和国民事诉讼法〉的决定》第五次修正）

第一百七十七条　第二审人民法院对上诉案件，经过审理，按照下列情形，分别处理：

（一）原判决、裁定认定事实清楚，适用法律正确的，以判决、裁定方式驳回上诉，维持原判决、裁定；

（二）原判决、裁定认定事实错误或者适用法律错误的，以判决、裁定方式依法改判、撤销或者变更；

（三）原判决认定基本事实不清的，裁定撤销原判决，发回原审人民法院重审，或者查清事实后改判；

（四）原判决遗漏当事人或者违法缺席判决等严重违反法定程序的，裁定撤销原判决，发回原审人民法院重审。

原审人民法院对发回重审的案件作出判决后，当事人提起上诉的，第二审人民法院不得再次发回重审。

八、实务交流

（一）对于建设工程诉讼案中负有司法鉴定举证义务的当事人而言，笔者建议你们不要效仿本案中A公司的类似行为。因为这类行为在二审诉讼中不必然导致扭转一审败局的结果（详见本讲"参考类案"中的反例）。原因在于现行《最高人民法院关于审理建设工程施工合同纠纷案件适用法律问题的解释（一）》第三十二条规定二审法院在"认为确有必要的"裁量范围内有权决定是否准许A公司这类当事人在二审的司法鉴定申请，每个二审法官对"认为确有必要的"理解不尽相同，极易导致对你们不利的二审裁判结果。

（二）对于二审法官而言，如何准确理解上述司法解释规定的"认为确有必要的"？对于这句话的内涵，目前没有明确的法律解释，但是根据最高人民法院民事审判第一庭编著的《最高人民法院新建设工程施工合同司法解释（一）理解与适用》一书的解读可知："确有必要"，一是指鉴定对于查清案件相关事实确有必要。二是指鉴定对于案件处理确有必要。三是指当事人不仅申请鉴定，而且表示愿意交纳鉴定费用、提供相关材料。

（三）笔者建议对现行《最高人民法院关于审理建设工程施工合同纠纷案件适用法律问题的解释（一）》第三十二条第二款进行限缩性修改和完善。即对于负有举证义务的当事人经一审法院释明后仍拒绝申请司法鉴定，或申请鉴定后拒不配合司法鉴定的，明确规定二审法院不予准许该当事人在二审诉讼中的司法鉴定申请。因为这类当事人的上述行为明显具有放弃自己法定举证义务的主观故意，其依法应当承担举证不利的法律责任，二审法院不应再给他们改过自新的法律机会。

九、参考类案

为使广大读者有更多的权威类案参考，笔者专门检索、提供近年来由最高人民法院作出的部分类案的生效裁判文书的裁判理由（其中，与本案上述裁判观点基本一致的正例2例，与本案上述裁判观点相反的反例2例），供大家辩证参考、指导实践。

（一）正例：最高人民法院（2021）最高法民终839号《民事裁定书》（二审）

本院认为，首先，本案是建设工程施工合同纠纷案件，A公司对B公司施工的临洮2.5万千瓦光伏扶贫建设项目的质量提出异议。A公司一审对质量问题申请鉴定，但因原审法院告知鉴定需要关停电站，否则鉴定条件不成就，考虑到损失的问题A公司未再坚持鉴定。二审中，根据A公司提供的甘肃某检测技术有限责任公司出具的《检验报告》及本院向专业鉴定部门的咨询情况，A公司提出的质量问题可以单项拆分进行鉴定，无需关停工程项目的运营。故本案鉴定条件发生变化，相关问题可以通过启动鉴定程序解决。其次，甘肃某检测技术有限责任公司出具的《检验报告》上显示案涉电缆的导体电阻不合格，是属于电缆质量问题，还是使用不当问题，本院目前无法作出认定。因该委托鉴定机构系A公司单方委托，B公司对此不予认可，本院对该鉴定结论不予采信。案涉电缆是否质量合格、电缆穿管是否符合规范及开关站内地面下沉、办公用房和配电室是否进行防雨处理、排水沟等问题，应当通过司法鉴定程序确定原因，根据鉴定结果认定双方当事人的责任。原审未予启动鉴定程序不当，予以纠正。

（二）正例：最高人民法院（2019）最高法民终890号《民事裁定书》（二审）

本院认为，一审判决存在违反法定程序、认定基本事实不清的问题，主要表现如下：

第一，根据一审查明的事实，A在一审阶段申请对案涉工程进行司法鉴定，后因无力交纳鉴定费用撤回申请。随后，A又向一审法院提交申请书，请求人民法院就B公司自认的欠款进行判决，其他部分将另行主张，该申请书明确表示其并未放弃对剩余工程价款的实体权利。对于该申请，一审法院应当依照《中华人民共和国民事诉讼法》第一百五十三条的规定，就已查明的部分先行判决，其余部分继续审理；或者要求A、C以其他部分另行诉讼为由变更诉讼请求，未诉部分不予审理。但一审法院将该申请认定为权利处分，并以一审判决主文第四项驳回A、C的其他诉讼请求，导致二人不能就此项目未予审理的部分另行提起诉讼。同时，A又在二审阶段申请司法鉴定，本院认为该鉴定确有必要，根据《最高人民法院关于审理建设工程施工合同纠纷案件适用法律问题的解释（二）》第十四条第二款的规定，本案应予发回重审。

（三）反例：最高人民法院（2021）最高法民申3600号《民事裁定书》（再审审查）

在A公司不予认可的情况下，本案一审过程中，B公司虽然向法院提出了工程造价鉴定的申请，然而，在其与A公司未能就工程造价鉴定机构的选定达成共识、一审法院为此指定了具有甲级资质的新疆某建设工程项目有限公司作为案涉工程造价的鉴定机构，并向其充分释明，作为负有举证责任的当事人如在人民法院指定期间内无正当理由不预交鉴定费用致使待证事实无法查明的应当承担举证不能的法律后果的情况下，B公司仍因未预交鉴定费用，导致未能鉴定。B公司主张因鉴定机构不同意先出具发票后再付款导致其未能在规定期限内支付鉴定费用，先付款后开具发票是常理，可见，完全是由于B公司自身的原因导致一审期间未能对案涉工程造价进行鉴定。B公司认为，本案确有必要依据双方合同约定以共同委托的第三方机构审核认定的数额确定已完成工程量的造价，且鉴定材料齐全，不存在无法鉴定的客观障碍，但其却仅因开具发票的先后问题直接导致不能进行鉴定。B公司在二审期间又申请鉴定，其恣意行为导致司法资源的巨大浪费，二审法院未予准许并无不妥。

（四）反例：最高人民法院（2020）最高法民申4738号《民事裁定书》（再审审查）

原审中，A公司为证明自己的投资损失主张提交了造价明细表，该造价明细表中的设备、设施数量已经B学院在2017年7月24日签章确认，价格也有相应的采购合同、收据等证据印证，A公司已经完成了自己的举证责任。B学院对A公司主张的投入损失不予认可，并称造价明细表中部分设备的单价、数量与事实不符，但未能提供有效证据证明，其一审中提出工程造价鉴定未能依法进行系其未按期交纳鉴定费用所致，在A公司的投入损失能够依据证据规则确定、B学院又无有效证据反驳的情况下，其在二审中又申请鉴定二审法院不予准许，并无不当。

 **附件：案例**

中华人民共和国最高人民法院
民 事 裁 定 书

（2021）最高法民终1302号

上诉人（一审原告）：A公司。住所地：海南省澄迈县老城镇澄江路西侧。
法定代表人：许某某，A公司董事长。
委托诉讼代理人：邵某某，广东某某律师事务所律师。
委托诉讼代理人：郑某某，广东某某律师事务所律师。

上诉人（一审被告）：B公司。住所地：浙江省象山县丹城新丰路165号。

法定代表人：赖某某，B公司董事长。

委托诉讼代理人：洪某某，该公司工作人员。

委托诉讼代理人：林某，海南某某律师事务所律师。

上诉人A公司因与上诉人B公司建设工程施工合同纠纷一案，不服海南省高级人民法院（2018）琼民初35号民事判决，双方均向本院提起上诉。本院于2021年12月23日立案后，依法组成合议庭，通过网络信息平台在线方式公开开庭进行了审理。上诉人A公司的委托诉讼代理人邵某某、郑某某及上诉人B公司的委托诉讼代理人洪某某、林某在线参加诉讼。本案现已审理终结。

本院认为，本案与（2021）最高法民终1303号案基本事实相同，本案为A公司以建设工程存在质量问题诉请B公司支付加固及修复费用、赔偿有关经济损失，（2021）最高法民终1303号案为B公司诉请A公司支付已完成工程量的工程款及利息、窝工损失。案涉建设工程涉及住宅及商业两种使用性质，建设工程的质量安全对于购房者人身和财产权益影响重大，且A公司诉讼请求得到支持的前提是案涉建设工程确实存在质量问题。因此，案涉建设工程质量如何是本案必须查明的事实。一审进行质量鉴定的过程中，A公司多次拒绝法院工作人员及鉴定人员进入现场勘察，一审法院据此直接认定案涉建设工程质量合格虽有不妥，但主要是因为A公司的不配合行为导致质量鉴定无法继续进行。二审庭审中，本院已向A公司及B公司释明其有配合法院进行鉴定的义务，且A公司向本院出具了书面承诺函。《最高人民法院关于审理建设工程施工合同纠纷案件适用法律问题的解释（二）》第十四条第二款规定，一审诉讼中负有举证责任的当事人未申请鉴定，虽申请鉴定但未支付鉴定费用或者拒不提供相关材料，二审诉讼中申请鉴定，人民法院认为确有必要的，应当依照民事诉讼法第一百七十条第一款第三项的规定处理（2021年民事诉讼法修改后，旧法中的第一百七十条对应新法中的第一百七十七条）。为进一步查清事实、保障合法权益，根据上述规定，本案应发回一审法院重审，进行工程质量鉴定及工程造价鉴定，同时还应对工程是否存在质量问题、质量维修费用等基本事实予以查明，并对工程款数额、违约责任予以认定。发回重审后，若任何一方当事人仍不配合查明事实，可根据具体情况，适用民事诉讼法规定的对妨害民事诉讼的强制措施，或根据《最高人民法院关于民事诉讼证据的若干规定》第三十一条第二款之规定，认定相关当事人承担举证不能的法律后果。

另外，本院二审期间，A公司向本院提交了《继续保全申请书》，请求对（2018）琼民初35号民事裁定中房产及房产项下的国有土地使用权予以续封。但是，在A公司申请续封前，上述房地产的查封已经因到期而自动解封，A公司的申请不符合《最高人民法院关于人民法院办理财产保全案件若干问题的规定》第十八条第一款之规定，本院不予准许。A公司虽通过电话向本院申请保全B公司的其他财产，但未提出明确标的物，本院亦不予准许。发回后，A公司可按照有关法律规定，向一审法院另行申请保全。

综上，一审判决认定基本事实不清。依照《中华人民共和国民事诉讼法》第一百七十七条第一款第三项之规定，裁定如下：

一、撤销海南省高级人民法院（2018）琼民初35号民事判决；

二、本案发回海南省高级人民法院重审。

上诉人A公司预交的二审案件受理费2682515元及上诉人B公司预交的二审案件受理费100元予以退回。

审判长　　孙祥壮

审判员　　于　明

审判员　　贾清林

二〇二二年四月十二日

法官助理　王雨晴

书记员　　崔佳宁

发包人申请鉴定工程质量，是否必须先初步举证工程质量有缺陷

一、阅读提示

在司法实践中，不少发包人通常以施工承包人完成的工程质量不合格为由，向法院申请对案涉工程质量进行司法鉴定。有的法院会要求发包人必须初步举证证明工程质量存在缺陷，法院才会同意鉴定。法院的这种要求是否合法？如果你遇到这种要求，会怎么处理？

二、案例简介

2015年，施工承包人A公司因与发包人B公司发生建设工程施工合同纠纷，将其起诉至新疆维吾尔自治区高级人民法院（以下简称一审法院），索要相关工程款及损失。B公司则提出反诉，其反诉请求之一是要求A公司赔偿因本案工程质量不合格造成的损失。因此B公司向一审法院申请对本案工程质量委托司法鉴定。

A公司为证明自己施工的工程质量合格，单方分别委托两家检测公司对本案基桩工程质量进行检测，检测结论合格。该检测证据被一审法院采信。

一审法院鉴于上述情况，且认为B公司未提供本案工程质量存在缺陷的相关证据，未完成基本举证义务，因此不准许B公司提出的对本案工程质量委托司法鉴定的申请，遂驳回了该公司反诉索赔工程质量损失的诉求。B公司对此不服，遂向最高人民法院上诉。

最高人民法院经审理，认为B公司的相关上诉理由成立，一审法院不准许该公司申请司法鉴定的理由不合法。遂于2019年12月27日作出（2019）最高法民终1863号《民事裁定书》，将本案发回一审法院重审。

2020年12月，本案双方在重审案中达成和解协议，向一审法院撤诉，本案至此落幕。

三、案例解析

从上述案情中笔者总结出的法律问题是：**本案一审法院认为发包人B公司申请对工程质量委托司法鉴定，必须先提供工程质量存在缺陷的相关证据，即负有证明工程质量存在缺陷的基本举证义务，否则法院可以不准许其鉴定申请。该观点是否合法？**

笔者认为：一审法院的上述观点不合法。主要分析如下：

（一）从相关法律依据分析

现行法律没有对当事人申请包括工程质量鉴定在内的司法鉴定作出申请人负有基本举证义务的规定。依据现行《中华人民共和国民事诉讼法》第七十九条的规定可知（详见本讲"相关法条"），当事人可以就查明事实的专门性问题向法院申请司法鉴定。该法律规定并没有暗含当事人在申请司法鉴定的同时还负有基本的举证义务，必须先举证证明司法鉴定的必要性和可能性。因此，本案一审法院的上述观点没有法律依据，相反却给B公司人为增加了不合法的举证义务，实质上剥夺了当事人的鉴定申请权、举证权，极易导致本案基本事实无法查清，裁判结果错误。

当然，如果B公司能够初步举证证明本案工程质量存在缺陷，这无疑会增加法官同意司法鉴定的内心确信，但这不是其法定义务，可为也可不为。

（二）从本案事实分析

承包人A公司为证明自己施工的工程质量合格，单方分别委托两家检测公司对本案基桩工程质量进行检测，检测结论合格，因此被一审法院采信作为定案证据。但是，一审法院采信该证据的行为不符合法律规定。因为该证据是本案一方当事人单方委托第三方鉴定机构作出，该鉴定机构的选择、鉴定过程、鉴定材料等均未取得发包人B公司的同意或确认，在B公司有异议的前提下，一审法院通常不应采信该证据，而应依法准许B公司的司法鉴定申请，按照法定程序委托专业机构鉴定本案工程质量是否合格。

正是基于上述事实及法律依据，本案二审法院最高人民法院才会撤销一审判决，将本案发回一审法院重审（详见本讲"裁判理由"）。

四、裁判理由

以下为最高人民法院作出的（2019）最高法民终1863号《民事裁定书》对本讲总结的上述法律问题作出的裁判理由：

本院认为，B公司在一审时提起反诉，请求A公司赔偿因施工质量不合格造成的损失800万元（最终以司法鉴定为准），为此B公司在一审时申请依据施工图纸对已完成工程进行工程质量鉴定并计算已完成工程不合格需返工及加固修复的费用，一审以B公司未提供工程质量存在缺陷的相关证据未完成基本举证义务为由未准许鉴定申请。

工程质量是否合格，是否需要进行修复以及修复费用的确定均属于专业问题，根据《中华人民共和国民事诉讼法》第七十六条第一款的规定，B公司对此有权向法院申请鉴定，一审未准许工程质量鉴定不仅影响当事人的实体权利，而且影响当事人的程序利益，剥夺当事人的举证权利。

五、案例来源

（一）一审：新疆维吾尔自治区高级人民法院（2018）新民初91号《民事判决书》

（二）二审：最高人民法院（2019）最高法民终1863号《民事裁定书》（见本讲附件：案例）

六、裁判要旨

一方当事人在一审时申请依据施工图纸对已完成工程进行工程质量鉴定并计算已完成工程不合格需返工及加固修复的费用，一审法院以该当事人未提供工程质量存在缺陷的相关证据、未完成基本举证义务为由，未准许其司法鉴定申请不合法。因为工程质量是否合格，是否需要进行修复以及修复费用的确定均属于专业问题，根据现行《中华人民共和国民事诉讼法》第七十九条第一款的规定，该当事人对此有权向法院申请鉴定，一审法院未准许其工程质量司法鉴定申请，不仅影响当事人的实体权利，而且影响当事人的程序利益，剥夺了当事人的举证权利，依法应予纠正。

七、相关法条

（一）《中华人民共和国民事诉讼法》（根据2023年9月1日第十四届全国人民代表大会常务委员会第五次会议《关于修改〈中华人民共和国民事诉讼法〉的决定》第五次修正）

第七十九条　当事人可以就查明事实的专门性问题向人民法院申请鉴定。当事人申请鉴定的，由双方当事人协商确定具备资格的鉴定人；协商不成的，由人民法院指定。

当事人未申请鉴定，人民法院对专门性问题认为需要鉴定的，应当委托具备资格的鉴定人进行鉴定。

（二）《最高人民法院关于人民法院民事诉讼中委托鉴定审查工作若干问题的规定》（法〔2020〕202号）

一、对鉴定事项的审查

1.严格审查拟鉴定事项是否属于查明案件事实的专门性问题，有下列情形之一的，人民法院不予委托鉴定：

（1）通过生活常识、经验法则可以推定的事实；

（2）与待证事实无关联的问题；

（3）对证明待证事实无意义的问题；

（4）应当由当事人举证的非专门性问题；

（5）通过法庭调查、勘验等方法可以查明的事实；

（6）对当事人责任划分的认定；

（7）法律适用问题；

（8）测谎；

（9）其他不适宜委托鉴定的情形。

2.拟鉴定事项所涉鉴定技术和方法争议较大的，应当先对其鉴定技术和方法的科学可靠性进行审查。所涉鉴定技术和方法没有科学可靠性的，不予委托鉴定。

八、实务交流

（一）依据现行法律的相关规定，当事人就案涉专门性问题（包括工程质量是否合格）向法院申请司法鉴定，并不对司法鉴定的必要性和可能性负有基本的举证义务，但是应当说明合理的申请理由。因此，当事人在申请工程质量鉴定时，不是必须要初步举证证明案涉工程质量存在缺陷。当然，如果当事人能自愿主动提出一些初步证据证明案涉工程质量的确有缺陷，这无疑会给法官顺利地准许当事人的鉴定申请添加砝码。

（二）法院在审查当事人申请司法鉴定的必要性时，建议依据《最高人民法院关于人民法院民事诉讼中委托鉴定审查工作若干问题的规定》的相关规定审查，不应额外添加当事人的初步举证义务。当然，笔者也检索到有些省级高级人民法院此前也制定了当地建设工程施工合同纠纷诉讼案指导文件，其中明确规定发包人对工程质量申请司法鉴定必须初步举证。笔者认为这种地方性司法规定应该废止了。

九、参考类案

为使广大读者有更多的权威类案参考，笔者专门检索、提供近年来由最高人民法院作出的部分类案的生效裁判文书的裁判理由（与本案上述裁判观点相反的反例2例），供大家辩证参考、指导实践。

（一）反例：最高人民法院（2020）最高法民终982号《民事判决书》（二审）

《最高人民法院关于适用〈中华人民共和国民事诉讼法〉的解释》第一百二十一条第一款规定："当事人申请鉴定，可以在举证期限届满前提出。申请鉴定的事项与待证事实无关联，或者对证明待证事实无意义的，人民法院不予准许。"根据上述司法解释的规定，因A公司未提供证据证明案涉工程的地基基础工程和主体结构存在质量问题的初步证据，且质量监督部门已经对工程质量作出质量监督检查，案涉工程实际使用并网发电近四年时间，结合现场勘察情况，一审法院对A公司提出的对案涉工程质量进行鉴定的申请未予准许，并无不当。A公司关于一审法院未支持其鉴定申请、程序违法的上诉主张，理据不足，本院不予支持。

（二）反例：最高人民法院（2018）最高法民终556号《民事判决书》（二审）

A公司一审中主张B公司的施工质量存在严重问题，应承担施工质量赔偿责任，并申请鉴定。一审判决认定，A公司未提供证据证明案涉工程的地基基础工程和主体结构存在质量问题需要进行维修或已进行了维修等事实，故要求鉴定工程质量的证据不充分，不予支持。对于B公司应否赔偿维修、返修费用问题，一审判决认为B公司可另行主张。A公司对一审法院不予鉴定的理由提出上诉。本院认为，A公司与B公司已在《支付协议》中确定工程价款结算总价，并约定B公司此后承担保修责任，自《支付协议》签订之日起计算保修期。A公司未能证明地基基础工程和主体结构存在质量问题，其主张工程质量损害赔偿依据不足，一审法院未准许A公司质量鉴定申请的理由并无不当。

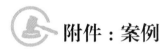

附件：案例

中华人民共和国最高人民法院
民 事 裁 定 书

（2019）最高法民终1863号

上诉人（一审原告、反诉被告）：A公司。住所地：新疆维吾尔自治区乌鲁木齐市水磨沟区五星北路259号5-6楼。

法定代表人：于某，A公司总经理。

委托诉讼代理人：潘某某，A公司法务部主任。

委托诉讼代理人：张某某，新疆某某律师事务所律师。

上诉人（一审被告、反诉原告）：B公司。住所地：新疆维吾尔自治区乌鲁木齐市新市区长春中路819号澳龙广场E座5层518室。

法定代表人：陈某某，B公司总经理。

委托诉讼代理人：徐某某，北京市某某律师事务所律师。

委托诉讼代理人：李某某，北京市某某律师事务所律师。

上诉人A公司因与上诉人B公司建设工程施工合同纠纷一案，不服新疆维吾尔自治区高级人民法院（2018）新民初91号民事判决，向本院提起上诉。本院依法组成合议庭对本案进行了审理。

本院认为，B公司在一审时提起反诉，请求A公司赔偿因施工质量不合格造成的损失800万元（最终以司法鉴定为准），为此B公司在一审时申请依据施工图纸对已完成工程进行工程质量鉴定并计算已完成工程不合格需返工及加固修复的费用，一审以B公司未提供工程质量存在缺陷的相关证据未完成基本举证义务为由未准许鉴定申请。工程质量是否合格，是否需要进行修复以及修复费用的确定均属于专业问题，根据《中华人民共和国民事诉讼法》第七十六条第一款的规定，B公司对此有权向法院申请鉴定，一审未准许工程质量鉴定不仅影响当事人的实体权利，而且影响当事人的程序利益，剥夺当事人的举证权利。

另外，双方当事人对案涉桩基基础工程款结算依据存在争议，A公司认为应当以其与山西某某岩土工程勘察总公司签订的《联众国际大厦地基处理及桩基工程施工承包合同》作为结算依据；B公司认为应当以其与A公司签订的《联众国际大厦建设工程施工补充协议》作为结算依据。在双方对结算依据存在重大争议的情况下，鉴定机构可按照双方主张的结算依据分别作出造价鉴定作为法院裁判依据。本案中鉴定机构仅依据A公司主张的结算依据作出该部分工程造价，重审时可依据B公司主张的结算依据作出补充鉴定意见。

依照《中华人民共和国民事诉讼法》第一百七十条第一款第四项的规定，裁定如下：

一、撤销新疆维吾尔自治区高级人民法院（2018）新民初91号民事判决；

二、本案发回新疆维吾尔自治区高级人民法院重审。

上诉人B公司预交的二审案件受理费611932.54元予以退回，上诉人A公司预交的二审案件受理费135299.81元予以退回。

审判长　　陈纪忠

审判员　　杨　卓

审判员　　欧海燕

二〇一九年十二月二十七日

法官助理　赵　静

书记员　　王伟明

证明工程质量合格的举证义务人是施工承包人还是发包人

一、阅读提示

在施工合同纠纷诉讼案中，笔者发现当事人争议的案涉工程质量是否合格的举证人或司法鉴定申请人多是发包人，鲜有承包人。那么证明工程质量"合格"或"不合格"的举证义务人，依法应是承包人还是发包人，或者分别由两者各自担任？这个法律问题其实困扰了许多当事人和法律人。欲知答案，请看本讲解析。

二、案例简介

2014年9月17日，施工总承包人A公司与发包人B公司签订建设工程《承包合同》。其后，A公司进场施工。2015年9月1日，B公司向A公司发出撤场通知。因此，A公司在未完成全部工程的情况下中途撤场。

2018年，A公司以施工合同纠纷为由将B公司起诉至青海省高级人民法院（以下简称一审法院），提出了索要剩余工程款及利息损失等多项诉讼请求。

在一审诉讼中，本案双方均同意对案涉工程质量进行验收。在验收过程中，A公司人员无故离场，后经工程设计单位、监理单位及B公司预验收，三方形成了《关于A公司总承包B公司工程项目所做工程预验收等事项的会议纪要》（以下简称《会议纪要》）。该纪要载明案涉工程存在质量问题，需进行质量鉴定。因此，B公司向一审法院申请对案涉工程的质量问题委托司法鉴定，但A公司不同意鉴定，亦不同意整改，对上述《会议纪要》也不认可，更没有举证证明自己完成的工程质量合格。

一审法院经审理，认为本案双方签订的《承包合同》合法有效，事实上已经解除，但A公司在本案中没有依法对其施工的工程质量是否合格完成举证责任，因此应承担举证不能的法律责任。遂作出一审判决，驳回了A公司索要相关工程款的诉求，但支持了其他部分诉求。

本案双方均不服一审判决，遂依法向最高人民法院上诉。A公司二审中提交了分部或工序质量验收单作为新证据，以证明其施工的土建部分的工程质量合格。但最高人民法院认为该证据不能直接证明A公司已完成工程质量合格的事实，故不予采信。

最高人民法院经审理，认为一审判决合法，遂于2019年3月29日作出（2019）最高法民终237号《民事判决书》，驳回本案双方的上诉请求，维持一审判决。

三、案例解析

从上述案情中笔者总结出的法律问题是：**本案中作为施工总承包人的A公司诉请发包人B公司支付已完工程款，是否必须先举证证明自己施工完成的工程质量"合格"？即A公司是否是证明自己已完工程质量"合格"的举证义务人？否则其是否将承担举证不能的法律责任？**

笔者认为：上述法律问题的答案是肯定的。主要分析如下：

从上述案情简介可知，A公司和B公司签订的《承包合同》合法有效，在履行过程中已被双方实际解除。在此情形下，如果A公司诉请B公司支付其已完工程款，那么依据本案审理时施行的《最高人民法院关于审理建设工程施工合同纠纷案件适用法律问题的解释》（法释〔2004〕14号，被法释〔2020〕16号文件废止）第十条的规定："建设工程施工合同解除后，已经完成的建设工程质量合格的，发包人应当按照约定支付相应的工程价款；已经完成的建设工程质量不合格的，参照本解释第三条规定处理。因一方违约导致合同解除的，违约方应当赔偿因此而给对方造成的损失。"以及第三条的规定："建设工程施工合同无效，且建设工程经竣工验收不合格的，按照以下情形分别处理：（一）修复后的建设工程经竣工验收合格，发包人请求承包人承担修复费用的，应予支持；（二）修复后的建设工程经竣工验收不合格，承包人请求支付工程价款的，不予支持。因建设工程不合格造成的损失，发包人有过错的，也应承担相应的民事责任。"当事人必须首先举证证明案涉工程质量"合格"，其后发包人才能依据施工合同的约定向承包人支付相应的已完工程款。

但极易引人争议的问题是：上述司法解释并没有明确规定证明案涉工程质量"合格"的举证义务人到底是施工承包人还是发包人。从文义理解和法律体系理解的角度分析，司法实践中的主流观点认为举证义务人应是施工承包人，因为这是其向发包人索要工程款的前提条件。本案一审法院和最高人民法院即是持此种理解和观点。

反观本案，A公司在一审中既没有提供证据证明其完成的工程质量"合格"，也没有依法向一审法院申请对其完成工程的质量做司法鉴定。相反，其中途拒绝参加发包人组织的工程预验收，也没有充分证据推翻发包人举证的《会议纪要》，更没有同意发包人申请对案涉工程质量做司法鉴定。最终导致一审法院不能查明案涉工程质量是否"合格"这一基本事实。

因此，A公司作为施工总承包人依法应承担举证不能的法律责任。一审法院据此驳回其索要相应工程款的诉求，既有事实依据，也有法律依据。所以二审法院最高人民法院才会认可一审法院的观点（详见本讲"裁判理由"）。

四、裁判理由

以下为最高人民法院作出的（2019）最高法民终237号《民事判决书》对本讲总结的上述法律问题的裁判理由：

根据查明事实，A公司系在施工未完成的情况下，被要求撤出施工现场，后双方当事人解除了施工合同。《最高人民法院关于审理建设工程施工合同纠纷案件适用法律问题的解释》第十条规定："建设工程施工合同解除后，已经完成的建设工程质量合格的，发包人应当按照约定支付相应的工程价款；已经完成的建设工程质量不合格的，参照本解释第三条规定处理。"第三条规定：建设工程施工合同无效，且建设工程经竣工验收不合格，修复后的建设工程经竣工验收仍不合格，承包人请求支付工程价款的，不予支持。本案中，A公司在撤出施工现场后，分别于2015年11月6日、2016年10月8日向监理单位提交《分部工程验收申请》，申请对土建及钢结构部分工程进行验收，监理单位均同意验收，但之后并未组织验收工作。一审诉讼中，经法庭征求意见，双方均同意对案涉工程进行验收。在验收过程中，A公司人员无故离场，后经设计单位、监理单位及B公司预验收，形成《关于A公司总承包B公司工程项目所做工程预验收等事项的会议纪要》，该纪要载明案涉工程存在质量问题，需进行质量鉴定。一审中，B公司申请对案涉工程的质量问题进行鉴定，但A公司不同意鉴定，亦不同意整改，对预验收所形成的会议纪要也不认可。A公司作为施工方，在初步证据证明其施工部分的工程存在质量问题的情况下，不同意整改，亦不同意鉴定，其在无证据证明案涉工程合格的情况下，请求支付工程价款，缺乏法律依据，一审法院未予支持，并无不妥。

五、案例来源

（一）一审：青海省高级人民法院（2018）青民初28号《民事判决书》
（二）二审：最高人民法院（2019）最高法民终237号《民事判决书》（因其篇幅过长，故不纳入本讲附件）

六、裁判要旨

作为建设工程的施工承包人，在案涉初步证据证明其施工部分的工程存在质量问题的情况下，其既不同意整改，亦不同意对案涉工程质量司法鉴定，其在无证据证明自己完成的案涉工程质量合格的情况下，请求支付工程价款，缺乏法律依据，一审法院未予支持，并无不妥。

七、相关法条

（一）《中华人民共和国民法典》（2020年5月28日第十三届全国人民代表大会第三次会议通过）

第七百九十三条　建设工程施工合同无效，但是建设工程经验收合格的，可以参照合同关于工程价款的约定折价补偿承包人。

建设工程施工合同无效，且建设工程经验收不合格的，按照以下情形处理：

（一）修复后的建设工程经验收合格的，发包人可以请求承包人承担修复费用；

（二）修复后的建设工程经验收不合格的，承包人无权请求参照合同关于工程价款的约定折价补偿。

发包人对因建设工程不合格造成的损失有过错的，应当承担相应的责任。

第八百零六条　承包人将建设工程转包、违法分包的，发包人可以解除合同。

发包人提供的主要建筑材料、建筑构配件和设备不符合强制性标准或者不履行协助义务，致使承包人无法施工，经催告后在合理期限内仍未履行相应义务的，承包人可以解除合同。

合同解除后，已经完成的建设工程质量合格的，发包人应当按照约定支付相应的工程价款；已经完成的建设工程质量不合格的，参照本法第七百九十三条的规定处理。

（二）《最高人民法院关于民事诉讼证据的若干规定》（法释〔2019〕19号）

第三十一条　当事人申请鉴定，应当在人民法院指定期间内提出，并预交鉴定费用。逾期不提出申请或者不预交鉴定费用的，视为放弃申请。

对需要鉴定的待证事实负有举证责任的当事人，在人民法院指定期间内无正当理由不提出鉴定申请或者不预交鉴定费用，或者拒不提供相关材料，致使待证事实无法查明的，应当承担举证不能的法律后果。

（三）《最高人民法院关于审理建设工程施工合同纠纷案件适用法律问题的解释（一）》（法释〔2020〕25号）

第三十二条　当事人对工程造价、质量、修复费用等专门性问题有争议，人民法院认为需要鉴定的，应当向负有举证责任的当事人释明。当事人经释明未申请鉴定，虽申请鉴定但未支付鉴定费用或者拒不提供相关材料的，应当承担举证不能的法律后果。

一审诉讼中负有举证责任的当事人未申请鉴定，虽申请鉴定但未支付鉴定费用或者拒不提供相关材料，二审诉讼中申请鉴定，人民法院认为确有必要的，应当依照民事诉讼法第一百七十条第一款第三项的规定处理。

八、实务总结

（一）在施工承包人起诉发包人索要已完工程款的诉讼案件中，审理查明承包人已完工程的质量是否"合格"是法院支持承包人诉求的先决条件和前提条件。依据上文引用的司法解释的规定以及现行相关法律规定可知（详见本讲"相关法条"），对该基本事实负有证明义务的举证义务人依法应是承包人，而非发包人。

（二）如果发包人在诉讼中抗辩或反诉承包人已完工程的质量"不合格"，并索赔相关损失，那么按照"谁主张，谁举证"的一般证据规则，此时对该基本事实负有证明义务的举证义务人则是发包人，而非承包人。这是司法实践中不少当事人极易混淆的法律问题。

（三）无论是承包人还是发包人，如果要完成本方关于工程质量"合格"与否的举证责任，要么向法院提供相应充分的过程性验收证据（例如对检验批、分项、分部、单位工程及其隐蔽工程的质量验收记录）或者竣工验收合格报告，要么向法院申请对案涉工程质量做司法鉴定。唯有如此，才能视为依法完成本方的举证责任，否则将承担举证不能的法律责任。

（四）除了本案之外，笔者检索到最高人民法院近年来审理过部分类案，其司法观点与本案基本一致。但是笔者也检索发现最高人民法院曾作出一则持相反观点的裁判文书，其暗含证明工程质量"合格"的举证义务人是发包人而非承包人（详见本讲"参考类案"），因此一并提供给大家参考。

九、参考类案

为使广大读者有更多的权威类案参考，笔者专门检索、提供近年来由最高人民法院作出的部分类案的生效裁判文书的裁判理由（其中，与本案上述裁判观点基本一致的正例2例，与本案上述裁判观点相反的反例1例），供大家辩证参考、指导实践。

（一）正例：最高人民法院（2017）最高法民终161号《民事判决书》（二审）

（一）关于案涉工程质量举证证明责任是否在A公司，B公司是否应当支付剩余工程款问题。A公司在一审期间提交15份节点验收证明文件，均有监理公司签字或盖章确认，已完成初步举证证明责任。B公司虽主张案涉工程质量不合格，但在一审诉讼中未提供证据证明，一审判决未支持其主张并无不当。一审法院根据案件实际情况，在扣除结算总价5%的质量保证金后，判决B公司向A公司支付工程款105868864.32元，判决结果并无不当，本院予以维持。

（二）正例：最高人民法院（2018）最高法民申3485号《民事裁定书》（再审审查）

《最高人民法院关于审理建设工程施工合同纠纷案件适用法律问题的解释》第二

条规定："建设工程施工合同无效，但建设工程经竣工验收合格，承包人请求参照合同的约定支付工程款的，应予支持。"对于案涉工程，A公司系中途停工，所施工的工程未进行竣工验收，且大部分工程经鉴定存在较多质量问题。对于其他未鉴定的部分，B公司已提出质量异议并提交了初步证据，A公司也没有提供证据证明该部分工程质量合格。在此情形下，一审、二审判决驳回A公司请求工程款的诉讼请求并无不当。

（三）反例：最高人民法院（2016）最高法民申1272号《民事裁定书》（再审审查）

《最高人民法院关于审理建设工程施工合同纠纷案件适用法律问题的解释》第十条第一款规定：建设工程施工合同解除后，已经完成的建设工程质量合格的，发包人应当按照合同价款支付工程款。据此，在案涉合同解除后，A公司有权就已完工的工程主张工程款。按照"谁主张、谁举证"的原则，若B公司对工程质量提出异议，其应承担相应的举证责任，而非由A公司就工程质量合格承担举证责任。故B公司有关原判决错误适用法律分配举证责任的主张，本院不予支持。

第5讲

工程竣工验收合格，发包人在何种情形下仍可申请工程质量司法鉴定

一、阅读提示

在建设工程竣工验收合格并交付发包人使用后，如果发包人举证证明工程质量存在问题，承包人能否以工程竣工验收合格为由抗辩免责？如果发包人向法院申请委托做工程质量司法鉴定，法院应否准许？

二、案例简介

2012年8月28日，承包人A公司分别与发包人B公司、名义总承包人C公司签订两份《澄城县保兴福都苑综合扩大式劳务承包合同》，约定由A公司承包本案工程劳务施工。其后，A公司进场施工。

2015年7月18日，本案工程竣工验收合格，相关各方作出了工程竣工验收报告。2015年12月17日，A公司与B公司签署《关于A公司保兴·福都苑小区1-9#楼主体工程、车库决算有关问题的决定》（以下简称《决算决定》），其中确认本案工程存在部分质量问题。

2017年4月，A公司因索要剩余工程款及相关损失，将B公司和C公司起诉至陕西省渭南市中级人民法院（以下简称一审法院）。B公司其后提起反诉，要求A公司承担因本案工程部分质量不合格所导致的修复费用。

本案争议焦点问题之一是：在承包人A公司举证证明本案工程竣工验收合格的前提下，发包人B公司举证抗辩本案工程存在质量问题，其能否申请法院对本案工程质量问题及修复费用委托司法鉴定？

一审法院和二审法院陕西省高级人民法院经审理，均认为B公司可以提出上述司法鉴定申请，且法院应予准许。其后，两审法院均采信一审法院委托的司法鉴定机构作出的工程质量鉴定意见，认定本案工程存在部分质量问题，并判决A公司赔偿B公司相关修复费用。

A公司对本案二审判决不服，遂向最高人民法院申请再审。最高人民法院经审

查，认为该公司的再审理由均不成立，遂于2020年12月16日作出（2020）最高法民申5662号《民事裁定书》，驳回了其再审申请。

三、案例解析

从上述案情中笔者总结出的法律问题是：**在本案承包人A公司举证证明案涉工程竣工验收合格的前提下，一审法院准许发包人B公司申请对案涉工程质量及修复费用委托司法鉴定，是否合法？**

笔者认为：一审法院的准许合法，有事实依据和法律依据。主要分析如下：

其一，本案工程竣工验收报告不是免除施工人A公司履行法定的工程质量保修责任的免责证据。因为该证据仅能证明本案工程质量在2015年7月18日验收时合格，并不能证明此后该工程不会发生任何质量问题，更不能证明此后一旦发生工程质量问题，A公司有权据此免责。而且，我国尚无这种法律规定，也不应有这种法律规定，否则我国建筑法针对施工单位制定的工程质量保修制度必将形同虚设。

其二，即使A公司举证证明本案工程竣工验收合格，但是只要B公司能够初步举证证明本案工程的确存在质量问题（例如其与A公司签署的《决算决定》等证据），且反诉主张工程修复费用，那么依据相关法律的规定（详见本讲"相关法条"），B公司有权申请法院对争议的工程质量及修复费用委托司法鉴定，法院因此可以准许。

正是基于上述事实及法律依据，本案再审法院最高人民法院才会认可原审法院的裁判理由，驳回A公司的再审申请（详见本讲"裁判理由"）。

四、裁判理由

以下为最高人民法院作出的（2020）最高法民申5662号《民事裁定书》对本讲总结的上述法律问题的裁判理由：

关于原判决对质量问题的认定是否正确的问题。本案实际履行的是A公司与B公司订立的合同，B公司向A公司主张工程质量修复费用具有合同依据和法律依据。本案工程虽已竣工验收合格，但双方在对工程量及工程款进行结算时已经认可工程存在质量问题，原审法院据此认定工程存在质量问题并准许B公司质量鉴定申请，符合法律规定。A公司未能证明鉴定意见存在重大瑕疵或其他不能采信的问题，原判决在采信鉴定意见等证据基础上，判令A公司向B公司负担质量修复费用，具有事实和法律依据，处理亦无不当。

五、案例来源

（一）一审：渭南市中级人民法院（2017）陕05民初91号《民事判决书》
（二）二审：陕西省高级人民法院（2019）陕民终956号《民事判决书》

（三）再审审查：最高人民法院（2020）最高法民申5662号《民事裁定书》（见本讲附件：案例）

六、裁判要旨

建设工程虽已竣工验收合格，但承包人与发包人在对工程量及工程款进行结算时已经认可工程存在质量问题，法院据此认定工程存在质量问题并准许发包人提出的工程质量鉴定申请，符合法律规定。

七、相关法条

（一）《中华人民共和国建筑法》（根据2019年4月23日第十三届全国人民代表大会常务委员会第十次会议《关于修改〈中华人民共和国建筑法〉等八部法律的决定》第二次修正）

第五十八条　建筑施工企业对工程的施工质量负责。

建筑施工企业必须按照工程设计图纸和施工技术标准施工，不得偷工减料。工程设计的修改由原设计单位负责，建筑施工企业不得擅自修改工程设计。

第六十一条　交付竣工验收的建筑工程，必须符合规定的建筑工程质量标准，有完整的工程技术经济资料和经签署的工程保修书，并具备国家规定的其他竣工条件。

建筑工程竣工经验收合格后，方可交付使用；未经验收或者验收不合格的，不得交付使用。

第六十二条　建筑工程实行质量保修制度。

建筑工程的保修范围应当包括地基基础工程、主体结构工程、屋面防水工程和其他土建工程，以及电气管线、上下水管线的安装工程，供热、供冷系统工程等项目；保修的期限应当按照保证建筑物合理寿命年限内正常使用，维护使用者合法权益的原则确定。具体的保修范围和最低保修期限由国务院规定。

第八十条　在建筑物的合理使用寿命内，因建筑工程质量不合格受到损害的，有权向责任者要求赔偿。

（二）《建设工程质量管理条例》（根据2019年4月23日国务院令第714号《国务院关于修改部分行政法规的决定》第二次修正）

第三条　建设单位、勘察单位、设计单位、施工单位、工程监理单位依法对建设工程质量负责。

第三十九条　建设工程实行质量保修制度。

建设工程承包单位在向建设单位提交工程竣工验收报告时，应当向建设单位出具质量保修书。质量保修书中应当明确建设工程的保修范围、保修期限和保修责任等。

第四十条　在正常使用条件下，建设工程的最低保修期限为：

（一）基础设施工程、房屋建筑的地基基础工程和主体结构工程，为设计文件规定的该工程的合理使用年限；

（二）屋面防水工程、有防水要求的卫生间、房间和外墙面的防渗漏，为5年；

（三）供热与供冷系统，为2个采暖期、供冷期；

（四）电气管线、给排水管道、设备安装和装修工程，为2年。

其他项目的保修期限由发包方与承包方约定。

建设工程的保修期，自竣工验收合格之日起计算。

第四十一条　建设工程在保修范围和保修期限内发生质量问题的，施工单位应当履行保修义务，并对造成的损失承担赔偿责任。

八、实务交流

（一）在司法实践中，一些当事人会误以为只要工程竣工验收合格，就必然证明工程质量合格，那么其后出现的工程质量问题与施工承包人无关，因此不应由承包人承担修复责任。这种观点其实没有正确区分工程竣工验收合格文件与工程质量保修责任制度的法律内涵和功用。工程竣工验收合格文件仅能证明建设工程的质量在各方验收时合格，并不能证明工程真的不存在任何尚未发现、隐蔽、潜在的质量问题，甚至是人为忽略的质量问题。而工程质量保修责任制度的主要功用是如何解决建设工程在竣工验收合格之后保修期限内出现的工程质量修复问题、责任主体认定问题。因此两者的法律内涵和功用各不相同，更不能互相代替、互相抵消。

（二）对于施工承包人而言，如果发包人初步举证证明承包人的施工质量的确存在问题，那么承包人拿出工程竣工验收合格文件抗辩，其实是徒劳的。承包人与其在法庭上打毫无抵抗力的"口水战"，还不如坦然面对，接受工程质量司法鉴定，以查明有多少工程质量问题是因为施工原因导致。

（三）对于发包人而言，如果发包人希望法院顺利地准许自己提出的工程质量司法鉴定申请，应按照"谁主张，谁举证"的一般举证规则，可以初步举证证明案涉工程质量存在一定的问题，以使法官有理由相信案涉工程存在质量问题的可能性较大，进而准许发包人的申请。

九、参考类案

为使广大读者有更多的权威类案参考，笔者专门检索、提供近年来由最高人民法院作出的部分类案生效裁判文书的裁判理由（与本案上述裁判观点基本一致），供大家辩证参考、指导实践。

（一）最高人民法院（2021）最高法民再297号《民事判决书》（再审）

案涉工程竣工验收合格，并不排除存在质量问题的可能。经鉴定，案涉工程存在质量问题，A公司主张案涉工程质量符合合同要求不存在质量问题，与本案事实不符，不予支持。

（二）最高人民法院（2020）最高法民申5339号《民事裁定书》（再审审查）

经审查，一审法院依据A公司申请，对工程质量问题、修复方案及修复造价依法委托鉴定。A公司在工程质量鉴定后，未对修复费用提出异议，并根据修复造价鉴定意见进一步明确了其反诉请求。A公司申请再审提交的返工维修预算书不足以推翻修复造价鉴定意见，且其在本案中系主张工程质量修复费用，不涉及再次验收问题，故其该申请再审理由不能成立。因案涉工程经竣工验收合格并交付使用多年，本案中关于工程质量问题、修复方案及修复造价的鉴定程序合法，相关鉴定人员具有鉴定资质，且防水用料问题非因鉴定机构原因无法编制维修方案及计算修复造价，故二审法院未予准许A公司重新鉴定申请并无不当。由于防水工程尚在质保期内，A公司因该工程质量问题产生实际损失且有相关证据时，可另行主张。

（三）最高人民法院（2019）最高法民申5769号《民事裁定书》（再审审查）

本院经审查认为，A公司和B公司申请再审的理由均不能成立，现分析评判如下：

（一）《中华人民共和国建筑法》第八十条规定："在建筑物的合理使用寿命内，因建筑工程质量不合格受到损害的，有权向责任者要求赔偿。"据此，工程验收合格不等于工程真正合格，因施工人的原因发生质量事故的，其依法仍应承担民事责任。任何法律、法规均没有工程一经验收合格，施工人对之后出现的任何质量问题均可免责的规定。A公司以案涉工程已经正式通过竣工验收为由主张其不应承担责任，理由不能成立。

（四）最高人民法院（2014）民提字第00015号《民事判决书》（再审）

本院认为，工程竣工验收合格并不当然导致修复责任的免除。本案中，案涉工程虽然已经竣工验收合格，但根据一审法院委托司法鉴定机构作出的鉴定结论，该四项隐蔽工程存在与设计图纸不符合的问题，A公司亦未能就此提供经B公司和监理机构同意或者确认变更的相关证据，故A公司应当对上述四项隐蔽工程承担与设计图纸不符的修复义务，A公司主张其不应承担修复义务的理由不能成立，二审判决A公司对该四项隐蔽工程进行修复，否则扣除修复费用624123元正确，本院予以维持。

 **附件：案例**

中华人民共和国最高人民法院
民 事 裁 定 书

（2020）最高法民申5662号

再审申请人（一审原告、反诉被告，二审上诉人）：A公司。住所地：陕西省西安市经开区凤城二路16号新世纪大厦12001室。

法定代表人：王某某，A公司总经理。

委托诉讼代理人：王某，北京市某某律师事务所西安分所律师。

被申请人（一审被告、反诉原告，二审上诉人）：B公司。住所地：陕西省渭南市澄城县万泉街八路十字东南侧。

法定代表人：李某某，B公司执行董事兼总经理。

委托诉讼代理人：刘某，陕西某某律师事务所律师。

委托诉讼代理人：宁某，陕西某某律师事务所律师。

被申请人（一审被告、二审被上诉人）：C公司。住所地：陕西省西安市雁塔区西影路289号综合楼西二层。

法定代表人：徐某某，C公司总经理。

委托诉讼代理人：王某，女，C公司工作人员。

委托诉讼代理人：沈某某，男，C公司工作人员。

再审申请人A公司因与被申请人C公司、B公司建设工程施工合同纠纷一案，不服陕西省高级人民法院（2019）陕民终956号民事判决，向本院申请再审。本院依法组成合议庭进行了审查，现已审查终结。

A公司申请再审称，原判决具有《中华人民共和国民事诉讼法》（以下简称民事诉讼法）第二百条第一项、第二项、第六项规定的情形，应予再审。具体理由如下：1.原判决错误认定A公司与B公司形成总包合同关系。B公司是发包方，C公司是总包方，A公司是劳务承包方。《澄城县保兴福都苑综合扩大式劳务承包合同》系A公司与C公司签订，该合同系双方真实意思表示，合法有效。B公司私自篡改A公司与C公司的合同，A公司与该公司之间无订立合同的真实意思表示，未成立合同关系。无论合同效力如何，根据合同名称和内容，A公司承包的是劳务工程部分，不是总包建筑工程。即使B公司提供的合同真实存在，A公司也不存在超越劳务资质的情形，不符合《最高人民法院关于审理建设工程施工合同纠纷案件适用法律问题的解释》（以下简称建设工程司法解释）第一条、第二条的规定。原判决认定C公司未实际履行合同，A公司超越资质承接工程致合同无效，认定事实和适用法律均存在错误。2.原判决认定2015年12月17日《关于A公司保兴·福都苑小区1—9#楼主体工程、车库决算有关问题的决定》（以下简称《决算决定》）为结算过程中形成，并非最终结算，不符合客观事实和该协议内容。3.原判决错误认定案涉工程的质量问题以及保修主体。原判决仅依据两次鉴定意见中的建议意见作出判决，以鉴代审，适用法律错误。B公司无权突破合同相对性向A公司主张工程质量责任。A公司已经完全履行了质量义务，且案涉工程在验收前已被B公司擅自使用。根据建设工程司法解释，A公司无须承担任何责任。一审法院准许B公司申请鉴定与法有悖，且鉴定程序违法。两份司法鉴定意见依据的合同、鉴定材质存在严重问题，鉴定过程存在瑕疵，不科学、不准确。原判决未查清事实，完全按照鉴定意见中的建议方案确定修补费用，明显不公平、不合理。4.原判决判令A公司承担全部质量责任，违背了合同相对性原则，适用法律错误。B公司避开总包方C公司以及其他施工单位，仅要求劳务承包方A公司承担质量赔偿责任，对因自身原因导致的质量问题只字不提，无事实和法律依据。5.A公司要求B公司、C公司支付工程款、退还保证金及利息的请求，应全部得到支持。6.原判决存在其他程序问题。（1）一审办案法官回避理由不符合相关法律法规。（2）一审先后出现两次鉴定意见，均系B公司提出。A公司申请重新鉴定，一审法院不予准许。二审期间A公司再次提出重新鉴定，也未被准许，明显不公正。

　　C公司辩称，原判决认定事实清楚，适用法律正确，程序合法。C公司与A公司签订合同是为了备案需要，案涉工程的施工、保证金的收取、工程结算与工程款支付均由A公司和B公司进行。C公司未实际参与案涉工程，C公司与A公司无任何财务往来，双方的合同不是真实意思表示，未实际履行。应驳回A公司的再审申请。

　　本院认为，本案是再审审查案件，应当依照民事诉讼法第二百条的规定，审查当事人申请再审的事由是否成立。针对A公司提出的事由，本院作如下审查：

　　关于新的证据。A公司援引民事诉讼法第二百条第一项申请再审，但并未向本院提交新的证据，该公司此项事由不成立。

　　关于原判决对本案法律关系及合同效力的认定是否正确的问题。经审查，本案存在两份同日订立的《澄城县保兴福都苑综合扩大式劳务承包合同》。第一份由B公司与A公司签订，发包方B公司，承包方A公司。第二份由C公司与A公司签订，发包方C公司，承包方A公司，代C公司签字的是B公司经理李某某（B公司法定代表人之妻），两份合同内容基本一致。实际施工过程中，工程款的结算及给付均由B公司与A公司直接对接，A公司未能证明C公司参与了工程的管理及建设。原判决根据现有证据认定实际履行的是B公司与A公司订立的合同，而非C公司与A公司订立的合同，处理并无不当。A公司不具有承包案涉工程的资质，原判决认定A公司超越资质承包工程致合同无效，具有事实和法律依据。A公司此项申请再审事由不成立，本院不予支持。

　　关于原判决对质量问题的认定是否正确的问题。本案实际履行的是A公司与B公司订立的合同，B公司向A公司主张工程质量修复费用具有合同依据和法律依据。本案工程虽已竣工验收合格，但双方在对工程量及工程款进行结算时已经认可工程存在质量问题，原审法院据此认定工程存在质量问题并准许B公司质量鉴定申请，符合法律规定。A公司未能证明鉴定意见存在重大瑕疵或其他不能采信的问题，原判决在采信鉴定意见等证据基础上，判令A公司向B公司负担质量修复费用，具有事实和法律依据，处理亦无不当。

关于原判决对《决算决定》和工程款、保证金及其利息的认定是否正确的问题。对于《决算决定》，经审查，该文件第七项载明"双方就部分问题仍未达成一致，未形成最终的结算结论"，文意非常明确，A公司亦未能举证证明该文件系最终结算结论，原判决据此认定该文件形成于结算过程中，非最终结算，处理正确。对于保证金及利息，原判决已支持了A公司有关保证金及其利息的请求。对于工程款，根据《决算决定》对工程量及价款标准的约定，B公司应付A公司工程款51472211.04元。经双方核对确认付款票据，A公司认可收到工程款46104507.5元。对双方争议的1074850.15元，原判决按照证据规则进行认定，将其中7项共计122329元计入已付工程款，符合法律规定。对于工程款利息，因部分工程存在质量问题，双方同意待鉴定后再议，原判决据此认定尚不具备给付条件，未支持A公司关于工程款利息的请求，处理无明显不当。

关于原审是否存在民事诉讼法第二百条规定的程序违法问题。A公司称存在两份鉴定，经审查，原审法院未两次委托鉴定，仅依据B公司的申请对案涉工程的质量委托了鉴定。原审法院依法选取鉴定机构并组织双方对鉴材进行质证，鉴定机构依法鉴定并出具了鉴定意见及补充意见，鉴定程序合法。原审法院未准许A公司的重新鉴定申请，处理并无不当。关于回避，原一审法院案件承办人严格依照法律规定进行了回避，程序合法，A公司未就此问题提起上诉，现以此为由申请再审，不能成立，本院不予支持。

综上，A公司的再审申请不符合《中华人民共和国民事诉讼法》第二百条第一项、第二、第六项规定的情形。依照《中华人民共和国民事诉讼法》第二百零四条第一款，《最高人民法院关于适用〈中华人民共和国民事诉讼法〉的解释》第三百九十五条第二款规定，裁定如下：

驳回A公司的再审申请。

审判长　　欧海燕

审判员　　任雪峰

审判员　　胡　瑜

二〇二〇年十二月十六日

法官助理　郭立品

书记员　　陈　璐

发包人擅自使用未竣工验收工程，哪些情形下法院不准许工程质量鉴定

一、阅读提示

发包人擅自使用未竣工验收的工程，其后发现工程质量的确存在问题，那么其能否主张施工承包人承担工程质量责任？其如果向法院申请对争议的工程质量及修复损失委托司法鉴定，哪些情形下法院依法应予准许？哪些情形下法院依法不应准许？

二、案例简介

2013年，实际施工人A先后与发包人B公司签订两份建筑工程施工合同，先后承包集贤县天水家园小区A-H、I-P及会馆计16栋楼，3#、4#、5#、6#、8#、9#楼的土建、采暖、给水排水、电气等工程的施工。其后，A入场施工，在未与B公司完成竣工验收的情况下，将其完成的工程交付B公司。B公司接收工程后出售了部分楼房，其中部分买受人已实际入住所购房屋。

2017年，A因B公司拖欠工程款将其起诉至黑龙江省双鸭山市中级人民法院（以下简称一审法院），诉请该公司支付拖欠的工程款及利息。

本案的争议焦点之一是：B公司主张A应承担工程质量保修责任是否成立。对此，B公司认为A交付的工程存在部分质量问题，应承担工程质量保修责任，因此向二审法院黑龙江省高级人民法院申请对A已完工程存在质量问题部分的造价委托司法鉴定。二审法院经审理，认为B公司的申请没有事实依据和法律依据，因此不予准许，并维持了一审判决。

其后，B公司依法向最高人民法院申请再审。其申请再审的主要理由之一仍然是上述抗辩理由，但提交了5份新证据。其中提交的集贤县建筑工程质量监督站《工程质量/不良行为整改通知单》《鉴定委托书》《技术鉴定书》证明：A施工的天水家园小区15栋楼屋面不符合图纸设计及《屋面工程质量验收规范》GB 50207—2012要求。

其中5栋楼已入住，屋面在质保期内，且存在质量问题，10栋楼屋面存在质量问题，未完工、未入住、未使用。

最高人民法院经审查，认为B公司提交的新证据不能证明A已完工程中的10栋楼存在未交付、未使用的情况。相反，却能够证明在案涉工程未竣工验收前，B公司就已接收使用该工程，且部分房产已办理了产权手续。最高人民法院认为B公司提出的全部再审理由均不成立，遂于2021年5月28日作出（2021）最高法民申2311号《民事裁定书》，驳回B公司的再审申请。

三、案例解析

从上述案情中笔者总结出的法律问题有两个，具体如下：

第1个问题：本案二审法院不准许发包人B公司申请对实际施工人A已完工程存在质量问题部分的造价委托司法鉴定，是否合法？

第2个问题：本案再审法院认为B公司提交的新证据不能证明实际施工人A已完工程中的10栋楼存在未交付、未使用的情况，是否合法？

（一）对第1个问题的解析

笔者认为：二审法院的认定理由合法，有事实依据和法律依据。

根据上述案情可知，发包人B公司在未与承包人A办理工程竣工验收的情形下，擅自使用了A施工完成的工程，该事实直接导致B公司必然承担不利的法律后果——即本案审理时尚在施行的《最高人民法院关于审理建设工程施工合同纠纷案件适用法律问题的解释》（法释〔2004〕14号，被法释〔2020〕16号文件废止）第十三条规定的法律后果："建设工程未经竣工验收，发包人擅自使用后，又以使用部分质量不符合约定为由主张权利的，不予支持；但是承包人应当在建设工程的合理使用寿命内对地基基础工程和主体结构质量承担民事责任。"

根据上述法律规定可知，B公司在本案一审、二审诉讼中抗辩A交付的工程质量问题应该不属于地基基础工程和主体结构工程质量问题，或者其没有充分举证证明这些工程质量问题不属于其擅自使用工程存在的质量问题，那么其向二审法院申请工程质量司法鉴定，显然不符合上述法律的规定，因此二审法院才不准许其鉴定申请。

（二）对第2个问题的解析

笔者认为：本案再审法院对该问题的认定值得探讨。

根据上述案情可知，B公司应该是为了弥补其在原审中举证不足的缺憾，在申请再审时提交了5份新证据。其中一份新证据是集贤县建筑工程质量监督站作出的《工程质量/不良行为整改通知单》《鉴定委托书》《技术鉴定书》，用以证明：A施工的天水家园小区15栋楼屋面不符合图纸设计及《屋面工程质量验收规范》GB 50207—2012

要求。其中5栋楼已入住，屋面在质保期内，且存在质量问题，10栋楼屋面存在质量问题，未完工、未入住、未使用。

该证据由当地建设工程质量监管官方出具，其证明效力显然高于其他非官方主体出具的同类证据，其能证明A交付B公司的工程中有10栋楼房未完工、未入住、未使用。无论它是否属于新证据，在当事人没有相反证据足以否定它的情形下，再审法院依法应采信该证据。因为该证据证明的事项事关认定A依法应否对B公司未擅自使用的10栋楼承担工程质量责任。但是，本案再审法院对该证据却作出了相反的认定（详见本讲"裁判理由"），值得探讨。

需要提示的是：B公司在本案一审、二审诉讼中应该没有提交上述重要的新证据，因此我们不能认为一审、二审法院依据当时的在案证据认定本案基本事实不清或错误。

四、裁判理由

以下为最高人民法院作出的（2021）最高法民申2311号《民事裁定书》对本讲总结的上述法律问题的裁判理由：

本案再审审查期间，B公司以新证据名义提交了以下证据：

1. 2021年1月11日，集贤县信访局《关于2018—2020年在天水家园全款购买楼房未入住来访登记情况证明》。证明：A施工的24号楼房至今未入住，未使用。

2. 集贤县建筑工程质量监督站《工程质量/不良行为整改通知单》《鉴定委托书》《技术鉴定书》证明：A施工的天水家园小区15栋楼屋面不符合图纸设计及《屋面工程质量验收规范》GB 50207—2012要求。其中5栋楼已入住，屋面在质保期内，且存在质量问题，10栋楼屋面存在质量问题，未完工、未入住、未使用。

3. 集贤县天福苑物业管理有限公司出具的《证明》。证明：A施工的工程仍有10栋楼未完工、未入住、未使用。

4. 双鸭山市新正司法鉴定所《鉴定咨询意见书》。证明：A施工的21栋住宅楼存在尚未完工及质量等问题，需要维修工程预算8526458.56元。

5. （2020）黑0521民初3838号案件庭审笔录。证明：2021年1月11日，A在庭审中自认其施工的天水家园小区部分楼宇未入住、未使用。

本院经审查认为，本案再审审查的主要问题是原审对双方就案涉工程是否交付以及工程是否存在质量问题等争议处理是否妥当。

对于B公司为证明其再审主张向本院提交的前述证据，本院经审查认为，证据1虽记载"各全款购买天水家园的业户因未办理入住手续而未入住"，但不能证明案涉工程未使用。且该证据同时记载"部分业户已经办理房照"，证据2亦有"其中5栋楼已入住"的记载，因只有作为开发商的B公司可以办理产权证，以上证据恰恰证明A施工上述工程后已经实际交付给B公司及案涉工程已入住、使用的事实。对于证据3、4、5欲证明事项，B公司二审中主张，对于A撤场后的未完工程，由B公司自行组织完成施工，故应扣除相应施工费用；B公司的以上自认，可以证明其在竣工验收前擅自使用案涉工程，根据《建工合同司法解释》第十三条"建设工程未经竣工验收，发包人擅自使用后，又以使用部分质量不符合约定为由主张权利的，不予支持"的规定，已构成B公司免除A对其施工工程存在质量瑕疵的维修或返工义务的情形。综上，B公司关于新证据足以推翻原判决的再审主张，依法不能成立。

如前所述，B公司申请再审过程中提交的证据无法证明A施工工程中的10栋楼存在未交付、未使用的情况。相反，却能够证明在案涉工程未竣工验收前，B公司就已接收使用该工程，且部分房产已办理了产权手续。因此，B公司以案涉工程部分未交付为由要求扣减相应工程价款的再审申请理由，依法不能成立。

关于对B公司提出的鉴定申请不予准许是否适用法律错误问题……关于B公司提出对质量瑕疵部分进行造价鉴定的申请，如前所述，因B公司在竣工验收前擅自使用案涉工程已构成免除A维修或返工义务的情形，故根据《最高人民法院关于适用〈中华人民共和国民事诉讼法〉的解释》第一百二十一条的规定，亦无鉴定必要。据此，对B公司该再审申请理由，本院依法不予支持。

五、案例来源

（一）一审：双鸭山市中级人民法院（2017）黑05民初29号《民事判决书》

（二）二审：黑龙江省高级人民法院（2020）黑民终240号《民事判决书》

（三）再审审查：最高人民法院（2021）最高法民申2311号《民事裁定书》（见本讲附件：案例）

六、裁判要旨

发包人在竣工验收前擅自使用案涉工程，根据《建工合同司法解释》关于"建设工程未经竣工验收，发包人擅自使用后，又以使用部分质量不符合约定为由主张权利的，不予支持"的规定，已构成发包人免除施工承包人对其施工工程存在质量瑕疵的维修或返工义务的情形。此时如果发包人向法院提出对质量瑕疵部分进行造价鉴定的申请，根据《最高人民法院关于适用〈中华人民共和国民事诉讼法〉的解释》第一百二十一条的规定，亦无鉴定必要，法院应不准许。

七、相关法条

（一）《最高人民法院关于审理建设工程施工合同纠纷案件适用法律问题的解释（一）》（法释〔2020〕25号）

第十二条 因承包人的原因造成建设工程质量不符合约定，承包人拒绝修理、返工或者改建，发包人请求减少支付工程价款的，人民法院应予支持。

第十四条　建设工程未经竣工验收，发包人擅自使用后，又以使用部分质量不符合约定为由主张权利的，人民法院不予支持；但是承包人应当在建设工程的合理使用寿命内对地基基础工程和主体结构质量承担民事责任。

（二）《最高人民法院关于适用〈中华人民共和国民事诉讼法〉的解释》（2022年3月22日修正）

第一百二十一条　当事人申请鉴定，可以在举证期限届满前提出。申请鉴定的事项与待证事实无关联，或者对证明待证事实无意义的，人民法院不予准许。

人民法院准许当事人鉴定申请的，应当组织双方当事人协商确定具备相应资格的鉴定人。当事人协商不成的，由人民法院指定。

符合依职权调查收集证据条件的，人民法院应当依职权委托鉴定，在询问当事人的意见后，指定具备相应资格的鉴定人。

八、实务交流

（一）在建设工程行业中，与本案类似的情况十分常见。即承包人因各种原因中途撤场或者基本完成全部施工后撤场，发包人在客观上未能与承包人办理工程竣工验收手续，其后为了不耽误工程按期投入使用，最终违法擅自使用。发包人这种违法行为必将使自己承担极为不利的法律后果，即现行《最高人民法院关于审理建设工程施工合同纠纷案件适用法律问题的解释（一）》第十四条规定的法律后果（以下简称《建工司解第十四条》，详见本讲"相关法条"）。

（二）笔者认为《建工司解第十四条》虽然有严惩发包人擅自违法使用未竣工验收工程或者验收不合格工程的司法目的，具有现实合理性，但是该规定并没有明示是否可以免除承包人对其完成的除地基基础工程和主体结构工程以外工程的质量保修责任。经深入研究，笔者发现在2021年出版的《最高人民法院新建设工程施工合同司法解释（一）理解与适用》一书中，最高人民法院民事审判第一庭对上述规定的解读是："我们认为，出现发包人擅自使用建设工程的情形，承包人对发包人擅自使用部分，不应再承担质量保修责任，因为本条规定的发包人承担的质量责任范围为除地基基础工程和主体结构质量以外的所有质量问题，与前述法律规定的质量保修责任的范围是重叠的，如果承包人对发包人擅自使用的建设工程部分仍应承担保修责任，则本条规定就失去了其意义。"即《建工司解第十四条》暗含了应免除承包人除地基基础工程和主体结构工程以外工程的质量保修责任之意。

（三）笔者认为《建工司解第十四条》暗含了应免除承包人除地基基础工程和主体结构工程以外工程的质量保修责任之意，值得探讨。

其一，从立法的严谨性分析。《建工司解第十四条》直接来源于2005年1月1日起施行的《最高人民法院关于审理建设工程施工合同纠纷案件适用法律问题的解释》

（法释〔2004〕14号，被法释〔2020〕16号文件废止）第十三条的规定，该规定出台至今十几年备受争议，即大家对该规定是否暗含免除承包人的工程质量保修责任理解各异、争论不休。对于这些争论，最高人民法院终于通过《最高人民法院新建设工程施工合同司法解释（一）理解与适用》一书定分止争，既然其认为《建工司解第十四条》暗含了应免除承包人除地基基础工程和主体结构工程以外工程的质量保修责任之意，为何不直接在司法解释中写明？毕竟没有多少人甚至是法律人会通过购买《最高人民法院新建设工程施工合同司法解释（一）理解与适用》图书来揣摩模棱两可的《建工司解第十四条》的含义。"两高"出台司法解释的主要目的是解决上位法不具体、不周延、不明确等立法缺憾问题，起到在司法实践中定分止争的作用。因此，笔者建议不要在出台司法解释之后，还要以出版释义、著述等非立法方式对极易引发争议的不明确的司法解释再度解释，而应及时修改、明确、完善该司法解释的规定。

其二，从法律位阶的效力分析。《建工司解第十四条》暗含了应免除承包人除地基基础工程和主体结构工程以外工程的质量保修责任，过于保护承包人尤其是施工质量的确严重不合格的承包人的利益，显然与我国现行上位法《中华人民共和国建筑法》第六十二条规定的建筑工程实行质量保修制度相冲突。《中华人民共和国建筑法》对施工承包人的工程质量责任设计、划分为两部分：以工程竣工验收合格为分界线，承包人对工程竣工验收合格之前的工程质量问题依法承担修复责任，对工程竣工验收合格之后的工程质量问题依法承担保修责任。反观《建工司解第十四条》，它仅遵从了《中华人民共和国建筑法》规定的承包人应当在建设工程的合理使用寿命内对地基基础工程和主体结构工程承担质量责任，但彻底解除了《中华人民共和国建筑法》对承包人设置的工程质量保修责任法律枷锁，既没有上位法的依据，又与上位法相悖，严惩发包人越位太远了。

（四）对于发包人而言，要么依法在竣工验收合格之后使用建设工程，要么做好应对《建工司解第十四条》的举证工作。如果选择后者，发包人可以在自己未擅自使用的工程范围，如未使用的工程是否可独立区分、是否是单项工程，承包人施工的地基基础工程和主体结构工程是否存在质量问题等方面做好举证工作。对于承包人存在的其他工程质量问题，即使发包人有充分证据证明属实，法院依据上述《建工司解第十四条》仍会不支持发包人的相关诉求，更不会准许发包人据此申请委托司法鉴定。

九、参考类案

为使广大读者有更多的权威类案参考，笔者专门检索、提供近年来由最高人民法院作出的部分类案生效裁判文书的裁判理由（与本案上述裁判观点基本一致），供大家辩证参考、指导实践。

（一）最高人民法院（2020）最高法民终766号《民事判决书》（二审）

A公司上诉认为案涉工程存在多处质量问题，即便其没有提起反诉，也应当进行工程质量鉴定，并以此来抵销应付工程款；一审法院驳回鉴定申请，程序违法。经查，A公司虽然没有组织对案涉工程进行整体竣工验收，但于2013年、2014年组织对案涉工程项目主体结构进行验收（主体结构质量合格），并已经接收案涉工程，办理了富川大酒店及其附属工程的房屋所有权证及观澜府邸1—5#商住楼的商品房预售许可证，应视为案涉工程质量合格。现A公司基于工程质量缺陷提出减少或拒付工程价款的请求，是相对于B公司、B公司阳新分公司请求支付工程价款而提出的独立诉讼请求。因A公司对此未提出反诉，亦未充分举证证明案涉工程存在质量问题，一审法院结合案涉工程主体结构质量经验收合格、A公司已接收使用案涉工程的实际情况，未准许A公司在本案中进行质量鉴定的请求，并无不当，A公司关于一审程序违法的上诉理由不能成立。若A公司认为案涉工程存在质量问题，可以另行提起诉讼。

（二）最高人民法院（2019）最高法民申6740号《民事裁定书》（再审审查）

《最高人民法院关于审理建设施工合同纠纷案件适用法律问题的解释》第十三条规定："建设工程未经竣工验收，发包人擅自使用后，又以使用部分质量不符合约定为由主张权利的，不予支持；但是承包人应当在建设工程的合理使用寿命内对地基基础工程和主体结构质量承担民事责任。"据此，在建设施工单位未经过竣工验收或者验收未通过的情况下，发包人违反法律规定，擅自或者强行使用，即可视为发包人对建筑工程质量是认可的，或者虽然工程质量不合格但其自愿承担质量责任，工程相应的质量风险随着发包人的提前使用转移至发包人。但承包人应当在建设工程的合理使用寿命内对地基基础工程和主体结构质量承担民事责任。A公司在法律规定的最长试运行期内并未就2号排水井标高问题提出异议，并且在试运行期满后，也未组织验收擅自使用，根据上述规定，应当视为其对工程质量符合合同约定予以认可，即便存在主体结构和地基基础以外的其他问题，亦应当自行承担相应责任……

最后，因A公司在提起本案诉讼之前已使用案涉工程一年多，且擅自使用案涉工程的责任应由A公司承担，故原审法院对其提出的对工程质量以及修复费用的司法鉴定申请不予准许，以及二审法院对《香格里拉市红牛铜矿伊隆迈尾矿库质量等情况的说明》《香格里拉云矿某某矿业有限公司4000t/d采选项目尾矿库2#井标高问题初步讨论会会议记录》未予采信，并无不当。

（三）最高人民法院（2020）最高法民申2646号《民事裁定书》（再审审查）

关于原审法院未予准许A公司对案涉工程造价及质量进行鉴定的申请是否违反法定程序的问题。负责案涉工程清包五项，因其不具备建设工程施工资质，《工程合同书》无效，但B有权要求参照合同约定支付工程价款。《工程合同书》中明确约定了按建筑面积和单价计算B施工的工程价款，故案涉工程无需进行造价鉴定。《最高人民法院关于审理建设工程施工合同纠纷案件适用法律问题的解释》第十三条规定："建设工程未经竣工验收，发包人擅自使用后，又以使用部分质量不符合约定为由主张权利的，不予支持"。案涉工程虽未经竣工验收，但已交付A公司，A公司已将房屋出售并交付使用，且A公司未提交证据证明其曾经因案涉工程质量问题向B提出异议，故原审法院未予准许A公司要求对工程质量进行鉴定的申请，并无不当。

（四）最高人民法院（2020）最高法民终982号《民事判决书》（二审）

《最高人民法院关于适用〈中华人民共和国民事诉讼法〉的解释》第一百二十一条第一款规定："当事人申请鉴定，可以在举证期限届满前提出。申请鉴定的事项与待证事实无关联，或者对证明待证事实无意义的，人民法院不予准许。"根据上述司法解释的规定，因A公司未提供证据证明案涉工程的地基基础工程和主体结构存在质量问题的初步证据，且质量监督部门已经对工程质量作出质量监督检查，案涉工程实际使用并网发电近四年时间，结合现场勘察情况，一审法院对A公司提出的对案涉工程质量进行鉴定的申请未予准许，并无不当。A公司关于一审法院未支持其鉴定申请、程序违法的上诉主张，理据不足，本院不予支持。

（五）最高人民法院（2020）最高法民申6924号《民事裁定书》（再审审查）

基于以上分析，案涉工程已经竣工验收且交付使用，A公司主张案涉工程存在的质量问题，并非地基基础和主体结构问题，不影响诉争工程款的支付；而案涉工程土建部分已经超过保修期，屋面工程部分的质量鉴定问题，二审判决亦明确可以在另案中处理。一、二审法院未准许A公司就工程质量问题的鉴定申请，并无不当，不构成程序错误。A公司的该项申请再审事由不能成立。

（六）最高人民法院（2020）最高法民申4310号《民事裁定书》（再审审查）

（三）原审对工程质量、修复或拆除费用、未完工程造价和A公司造成的经济损失不予鉴定并不违反法律规定。2016年8月8日的《会议纪要》明确"甲方同意乙方退场""双方认可已完成的工程形象进度起3日内，新的施工队伍就可以进场施工"，B公司在一审庭审中也承认有他人进场施工。在同意A公司退场的前提下，B公司应当采取措施减少损失，且办理施工许可证本为发包方B公司义务，因无法取得施工许可证致工程停滞的责任应由其自行承担。在此情形下，B公司接受工程，并安排让人进场，视为对工程质量无异议，故对工程质量、修复或拆除费、未完工程造价进行鉴定已无必要。

（七）最高人民法院（2020）最高法民终483号《民事判决书》（二审）

《最高人民法院关于审理建设工程施工合同纠纷案件适用法律问题的解释》第十三条规定："建设工程未经竣工验收，发包人擅自使用后，又以使用部分质量不符合约定为由主张权利的，不予支持；但是承包人应当在建设工程的合理使用寿命内对地基基础工程和主体结构质量承担民事责任。"本案中，A公司主张的质量缺陷不属于地基基础工程和主体结构质量问题。根据已查明的事实，本案工程未经竣工验收，A公司及监理单位某某公司于2015年4月7日向B公司发出XJ2015-4-7《工作联系单》，要求B公司撤离工地。2015年4月7日至4月9日，A公司组织人员拆除了临建活动板房，收回了案涉工程。此前，双方已先后交付使用了九栋楼房。本院认为，A公司擅自使用未经验收的建设工程，现又以质量不符合约定主张权利，缺乏法律依据。同时，合同二亦约定未经竣工验收发包人不得使用，如果使用一切质量问题均由发包人承担。因此，一审判决按照《最高人民法院关于审理建设工程施工合同纠纷案件适用法律问题的解释》第十三条的规定，对A公司的质量索赔不予支持，处理正确。A公司此项上诉理由不成立，本院不予支持。对A公司的鉴定申请，本院不予准许，并已将本院决定告知该公司。

（八）最高人民法院（2019）最高法民终794号《民事判决书》（二审）

《公路工程竣（交）工验收办法》第十四条规定："试运营期不得超过3年。"《总包协议》第13条约定缺陷责任期按工程交工验收后2年计。案涉公路于2011年4月开始通车，至今已经通车超过8年时间，早已经过了试运行期及缺陷责任期。在公路已交付使用的情况下，未进行竣工验收并非B公司的责任，A公司有关质量保修期未开始计算的上诉理由，本院不予支持。案涉工程分别于2011年4月24日和2013年10月29日进行了两次交工验收，并形成《公路工程交工验收证书》，载明工程质量合格。而《云南省磨黑至思茅高速公路2016年桥梁、隧道及路基路面技术状况评定总报告》形成于2017年。云南省公路局针对复核检测的批复明确"为有效推进全省公路养护管理科学、规范化进程"，作出该报告的云南公路工程试验检测中心也在一审中当庭陈述该报告检测技术手段、技术评定标准和检测目的均是从公路运营期间的养护角度出发。故而一审认定该报告不足以证明案涉公路建设中存在质量问题，并无不当。在A公司未能证明案涉工程地基基础工程和主体结构工程存在问题的情况下，即便案涉公路目前存在如其所述的质量问题，也不能证明其不是A公司六年来的养护问题而系B公司六年前的施工质量问题。故A公司要求B公司承担质量方面的修复义务及损失赔偿责任的主张，均缺乏事实依据。A公司向本院申请对案涉工程进行工程安全司法鉴定并对工程质量及修复方案、质量缺陷修复造价进行鉴定，本院不予准许。

 **附件：案例**

中华人民共和国最高人民法院
民事裁定书

（2021）最高法民申2311号

再审申请人（一审被告、二审上诉人）：B公司，住所地黑龙江省双鸭山市集贤县福利镇繁荣区13委158号（教堂北侧200米）。

法定代表人：张某，B公司总经理。

委托诉讼代理人：孙某，黑龙江某某枫律师事务所律师。

委托诉讼代理人：李某某，广西某某律师事务所律师。

被申请人（一审原告，二审被上诉人）：A，男，1964年4月3日出生，汉族，住黑龙江省佳木斯市前进区。

再审申请人B公司因与被申请人A建设工程施工合同纠纷一案，不服黑龙江省高级人民法院（2020）黑民终240号民事判决，向本院申请再审。本院依法组成合议庭进行了审查，现已审查终结。

B公司申请再审称：一、有新的证据足以推翻原判决。2021年1月11日，集贤县信访局《关于2018—2020年在天水家园全款购买楼房未入住来访登记情况证明》证明A施工的24号楼房至今未入住、未使用。集贤县建筑工程质量监督站《工程质量/不良行为整改通知单》、集贤县天福苑物业管理有限公司出具的《证明》能够证明A施工的工程仍有10栋楼未完工、未入住、未使用。二、原审认定案涉房屋已经实际交付使用是错误的，A施工的工程仍有10栋楼未完工、未交付、未使用。原审法院未对未完工程造价进行审理，属于认定基本事实不清。B公司以案涉工程存在未完工程为由拒绝支付工程款，是行使先履行抗辩权。三、原审适用法律错误。《最高人民法院关于审理建设工程施工合同纠纷案件适用法律问题的解释》（以下简称《建工合同司法解释》）第二条是对因承包人无建筑施工企业资质而导致合同无效情况下的合格建筑工程予以有条件的认可，支付工程款的前提条件是工程经竣工验收合格。因案涉房屋存在质量问题，人民法院应对未完工、未交付、未使用的10栋楼扣减相应工程价款。该10栋楼不具备支付工程价款的基本条件，不属于建设工程未经竣工验收，发包人擅自使用的情形。原一、二审法院未予以区分，认定案涉房屋已经实际交付使用，并认定A施工工程款数额中包含该10栋楼的工程价款。另外，原二审法院对B公司提出的对质量瑕疵部分进行造价鉴定的申请不予准许，适用法律错误。本案质量问题发生在质保期内，A作为实际施工人应当履行保修义务，并对造成的损失承担赔偿责任或扣减相应的工程价款。人民法院在审理案件过程中认为待证事实需要通过鉴定意见证明的，应当向当事人释明，并指定提出鉴定申请的期间。综上，根据《中华人民共和国民事诉讼法》第二百条第一项、第二项和第六项之规定，请求再审本案。

本案再审审查期间，B公司以新证据名义提交了以下证据：

1.2021年1月11日，集贤县信访局《关于2018—2020年在天水家园全款购买楼房未入住来访登记情况证明》。证明：A施工的24号楼房至今未入住，未使用。

2.集贤县建筑工程质量监督站《工程质量/不良行为整改通知单》《鉴定委托书》《技术鉴定书》证明：A施工的天水家园小区15栋楼屋面不符合图纸设计及《屋面工程质量验收规范》GB 50207—2012要求。其中5栋楼已入住，屋面在质保期内，且存在质量问题，10栋楼屋面存在质量问题，未完工、未入住、未使用。

3.集贤县某某苑物业管理有限公司出具的《证明》。证明：A施工的工程仍有10栋楼未完工、未入住、未使用。

4.双鸭山市某某司法鉴定所《鉴定咨询意见书》。证明：A施工的21栋住宅楼存在尚未完工及质量等问题，需要维修工程预算8526458.56元。

5.（2020）黑0521民初3838号案件庭审笔录。证明：2021年1月11日，A在庭审中自认其施工的天水家园小区部分楼宇未入住、未使用。

本院经审查认为，本案再审审查的主要问题是原审对双方就案涉工程是否交付以及工程是否存在质量问题等争议处理是否妥当。

对于B公司为证明其再审主张向本院提交的前述证据，本院经审查认为，证据1虽记载"各全款购买天水家园的业户因未办理入住手续而未入住"，但不能证明案涉工程未使用。且该证据同时记载"部分业户已经办理房照"，证据2亦有"其中5栋楼已入住"的记载，因只有作为开发商的B公司可以办理产权证，以上证据恰恰证明A施工上述工程后已经实际交付给B公司及案涉工程已入住、使用的事实。对于证据3、4、5欲证明事项，B公司二审中主张，对于A撤场后的未完工程，由B公司自行组织完成施工，故应扣除相应施工费用；B公司的以上自认，可以证明其在竣工验收前擅自使用案涉工程，根据《建工合同司法解释》第十三条"建设工程未经竣工验收，发包人擅自使用后，又以使用部分质量不符合约定为由主张权利的，不予支持"的规定，已构成B公司免除A对其施工工程存在质量瑕疵的维修或返工义务的情形。综上，B公司关于新证据足以推翻原判决的再审主张，依法不能成立。

如前所述，B公司申请再审过程中提交的证据无法证明A施工工程中的10栋楼存在未交付、未使用的情况。相反，却能够证明在案涉工程未竣工验收前，B公司就已接收使用该工程，且部分房产已办理了产权手续。因此，B公司以案涉工程部分未交付为由要求扣减相应工程价款的再审申请理由，依法不能成立。

关于对B公司提出的鉴定申请不予准许是否适用法律错误问题。B公司对于扣减未完工程价款的主张，依法负有举证责任。本案一审时，一审法院已在庭审中向双方当事人询问是否需要进行鉴定，但B公司并未提出鉴定申请，亦未能完成相应举证，原一审法院对其该项主张未在本案处理，但赋予其另案起诉权利，并无不当。关于B公司提出对质量瑕疵部分进行造价鉴定的申请，如前所述，因B公司在竣工验收前擅自使用案涉工程已构成免除A维修或返工义务的情形，故根据《最高人民法院关于适用〈中华人民共和国民事诉讼法〉的解释》第一百二十一条的规定，亦无鉴定必要。

据此，对B公司该再审申请理由，本院依法不予支持。

综上，B公司的再审申请不符合《中华人民共和国民事诉讼法》第二百条第一项、第二项和第六项规定的再审情形。依照《中华人民共和国民事诉讼法》第二百零四条第一款、《最高人民法院关于适用〈中华人民共和国民事诉讼法〉的解释》第三百九十五条第二款之规定，裁定如下：

驳回B公司的再审申请。

审判长　　张树明

审判员　　向国慧

审判员　　郑　勇

二〇二一年五月二十八日

法官助理　赵明娇

书记员　　曹美施

发包人擅自使用未竣工验收工程，哪种情形下法院准许工程质量鉴定

一、阅读提示

根据相关司法解释的规定，发包人擅自使用承包人施工完成的未竣工验收工程，法院通常会据此视为发包人认可该部分工程质量合格。如果此时发包人在相关诉讼中申请法院对其擅自使用的工程质量委托司法鉴定，法院通常情况下依法不予准许，但仅有一种例外情形会准许鉴定。那么这种例外情形究竟如何？

二、案例简介

2014年5月28日，施工承包人A公司与发包人B公司签订《建设工程施工合同》，约定由A公司承揽西宁市大通县煤炭集中交易市场建设工程。其后，A公司入场施工。在A公司完成了部分工程的情况下，因B公司建设资金不足，双方于2015年10月9日签订《合同解除协议书》，A公司退场。

A公司完成的案涉工程未经竣工验收，B公司就已实际使用了该工程，使用过程中发现案涉工程部分钢架管子开裂，贯穿性裂纹、脱落、锈蚀等，质量安全隐患显露。

2018年，A公司因本案施工合同纠纷将B公司等主体起诉至青海省高级人民法院（以下简称一审法院），提出了要求B公司支付剩余工程款、赔偿违约金等诉讼请求。其后，B公司提起反诉，提出了要求A公司支付案涉工程防风抑尘网基础及钢架主体结构质量问题的整改加固费用等反诉请求。

本案历经两审，其中的争议焦点之一是：A公司应否对案涉地基基础工程存在的质量问题承担保修责任以及整改费用如何认定？为证明该事实成立，B公司依法向一审法院申请对案涉工程的防风抑尘钢架基础工程及防风抑尘钢架主体结构质量问题及其整改费用委托司法鉴定。一审法院依法准许，遂先后委托3家不同资质的司法鉴定机构对案涉防尘网工程质量、整改方案、整改费用进行鉴定。其中，工程质量鉴定机构出具《鉴定意见书》，证明案涉工程质量有四处不合格。

对于上述争议焦点，本案一审法院和二审法院最高人民法院经审理后均认为A公司应对案涉地基基础工程存在的质量问题承担整改责任。一审法院判决支持了当事双方各自的部分诉讼请求，但当事双方均不服，遂依法向最高人民法院上诉。最高人民法院经审理后认为双方的上诉理由均不成立，遂于2022年6月29日作出（2021）最高法民终1054号《民事判决书》，维持一审判决。

三、案例解析

从上述案情中笔者总结出本案暗藏的两个非常重要的法律问题：

第1个问题：发包人B公司在擅自使用承包人A公司完成的未竣工验收工程的前提下，其向一审法院申请对案涉工程的防风抑尘钢架基础工程及防风抑尘钢架主体结构质量问题及其整改费用委托司法鉴定，一审法院准许其申请是否合法？

第2个问题：如果B公司申请对A公司完成的除地基基础工程和主体结构工程之外的其他工程的质量问题委托司法鉴定，一审法院依法应否准许？

（一）对第1个问题的解析

笔者认为：一审法院准许发包人B公司的申请有事实依据和法律依据。根据上述案情可知，B公司在承包人A公司完成的工程未经验收之前的确擅自使用了该工程，依据《最高人民法院关于审理建设工程施工合同纠纷案件适用法律问题的解释》的规定："建设工程未经竣工验收，发包人擅自使用后，又以使用部分质量不符合约定为由主张权利的，不予支持；但是承包人应当在建设工程的合理使用寿命内对地基基础工程和主体结构质量承担民事责任。"A公司在本案中仅对其完成的地基基础工程和主体结构工程承担质量保修责任，对其他工程不再承担质量保修责任。因此，B公司可以向一审法院初步举证证明A公司完成的地基基础工程和主体结构工程存在质量问题，遂有权向法院申请对该部分工程质量委托相关司法鉴定机构鉴定，此时一审法院才会准许，显然有事实依据和法律依据。

（二）对第2个问题的解析

笔者认为：一审法院依法应不予准许。因为依据上述司法解释的规定可知，发包人擅自使用了承包人完成的未经验收的工程，视为其已经认可承包人完成的工程质量合格，或者虽然不认可该工程质量合格但自愿承担擅自使用导致的法律后果，此时承包人仅对其完成的地基基础工程和主体结构工程依法承担质量保修责任，对于其他工程不再承担质量保修责任。因此，无论发包人是否举证证明承包人完成的除地基基础工程和主体结构工程之外的其他工程存在质量问题，或申请法院对该工程质量问题委托司法鉴定，法院依法均不应准许。对于本问题的深入解读，有兴趣的读者可以参阅本书第6讲《发包人擅自使用未竣工验收工程，哪些情形下法院不准许工程质量鉴定》。

正是基于上述事实及法律依据，本案一审法院才会准许B公司的司法鉴定申请，二审法院最高人民法院才会支持一审法院的观点（详见本讲"裁判理由"）。

四、裁判理由

以下为二审法院最高人民法院作出的（2021）最高法民终1054号《民事判决书》对本讲总结的上述法律问题的裁判理由：

1.A公司就案涉地基基础工程存在的质量责任并未免除

A公司主张其责任已经免除的依据是《协议书》第五条，但是该《协议书》第五条约定内容为"乙方承揽范围内的工程已经完工，但尚未竣工验收，乙方协助该工程的竣工验收，自相关五方单位签字盖章通过验收后20日内向甲方提交乙方承建完成的全部工程验收资料，该协议生效后，乙方不再承担保修责任。如因乙方不提交项目的竣工资料，甲方有权拒付剩余1000万元工程款并不承担逾期付款的违约责任。"依据该条约定，该《协议书》生效后，A公司免除的责任为"保修责任"。保修责任是施工单位在建筑工程竣工验收后、保修期内出现的非因使用不当、第三方或者不可抗力造成的质量缺陷，承担无条件按交付时的原貌和质量标准实施修复的责任，保修责任不同于地基基础工程和主体结构的质量保证责任，且《协议书》第六条也约定："本工程质量以《中华人民共和国建筑法》《建设工程质量管理条例》相关法律、法规的规定及双方签订的《建设工程施工合同》相关条款为依据"。建筑法第六十条规定："建筑物在合理使用寿命内，必须确保地基基础工程和主体结构的质量"，A公司应当对案涉地基基础工程承担责任。根据本案查明的事实，案涉工程经鉴定存在混凝土柱箍筋间距不合格、混凝土柱垂直度不合格、混凝土基础防腐做法不符合设计要求及混凝土柱的构件截面尺寸不合格等地基基础工程问题，依照《最高人民法院关于审理建设工程施工合同纠纷案件适用法律问题的解释》第十三条"建设工程未经竣工验收，发包人擅自使用后，又以使用部分质量不符合约定为由主张权利的，不予支持；但是承包人应当在建设工程的合理使用寿命内对地基基础工程和主体结构质量承担民事责任。"之规定，A公司应当对案涉地基基础工程存在的质量问题承担整改责任。A公司称B公司已经免除A公司责任的理由，依法不能成立。

五、案例来源

一、一审：青海省高级人民法院（2018）青民初25号《民事判决书》

二、二审：最高人民法院（2021）最高法民终1054号《民事判决书》（因其篇幅过长，故不纳入本讲附件）

六、裁判要旨

建设工程未经竣工验收，发包人擅自使用后，承包人应当在建设工程的合理使用寿命内对地基基础工程和主体结构工程的质量承担民事责任。在此情形下，发包人仅能向法院申请对承包人完成的地基基础工程和主体结构工程存在的质量问题委托相关司法鉴定，法院依法可以准许。

七、相关法条

（一）《中华人民共和国民法典》（2020年5月28日第十三届全国人民代表大会第三次会议通过）

第七百九十九条　建设工程竣工后，发包人应当根据施工图纸及说明书、国家颁发的施工验收规范和质量检验标准及时进行验收。验收合格的，发包人应当按照约定支付价款，并接收该建设工程。

建设工程竣工经验收合格后，方可交付使用；未经验收或者验收不合格的，不得交付使用。

（二）《中华人民共和国建筑法》（根据2019年4月23日第十三届全国人民代表大会常务委员会第十次会议《关于修改〈中华人民共和国建筑法〉等八部法律的决定》第二次修正）

第五十八条　建筑施工企业对工程的施工质量负责。

建筑施工企业必须按照工程设计图纸和施工技术标准施工，不得偷工减料。工程设计的修改由原设计单位负责，建筑施工企业不得擅自修改工程设计。

第六十条　建筑物在合理使用寿命内，必须确保地基基础工程和主体结构的质量。

建筑工程竣工时，屋顶、墙面不得留有渗漏、开裂等质量缺陷；对已发现的质量缺陷，建筑施工企业应当修复。

第六十一条　交付竣工验收的建筑工程，必须符合规定的建筑工程质量标准，有完整的工程技术经济资料和经签署的工程保修书，并具备国家规定的其他竣工条件。

建筑工程竣工经验收合格后，方可交付使用；未经验收或者验收不合格的，不得交付使用。

第六十二条　建筑工程实行质量保修制度。

建筑工程的保修范围应当包括地基基础工程、主体结构工程、屋面防水工程和其他土建工程，以及电气管线、上下水管线的安装工程，供热、供冷系统工程等项目；保修的期限应当按照保证建筑物合理寿命年限内正常使用，维护使用者合法权益的原则确定。具体的保修范围和最低保修期限由国务院规定。

（三）《建设工程质量管理条例》（根据2019年4月23日国务院令第714号《国务院关于修改部分行政法规的决定》第二次修正）

第三十二条　施工单位对施工中出现质量问题的建设工程或者竣工验收不合格的建设工程，应当负责返修。

第三十九条　建设工程实行质量保修制度。

建设工程承包单位在向建设单位提交工程竣工验收报告时，应当向建设单位出具质量保修书。质量保修书中应当明确建设工程的保修范围、保修期限和保修责任等。

第四十条　在正常使用条件下，建设工程的最低保修期限为：

（一）基础设施工程、房屋建筑的地基基础工程和主体结构工程，为设计文件规定的该工程的合理使用年限；

（二）屋面防水工程、有防水要求的卫生间、房间和外墙面的防渗漏，为5年；

（三）供热与供冷系统，为2个采暖期、供冷期；

（四）电气管线、给排水管道、设备安装和装修工程，为2年。

其他项目的保修期限由发包方与承包方约定。

建设工程的保修期，自竣工验收合格之日起计算。

第四十一条　建设工程在保修范围和保修期限内发生质量问题的，施工单位应当履行保修义务，并对造成的损失承担赔偿责任。

（四）《最高人民法院关于审理建设工程施工合同纠纷案件适用法律问题的解释（一）》（法释〔2020〕25号）

第十二条　因承包人的原因造成建设工程质量不符合约定，承包人拒绝修理、返工或者改建，发包人请求减少支付工程价款的，人民法院应予支持。

第十四条　建设工程未经竣工验收，发包人擅自使用后，又以使用部分质量不符合约定为由主张权利的，人民法院不予支持；但是承包人应当在建设工程的合理使用寿命内对地基基础工程和主体结构质量承担民事责任。

第三十二条　当事人对工程造价、质量、修复费用等专门性问题有争议，人民法院认为需要鉴定的，应当向负有举证责任的当事人释明。当事人经释明未申请鉴定，虽申请鉴定但未支付鉴定费用或者拒不提供相关材料的，应当承担举证不能的法律后果。

一审诉讼中负有举证责任的当事人未申请鉴定，虽申请鉴定但未支付鉴定费用或者拒不提供相关材料，二审诉讼中申请鉴定，人民法院认为确有必要的，应当依照民事诉讼法第一百七十条第一款第三项的规定处理。

（五）《民用建筑设计统一标准》GB 50352—2019

3.2.1　民用建筑的设计使用年限应符合表3.2.1的规定。

表 3.2.1 设计使用年限分类

类别	设计使用年限（年）	示例
1	5	临时性建筑
2	25	易于替换结构构件的建筑
3	50	普通建筑和构筑物
4	100	纪念性建筑和特别重要的建筑

（六）《建筑地基基础设计规范》GB 50007—2011

3.0.7 地基基础的设计使用年限不应小于建筑结构的设计使用年限。

（七）《建筑结构可靠性设计统一标准》GB 50068—2018

3.3.2 建筑结构设计时，应规定结构的设计使用年限。

3.3.3 建筑结构的设计使用年限，应按表3.3.3采用。

表 3.3.3 建筑结构的设计使用年限

类别	设计使用年限（年）
临时性建筑结构	5
易于替换的结构构件	25
普通房屋和构筑物	50
标志性建筑和特别重要的建筑结构	100

八、实务交流

（一）在建设工程施工合同纠纷诉讼案中，当承包人向发包人起诉索要剩余工程款的时候，不少发包人通常会以工程质量存在问题为由抗辩、应诉，这几乎是这类诉讼的标配方案。但是这种标配方案并不是万能方案。因为通过本案的解析可知，在发包人擅自使用承包人完成的未经验收的工程范围内，发包人依法仅能对承包人完成的地基基础工程和主体结构工程的质量问题提出抗辩并举证（包括申请司法鉴定），如果对其他工程的质量问题提出抗辩并举证，均徒劳。

（二）对于发包人而言，因为所建工程必须按期投入使用、需要尽快回收投资款，按期还贷等多种原因，导致自己被迫擅自使用承包人完成的未经验收的工程，的确难以避免。因此发包人就需要把重点放在自己与承包人解除施工合同时双方如何完成承包人已完工程的验收以及证据收集等工作上。如果那时验收承包人的已完工程质量合格，建议双方约定承包人从工程验收合格之日起开始承担保修责任；如果验收不合格，建议双方约定承包人返修或抵扣工程款，且仍需承担保修责任。这样操作基本能解决双方后续可能发生的工程质量纠纷诉讼中的许多法律障碍。

（三）对于承包人而言，在发包人擅自使用了其完成的未经验收的工程范围内，虽然上述司法解释变相免除了承包人完成的除了地基基础工程和主体结构工程之外的其他工程的质量保修责任，但是希望承包人仍应坚守建设工程相关法律、国家标准，确保自己的施工质量经得起法律检验和历史检验，确保将来那些无辜的使用人的生命安全。

（四）对于本案涉及的上述司法解释的合法性、合理性问题，笔者认为值得商榷。从2005年1月1日起施行的《最高人民法院关于审理建设工程施工合同纠纷案件适用法律问题的解释》第十三条规定："建设工程未经竣工验收，发包人擅自使用后，又以使用部分质量不符合约定为由主张权利的，不予支持；但是承包人应当在建设工程的合理使用寿命内对地基基础工程和主体结构质量承担民事责任。"该规定不因上述司法解释的废止、替代而废止，一直施行至今19年。该规定的立法目的之一是督促发包人组织、完成工程竣工验收的法定义务，但变相免除了承包人除了地基基础工程和主体结构工程之外的其他工程的质量保修责任，与上位法《中华人民共和国建筑法》赋予施工单位承担工程竣工验收合格后的质量保修责任这一法定义务明显相悖。此外，该司法解释的规定矫枉过正，它对于承包人最大的作用是扫除了承包人不会因其完成的工程未经竣工验收合格而拿不到工程款的法律障碍，但没有必要进一步免除承包人依法应承担的工程质量保修责任。因此，笔者建议该规定删除"但是承包人应当在建设工程的合理使用寿命内对地基基础工程和主体结构质量承担民事责任。"将该句修改为："但是承包人依法依约仍应对其完成的工程承担质量保修责任。"

九、参考类案

为使广大读者有更多的权威类案参考，笔者专门检索、提供近年来由最高人民法院作出的部分类案的生效裁判文书的裁判理由（其中，与本案上述裁判观点基本一致的正例4例，与本案上述裁判观点相反的反例1例），供大家辩证参考、指导实践。

（一）正例：最高人民法院（2023）最高法民申3322号《民事裁定书》（再审审查）

就本案而言，首先，A分公司在B公司撤场后，在未就B公司修建的工程进行验收的情况下，另行委托第三方在B公司修建工程的基础上继续施工，属于擅自使用未经验收的建设工程。因此本案不应适用2004建工司法解释第十条、第三条的规定，而应适用2004建工司法解释第十三条的规定……其次，案涉工程经鉴定存在的质量问题涉及主体结构。根据2004建工司法解释第十三条的规定，即使二审判决认定视为A分公司对B公司修建工程质量的认可，也不能免除B公司对所修建工程中地基基础工程和主体结构质量承担民事责任。在案涉工程的合理使用寿命内，如后续施工、验收及实际使用过程中因B公司建设的地基基础工程和主体结构质量影响安全使用、产生质量修复费用等，A分公司可另行向B公司主张承担民事责任。

备注：《最高人民法院关于审理建设工程施工合同纠纷案件适用法律问题的解释》（法释〔2004〕14号）简称为2004建工司法解释。

（二）正例：最高人民法院（2021）最高法民终304号《民事判决书》（二审）

经鉴定并核算，A公司施工的工程地基基础工程和主体结构，以及屋面防水存在工程质量问题，需要维修的费用为4943211.28元。根据《最高人民法院关于审理建设工程施工合同纠纷案件适用法律问题的解释》第十三条关于"建设工程未经竣工验收，发包人擅自使用后，又以使用部分质量不符合约定为由主张权利的，不予支持；但是承包人应当在建设工程的合理使用寿命内对地基基础工程和主体结构质量承担民事责任"的规定，A公司应当承担维修费用4943211.28元。

（三）正例：最高人民法院（2021）最高法民申5497号《民事裁定书》（再审审查）

由于案涉工程未经竣工验收程序，根据《最高人民法院关于审理建设工程施工合同纠纷案件适用法律问题的解释》（法释〔2004〕14号）第十三条"建设工程未经竣工验收，发包人擅自使用后，又以使用部分质量不符合约定为由主张权利的，不予支持；但是承包人应当在建设工程的合理使用寿命内对地基基础工程和主体结构质量承担民事责任"的规定，二审法院以A公司收取其上租金作为认定A公司已经实际使用案涉工程的依据，并将该时间作为计收工程款利息的起算点，符合事实，于法有据。由于《建设工程施工合同》没有明确约定工程质量标准，二审法院根据司法鉴定参照的相关技术标准确定的结论，认定B对案涉工程承担质保责任，适用法律正确。

（四）正例：最高人民法院（2020）最高法民终355号《民事判决书》（二审）

针对第三个争议焦点，主要涉及A公司反诉中主张的工程质量问题。本案案涉工程已完成分部分项质量验收，未进行竣工验收，但是案涉房屋已交付使用，根据《最高人民法院关于审理建设工程施工合同纠纷案件适用法律问题的解释》第十三条"建设工程未经竣工验收，发包人擅自使用后，又以使用部分质量不符合约定为由主张权利的，不予支持；但是承包人应当在建设工程的合理使用寿命内对地基基础工程和主体结构质量承担民事责任"的规定，本案只针对地基基础工程和主体结构质量问题进行审查。根据甘肃同辉工程质量检测技术有限责任公司司法鉴定意见……该院认为，该鉴定意见虽对存在的建设工程问题及处置作出意见和建议，但D2#住宅楼的实际位置不符合规范问题，主要涉及规划部门、设计方、建设方、施工方、监理方各自责任，但不属于建设工程的地基基础工程和主体结构质量问题……以上，A公司诉请改建和修复不合格工程或赔偿损失的诉请不予支持。

（五）反例：最高人民法院（2019）最高法民申2610号《民事裁定书》（再审审查）

1.笔者提示：根据本案当事人申请再审时的陈述、答辩可知，本案一审、二审法院均没有认定发包人擅自使用了承包人完成的未竣工验收工程，再审法院最高人民法院认定了该事实，但没有依据《最高人民法院关于审理建设工程施工合同纠纷案件适用法律问题的解释》第十三条的规定纠正原审错误。

2.最高人民法院裁定理由：案涉工程未经竣工验收，A公司即将房屋交付购房人使用，构成擅自使用，但二审法院在认定工程质量缺陷和维修方案的鉴定程序合法，鉴定结论也经过合法质证的情况下，以B公司应当承担保修责任且拒绝维修为由，依据河北衡信某某工程项目管理有限公司出具的《升达置地广场小区维修费用造价鉴定意见书》及补充意见，判令B公司向A公司支付维修费用36683042元，并无不当。B公司关于二审法院判令其支付维修费用违反《最高人民法院关于审理建设工程施工合同纠纷案件适用法律问题的解释》第十三条规定的主张，于法无据。

承包人因不申请工程造价司法鉴定败诉，申请再审为何先成功后失败

一、阅读提示

施工承包人起诉发包人索要剩余工程款及损失，但却不申请工程造价司法鉴定，导致一审、二审法院均以其举证不能为由判其败诉。承包人因此先后两次向最高人民法院申请再审。但是，最高人民法院第一次支持了其再审申请理由，第二次却不支持。原因何在？

二、案例简介

2010年5月28日，实际施工人A与施工总承包人B公司的项目负责人C签订《协议书》，约定由A承建远东置业工程东方明珠住宅楼工程，承包方式是包工包料，工程价款为大包干每平方米1000元。

2010年7月1日，B公司作为施工总承包人与发包人呼伦贝尔市某某公司签订了《建设工程施工合同》，承建该公司开发的东方明珠国际社区（一期工程）。B公司委派C为该工程项目负责人进行施工。

上述合同签订后，案涉工程大部分实际由A承包完成，但其并未完成合同约定的全部工程量。2015年，A因施工合同纠纷，将B公司、C起诉至呼伦贝尔市中级人民法院（以下简称一审法院），索要剩余工程款及损失。

在一审诉讼中，A虽然提供了相关证据证明其完成的工程量，但不申请、不同意对其完成的工程造价做司法鉴定。因此，一审法院在未根据在案证据审核认定A已完工程量及应得工程款的情况下，认为其应承担举证不能的法律责任，判决驳回其全部诉讼请求。

A不服一审判决，遂向内蒙古自治区高级人民法院（以下简称二审法院）上诉。但二审法院认可一审法院的判决理由，因此维持原判。A不服，继续向最高人民法院申请再审。

最高人民法院经审理，认为一审、二审法院应根据A提供的证据对其完成的工程

量进行审核与认定，或依职权对相关事实进行调查。现仅以A不同意司法鉴定为由驳回其诉讼请求不当。因此于2016年9月30日作出（2016）最高法民申2667号《民事裁定书》，指令二审法院再审本案。

其后，本案历经再审、重审，但是A仍然不申请司法鉴定，认为案涉工程无法鉴定也无需鉴定，而且未能提供充分证据证明其完成的工程量。因此，一审法院和二审法院最终认为其依法应承担举证不能的法律责任，判决驳回其全部诉讼请求。A对此不服，再次向最高人民法院申请再审。最高人民法院经审理，认为一审法院和二审法院的重审判决理由合法，遂于2019年9月10日作出（2019）最高法民申3325号《民事裁定书》，驳回A的再审申请。

三、案例解析

从上述案情中笔者总结出的法律问题是：**在本案实际施工人A同样不向原审法院（即一审法院和二审法院）申请工程造价司法鉴定的情形下，为什么最高人民法院认为原审法院对第一次原审案的判决理由不合法，而对第二次再审重审案的判决理由却合法？**

笔者分析理由如下：

（一）为什么最高人民法院认为原审法院对第一次原审案的判决理由不合法？

众所周知，依据"谁主张，谁举证"的一般举证原则和法律规定，作为实际施工人的A在本案中对其实际完成的工程量及应得工程款依法负有举证义务。其要么向法院提供充分有效的证据证明，要么向法院申请工程造价司法鉴定证明，以完成该举证义务，否则将承担举证不能的法律责任。

在第一次原审案中，A应该是向原审法院提供了相关证据证明其已完工程量及应得工程款（暂且不论是否充分、有效），但没有向原审法院申请工程造价司法鉴定。在此情形下，原审法院的合法做法应该是：要么根据本案当事人提交的现有证据认定A的已完工程量及应得工程款，要么依职权对上述争议事实进行调查和认定。如果最终无法认定，那么可以依据相关法律规定判决A败诉。

但遗憾的是，原审法院均没有这么操作，相反直接仅以A不申请司法鉴定为由，判决其败诉，显然不合法。正因为如此，最高人民法院才会作出（2016）最高法民申2667号《民事裁定书》，指令二审法院再审本案（详见本讲"裁判理由"）。

（二）为什么最高人民法院认为原审法院对第二次再审重审案的判决理由合法？

根据上述案情简介可知，A很不容易申请再审成功，但是其后不知何故，他在重审案中仍然不向两审法院申请工程造价司法鉴定，而且最为关键的是，他提供给法院的现有证据不能被法院作为有效的定案证据，即不能有效证明其实际完成的工程量及应得工程款。因此，在此情形下，两审法院在避免了此前原审判决的程序错误后，对重审案完全有理由、有事实、有法律依据判决A败诉。

正因为如此，最高人民法院才会作出（2019）最高法民申3325号《民事裁定书》，确认两审法院本次判决理由合法，驳回了A的再审申请（详见本讲"裁判理由"）。

四、裁判理由

（一）最高人民法院（2016）最高法民申2667号《民事裁定书》对本讲总结的上述法律问题的裁判理由

本案双方当事人对于案涉建设工程施工合同无效均不持异议。虽然建设工程施工合同无效，但A作为实际施工人有权请求B公司对其实际施工的工程支付工程价款。从本案一审查明的情况看，A已完成案涉大部分工程，B公司应当向A就其完成的工程量支付相应的工程价款。一、二审判决应就A提供的证据就其完成的工程量进行审核与认定，或依职权对相关事实进行调查。现一、二审判决仅以A不同意鉴定为由驳回其诉讼请求不当。

（二）最高人民法院（2019）最高法民申3325号《民事裁定书》对本讲总结的上述法律问题的裁判理由

在本院以（2016）最高法民申2667号民事裁定将本案指令内蒙古自治区高级人民法院再审后，一审、二审法院多次向A释明需进行鉴定才能查明其实际施工的工程量，但A均以无需鉴定、无法鉴定等理由拒绝申请鉴定，使得法院凭现有证据无法对其实际施工量及施工比例作出准确认定。因此，原审法院认定A应承担举证不能的不利后果，驳回其诉讼请求并无不当。

五、案例来源

（一）第一次再审审查：最高人民法院（2016）最高法民申2667号《民事裁定书》（见本讲附件：案例一）

（二）再审：内蒙古自治区高级人民法院（2018）内民再177号《民事判决书》

（三）第二次再审审查：最高人民法院（2019）最高法民申3325号《民事裁定书》（见本讲附件：案例二）

六、裁判要旨

在建设工程施工合同纠纷诉讼案中，施工承包人对其争议的已完工程量及应得工程款负有法定的举证义务。当其向法院提供了部分证据证明上述事实，但没有依法向法院申请工程造价司法鉴定，法院不能在未对承包人提供的现有证据进行审核与认定，或依职权对相关事实进行调查的前提下，仅以承包人不申请司法鉴定为由驳回其诉讼请求。

法院多次向负有举证义务的施工承包人释明需进行司法鉴定才能查明其实际施工的工程量，但承包人均以无需鉴定、无法鉴定等理由拒绝申请鉴定，使得法院凭现有证据无法对其实际施工量及施工比例作出准确认定。因此，法院认定承包人应承担举证不能的不利后果，驳回其诉讼请求并无不当。

七、相关法条

（一）《中华人民共和国民事诉讼法》（根据2023年9月1日第十四届全国人民代表大会常务委员会第五次会议《关于修改〈中华人民共和国民事诉讼法〉的决定》第五次修正）

第六十七条　当事人对自己提出的主张，有责任提供证据。

当事人及其诉讼代理人因客观原因不能自行收集的证据，或者人民法院认为审理案件需要的证据，人民法院应当调查收集。

人民法院应当按照法定程序，全面地、客观地审查核实证据。

第七十九条　当事人可以就查明事实的专门性问题向人民法院申请鉴定。当事人申请鉴定的，由双方当事人协商确定具备资格的鉴定人；协商不成的，由人民法院指定。

当事人未申请鉴定，人民法院对专门性问题认为需要鉴定的，应当委托具备资格的鉴定人进行鉴定。

（二）《最高人民法院关于审理建设工程施工合同纠纷案件适用法律问题的解释（一）》（法释〔2020〕25号）

第三十二条　当事人对工程造价、质量、修复费用等专门性问题有争议，人民法院认为需要鉴定的，应当向负有举证责任的当事人释明。当事人经释明未申请鉴定，虽申请鉴定但未支付鉴定费用或者拒不提供相关材料的，应当承担举证不能的法律后果。

一审诉讼中负有举证责任的当事人未申请鉴定，虽申请鉴定但未支付鉴定费用或者拒不提供相关材料，二审诉讼中申请鉴定，人民法院认为确有必要的，应当依照民事诉讼法第一百七十条第一款第三项的规定处理。

八、实务交流

（一）对于施工承包人而言，务必要吸取本案实际施工人的败诉教训。如果承包人向法院提供的证据不能充分证明自己实际完成的工程量以及应得的工程款，那么依法应当向法院申请工程造价司法鉴定。否则最终迎接承包人的判决结果基本是败诉。此外，经笔者检索了解，在当前的司法实践中，类似于本案最高人民法院第一次支持实际施工人再审申请的案例非常少，更多的案例是不支持。因此，负有法定举证义务的施工承包人更应该主动向法院申请工程造价司法鉴定，切忌对自己的举证责任抱有侥幸心理。

（二）对于法院而言，建议吸取本案原审法院对第一次原审案的程序错误教训。即使当事人不依法申请工程造价司法鉴定，但如果其向法院提供了相应的证据证明（即使不充分），那么法院不应置之不理，更不应仅因为当事人不申请司法鉴定而判决其败诉。毕竟，《中华人民共和国民事诉讼法》并没有规定司法鉴定必须只能由当事人申请启动，相反，法院在某些特殊情形下仍有权依职权启动司法鉴定。此立法目的不外乎是希望法院能够尽可能查明案件事实，维护当事人的合法权益，真正实现案结事了。

九、参考类案

为使广大读者有更多的权威类案参考，笔者专门检索、提供近年来由最高人民法院作出的部分类案的生效裁判文书的裁判理由［与本案最高人民法院（2019）最高法民申3325号《民事裁定书》的上述裁判观点基本一致］，供大家辩证参考、指导实践。

（一）最高人民法院（2021）最高法民申6126号《民事裁定书》（再审审查）

《最高人民法院关于民事诉讼证据的若干规定》第三十一条第二款规定："对需要鉴定的待证事实负有举证责任的当事人，在人民法院指定期间内无正当理由不提出鉴定申请或者不预交鉴定费用，或者拒不提供相关材料，致使待证事实无法查明的，应当承担举证不能的法律后果。"一、二审法院在审理中均向A公司释明本案应对工程造价进行鉴定，但A公司均拒绝提出鉴定申请，其依法应当承担举证不能的不利后果。原审判决据此驳回A公司的诉讼请求，亦无不当。如A公司能够提供审计所需资料并实现鉴定，双方可另循途径协商解决。

（二）最高人民法院（2019）最高法民申3108号《民事裁定书》（再审审查）

"抗辩者承担证明责任，否认者不承担证明责任"，A公司及其福泉分公司作为对B公司主张的积极否认者，对B公司主张的工程量及应付工程款不承担证明责任。即使A公司及其福泉分公司提供证据不能证明其主张的事实，也不能免除B公司就其施工量及工程价款的举证义务和证明责任。B公司认为，应先由A公司及其福泉分公司证明2013年9月之后完成的工程造价，再从工程包干总价中减去该部分工程造价，即为B公司应得工程款。该主张混淆了民事诉讼中抗辩与否认之间在证明责任上的区别，不能成立。此外，一审法院组织双方当事人协商委托鉴定机构就2013年9月1日前的施工量进行鉴定，但B公司不同意鉴定。第二审程序中，B公司亦未就其施工部分申请鉴定。B公司自主处分其完成工程造价的申请鉴定权利，不违反法律规定，原审判决亦无不当。

（三）最高人民法院（2019）最高法民终237号《民事判决书》（二审）

一审中，A公司申请对钢结构部分的工程造价进行司法鉴定，但B公司坚持不同意该申请。因本案系B公司起诉主张案涉工程款，其对钢结构部分的诉讼主张有义务举证证明，在其证据不足以证明诉讼主张的情况下，仍坚持不同意针对该部分造价进行司法鉴定，应承担举证不能的不利后果。据此，一审判决未支持B公司关于钢结构部分的诉讼请求，事实及法律依据充分，并无不妥。

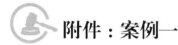

附件：案例一

中华人民共和国最高人民法院
民 事 裁 定 书

（2016）最高法民申2667号

再审申请人（一审原告、二审上诉人）：A。

委托诉讼代理人：何某，辽宁某某律师事务所律师。

被申请人（一审被告、二审被上诉人）：B公司，住所地江苏省南通市崇川区城市花苑19—201室。

法定代表人：朱某某，B公司董事长。

一审第三人：C。

再审申请人A因与被申请人B公司、一审第三人C建设工程施工合同纠纷一案，不服内蒙古自治区高级人民法院（2015）内民一终字第00171号民事判决，向本院申请再审。本院依法组成合议庭进行了审查，现已审查终结。

A申请再审称，1.一审法院认定A作为案涉工程的承包人是正确的，但认定A有权索要其已施工完成部分的工程款是错误的。因为根据《协议书》双方当事人之间是大包，即包工包料。A是案涉承建楼房的总施工人，其有权要求B公司结算全部工程款。2.一审判决认定："由于原告A对其完成的工程量不申请进行司法鉴定，根据《最高人民法院关于适用〈中华人民共和国民事诉讼法〉的解释》第九十条的规定，原告A对其主张的应付工程款数额并未提交有效证据予以证实，应承担举证不能的不利后果。"这一认定是错误的。虽然A承认有少许工程没有完工，但未完工的原因是有人强行将A赶出了施工现场。A从来没有放弃此次施工，还有大量的施工设施、设备留在现场。结合A是大包此项工程，这些楼房已经竣工验收合格交付入住的事实，人民法院就应当支持A的付款请求。虽有少许工程没有完工，但这并不影响竣工验收和应当向A给付工程款的事实。一审法院仅以A不对其完成的工程量申请司法鉴定为由就认定其没有证据证明应付工程款数额是错误的。A索要的是整个工程的价款扣除B公司应支付的部分工程余款。一审法院将A的诉讼请求一拆为二，即认定A仅有权索要已完成的工程量的工程款，未完成的工程量无权索要。对已完成的工程量的工程款还要求进行司法鉴定，与客观事实不符。即使A不主张司法鉴定，一审法院也可以自己依职权进行司法鉴定。3.二审判决维持一审判决的理由只有一个，即仍然认为A索要全部剩余工程款没有事实及法律依据，认为A有少许工程没有干完就无权索要工程款，这是错误的。剩余的少许工程没有施工完全是因为第三人强行将A赶离了施工现场。综上，A依据《中华人民共和国民事诉讼法》第二百条第一项、第六项的规定申请再审。

本院经审查认为，本案的焦点问题是一、二审判决未支持A要求B公司支付工程款及利息的主张是否正确。

本案双方当事人对于案涉建设工程施工合同无效均不持异议。虽然建设工程施工合同无效，但A作为实际施工人有权请求B公司对其实际施工的工程支付工程价款。从本案一审查明的情况看，A已完成案涉大部分工程，B公司应当向A就其完成的工程量支付相应的工程价款。一、二审判决应就A提供的证据就其完成的工程量进行审核与认定，或依职权对相关事实进行调查。现一、二审判决仅以A不同意鉴定为由驳回其诉讼请求不当。

依照《中华人民共和国民事诉讼法》第二百零四条、第二百零六条，《最高人民法院关于适用〈中华人民共和国民事诉讼法〉的解释》第三百九十五条第一款的规定，裁定如下：

一、指令内蒙古自治区高级人民法院再审本案；

二、再审期间，中止原判决执行。

审　判　长　　王友祥

审　判　员　　王毓莹

代理审判员　　王　丹

二〇一六年九月三十日

书　记　员　　王永明

 附件：案例二

中华人民共和国最高人民法院
民 事 裁 定 书

（2019）最高法民申3325号

再审申请人（一审原告、二审上诉人）：A。

委托诉讼代理人：何某，辽宁某某律师事务所律师。

被申请人（一审被告、二审被上诉人）：B公司，住所地江苏省南通市崇川区城市花苑19-201室。

法定代表人：朱某某，B公司董事长。

一审第三人：C。

再审申请人A因与被申请人B公司，一审第三人C建设工程施工合同纠纷一案，不服内蒙古自治区高级人民法院（2018）内民再177号民事判决，向本院申请再审。本院依法组成合议庭对本案进行了审查，现已审查终结。

A申请再审称，（一）一审、二审判决驳回A的诉讼请求，违背最高人民法院和内蒙古自治区高级人民法院的裁定意见。1.最高人民法院（2016）最高法民申2667号民事裁定书及内蒙古自治区高级人民法院（2017）内民再89号民事裁定书均载明必须对A的主张进行审核认定，或依职权对相关事实进行调查，必要时委托专门机构对工程量的占比进行鉴定。原审法院未按这两份裁定要求进行审核认定，更没有依职权调查工程量，也没有依职权委托专门机构进行鉴定。2.本案是最高人民法院发回重审的案件，且关系到A等一大批农民工群体、材料商的合法权益，应当由原审法院审判委员会讨论，一审未经讨论就作出判决，且判决理由与最初一审雷同。（二）原审法院未调查确定工程量，也未去查看现场，判决错误。1.A是此工程的承包人，所有的案涉工程都是其承包范围，工程款也应当向A结算，A施工的楼房早已竣工入住，验收合格。根据《最高人民法院关于审理建设工程施工合同纠纷案件适用法律问题的解释》第二条规定，B公司应当向A给付拖欠的施工款。A是该工程的大包方，任何未经A转包的人都无权进到场地施工。2.二审判决称A不主张鉴定，由此驳回上诉请求错误。案涉工程快完工时，C将A强行赶离现场，后完成少许施工。施工现场有大量A自带的施工机械设备，如电缆、推车、各种材料等。A并未将此工程转包给C，双方之间没有任何的交接手续。造成A施工量无法核实的过错在于B公司和C，他们强占了工地，未催告A回现场施工，未做A施工量的证据保全，未履行交接手续，无法进行鉴定。根据上述事实，本案没必要鉴定工程量，B公司与C故意强占A的施工现场，应承担过错责任，即使C干了少量的剩余工程，考虑他们的严重过错，也应判决他们向A给付全部工程款。3.原审法院以A应当对完成的施工量不能举证为由，驳回A的诉讼请求错误。4.一、二审法院以A陈述的施工量前后不一为由，称其工程量主张不能成立错误。A是合同的大包主体，也按全部工程量索要工程款。A并没有将此工程分包、转包给他人。少许没有完成的工程量是C违法强行施工造成的，不应当保护其施工的合法性。A依据《中华人民共和国民事诉讼法》第二百条第一项、第六项规定申请再审。

本院认为，本案再审审查的主要问题是：原审驳回A的诉讼请求是否正确。具体分析如下：

第一，根据《最高人民法院关于审理建设工程施工合同纠纷案件适用法律问题的解释》第一条规定，A与C签订的《协议书》为无效合同，对此各方当事人均无异议。A作为实际施工人，根据《协议书》约定进行了施工，B公司及C对A的施工行为均予以认可，案涉工程已经竣工验收并已投入使用。虽然《协议书》无效，但A对其已施工完成部分的工程量，可以根据《最高人民法院关于审理建设工程施工合同纠纷案件适用法律问题的解释》第二条规定，请求B公司支付工程款。

第二，A认可并未完成《协议书》约定的全部施工内容，对于其实际完成的工程量到底是多少的问题，其在一审法院第一次审理期间，历次庭审中的陈述均不一致，且B公司和C对其陈述不予认可。

在本院以（2016）最高法民申2667号民事裁定将本案指令内蒙古自治区高级人民法院再审后，一审、二审法院多次向A释明需进行鉴定才能查明其实际施工的工程量，但A均以无需鉴定、无法鉴定等理由拒绝申请鉴定，使得法院凭现有证据无法对其实际施工量及施工比例作出准确认定。因此，原审法院认定A应承担举证不能的不利后果，驳回其诉讼请求并无不当。

第三，再审申请期间，A称因C将其强行赶离现场，未做其施工量的证据保全，未履行交接手续，本案没必要鉴定工程量，但其仍未提供充分证据证明已完成的工程量到底是多少。另外，A关于其具有大包法律地位，所有的案涉工程都是其承包范围，所有工程量均应当认定为由其实际完成，所有工程款应当向A结算的再审申请主张没有事实和法律依据，不予支持。

综上，A的再审事由不成立。依照《中华人民共和国民事诉讼法》第二百零四条第一款，《最高人民法院关于适用〈中华人民共和国民事诉讼法〉的解释》第三百九十五条第二款规定，裁定如下：

驳回A的再审申请。

审判长　　刘银春

审判员　　汪治平

审判员　　谢爱梅

二〇一九年九月十日

法官助理　柳　凝

书记员　　武泽龙

当事人均不申请工程造价司法鉴定，法院可否依职权委托鉴定

一、阅读提示

施工合同当事人如果均不依法申请法院委托工程造价司法鉴定，但一审法院决定依职权委托鉴定，且该决定并不符合司法解释的相关规定。请问：一审法院的决定是否合法？是否会被上级法院纠正？

二、案例解析

2017年，施工总承包人A公司因施工合同纠纷将发包人B公司起诉至海南省三亚市中级人民法院（以下简称一审法院），提出了索要剩余工程款及违约金等多项诉讼请求。B公司遂提起反诉。

在一审中，当事双方虽然对工程竣工结算款存在争议，且提出了各自的证据，但经一审法院释明，双方均不申请对本案工程造价做司法鉴定。一审法院为查明本案工程造价数额这一基本事实，遂决定依职权委托工程造价鉴定。当事双方均书面确认同意各自预交一半的鉴定费。但其后因B公司拒绝向鉴定单位预交一半的鉴定费，致使本案司法鉴定无法开展而终止。

其后，一审法院根据本案现有证据和举证规则，作出了一审判决，支持了A公司诉请的大部分工程款及利息损失。B公司对一审判决不服，先后依法向海南省高级人民法院（以下简称二审法院）上诉，向最高人民法院申请再审。其提出的主要理由之一是：认为一审法院依职权委托鉴定并要求其承担一半的鉴定费用涉嫌程序违法。

二审法院及最高人民法院经审理、审查，均认为B公司的上述理由不成立。最高人民法院认为：在本案双方均不申请司法鉴定的情形下，一审法院为进一步查清案件基本事实，妥善处理本案纠纷，依职权委托鉴定，符合本案实际，并不违反法律规定。遂于2018年8月31日作出（2018）最高法民申3199号《民事裁定书》，驳回了B公司的再审申请。

三、案例解析

从上述案情中笔者总结出的法律问题是：**在本案承包人A公司和发包人B公司均不向一审法院申请工程造价司法鉴定的情形下，一审法院可否依职权委托鉴定？**

笔者认为：答案是肯定的，一审法院的司法行为有事实依据和法律依据。主要分析如下：

从上述案情简介可知，承包人A公司和发包人B公司均不同意向一审法院申请做工程造价司法鉴定。在此情形下，一审法院为查明本案工程造价这一重要的基本事实，避免将来不必要的诉累，真正做到案结事了，有权依据当时施行的《中华人民共和国民事诉讼法》（2017年6月27日修改）第七十六条第二款的规定："当事人未申请鉴定，人民法院对专门性问题认为需要鉴定的，应当委托具备资格的鉴定人进行鉴定。"决定对本案依职权委托工程造价司法鉴定。

也许会有人质疑：本案一审法院依职权决定委托司法鉴定不符合当时施行的《最高人民法院关于适用〈中华人民共和国民事诉讼法〉的解释》（法释〔2015〕5号）第一百二十一条第三款的规定："符合依职权调查收集证据条件的，人民法院应当依职权委托鉴定，在询问当事人的意见后，指定具备相应资格的鉴定人。"以及第九十六条的规定。但笔者认为：《中华人民共和国民事诉讼法》属于全国人民代表大会制定的基本法律，《最高人民法院关于适用〈中华人民共和国民事诉讼法〉的解释》属于最高人民法院制定的司法解释，从法律位阶和法律效力上，前者显然高于后者。尽管后者限缩了前者的法律适用范围，值得商榷，但一审法院如果主动依据前者的相关规定裁判本案，仍然属于适用法律正确。

正是基于上述事实及法律依据，本案二审法院和再审法院最高人民法院才会认可一审法院依职权委托司法鉴定的做法（详见本讲"裁判理由"）。

四、裁判理由

以下为最高人民法院作出的（2018）最高法民申3199号《民事裁定书》对本讲总结的上述法律问题的裁判理由：

本院认为，其一，根据《中华人民共和国民事诉讼法》第七十六条第二款的规定可知，当事人未申请鉴定，人民法院对专门性问题认为需要鉴定的，应当委托具备资格的鉴定人进行鉴定。本案系因B公司欠付A公司工程款而引起的纠纷，案涉工程实际造价既是本案应予查明的基本事实，亦是正确认定B公司欠付A公司工程款数额的前提。从原审已查明的事实看，对于案涉工程价款的数额，A公司已提交《工程结算书》《结算资料》等证据加以证实，并将相关资料报送给了B公司，已对案涉工程价款的数额完成初步举证证明责任。而B公司对《工程结算书》《结算资料》提出异议，在其和A公司对案涉工程价款经协商未能达成最终一致的审核意见，而双方当事人又均不申请鉴定的情形下，一审法院为进一步查清案件基本事实，妥善处理本案纠纷，依职权委托鉴定，符合本案实际，并不违反法律规定。

五、案例来源

（一）一审：海南省三亚市中级人民法院（2017）琼02民初68号《民事判决书》

（二）二审：海南省高级人民法院（2018）琼民终86号《民事判决书》

（三）再审审查：最高人民法院（2018）最高法民申3199号《民事裁定书》（见本讲附件：案例（节选））

六、裁判要旨

在施工承包人和发包人对案涉工程价款经协商未能达成最终一致的审核意见，而双方当事人又均不申请工程造价司法鉴定的情形下，一审法院为进一步查清案件基本事实，妥善处理本案纠纷，依职权委托鉴定，符合本案实际，并不违反法律规定。

七、相关法条

（一）《中华人民共和国民事诉讼法》（根据2023年9月1日第十四届全国人民代表大会常务委员会第五次会议《关于修改〈中华人民共和国民事诉讼法〉的决定》第五次修正）

第六十七条　当事人对自己提出的主张，有责任提供证据。

当事人及其诉讼代理人因客观原因不能自行收集的证据，或者人民法院认为审理案件需要的证据，人民法院应当调查收集。

人民法院应当按照法定程序，全面地、客观地审查核实证据。

第七十九条　当事人可以就查明事实的专门性问题向人民法院申请鉴定。当事人申请鉴定的，由双方当事人协商确定具备资格的鉴定人；协商不成的，由人民法院指定。

当事人未申请鉴定，人民法院对专门性问题认为需要鉴定的，应当委托具备资格的鉴定人进行鉴定。

（二）《最高人民法院关于适用〈中华人民共和国民事诉讼法〉的解释》（根据2022年3月22日最高人民法院审判委员会第1866次会议通过的《最高人民法院关于修改〈最高人民法院关于适用《中华人民共和国民事诉讼法》的解释〉的决定》第二次修正）

第九十六条　民事诉讼法第六十七条第二款规定的人民法院认为审理案件需要的证据包括：

（一）涉及可能损害国家利益、社会公共利益的；

（二）涉及身份关系的；

（三）涉及民事诉讼法第五十八条规定诉讼的；

（四）当事人有恶意串通损害他人合法权益可能的；

（五）涉及依职权追加当事人、中止诉讼、终结诉讼、回避等程序性事项的。

除前款规定外，人民法院调查收集证据，应当依照当事人的申请进行。

第一百二十一条 当事人申请鉴定，可以在举证期限届满前提出。申请鉴定的事项与待证事实无关联，或者对证明待证事实无意义的，人民法院不予准许。

人民法院准许当事人鉴定申请的，应当组织双方当事人协商确定具备相应资格的鉴定人。当事人协商不成的，由人民法院指定。

符合依职权调查收集证据条件的，人民法院应当依职权委托鉴定，在询问当事人的意见后，指定具备相应资格的鉴定人。

八、实务交流

（一）在建设工程诉讼案中，对于负有举证义务的当事人不依法申请工程造价等司法鉴定的情形，当前司法实践的主流做法是：法院通常按照"谁主张，谁主张"的一般举证规则，根据在案证据认定当事人是否应承担举证不能的法律责任，而不会越俎代庖，主动依职权委托司法鉴定。因此，在此情形下多数的判决结果是承包人因举证不能而败诉。

（二）与上述司法实践的主流做法相比，本案一审法院依职权委托司法鉴定的司法行为如同一股清流，并不常见，可以说完全取决于法官的职业良心。因此，当事人切忌抱有侥幸心理，自以为即使自己不申请工程造价司法鉴定，法院也会依职权委托鉴定。否则，等待你的裁判结果大概率是败诉。

（三）笔者认为：《最高人民法院关于适用〈中华人民共和国民事诉讼法〉的解释》第一百二十一条第三款限缩了其上位法《中华人民共和国民事诉讼法》第七十六条第二款的适用范围，如果从减少诉累、案结事了的司法目标考虑，笔者希望有更多的法院和法官能优先适用上位法《中华人民共和国民事诉讼法》第七十六条第二款的规定。

九、参考类案

为使广大读者有更多的权威类案参考，笔者专门检索、提供近年来由最高人民法院作出的部分类案生效裁判文书的裁判理由（与本案上述裁判观点基本一致），供大家辩证参考、指导实践。

（一）最高人民法院（2020）最高法民终474号《民事裁定书》（二审）

本院认为，一审判决对于选矿厂地基基础沉降造成的损失事实认定不清。A公司为证明损失情况，提交了其与新疆某某科学研究院、中冶某某工程技术有限公司、新疆巴州某某建设工程监理有限公司、上海某某建设发展有限公司等单位签订的若干合同及付款凭证。上述合同所含项目和费用是否合理、必要，涉及地质调查、修复、治理等专门性问题，应通过具备资格的鉴定人鉴定予以确定。一审未经鉴定径行认定相关损失数额理据不足。为查明事实，本案发回一审法院重新审理。重新审理时应就案涉选矿厂地基基础沉降造成损失情况，向负有举证责任的A公司释明鉴定的必要性，并询问其是否申请鉴定。如有必要，亦可依据《中华人民共和国民事诉讼法》第七十六条，依职权委托具备资格的鉴定人进行鉴定。之后，根据鉴定情况合理、准确界定事故损失。

（二）最高人民法院（2019）最高法民申3504号《民事裁定书》（再审审查）

第二，关于原审审理是否存在程序违法问题。首先，关于A公司的诉讼主体地位。A公司是《建设工程施工合同》及《富丽城1#、2#楼装饰装修分部工程补充协议》的缔约方，是合同当事人。基于合同相对性原则，其有权依据上述协议，作为原告提起诉讼。其和冯某某之间是否存在挂靠关系不影响其在本案中的诉讼主体地位。冯某某已书面表示不参加本案诉讼，故本案不存在遗漏当事人的问题。其次，关于鉴定问题。一审中，双方当事人均未申请工程造价鉴定，一审法院依职权委托鉴定，多次组织双方当事人询问、质证，但因双方无法提供充分的鉴定材料、双方均未交纳鉴定费用等原因，导致鉴定无法进行。此种情形下，一审法院依据双方当事人确认的工程量确认单和合同约定的计算方式，对双方当事人提交的"结算报告"中的差异进行逐一认定，对工程造价予以认定并无不当。B公司有关此点的申请再审的理由不能成立。

（三）最高人民法院（2015）民申字第2191号《民事裁定书》（再审审查）

三、一、二审法院委托鉴定是否违法。鉴定部门鉴定报告是否合法有效，可否作为判决依据。（一）一审法院是否违法委托对防火材料的实际厚度进行鉴定。2012年修订的《中华人民共和国民事诉讼法》第七十六条第二款规定"当事人未申请鉴定，人民法院对专门性问题认为需要鉴定的，应当委托具备资格的鉴定人进行鉴定。"根据该条规定，法院可以根据本案的实际情况，在认为案涉争议的防火涂料款确定问题系专门性问题、需要鉴定时，在当事人没有申请鉴定的情形下，可以委托具备资格的鉴定人对防火涂料厚度进行鉴定。鉴定报告也载明鉴定机构系接受法院委托进行鉴定。尽管鉴定时间距离案涉工程开业时间有四年多时间，无法还原竣工时的实际情况，但在鉴定时，鉴定机构可以依据涂料特性和常理，结合鉴定结果对涂料厚度进行适度调整作为确定价格的依据。综上，申请人关于一审法院违法委托对防火材料的实际厚度进行鉴定错误的申请理由不能成立。

（四）最高人民法院（2014）民申字第1849号《民事裁定书》（再审审查）

本院认为：（一）二审判决对鉴定结论予以采信并无不当。1.《中华人民共和国民事诉讼法》第七十六条规定："当事人可以就查明事实的专门性问题向人民法院申请鉴定……当事人未申请鉴定，人民法院对专门性问题认为需要鉴定的，应当委托具备资格的鉴定人进行鉴定"。因此，不论本案是当事人申请鉴定，还是法院依职权委托鉴定均不影响该鉴定结论的程序合法性。

 附件：案例（节选）

中华人民共和国最高人民法院
民 事 裁 定 书

（2018）最高法民申3199号

再审申请人（一审被告、反诉原告，二审上诉人）：B公司，住所地海南省三亚市田独海榆大道344号。

法定代表人：张某某，B公司总经理。

委托诉讼代理人：李某某，北京市某某律师事务所律师。

委托诉讼代理人：张某，北京市某某（南京）律师事务所律师。

被申请人（一审原告、反诉被告，二审被上诉人）：A公司，住所地海南省三亚市解放二路12号。

法定代表人：欧某某，A公司总经理。

委托诉讼代理人：陈某某，海南某某律师事务所律师。

再审申请人B公司因与被申请人A公司建设工程施工合同纠纷一案，不服海南省高级人民法院（2018）琼民终86号民事判决，向本院申请再审。本院依法组成合议庭进行了审查，现已审查终结。

B公司申请再审称，（一）案涉工程属于必须招标投标项目，未经招标投标签订的合同应属无效。……（二）原审法院对举证责任的分配违反法律规定，判决B公司承担举证不能的不利法律后果无法律依据，违反公平正义原则。1.根据谁主张、谁举证的原则，A公司应就其主张的工程款承担举证责任。虽然A公司向一审法院提交了《工程结算书》《结算资料》，但《工程结算书》是A公司自行编制，B公司未予认可，不符合证据要件。《结算资料》仅能证明A公司进行了工程施工及其施工范围，不能证明工程价款。B公司向一审法院提交的《备忘录》能否定A公司编制的《工程结算书》载明的工程款，是双方当事人对工程结算作出的新的安排，双方当事人应按《备忘录》的约定结算工程款。2.B公司不仅根据《备忘录》的要求向A公司反馈了相应的《结算审核汇总表》《结算初审》等一系列文件，还提交了鉴定机构出具的案涉工程造价鉴定意见，该意见载明的工程款与A公司主张的工程款相差5342余万元。显然，A公司主张的工程款无任何事实依据。3.案涉工程鉴定申请应由A公司提出并预交鉴定费用，A公司在一审庭审中明确表示不申请鉴定，应承担举证不能的不利法律后果。

4.原审法院违反《最高人民法院关于民事诉讼证据的若干规定》第二十五条的规定，在A公司未申请鉴定的情形下委托鉴定，并要求B公司承担一半的鉴定费，没有法律依据。以未支付鉴定费用为由判令B公司承担举证不能的不利法律后果，没有事实和法律依据，且B公司也不存在书面同意交纳鉴定费后又拒交的情形。（三）在现有证据足以否定《工程结算书》的情形下，该结算书不应作为结算工程款的依据，原审法院采信该结算书，没有事实依据。……（四）原判决判令B公司自2016年5月11日起支付利息，没有事实和法律依据。……（五）原判决将未竣工的防雷、消防工程合同合并审理并结算工程款，没有法律依据。……B公司依据《中华人民共和国民事诉讼法》第二百条第一项、第二项、第四项的规定申请再审。

A公司提交意见称，（一）B公司的再审申请不符合《中华人民共和国民事诉讼法》第二百条第一项、第二项、第四项规定的应当再审的情形。……（二）即使案涉合同无效，B公司仍应支付工程款。……（三）原判决认定B公司应支付工程款的数额准确。1.一审法院依职权委托鉴定并要求B公司预交一半鉴定费合理合法。第一，依据《中华人民共和国民事诉讼法》第七十六条第二款、《人民法院司法鉴定工作暂行规定》第二条及海南省高级人民法院《全省民事审判工作会议（2016年）纪要》第58条第1款的规定，人民法院认为需要鉴定时，可以依职权委托鉴定。一审法院依职权委托鉴定，符合法律规定。第二，相关法律及司法解释未规定由谁预交鉴定费，一审法院要求B公司预交一半鉴定费，不违反法律规定。且一审法院在依职权委托鉴定前，征询过双方当事人是否同意各自预交一半鉴定费，B公司予以同意。2.原审法院分配举证责任正确。本案中，A公司已就主张的工程款提交了《工程结算书》等证据予以证明，已履行关于工程款的举证责任，并得到人民法院认可。虽然《工程结算书》存在稍许计算错误，但经举证和质证，A公司承认多计算的金额，并在二审判决中予以扣减，已修正《工程结算书》的错误。并且，因B公司拒绝预交一半鉴定费，才导致人民法院对外委托鉴定程序终结，致使案涉工程款事实无法进一步核实。B公司应承担案涉工程款无法进一步核实的不利后果，即按照《工程结算书》计算的工程款数额（修正后的数额）向A公司支付工程款。（四）二审判决判令B公司自2016年5月11日起支付利息合理合法。……（五）B公司关于案涉工程属于黄某某挂靠华某公司开发建设的主张不能成立。……综上，请求驳回B公司的再审申请。

本院经审查认为，（一）关于案涉合同是否合法有效的问题。

本院认为，经原审查明，案涉工程用地为工业用地，未补办住宅用地变更手续，亦未办理建设工程规划许可证，据此，原判决以违反法律、行政法规的禁止性规定为由，已认定B公司与A公司签订的建设工程施工合同无效。此情形下，案涉合同是否未经招标投标程序而签订，黄某某是否挂靠A公司和华某公司开发建设案涉工程，均不影响原判决关于案涉合同效力的认定。

（二）关于案涉工程是否已竣工验收，B公司应否向华某公司支付工程款及利息的问题。

本院认为，其一，根据原审已查明的事实，2015年11月23日，B公司、A公司和监理单位三方签署《海南金某某集团（房地产）南部片区工程竣工验收单》，对案涉工程进行了竣工验收。该验收单载明："同意内部验收合格，后续配合维修，同时办理相关交接手续。"2016年1月18日，B公司向A公司出具《工程竣工移交证明》，载明："三亚一号一期一标段11 # 、12 # 、13 # 、14 # 楼及附属工程于2015年11月23日验收合格，除后续竣工验收及备案外，现已移交给B公司使用。"上述事实表明，案涉工程已经B公司竣工验收合格并移交给其使用，应视为B公司认可A公司交付的案涉工程质量符合约定。其二，根据《建设工程施工合同司法解释》第十三条、第十四条第三项的规定可知，建设工程未经竣工验收，发包人擅自使用的，以转移占有建设工程之日为竣工日期。建设工程未经竣工验收，发包人擅自使用后，又以使用部分质量不符合约定为由主张权利的，不予支持。据此，尽管案涉合同因违反法律、行政法规的强制性规定而被二审法院认定为无效，案涉工程亦未经政府相关部门竣工验收及备案，但在该工程已经B公司竣工验收合格，且A公司也将该工程移交给B公司使用，B公司亦已实际控制和使用该工程的情形下，A公司有权要求B公司支付欠付的工程款及利息。原判决对此予以支持，有事实和法律依据。其三，三亚市住房保障管理中心出具的《关于三亚市"同心家园"二十七期项目违约处理的告知函》虽载明案涉项目出现延期交付等情况，但承前所述，该函尚不足以推翻原判决关于B公司应向A公司支付欠付的工程款及利息的认定。B公司关于有新的证据足以推翻原判决的申请再审事由，不能成立。

（三）关于《工程结算书》能否作为案涉工程价款结算依据的问题。

本院认为，其一，根据《中华人民共和国民事诉讼法》第七十六条第二款的规定可知，当事人未申请鉴定，人民法院对专门性问题认为需要鉴定的，应当委托具备资格的鉴定人进行鉴定。本案系因B公司欠付A公司工程款而引起的纠纷，案涉工程实际造价既是本案应予查明的基本事实，亦是正确认定B公司欠付A公司工程款数额的前提。从原审已查明的事实看，对于案涉工程价款的数额，A公司已提交《工程结算书》《结算资料》等证据加以证实，并将相关资料报送给了B公司，已对案涉工程价款的数额完成初步举证证明责任。而B公司对《工程结算书》《结算资料》提出异议，在其和A公司对案涉工程价款经协商未能达成最终一致的审核意见，而双方当事人又均不申请鉴定的情形下，一审法院为进一步查清案件基本事实，妥善处理本案纠纷，依职权委托鉴定，符合本案实际，并不违反法律规定。其二，虽然B公司对预交一半鉴定费提出异议，但其亦在提交给一审法院的材料中明确表示尊重法院决定并按法院决定执行。此情形下，一审法院要求B公司预交一半鉴定费，并无不当。后因B公司拒绝交纳一半鉴定费，致使鉴定程序终结，无法继续进行，由此，一审判决认定B公司应承担举证不能的不利法律后果，亦显无不当。B公司申请再审主张原判决对举证责任的分配违反法律规定，缺乏事实和法律依据，不能成立。其三，案涉工程竣工后，B公司未在合同约定的期限内对A公司提交的竣工结算书审核完毕、提出异议并告知审核结果，亦未按合同约定支付欠付工程款。虽然B公司和A公司于2016年4月15日签署《备忘录》，对案涉工程审核结算作出进一步约定，但此后双方当事人未能就案涉工程审核结算问题达成最终一致处理意见,案涉工程审核结算问题仍未能得到有效解决。在双方当事人均不申请鉴定,而一审法院依职权委托鉴定又因B公司拒绝交纳一半鉴定费而无法进行,二审法院经核实亦已对A公司提交的《工程结算书》载明的工程价款据实予以核减,且B公司未提交有效证据证明核减后的《工程结算书》所载案涉工程造价明显不能成立的情形下,原判决对核减后的《工程结算书》中所载案涉工程造价予以确认,无明显不当。此外,原判决根据消防工程、防雷工程是案涉工程的配套工程及案涉工程已经B公司竣工验收合格且使用的实际情况,基于诉讼两便原则考虑,对案涉工程和消防工程、防雷工程进行合并审理,符合本案实际。综上,B公司关于《工程结算书》不能作为案涉工程价款结算依据的申请再审主张,理据不足,不能成立。

(四)关于原判决认定利息起算时间是否正确的问题。

本院认为,根据《建设工程施工合同司法解释》第十七条、第十八条第一项的规定可知,当事人对欠付工程价款利息计付标准有约定的,按照约定处理;没有约定的,按照中国人民银行发布的同期同类贷款利率计息。利息从应付工程价款之日计付。当事人对付款时间没有约定或者约定不明的,建设工程已实际交付的,为交付之日,该时间视为应付款时间。本案中,根据原审已查明的事实,A公司已将案涉工程交付给B公司,B公司亦于2016年1月18日向A公司出具《工程竣工移交证明》。因此,在B公司无有效证据证明A公司拒不与其进行案涉工程价款审核结算协商,且B公司实际欠付A公司工程款未付的情形下,原判决判令B公司从2016年5月11日起向A公司支付拖欠工程款的利息,无明显不当。

依照《中华人民共和国民事诉讼法》第二百零四条第一款,《最高人民法院关于适用〈中华人民共和国民事诉讼法〉的解释》第三百九十五条第二款规定,裁定如下:

驳回B公司的再审申请。

审判长　　张颖新

审判员　　奚向阳

审判员　　钱小红

二〇一八年八月三十一日

法官助理　盛　强

书记员　　王天津

第**10**讲

申请人在司法鉴定意见作出前撤回鉴定申请，法院应否准许

一、阅读提示

在建设工程纠纷诉讼案中，法院通常会根据当事人的申请准许启动相关司法鉴定，并且还不辞辛劳地组织当事人对鉴定材料举证质证，然后交由鉴定机构开展鉴定工作。如果在鉴定机构作出鉴定意见"之前"，申请鉴定的当事人因为各种原因撤回鉴定申请，此时法院应否准许？

二、案例简介

2011年10月24日、2012年8月3日，发包人A公司与总承包人B公司分别签订了《BT合同》《补充协议》，约定由B公司采用BT方式投资、建设重庆市合川区高速公路涪江二桥景观工程。

2011年9月7日，B公司与C、D、E三个自然人签订了《项目管理目标责任书》，约定由B公司从A公司以BT方式投资、建设的重庆市合川区高速公路涪江二桥景观工程，以包工包料方式交由C、D、E承包完成。

C、D、E三人承包完成上述工程且工程经验收合格后，因发生工程款纠纷，他们以实际施工人身份向重庆市高级人民法院（以下简称一审法院）起诉发包人A公司，诉请其在尚未支付B公司工程款的范围内支付剩余工程款及利息等款项。

在本案一审过程中，C、D、E三人对部分争议的甩项工程依法向一审法院申请工程造价司法鉴定。在鉴定过程中，一审法院组织各方当事人对鉴定证据进行了质证，并根据各方举示的证据及审理中发表的意见确定了鉴定规则。各方当事人最终商定了该部分争议工程的造价为15055767.44元，达成了一致意见。因此，C、D、E三人其后向一审法院撤回鉴定申请，一审法院依法予以准许。

本案历经一审、二审，二审法院最高人民法院经审理后依法认定上述各方签订的协议均为无效协议，遂于2022年3月9日作出（2021）最高法民终983号《民事判决书》，撤销了一审判决，支持了C、D、E三人的大部分诉讼请求。

三、案例解析

从上述案情中笔者总结出的法律问题是：**本案一审法院在准许C、D、E三人的工程造价司法鉴定申请后，组织当事人完成了举证质证等相关鉴定工作，在鉴定机构作出鉴定意见之前，他们三人无论以何种原因撤回鉴定申请，一审法院应否准许？**

上述法律问题在本案裁判文书里并没有被法院相应说理、解释，笔者因此不揣浅陋，愿意对其深入解读，供大家参考。笔者认为：一审法院应予准许。主要分析如下：

虽然现行法律并没有对类似本案申请人撤回司法鉴定申请的行为作出明确是否准许的规定（少数地方法院有类似指导意见），但是根据现行相关法律的规定（详见本讲"相关法条、文件"）的法理分析，笔者认为只要是法院根据当事人的申请准许启动的司法鉴定，在鉴定机构作出鉴定意见之前，无论当事人以何种理由撤回此前的鉴定申请，法院均应无条件准许。因为：

其一，该类司法鉴定是根据当事人的合法申请启动的，而非根据法院的法定职权启动。因此从尊重民事意思自治的角度，法院不应阻止当事人行使撤回鉴定申请的民事权利。

其二，当事人申请司法鉴定的目的是取得鉴定意见以完成自己的法定举证义务。如果其最终决定撤回鉴定申请，实质是决定放弃自身的法定举证义务，理应知道自己将承担举证不利的法律责任。既然当事人愿意"咎由自取"，那么法院更不应阻止、干涉当事人对自己民事诉讼权利义务的自愿处分行为。

其三，更为重要的是，当事人是在本案司法鉴定意见并未作出之前就提出了撤回鉴定的申请，其并没有实质性损害法院的审判秩序，也不影响其与鉴定机构结算鉴定费，相反损害的是自己的诉讼权益。因此，法院也没有理由阻止当事人撤回鉴定申请。

正是基于上述事实及法理，本案一审法院才会准许C、D、E三人撤回鉴定的申请（详见本讲"裁判理由"），该司法行为合法合理。

四、裁判理由

以下为最高人民法院作出的（2021）最高法民终983号《民事判决书》关于本讲总结的上述法律问题的裁判理由：

关于8号《审计报告》所载因测量数据矛盾产生的审计甩项金额1505.57万元，C、D和E在诉讼中就该部分审计甩项申请司法鉴定。鉴定过程中，C、D、E以及A公司均举示了鉴定材料。一审法院组织各方当事人进行了质证，并根据各方举示的证据及审理中发表的意见确定了鉴定规则。根据各方当事人确认的土石方工程量和运距，计算得出C、D和E施工的A、B、C地块土石方工程造价为15055767.44元。鉴于各方当事人已就该部分工程款金额达成一致意见，C、D和E于2021年4月23日向一审法院提出撤回鉴定的申请，一审法院依法予以准许。

五、案例来源

（一）一审：重庆市高级人民法院（2017）渝民初22号《民事判决书》

（二）二审：最高人民法院（2021）最高法民终983号《民事判决书》（因其篇幅过长，故不纳入本讲附件）

六、裁判要旨

法院根据一方当事人的申请启动工程造价司法鉴定，在鉴定过程中，法院组织各方当事人进行了鉴定材料的举证质证，并根据各方举示的证据及审理中发表的意见确定了鉴定规则。根据各方当事人确认的工程量计算得出争议工程的具体造价。鉴于各方当事人已就该部分的工程款金额达成一致意见，申请人在鉴定意见作出"之前"向法院提出撤回鉴定申请的，法院依法应予准许。

七、相关法条、文件

（一）《中华人民共和国民事诉讼法》（根据2023年9月1日第十四届全国人民代表大会常务委员会第五次会议《关于修改〈中华人民共和国民事诉讼法〉的决定》第五次修正）

第十三条　民事诉讼应当遵循诚信原则。

当事人有权在法律规定的范围内处分自己的民事权利和诉讼权利。

第六十六条　证据包括：

（一）当事人的陈述；

（二）书证；

（三）物证；

（四）视听资料；

（五）电子数据；

（六）证人证言；

（七）鉴定意见；

（八）勘验笔录。

证据必须查证属实，才能作为认定事实的根据。

第六十七条　当事人对自己提出的主张，有责任提供证据。

当事人及其诉讼代理人因客观原因不能自行收集的证据，或者人民法院认为审理案件需要的证据，人民法院应当调查收集。

人民法院应当按照法定程序，全面地、客观地审查核实证据。

第七十九条　当事人可以就查明事实的专门性问题向人民法院申请鉴定。当事人申请鉴定的，由双方当事人协商确定具备资格的鉴定人；协商不成的，由人民法院指定。

当事人未申请鉴定，人民法院对专门性问题认为需要鉴定的，应当委托具备资格的鉴定人进行鉴定。

（二）《最高人民法院关于审理建设工程施工合同纠纷案件适用法律问题的解释（一）》（法释〔2020〕25号）

第三十二条　当事人对工程造价、质量、修复费用等专门性问题有争议，人民法院认为需要鉴定的，应当向负有举证责任的当事人释明。当事人经释明未申请鉴定，虽申请鉴定但未支付鉴定费用或者拒不提供相关材料的，应当承担举证不能的法律后果。

一审诉讼中负有举证责任的当事人未申请鉴定，虽申请鉴定但未支付鉴定费用或者拒不提供相关材料，二审诉讼中申请鉴定，人民法院认为确有必要的，应当依照民事诉讼法第一百七十条第一款第三项的规定处理。

（三）重庆市高级人民法院关于印发《对外委托鉴定工作管理规定（试行）》的通知（渝高法〔2020〕48号）

第二十四条　申请人在专业机构出具鉴定文书前撤回鉴定申请，并经审判组织准许或当事人撤诉、调解结案的，审判组织应当于作出决定之日起2个工作日内书面告知司法技术部门，司法技术部门应当于2个工作日内书面通知专业机构，并撤回委托。撤回委托后，司法技术部门应当于2个工作日内将相关鉴定材料退还审判组织，作退案处理。

八、实务交流

（一）对于对诉争工程款或争议事项负有法定举证义务的一方当事人，除非当事人提供的现有证据能够充分证明其的诉讼请求，或者像本案中的当事人那样能够在司法鉴定过程中友好商定诉争金额，不要轻易撤回司法鉴定申请，否则必将承担举证不利的法律责任。

（二）根据本案可知，如果申请人在司法鉴定机构作出鉴定意见"之前"向法院撤回鉴定申请，法院应予准许。对于这个问题，相信大家容易理解。但是，如果申请人在司法鉴定机构作出鉴定意见"之后"向法院撤回鉴定申请，法院此时是否仍应准许？根据笔者的深入研究，这个答案可不一定。因为迄今为止并无明确的法律规定解决该难题，所以导致不同法院、不同法官的理解不同。笔者对该问题的详解请见本书第11讲"申请人在司法鉴定意见作出后撤回鉴定申请，法院应否准许"。

九、参考类案

为使广大读者有更多的权威类案参考，笔者专门检索、提供近年来由部分省级高院作出的部分类案的生效裁判文书的裁判理由（与本案上述裁判观点基本一致），供大家辩证参考、指导实践。

（一）陕西省高级人民法院（2020）陕民初3号《民事判决书》（一审）

原一审中，A公司于2015年12月15日向本院提交司法鉴定申请书，申请对案涉项目实施过程中发生的一切合理费用进行核算。经双方协商一致确定鉴定事项后，本院依照法定程序委托希某某会计师事务所进行鉴定。2016年10月17日，A公司向本院提交撤回委托司法审计事项申请书。2016年12月23日，本院同意A公司撤回鉴定申请。

（二）天津市高级人民法院（2019）津民终131号《民事判决书》（二审）

A公司在本案一审诉讼期间申请对停工损失进行鉴定，经双方摇号确定由天津某某建设工程造价咨询有限公司进行鉴定。鉴定过程中，A公司不交纳鉴定费用，同时又申请撤回鉴定申请，导致鉴定程序终止。

申请人在司法鉴定意见作出后撤回鉴定申请，
法院应否准许

一、阅读提示

一方当事人依法申请法院委托司法鉴定机构作出鉴定意见"之后"，如果其因故撤回鉴定申请，那么法院应否准许？对于此问题，目前是否有明确的法律规定？

二、案例简介

2017年4月8日，A公司分别与自然人B签订《股权转让协议书》《补充协议》，约定将B持有C公司的100%股权全部转让A公司，A公司支付相应转让款。其后，因双方在履行上述协议过程中产生纠纷，A公司遂将B、C公司等相关主体起诉至山东省高级人民法院（以下简称一审法院），提出判令解除上述协议、B双倍返还定金等诉讼请求。B则提出反诉。

在一审诉讼中，A公司向一审法院申请对C公司的当前股权价值以及案涉土地价值委托司法鉴定。2018年12月24日，一审法院收到鉴定机构作出的土地估价报告（鉴定意见）。同日，A公司向一审法院申请撤回鉴定申请，并申请撤回相关诉讼请求。一审法院均准许A公司的上述申请，经审理后作出一审判决，支持了A公司的部分诉讼请求。

A公司和B均不服一审判决，遂向最高人民法院（以下简称二审法院）上诉。B的上诉理由之一是：案涉土地估价报告作出之后，一审法院准许A公司撤回该项鉴定申请，未组织质证，并准许撤回原诉讼请求第三项，程序违法。二审法院经审理后认为B的该项上诉理由不成立，但支持了A公司和B的部分上诉理由，遂作出（2019）最高法民终608号《民事判决书》，对一审判决部分改判。

其后，B不服二审判决，依法向最高人民法院申请再审。该院经审查后认为B的申请事由均不成立，遂于2020年7月31日作出（2020）最高法民申2198号《民事裁定书》，驳回A的再审申请。

三、案例解析

从上述案情中笔者总结出的法律问题是：**本案中，在Ａ公司申请一审法院委托司法鉴定机构作出鉴定意见之后，Ａ公司向一审法院申请撤回鉴定申请，一审法院应否准许？**

上述法律问题在本案裁判文书里虽然被法院稍加说理、解释，但笔者不揣浅陋，愿意对该问题深入解读，供大家参考。笔者认为：一审法院应予准许。主要分析如下：

其一，对于上述问题，目前的确没有法律明确规定法院应否准许当事人的撤回申请，因此法院只能根据现行相关法律背后的法理，来推论法院应否准许。根据《中华人民共和国民事诉讼法》的相关规定（详见本讲"相关法条"），当事人有权申请鉴定，当然也有权撤回鉴定申请，此系当事人对自己民事诉讼权利义务的自主处分权，法院理应尊重。因此，在本案土地估价报告（鉴定意见）作出之后，一审法院准许Ａ公司撤回鉴定申请，合法合理。

其二，Ａ公司申请司法鉴定的目的是取得鉴定意见以完成自己的法定举证义务。无论其是否明知鉴定意见是否对其有利，其有权最终决定撤回鉴定申请，有权最终放弃自己依申请取得的证据——鉴定意见。Ａ公司的上述法律行为实质是放弃自己的法定举证义务，其理应知道自己将承担举证不利的法律责任，而且其应支付的鉴定费一分钱也跑不了。既然当事人愿意"咎由自取"，那么法院更不应阻止、干涉当事人对自己民事诉讼权利义务的自主处分行为。因此，本案一审法院在准许Ａ公司撤回鉴定申请之后，依法没有将本案鉴定意见作为Ａ公司的证据纳入质证程序，完全合法。

其三，也许有人会对上述法律问题产生异议：本案的特殊之处是Ａ公司在鉴定意见作出之后才向一审法院申请撤回此前的鉴定申请，说明其明知该鉴定意见对其举证不利，而且该鉴定意见耗费了法院、当事人、鉴定机构的大量精力，又是法院委托产生的证据，具有司法属性，因此不是申请人随时想撤回就应该准许撤回的。该异议听起来合情合理，但是如果深究相关法律规定（详见本讲"相关法条"）背后的法理，如果真正理解本案鉴定意见属于当事人依申请取得的证据这个本质属性，那么该异议其实不能自圆其说。

正是基于上述事理和相关法律依据，本案二审法院最高人民法院才会认为一审法院准许Ａ公司撤回鉴定申请并无不当（详见本讲"裁判理由"）。

四、裁判理由

以下为最高人民法院作出的（2019）最高法民终608号《民事判决书》对本讲总结的上述法律问题的裁判理由：

根据《中华人民共和国民事诉讼法》第七十六条关于"当事人可以就查明事实的专门性问题向人民法院申请鉴定"之规定，当事人有权申请鉴定，当然也有权撤回鉴定申请，此系当事人的程序上的处分权。因此，在土地估价报告作出之后，一审法院准许Ａ

公司撤回鉴定申请，并无不当。由于一审法院已准许撤回鉴定申请，故该报告对本案的审理已无关联，不再作为证据使用，一审法院未出示、组织质证，程序上并无不当。

五、案例来源

（一）一审：山东省高级人民法院（2018）鲁民初106号《民事判决书》

（二）二审：最高人民法院（2019）最高法民终608号《民事判决书》（因其篇幅过长，故不纳入本讲附件）

（三）再审审查：最高人民法院（2020）最高法民申2198号《民事裁定书》

六、裁判要旨

根据《中华人民共和国民事诉讼法》关于"当事人可以就查明事实的专门性问题向人民法院申请鉴定"之规定，当事人有权申请鉴定，当然也有权撤回鉴定申请，此系当事人诉讼程序上的处分权。因此，在司法鉴定意见作出之后，一审法院准许申请人撤回鉴定申请，并无不当。由于一审法院已准许撤回鉴定申请，故该鉴定意见与本案的审理已无关联，不再作为证据使用，一审法院未出示、组织质证，程序上并无不当。

七、相关法条

（一）《中华人民共和国民事诉讼法》（根据2023年9月1日第十四届全国人民代表大会常务委员会第五次会议《关于修改〈中华人民共和国民事诉讼法〉的决定》第五次修正）

第十三条　民事诉讼应当遵循诚信原则。

当事人有权在法律规定的范围内处分自己的民事权利和诉讼权利。

第六十六条　证据包括：

（一）当事人的陈述；

（二）书证；

（三）物证；

（四）视听资料；

（五）电子数据；

（六）证人证言；

（七）鉴定意见；

（八）勘验笔录。

证据必须查证属实，才能作为认定事实的根据。

第七十九条　当事人可以就查明事实的专门性问题向人民法院申请鉴定。当事人申请鉴定的，由双方当事人协商确定具备资格的鉴定人；协商不成的，由人民法院指定。

当事人未申请鉴定，人民法院对专门性问题认为需要鉴定的，应当委托具备资格的鉴定人进行鉴定。

（二）《最高人民法院关于审理建设工程施工合同纠纷案件适用法律问题的解释（一）》（法释〔2020〕25号）

第三十二条　当事人对工程造价、质量、修复费用等专门性问题有争议，人民法院认为需要鉴定的，应当向负有举证责任的当事人释明。当事人经释明未申请鉴定，虽申请鉴定但未支付鉴定费用或者拒不提供相关材料的，应当承担举证不能的法律后果。

一审诉讼中负有举证责任的当事人未申请鉴定，虽申请鉴定但未支付鉴定费用或者拒不提供相关材料，二审诉讼中申请鉴定，人民法院认为确有必要的，应当依照民事诉讼法第一百七十条第一款第三项的规定处理。

八、实务交流

（一）在建设工程司法实践中，的确存在此类现象：一方当事人在申请法院委托司法鉴定机构作出鉴定意见之后，因为多种原因（例如，该当事人发现该证据对己不利）随即向法院申请撤回鉴定申请，放弃该项证据的举证。这种行为在客观上的确浪费了当事人、法院、鉴定机构此前为司法鉴定投入的大量时间、精力，令法官生气，令对方当事人"乐极生悲"。但是从现行相关法律规定背后的法理分析，申请人撤回鉴定申请的行为的确合法，何况其将来依法还应承担自己举证不利的法律责任。因此，我们应理性看待这类司法现象，法官更不应意气用事，因此变相惩罚该当事人。

（二）本案的特殊之处是当事人在鉴定意见作出"之后"而非作出"之前"向法院撤回鉴定申请（针对后者的案例分析，详见本书第10讲"申请人在司法鉴定意见作出前撤回鉴定申请，法院应否准许"），加之对于此种法律行为目前没有明确的法律依据为法院指明解决方案，因此导致国内不少法院、法官对该司法难题并没有形成统一认识、统一观点。经笔者检索，发现国内部分省级高级人民法院对该类司法难题作出了两种不同的处理结果：一类是准许当事人撤回鉴定申请，另一类则是不准许（详见本讲"参考类案"）。笔者赞成第一类处理结果。

九、参考类案

为使广大读者有更多的权威类案参考，笔者专门检索、提供近年来由部分省级高院作出的部分类案的生效裁判文书的裁判理由（其中，与本案上述裁判观点基本一致的正例1例，与本案上述裁判观点相反的反例1例），供大家辩证参考、指导实践。

（一）正例：北京市高级人民法院（2018）京民终160号《民事判决书》（二审）

（一）《中华人民共和国民事诉讼法》第十三条第二款规定，当事人有权在法律规定的范围内处分自己的民事权利和诉讼权利。A公司有权申请鉴定，当然也有权撤回鉴定申请，这是A公司依法享有的程序上的处分权。司法鉴定作为在诉讼过程中，由人民法院或当事人委托鉴定机构运用专业知识和技术，对案件中的专门性问题依法定程序进行鉴别和判断，并提供鉴定意见的活动，始于当事人的申请、法院的委托，当然也可因当事人申请、法院委托的撤回而终止，但是，在鉴定机构已出具鉴定意见、鉴定意见已经过质证的情况下，司法鉴定活动已经完结，在客观上已不可能因当事人申请、法院委托的撤回而终止。故而，结合本案情形，本院认为，A公司有权撤回第四次鉴定的申请，法院亦应准许，但客观上已无撤回的可能。

（二）当事人对自己提出的主张，有责任提供证据证明，这种责任的后果只是承担败诉的不利后果。依据上述《中华人民共和国民事诉讼法》第十三条第二款的规定，当事人有提供证据的权利，有提供这种证据而不提供那种证据的权利，也有在证据提交后申请撤回的权利。现A公司明确表示撤回第四次鉴定意见作为证据使用，B公司不持异议，且第四次鉴定意见不在本案中作为证据使用，亦不存在损害社会公共利益及他人合法权益等情形，故本院予以准许。A公司应自行承担其提出的诉讼请求所依据的事实缺乏证据予以证明的不利后果，同时，第四次鉴定系依A公司的申请而启动，目的是提供证据对其提出的诉讼请求所依据的事实加以证明，在第四次鉴定意见作出后，A公司撤回第四次鉴定意见作为证据使用的，由此产生的鉴定费用应由其自行负担。

（二）反例：河南省高级人民法院（2021）豫民终240号《民事判决书》（二审）

七、关于是否应准许A公司撤回甩项、消缺工程是否属于《总承包合同》承包范围及有关工程造价鉴定申请问题。

首先，A公司对于一审法院依法委托鉴定的鉴定程序并未提出异议；其次，鉴定机构已经作出鉴定意见，鉴定程序已经结束，且一审法院已经组织当事人进行了质证，A公司申请撤回鉴定申请已经丧失程序基础，亦不符合鉴定规范和《最高人民法院关于民事诉讼证据的若干规定》相关鉴定规定。最后，在鉴定机构依法作出鉴定意见，而该鉴定意见对申请鉴定人不利的情况下，申请鉴定人申请撤回鉴定申请，显然有违诚实信用的民事诉讼原则。故一审法院准许A公司撤回要求判令B公司支付甩项、消缺工程费用及利息的请求，但不准许其撤回该鉴定申请不违反法律规定。A公司的该项上诉请求，本院不予支持。

争议的部分工程量范围不能确定时，可否对全部工程造价做司法鉴定

一、阅读提示

发包人和承包人在施工合同诉讼案中仅对案涉的少部分工程量和工程款存在争议，但争议范围不能根据在案证据确定。那么，本案工程造价司法鉴定的范围是当事双方争议的部分工程量及其造价，还是全部工程量及其造价？

二、案例简介

2010年10月16日、2011年11月28日，发包人A公司与承包人B公司先后签订《建设工程施工合同》《补充协议书》《黄岗寺安置一地块补充协议》三份施工协议，约定由B公司承包黄岗寺城中村改造项目（安置地块一）的土建、安装工程。

上述工程竣工并验收合格后，当事双方因工程款结算问题产生纠纷。2016年1月20日，双方代表签订《会议纪要》，确认双方无争议部分工程款结算总价为4.78亿元，但未确认有争议部分工程量的具体范围。其后，B公司将A公司起诉至河南省郑州市中级人民法院（以下简称一审法院），索要剩余工程款及相关损失。A公司遂提出反诉。

一审诉讼中，鉴于当事双方不能确认本案争议的部分工程量的范围，一审法院遂依据B公司的申请，委托司法鉴定机构对本案全部工程造价进行鉴定，并最终采信鉴定机构作出的鉴定意见，作出了一审判决。

当事双方不服一审判决，均上诉至河南省高级人民法院（以下简称二审法院）。其中，A公司的主要上诉理由之一是：一审法院应仅对双方争议的部分工程量的造价委托司法鉴定，而不应对本案全部工程造价委托司法鉴定。

针对A公司提出的上述上诉理由，二审法院依法调取了B公司向一审鉴定机构提交的工程结算编制说明及其附表《亚星安置一地块结算造价汇总表》。该文件证明B公司提出的本案工程量、工程款争议问题有17项，A公司主张有16项，双方对争议问题仍无法达成一致。因此，二审法院认为A公司的上述上诉理由不成立。因一审判

决存在其他错误，二审法院作出二审判决，部分改判。

当事双方不服二审判决，其后均向最高人民法院申请再审。A公司坚持认为一审法院不应对本案全部工程造价委托鉴定。最高人民法院经审理，认为当事双方提出的全部再审理由不成立，遂于2020年11月24日作出（2020）最高法民申1670号《民事裁定书》，驳回双方的申请。

三、案例解析

从上述案情中笔者总结出的法律问题是：**在本案当事双方不能确认有争议的部分工程量的具体范围时，一审法院依法委托司法鉴定机构对案涉工程的全部造价进行鉴定，是否合法**？

笔者认为：一审法院的做法合法。主要分析如下：

根据上述案情可知，虽然本案发包人A公司与承包人B公司的代表在2016年1月20日签订了《会议纪要》，确认双方无争议部分工程款结算总价为4.78亿元，但是双方并未同时确认有争议的部分工程量和工程款的具体范围。即使B公司向一审鉴定机构提交的工程结算编制说明及其附表《亚星安置一地块结算造价汇总表》证明其认可本案有争议的部分工程量和工程款问题有17项，但是A公司在二审中仅认可其中的16项争议问题。因此，二审法院才认为双方对上述争议问题的具体范围并没有达成一致。

在此情形下，依据本案审理时施行的《最高人民法院关于审理建设工程施工合同纠纷案件适用法律问题的解释》（法释〔2004〕14号，被法释〔2020〕16号文件废止）第二十三条的规定："当事人对部分案件事实有争议的，仅对有争议的事实进行鉴定，但争议事实范围不能确定，或者双方当事人请求对全部事实鉴定的除外。"一审法院依据B公司的申请，委托鉴定机构对本案工程的全部造价鉴定，有事实依据和法律依据。正因为如此，二审法院和最高人民法院均认可了一审法院的上述观点（详见本讲"裁判理由"）。

四、裁判理由

（一）以下为本案二审法院河南省高级人民法院作出的（2019）豫民终773号《民事判决书》对本讲总结的上述法律问题的裁判理由

1. 虽然双方2016年1月20日的会议纪要确认无争议部分结算总价4.78亿元，但是对于结算有争议的部分并未在会议纪要中予以明确，一审中A公司也未举证证明，无法确定结算有争议的具体范围。二审中，双方对于存在争议的问题仍然无法达成一致，且即使按照B公司提交的鉴定资料中显示的17个争议问题，仍然无法从现有鉴定意见中予以区分。《最高人民法院关于审理建设工程施工合同纠纷案件适用法律问题的解释》第二十三条规定，当事人对部分事实有争议的，仅对有争议的事实进行鉴定，但争议事实范围不能确定，或者双方当事人请求对全部事实鉴定的除外。本案中，因结算有争议的具体范围不明确，且双方无法达成一致意见，因此，一审对案涉工程进行整体造价鉴定并不违反法律规定，且鉴定意见并不存在《最高人民法院关于民事诉讼证据的若干规定》第二十七条规定的情形，应当作为结算工程价款的依据。

（二）以下为本案再审法院最高人民法院作出的（2020）最高法民申1670号《民事裁定书》对本讲总结的上述法律问题的裁判理由

A公司与B公司在2016年1月20日形成的《会议纪要》并不能确定工程款争议部分的对象和范围。原审期间B公司虽在其提交的《亚星安置一地块结算造价汇总表》中提出了17个争议问题，但该汇总表中载明的无争议部分造价合计522708330.04元，这与2016年1月20日《会议纪要》中所载明的无争议部分结算总价4.78亿元并不一致。因此，A公司主张17个争议问题即是2016年1月20日《会议纪要》中的争议问题，难以成立。法院根据B公司的申请对案涉工程进行整体造价鉴定，并无不妥。

五、案例来源

（一）一审：河南省郑州市中级人民法院（2016）豫01民初123号《民事判决书》

（二）二审：河南省高级人民法院（2019）豫民终773号《民事判决书》

（三）再审审查：最高人民法院（2020）最高法民申1670号《民事裁定书》（见本讲附件：案例（节选））

六、裁判要旨

依据最高人民法院关于审理建设工程施工合同纠纷案件适用法律问题的解释的相关规定，当事人对部分事实有争议的，仅对有争议的事实进行鉴定，但争议事实范围不能确定，或者双方当事人请求对全部事实鉴定的除外。本案中，因发包人和承包人工程结算有争议的具体范围不明确，且双方无法达成一致意见，因此，一审法院对案涉工程进行整体造价鉴定并不违反法律规定。

七、相关法条

（一）《最高人民法院关于审理建设工程施工合同纠纷案件适用法律问题的解释（一）》（法释〔2020〕25号）

第三十一条　当事人对部分案件事实有争议的，仅对有争议的事实进行鉴定，但争议事实范围不能确定，或者双方当事人请求对全部事实鉴定的除外。

（二）《中华人民共和国民事诉讼法》（根据2023年9月1日第十四届全国人民代表大会常务委员会第五次会议《关于修改〈中华人民共和国民事诉讼法〉的决定》第五次修正）

第七十九条　当事人可以就查明事实的专门性问题向人民法院申请鉴定。当事人申请鉴定的，由双方当事人协商确定具备资格的鉴定人；协商不成的，由人民法院指定。

当事人未申请鉴定，人民法院对专门性问题认为需要鉴定的，应当委托具备资格的鉴定人进行鉴定。

八、实务交流

（一）对于施工合同纠纷诉讼案的当事人而言，即使当事人双方确认了大部分无争议的工程量和工程款，但如果没有确认少部分有争议的工程量和工程款范围，且双方在诉讼中仍不能达成一致，此时施工方可以依法申请法院委托工程造价司法鉴定机构对案涉工程的全部工程造价进行鉴定。

（二）本案关于司法鉴定范围的裁判观点在当前的司法实践中较为常见，属于主流司法观点。但是经笔者搜索了解，发现最高人民法院作出的个案判决持相反观点（详见本讲"参考类案"之反例），因此需要大家辩证参考。

九、参考类案

为使广大读者有更多的权威类案参考，笔者专门检索、提供近年来由最高人民法院作出的部分类案的生效裁判文书的裁判理由（其中，与本案上述裁判观点基本一致的正例1例，与本案上述裁判观点相反的反例1例），供大家辩证参考、指导实践。

（一）正例：最高人民法院（2019）最高法民终165号《民事判决书》（二审）

根据《最高人民法院关于审理建设工程施工合同纠纷案件适用法律问题的解释》第二十三条的规定，当事人对部分案件事实有争议的，仅对有争议的事实进行鉴定，但争议事实范围不能确定，或者双方当事人请求对全部事实鉴定的除外。本案中，案涉工程施工完毕后，因双方当事人对A公司实际完成的工程量存在争议，且无法核对合同内新增的工程量及合同外增加的工程量，一审法院根据A公司的申请，委托鉴定机构对案涉工程的全部工程造价进行鉴定，符合上述司法解释的规定。

（二）反例：最高人民法院（2016）最高法民终574号《民事判决书》（二审）

对于补偿数额，依据双方签字确认的"君御华庭建设工程完成产值表（浙江八达）"内容，A公司截至2012年12月25日已实际完成的工程产值为92474362.65元，因双方当事人对此均无异议，本院依法予以确认。而对于2012年12月25日至A公司撤场期间由A公司完成的产值数额双方未能达成一致，对此部分争议的事实，依据《最高人民法院关于审理建设工程施工合同纠纷案件适用法律问题的解释》第二十三条"当事人对部分案件事实有争议的，仅对有争议的事实进行鉴定，但争议事实范围不能确定，或者双方当事人请求对全部事实鉴定的除外"之规定，可以通过鉴定解决。但作为对此期间产值提出主张的一方，A公司却未能提供任何证据证明，亦不能提供此期间可予鉴定的相关材料，其应当自行承担举证不能的法律后果。尽管A公司向原审法院提出对本案全部由其完成的工程予以鉴定的申请，但在双方对绝大部分工程产值并无争议的前提下，其就全部工程予以鉴定的请求明显有悖《最高人民法院关于审理建设工程施工合同纠纷案件适用法律问题的解释》第二十三条避免增加诉累、提升诉讼效率之本意。

 附件：案例（节选）

中华人民共和国最高人民法院
民 事 裁 定 书

（2020）最高法民申1670号

再审申请人（一审被告、反诉原告，二审上诉人）：A公司，住所地河南省郑州市上街区许昌路西段。

法定代表人：高某某，A公司董事长。

委托诉讼代理人：黄某某，某某律师（北京）事务所律师。

委托诉讼代理人：杜某，河南某某律师事务所律师。

再审申请人（一审原告、反诉被告，二审上诉人）：B公司，住所地河南省郑州市郑花路65号。

法定代表人：高某某，B公司董事长。

委托诉讼代理人：马某某，河南某某律师事务所律师。

委托诉讼代理人：宋某某，河南某某律师事务所律师。

再审申请人A公司因与再审申请人B公司建设工程施工合同纠纷一案，不服河南省高级人民法院（以下简称二审法院）（2019）豫民终773号民事判决（以下简称二审判决），向本院申请再审。本院依法组成合议庭进行了审查，现已审查终结。

A公司申请再审称，本案应当依照《中华人民共和国民事诉讼法》第二百条第一项、第二项、第六项再审。事实和理由：（一）A公司与B公司于2016年1月20日对案涉工程进行结算所形成的《会议纪要》是双方当事人的真实意思表示，A公司与B公司在该《会议纪要》中已经就案涉工程价款无争议部分进行了结算，应该以该纪要为依据来确定工程价款。在本案一审中，B公司自己提交的证据能够反映双方在结算中存在争议的问题是17个。而且，按照A公司在本案二审结束后委托具有司法鉴定资质的中豫某某工程管理有限公司出具的《关于黄岗寺安置一地块工程结算遗留问题工程造价鉴定意见书》（中豫结审〔2020〕23号）显示，该17个争议问题除两个需由法院认定外，其余15个问题涉及的工程部分可以单独计算造价为21574809.95元。案涉工程的总价款为双方签字确认无争议部分工程结算价4.78亿元加15个有争议部分工程造价21574809.95元合计为499574809.95元。本案一、二审法院委托鉴定机构对案涉工程进行整体造价鉴定违反了《最高人民法院关于审理建设工程施工合同纠纷案件适用法律问题的解释》第二十三条、《最高人民法院关于审理建设工程施工合同纠纷案件适用法律问题的解释（二）》第十二条的规定，是错误的。（二）河南中某工程造价咨询有限公司（以下简称中某公司）违反鉴定规则，其所作出的《工程造价司法鉴定意见书》（以下简称《司法鉴定意见书》）不能作为认定案件事实的依据。双方签订的《补充协议书》第33.2条明确约定了合同结算价如何得出。但中某公司未按照《最高人民法院关于审理建设工程施工合同纠纷案件适用法律问题的解释》第十六条、《建设工程造价鉴定规范》GB/T 51262—2017第5.1.2条的规定以双方合同约定的结算方法及计价标准鉴定。……（三）二审判决对A公司已支付的工程款1437万元不予认定，是错误的。……（四）二审判决认定质保金数额错误，判令支付质保金利息及利息起算点亦存在错误。……（五）B公司已经收到的工程款仍拖欠A公司8800万元发票，其也没有按照《会议纪要》约定移交工程竣工资料，违反了2016年1月20日《会议纪要》约定。……（七）本案系国家重点项目南水北调黄岗寺段的移民安置、黄岗寺城中村改造项目，A公司与B公司签订的《建设工程施工合同》及补充协议有其特殊的背景，应当认定其合法有效。

B公司提交意见称，A公司申请再审的理由不成立，应当驳回其再审请求。（一）2016年1月20日的《会议纪要》不能视为双方的结算协议，该纪要未对案涉工程无争议部分的具体范围进行确认，且在诉讼过程中双方有争议事实的范围亦无法确定，法院委托鉴定机构对案涉工程进行整体造价鉴定，是正确的。（二）本案鉴定程序合法，鉴定结论依据充足，《司法鉴定意见书》应当作为认定案件事实的依据。（三）A公司主张的1437万元，不应计入已付工程款中，二审判决认定正确。……（四）二审判决认定的质保金数额错误。质保金数额应在二审判决认定的工程款总额加上认质认价材料价格上浮10%的费用2709084.99元以及优惠5%的工程造价27102205.34元后得出。二审判决判令支付质保金利息起算点正确，质保金利息计算标准错误，应按年息20%计算质保金利息。（五）A公司主张其可以行使先履行抗辩权，系理解错误。……（六）案涉项目逾期交工的责任并非在B公司，而在A公司自身。A公司未举证证明其所称的过渡安置费实际发生。A公司反诉要求B公司支付双倍过渡费的请求无事实和法律依据，一、二审法院驳回其诉讼请求正确。（七）A公司提交的材料不属于新证据。

B公司申请再审称，本案应当依照《中华人民共和国民事诉讼法》第二百条第二项、第六项再审。事实和理由：（一）案涉《建设工程施工合同》《补充协议书》及2011年11月28日双方当事人签订的《黄冈寺安置一地块补充协议》均为有效合同。……（二）案涉合同是有效合同，《补充协议书》中约定了A公司在逾期支付工程款时，既要承担欠付工程款的利息，又要承担违约金。……（三）基于B公司的真实意思及A公司的违约情况，从公平原则考虑也不应当支持A公司的让利请求，《司法鉴定意见书》中单列的优惠5%的工程造价27102205.34元应当计入工程款总价中。认质认价材料价格上浮10%的费用是鉴定人员依据市场行情及材料的风险幅度的调差，该调差是技术人员专业知识的应用，应当计入工程总价款中。（四）在将认质认价材料价格上浮10%的费用2709084.99元及优惠5%的工程造价27102205.34元计入总工程款后，案涉质保金数额应为27564508.336元。而且，A公司逾期返还质保金应当按照年息20%计算质保金利息。

A公司提交意见称，B公司申请再审的理由不能成立，应当驳回其再审请求。……

本院经审查认为，在案涉工程建设期间，原国家发展计划委员会于2000年5月1日发布的《工程建设项目招标范围和规模标准规定》仍为有效。该规定第三条明确，科技、教育、文化等项目以及商品住宅，包括经济适用住房属于关系社会公共利益、公众安全的公用事业项目。而根据《中华人民共和国招标投标法》第三条规定，大型基础设施、公用事业等关系社会公共利益、公众安全的项目属于必须招标的项目。因此，二审法院以案涉工程未经招标投标程序为由认定案涉《建设工程施工合同》及相关补充协议无效，并无错误。A公司与B公司在2016年1月20日形成的《会议纪要》并不能确定工程款争议部分的对象和范围。原审期间B公司虽在其提交的《亚星安置一地块结算造价汇总表》中提出了17个争议问题，但该汇总表中载明的无争议部分造价合计522708330.04元，这与2016年1月20日《会议纪要》中所载明的无争议部分结算总价4.78亿元并不一致。因此，A公司主张17个争议问题即是2016年1月20日《会议纪要》中的争议问题，难以成立。法院根据B公司的申请对案涉工程进行整体造价鉴定，并无不妥。A公司虽主张其与B公司在2014年10月对案涉安置一项目的土建及安装工程预算进行核算，并已确认预算总价为4.54亿元，但其提交的《安置一地块土建部分造价汇总表》《安置一地块安装部分造价汇总表》《安置一地块安装核对后初步造价汇总表》并无B公司盖章确认，上述证据不足以证明案涉双方已共同确认了预算总价的数额。在预算总价不能确定的情况下，无法根据《补充协议书》第33.2条得出合同结算价。即使鉴定机构未以《补充协议书》第33.2条作为鉴定依据，也无不当。《补充协议书》第23.2.4条第6项规定，措施费以合同审定总价款中所含的措施费总额包干，结算时不再调整。在无法确定合同审定总价款的情形下，也无法计算出措施费。鉴定机构应对受托内容进行鉴定，确定B公司和A公司争议内容并非鉴定机构的鉴定内容。按税前工程造价让利5%确定工程预算价是双方就工程结算的约定，二审判决参照双方的约定确定工程款数额，并无明显不当。认质认价材料价格上浮10%并不符合双方约定，B公司的该项主张不能成立。B公司与A公司签订的《借款协议》均约定，借款由A公司从应付B公司节点工程款中按实际借款时间扣除到期本息。双方均认可在2013年1月9日之后并无具体的付款节点，因此，B公司在2013年1月9日之后借款的借款时间并不明确。A公司虽主张利息计算至2013年9月30日，但未能提交证据予以证明。现B公司与A公司均认可B公司向A公司的借款已抵扣工程款，在借款时间不明确的情形下，二审判决未支持A公司利息损失请求，并无不妥。A公司提交的《下账水电费明细》中显示，在支付进度款时已扣除了部分水电费。在水电费单据中，A公司并无证据证明B公司授权了人员代表B公司签字。另外，还有部分水电费单据中无人代表B公司签字。因此，A公司提交的水电费证据不足以证明其主张。A公司并无有力证据证明B公司拖欠材料款。而且，只有B公司恶意拖欠供货商款项的情况下A公司才可代扣代付。A公司并无证据证明B公司同意其代为支付材料款，其关于代B公司支付材料款的主张不能成立。B公司于2013年12月10日发送给A公司的《工作联系单》载明，关于外墙抗裂砂浆、胶粘剂、勾缝剂和楼梯保温砂浆、地下室顶岩棉板变更等复试检测费用合计89760元，由供应商承担。原材料已送检，但费用没有支付，报告取不出来，请A公司协调。A公司在2013年12月16日的《文件处理签》中，工程管理中心批示一栏中写明"第1项为筑邦三大剂试验费29700元为有争议项目，请公司暂交"。这表明双方对于检测费用的承担存在争议。A公司已支付该部分费用的情况下，其应就该部分费用属于B公司承担范围之内的部分负有举证责任。在A公司未提交有力证据证明的情况下，其主张不能得到支持。案涉《补充协议书》第23.2.4.1条规定，B公司负责将本工程产生的建筑垃圾运至施工现场垃圾存放点，由A公司统一向外清运。A公司就垃圾清运费所提交的证据均无B公司签字盖章确认，并不能证明B公司拒绝清理建筑垃圾。而且，A公司提交的垃圾清运费的收条等证据均在2014年2月工程移交之后，该部分证据所涉及的垃圾是否是B公司建设期间产生，尚不能确定。A公司在再审申请书中称其对每一次维修均向B公司发出了维修通知且B公司拒绝派人维修，但其并未提交证据证明其已就维修事宜通知B公司。而且，A公司所主张的维修项目并不能确定是保修范围之内。即使部分维修项目存在，也不能确定是因B公司的原因导致维修。2016年1月20日的《会议纪要》达成意见部分第6条所确定的是无争议部分质保金数额为2390万元。该数额实际上是双方无争议部分工程款4.78亿元的5%，双方在该《会议纪要》中并没有确定有争议部分的质保金数额。所以，二审判决以工程总造价为基础认定整个工程质保金数额为26073943.82元，并未违反双方的约定。A公司在再审查阶段未提交证据证明防水工程总造价的数额。国家住房和城乡建设部、财政部于2017年发布的《建设工程质量保证金管理办法》第二条规定，缺陷责任期一般为1年，最长不超过2年。而且，案涉工程竣工至今已满5年。二审判决判令返还，并无不妥。支付工程款是合同的主要义务，案涉工程已通过竣工验收，A公司不能以未开发票、未移交工程竣工资料为由拒付工程款。而且，二审法院已判决B公司向A公司开具8800万元发票，并判决B公司向A公司交付完整的竣工资料并配合办理竣工验收备案手续，A公司应承担拖欠工程款的利息。在案涉《建设工程施工合同》及相关补充协议均无效的情形下，B公司无权主张违约金。双方在《建设工程施工合同》《补充协议书》《黄岗寺安置一地块补充协议》中就逾期付款利息作出了不同约定，二审法院综合合同的履行情况，参照《补充协议书》第35条的约定确定逾期支付工程款的利息计付标准，并无明显不当。A公司存在未取得施工许可证等致使工期延误的行为。在案涉工程工期延误原因归属于B公司缺乏有力证明的情形下，A公司关于过渡费的诉讼请求不能成立。

综上，A公司的再审申请不符合《中华人民共和国民事诉讼法》第二百条第一项、第二项、第六项规定的情形，B公司的再审申请不符合《中华人民共和国民事诉讼法》第二百条第二项、第六项规定的情形。本院依照《中华人民共和国民事诉讼法》第二百零四条第一款，《最高人民法院关于适用〈中华人民共和国民事诉讼法〉的解释》第三百九十五条第二款规定，裁定如下：

驳回A公司、B公司的再审申请。

审判长　　包剑平

审判员　　杜　军

审判员　　关晓海

二〇二〇年十一月二十四日

法官助理　丁燕鹏

书记员　　陈　博

第13讲

施工承包人拒交司法鉴定费和鉴定材料，应承担何种法律责任

一、阅读提示

建设工程施工承包人向法院申请委托工程造价司法鉴定，但不知何故，其既不预交鉴定费，又不提供鉴定材料。在此情形下，该当事人将面临何种法律责任？法院依法应如何裁判？

二、案例简介

2010年8月5日、2011年8月8日，实际施工人A、B借用施工企业C公司的资质和名义，先后与建设单位D公司签订《建设工程施工合同》等合同。其后，A、B等人即组织人员及设备进场施工。

2017年4月24日，D公司因上述合同纠纷，将C公司、A、B等主体起诉至西蒙古族藏族自治州中级人民法院（以下简称一审法院），提出解除施工合同、被告返还超付工程款等多项诉求。

一审中，实际施工人A提起反诉，诉请D公司支付其增加工程量的工程款。其因此向一审法院申请委托工程造价司法鉴定。一审法院遂依法委托某司法鉴定所鉴定。但其后因A未提供鉴定资料，亦未预交鉴定费，该鉴定机构决定终止鉴定。

一审法院经审理认为A的反诉请求没有证据证明，且司法鉴定因其原因终止，其依法应当承担举证不能的法律后果，因此没有支持其反诉请求。A对此不服，依法先后向青海省高级人民法院（以下简称二审法院）上诉、向最高人民法院申请再审，但均不被支持。

最高人民法院经审查，认为一审、二审法院的判决理由合法，遂于2018年8月28日作出（2018）最高法民申2830号《民事裁定书》，驳回A的再审申请。

三、案例解析

从上述案情中笔者总结出的法律问题是：**本案实际施工人A在一审法院准许其工程造价司法鉴定申请后，既不依法提交鉴定材料，也不预交鉴定费，应否承担举证不能的法律责任？**

笔者认为：A依法应承担举证不能的法律责任，本案一审、二审法院对该问题的判决理由合法。主要分析如下：

A在本案提出的反诉请求是要求建设单位D公司支付其增加工程量的工程款。但是其提交的现有证据不能证明该事实成立，因此其才会向一审法院申请对诉争事实委托工程造价司法鉴定，以弥补其举证不足。但遗憾的是，在一审法院准许其鉴定申请后，A不知何故，并没有依法向法院提交应由其提供的相关鉴定材料，而且也不预交鉴定费，直接导致鉴定机构有权依据相关规定决定终止本案司法鉴定。

既然本案鉴定事项无法完成，那么依据本案审理时施行的《最高人民法院关于民事诉讼证据的若干规定》第二十五条第二款的规定："对需要鉴定的事项负有举证责任的当事人，在人民法院指定的期限内无正当理由不提出鉴定申请或者不预交鉴定费用或者拒不提供相关材料，致使对案件争议的事实无法通过鉴定结论予以认定的，应当对该事实承担举证不能的法律后果。"A应当承担举证不能的法律责任。因此，一审、二审法院才会依法作出不予支持A反诉请求的判决结果。

正是基于上述事实及法律依据，本案再审法院最高人民法院才会认可原审法院的上述裁判理由（详见本讲"裁判理由"）。

四、裁判理由

以下为最高人民法院作出的（2018）最高法民申2830号《民事裁定书》对本讲总结的上述法律问题的裁判理由：

3.关于A主张增加的工程量及价款5670633.6元。A提供的证据不能证明其增加工程量的具体内容，也未能提供D公司签字或认可的变更或增加工程量的签证单等证据，在一审法院释明后，其申请对增加部分的工程量价进行司法鉴定，但未能提供相应的鉴定资料，且以没有钱而拒不缴纳鉴定费，导致鉴定终止。因该项请求的确定需专业人员利用专业知识通过专门技术才能得出，故根据民事诉讼"谁主张、谁举证"的原则，在A因自己的原因对其主张的且双方争议较大的案件事实不能通过专业鉴定程序予以确定的情况下，依据《最高人民法院关于民事诉讼证据的若干规定》第二十五条第二款的规定，一、二审法院判决均认定A对其主张的增加的工程量及价款，应承担举证不能导致请求不能得到支持的不利法律后果，该认定依法有据。

五、案例来源

（一）一审：海西蒙古族藏族自治州中级人民法院（2017）青28民初20号《民事判决书》

（二）二审：青海省高级人民法院（2018）青民终7号《民事判决书》

（三）再审审查：最高人民法院（2018）最高法民申2830号《民事裁定书》（见本讲附件：案例）

六、裁判要旨

在一审法院释明后，施工承包人申请对增加部分的工程量价进行司法鉴定，但未能提供相应的鉴定资料，且以没有钱而拒不缴纳鉴定费，导致鉴定终止。因该项请求的确定需专业人员利用专业知识通过专门技术才能得出，故根据民事诉讼"谁主张、谁举证"的原则，在承包人因自己的原因对其主张的且双方争议较大的案件事实不能通过专业鉴定程序予以确定的情况下，依据《最高人民法院关于民事诉讼证据的若干规定》的相关规定，一、二审法院判决均认定承包人对其主张的增加的工程量及价款，应承担举证不能导致请求不能得到支持的不利法律后果，该认定于法有据。

七、相关法条

（一）《建设工程造价鉴定规范》GB/T 51262—2017

3.3.6　鉴定过程中遇有下列情形之一的，鉴定机构可终止鉴定：

1　委托人提供的证据材料未达到鉴定的最低要求，导致鉴定无法进行的；

2　因不可抗力致使鉴定无法进行的；

3　委托人撤销鉴定委托或要求终止鉴定的；

4　委托人或申请鉴定当事人拒绝按约定支付鉴定费用的；

5　约定的其他终止鉴定的情形。

终止鉴定的，鉴定机构应当通知委托人（格式参见本规范附录B），说明理由，并退还其提供的鉴定材料。

（二）《最高人民法院关于民事诉讼证据的若干规定》（法释〔2019〕19号）

第三十一条　当事人申请鉴定，应当在人民法院指定期间内提出，并预交鉴定费用。逾期不提出申请或者不预交鉴定费用的，视为放弃申请。

对需要鉴定的待证事实负有举证责任的当事人，在人民法院指定期间内无正当理由不提出鉴定申请或者不预交鉴定费用，或者拒不提供相关材料，致使待证事实无法查明的，应当承担举证不能的法律后果。

八、实务交流

（一）对于工程造价司法鉴定的申请人而言，如果法院同意申请人的鉴定申请，那么申请人依法应当按期预交鉴定费，并向法院按期提供鉴定所需的相关材料。除非存在其他客观原因或合理理由，导致申请人不能按期完成这些事项，那么建议申请人及时向法院书面说明理由，并申请延期完成，否则将面临鉴定机构退鉴的不利后果。

（二）对于法院而言，即使案件存在当事人申请鉴定、举证不能的法律后果，那么仍须根据当事人提交的全部在案证据审查当事人的诉讼请求能否成立。根据笔者的办案经验和大量研究发现，这个环节非常重要，在司法实践中极易被不少法官忽视，极易导致错误判决。

九、参考类案

为使广大读者有更多的权威类案参考，笔者专门检索、提供近年来由最高人民法院作出的部分类案的生效裁判文书的裁判理由（与本案上述裁判观点基本一致），供大家辩证参考、指导实践。

（一）最高人民法院（2020）最高法民终1321号《民事判决书》（二审）

关于案涉工程价款应当如何确定问题。《最高人民法院关于民事诉讼证据的若干规定》第三十一条第二款规定："对需要鉴定的待证事实负有举证责任的当事人，在人民法院指定期间内无正当理由不提出鉴定申请或者不预交鉴定费用，或者拒不提供相关材料，致使待证事实无法查明的，应当承担举证不能的法律后果。"案涉建设工程施工合同约定，合同暂定金额为129051278.44元，最后结算价款以双方实际结算为准。根据"谁主张、谁举证"的举证责任分配原则，A应当提供证据证明其实际完成的工程量以及应获得的工程价款。一审中，A申请对上述争议事项进行司法鉴定，但在人民法院指定期间内无正当理由拒不交纳鉴定费，致使案涉增加的工程量和工程价款无法查明的情况下，应承担举证不能的法律后果，一审法院依据B公司认可的工程造价认定欠付的工程价款数额并无不当。

（二）最高人民法院（2018）最高法民申1326号《民事裁定书》（再审审查）

本案中，二审法院为查明本案事实，责令A公司在庭审结束后一周内提交案涉工程系其单独完成的相关证据，包括施工签证单、建设材料的耗费、人工工资支出等证据，但A公司并未提交，也不能对其未提交上述证据作出合理解释。依照《最高人民法院关于民事诉讼证据的若干规定》第二十五条规定，对需要鉴定的事项负有举证责任的当事人，在人民法院指定的期限内无正当理由不提出鉴定申请或者不预交鉴定费用或者拒不提供相关材料，致使对案件争议的事实无法通过鉴定结论予以认定的，应当对该事实承担举证不能的法律后果。故一审中虽未启动鉴定程序，但A公司在二审法院释明后仍未完成举证责任，二审法院据此认定A公司的诉求缺乏充分证据证明并予以驳回，符合法律规定，并无不当。

（三）最高人民法院（2018）最高法民申3199号《民事裁定书》（再审审查）

本院认为，其一，根据《中华人民共和国民事诉讼法》第七十六条第二款的规定可知，当事人未申请鉴定，人民法院对专门性问题认为需要鉴定的，应当委托具备资格的鉴定人进行鉴定。本案系因A公司欠付B公司工程款而引起的纠纷，案涉工程实际造价既是本案应予查明的基本事实，亦是正确认定A公司欠付B公司工程款数额的前提。从原审已查明的事实看，对于案涉工程价款的数额，B公司已提交《工程结算书》《结算资料》等证据加以证实，并将相关资料报送给A公司，已对案涉工程价款的数额完成初步举证证明责任。而A公司对《工程结算书》《结算资料》提出异议，在其和B公司对案涉工程价款经协商未能达成最终一致的审核意见，而双方当事人又均不申请鉴定的情形下，一审法院为进一步查清案件基本事实，妥善处理本案纠纷，依职权委托鉴定，符合本案实际，并不违反法律规定。其二，虽然A公司对预交一半鉴定费提出异议，但其亦在提交给一审法院的材料中明确表示尊重法院决定并按法院决定执行。此情形下，一审法院要求A公司预交一半鉴定费，并无不当。后因A公司拒绝交纳一半鉴定费，致使鉴定程序终结，无法继续进行，由此，一审判决认定A公司应承担举证不能的不利法律后果，亦显无不当。A公司申请再审主张原判决对举证责任的分配违反法律规定，缺乏事实和法律依据，不能成立。

（四）最高人民法院（2018）最高法民申1109号《民事裁定书》（再审审查）

A公司虽在一审中申请对案涉工程综合楼及总控车间进行质量鉴定，但在2015年9月2日选定大连某某大学作为鉴定机构后，A公司拒绝缴纳鉴定费用，一审法院于2015年9月21日向其释明法律后果后其无合理理由仍然拒绝缴纳，后大连某某大学于2015年9月24日以A公司拒绝支付鉴定费为由退鉴，由此导致的不利后果A公司应自行承担。因此，A公司关于案涉工程综合楼及总控车间质量不合格，其存在可得利益损失的主张因证据不足均不能成立。一审法院已充分保障A公司申请鉴定的权利，A公司申请再审称一审法院剥夺其鉴定权利与事实不符，不能成立。

 附件：案例

中华人民共和国最高人民法院
民 事 裁 定 书

（2018）最高法民申2830号

再审申请人（一审被告、反诉原告，二审上诉人）：A，男，1965年6月14日出生，汉族，住青海省德令哈市。

委托诉讼代理人：徐某某，陕西某某信律师事务所律师。

委托诉讼代理人：任某某，陕西某某信律师事务所律师。

被申请人（一审原告、反诉被告，二审被上诉人）：D公司。住所地：青海省德令哈市长江路东（海西商业广场）。

法定代表人：朱某某，D公司董事长。

一审被告、二审上诉人：C公司。住所地：青海省海南州共和县恰卜恰镇环城东路309号。

法定代表人：胡某某，C公司总经理。

一审被告：B，男，1980年5月4日出生，汉族，住青海省西宁市城东区。

一审被告：E，男，1991年1月22日出生，汉族，住四川省南部县。

再审申请人A因与被申请人D公司及一审被告、二审上诉人C公司、一审被告B、E建设工程施工合同纠纷一案，不服青海省高级人民法院（2018）青民终7号民事判决，向本院申请再审。本院依法组成合议庭对本案进行了审查，现已审查终结。

A申请再审称：请求撤销青海省高级人民法院（2018）青民终7号民事判决。事实与理由：1.A提供了新的证明材料二审没有接受采纳。2.D公司用房屋、车辆抵顶的工程价款超出原施工协议约定的价款（原合同约定面积15300平方米，每平方米1100元以现金方式支付，每平方米220元用房屋抵顶，应为3366000元），而D公司抵顶28套房屋价款为6014515元，超出2648515元，现二审法院判由A、B以现金方式退还不合理。工程款变更增加后应为17300平方米×1320元＝22836000元。3.D公司先违约没有按时付工程款，付款凭证上的时间可以证明。4.A给D公司出具的税票16209459.5元，其中有10000000元的税票是D公司在2013—2014年为应付国家税务总局来青海省海西州德令哈市抽查企业税收情况下让其开具的，D公司根本没有按税票数额付款。5.D公司替其购买水泥270000元属实。6.D公司购买的180000元石膏制品材料，系原设计为住宅后改为宾馆的隔墙材料，那么A提到的增加的工程量，D座由住宅改为宾馆的二次施工费1742000元应予认定，在一审时因其确实没有钱去做司法鉴定，但一审判决让其承担鉴定不能的责任不合理。7.电费53087.6元认可。8.用本田轿车顶工程款190000元认可。9.张某俊是D公司请来做D、E座1、2层内部分包工程的，与A没有任何关系，该笔364344元不应计算。10.三方在一审法院对账的付款只有13200000元，二审法院认定的17761245元从何而来。11.A在一审反诉提出的D公司私自口头协议让其增加的工程量共计价款580万元，其没钱做司法鉴定，法院不派员看现场，不调查，不予支持不合理。本次申请再审与B无关，2014年3月15日B已退出合作，该工程由其与腾某负责。12.工程由住宅改成宾馆，私自增加两层，D公司只有设计施工图，无任何变更手续，资料不全且不配合施工方，致使工程至今无法交工，所以判令A违约错误。综上，A依据《中华人民共和国民事诉讼法》第二百条第二项规定向本院申请再审。

本院认为，关于申请人A主张的二审判决认定的基本事实缺乏证据证明的问题。

对其申请再审提出异议的事实逐项分析：1.A认为其在二审中提供了新的证据材料，二审没有接受和采纳，但其没有提供相应证据来支持自己的上述观点，本院不予采信。2.A认为D公司用房屋、车辆抵顶的工程价款超出原施工协议约定的抵顶比例和数额，合同约定：每平方米1100元为现金方式支付，每平方米220元抵顶房屋应为3366000元，而D公司抵顶28套房屋价款为6014515元，超出2648515元，现二审法院判由A以现金方式退还不合理。本案中，以房抵顶工程款有当事人之间协议约定，有A、B、E等人签字的房屋认购书佐证，还有申请人A当庭认可的事实印证，综合以上事实可说明以28套房屋抵顶工程款是双方自愿真实的意思表示，是双方在合同履行中对支付方式的自愿选择，故在认定确实存在超付工程款的情况下，一、二审法院按照超付数额及D公司主张的数额判决A、B退还相应金额，不违反法律规定，故对A的此项申请理由不予支持。3.关于A主张增加的工程量及价款5670633.6元。A提供的证据不能证明其增加工程量的具体内容，也未能提供D公司签字或认可的变更或增加工程量的签证单等证据，在一审法院释明后，其申请对增加部分的工程量价进行司法鉴定，但未能提供相应的鉴定资料，且以没有钱而拒不缴纳鉴定费，导致鉴定终止。因该项请求的确定需专业人员利用专业知识通过专门技术才能得出，故根据民事诉讼"谁主张、谁举证"的原则，在A因自己的原因对其主张的且双方争议较大的案件事实不能通过专业鉴定程序予以确定的情况下，依据《最高人民法院关于民事诉讼证据的若干规定》第二十五条第二款的规定，一、二审法院判决均认定A对其主张的增加的工程量及价款，应承担举证不能导致请求不能得到支持的不利法律后果，该认定依法有据。4.关于张某俊施工的364344元，A在一审审理中予以认可，但在二审辩论中又反悔认为与其无关，不应计算在给其支付的工程款中，现申请再审亦不予认可，二审法院依据"禁反言"的原则，在A没有证据佐证其该上诉理由成立的情况下，不予支持正确。5.关于收款数额。A只认可收到款项为13200000元，并非一、二审法院认定的17761245元。但该数额系一审法院在一审审理中根据双方提供的转账凭证、财务凭证及支票存根等证据及结合当事人陈述逐一进行核实并认定的。A虽有异议但并未提供相应证据予以反驳，其此项再审申请理由亦不能成立，本院不予支持。6.关于判决A与B向D公司赔偿损失3000000元的问题。根据双方合同约定的交房时间及A书面承诺于2016年5月30日将案涉工程交付给D公司，而时至二审时A、B仍未将案涉工程及施工资料交付给D公司。A、B违背承诺，违反民事行为诚实信用的基本原则，造成工期拖延，客观上给D公司造成一定的损失，理应承担相应损失赔偿责任。且就迟延交付双方约定了具体的违约金计算方式，一、二审法院参考双方约定，根据案件实际，计算2016年6月1日至2017年4月1日期间（起诉时）的损失数额3000000元，并无不当。一、二审法院对以上主要事实的认定，符合法律规定，不存在缺乏证据证明的情形。

综上，A的再审申请不符合《中华人民共和国民事诉讼法》第二百条第二项规定的情形。依照《中华人民共和国民事诉讼法》第二百零四条第一款、《最高人民法院关于适用〈中华人民共和国民事诉讼法〉的解释》第三百九十五条第二款的规定，裁定如下：

　　驳回A的再审申请。

审判长　　汪国献

审判长　　王　涛

审判长　　丁广宇

二〇一八年八月二十八日

法官助理　刘桂刚

书记员　　刘笑笑

第14讲

总承包人拒交司法鉴定材料，为何不承担举证不能的法律责任

一、阅读提示

众所周知，申请司法鉴定的当事人在法院指定期间内无正当理由拒不提供鉴定材料，致使待证事实无法鉴定查明的，依法应当承担举证不能的法律责任。但是，本案中的原告虽然拒不提交鉴定材料，最终却没有被二审法院认定承担举证不能的法律责任，原因何在？

二、案例简介

根据当事人所述，2012年7月13日，施工总承包人A公司与B公司签订了《四川省会东至河门口公路工程施工I标段路基分包合同》（以下简称《分包合同》），A公司将其承包的部分工程分包给B公司。其后，双方在施工过程中因发生纠纷而解约。

2017年7月，A公司将B公司起诉至四川省高级人民法院（以下简称一审法院），提出了要求B公司返还多收取的工程款并承担相关违约责任等多项诉求。

在一审诉讼中，B公司答辩认为自己不是本案适格被告。因为《分包合同》加盖的B公司印章是他人伪造；该公司没有施工，也没有收到A公司的任何款项；该公司从未与A公司签订过案涉合同，有多份生效裁判文书认定B公司与案涉工程没有关系。

为自证清白，B公司向一审法院申请对A公司提交的《分包合同》等证据中加盖的B公司印章及其法定代表人签名的真伪进行司法鉴定。一审法院准许其鉴定，遂要求A公司提供该鉴定需要的鉴定材料"原件"。但A公司拒绝提供上述检材，其虽认可《分包合同》加盖的印章不是B公司的备案印章，但最终导致B公司申请对其法定代表人签名的真伪进行鉴定的事项不能完成。

A公司向一审法院提交了加盖有B公司印章的大量证据，证明双方合同关系成立并已实际履行。此外，其向一审法院申请对B公司在案外的其他多个工程项目的施工

合同与本案《分包合同》里加盖的B公司印章的一致性进行司法鉴定。但一审法院不予准许。因为其认为A公司既未提供鉴定所需的检材，也未证明其主张的检材上的印章与B公司的关联性。

一审法院没有对本案进行实体审理，仅认为A公司因拒绝提供B公司申请鉴定所需的检材，应当承担举证不能的法律责任，且本案尚无证据证明B公司是本案适格被告，因此裁定驳回A公司的起诉。A公司对此不服，遂向二审法院最高人民法院上诉。

最高人民法院经审理，认为一审法院的上述裁定理由不合法。遂于2019年5月30日作出（2019）最高法民终552号《民事裁定书》，撤销一审裁定，指令一审法院继续审理本案。

三、案例解析

从上述案情中笔者总结出的法律问题：**在A公司均不提供本案两件司法鉴定案所需鉴定材料的情形下，一审法院认定A公司应承担导致B公司申请的司法鉴定不能完成的举证不能的法律责任，是否合法？**

笔者认为：一审法院的上述认定不合法。主要分析如下：

其一，对于B公司提出的上述司法鉴定申请事项，按照"谁主张，谁举证"的举证规则，该鉴定所需的鉴定材料依法应由B公司举证提交一审法院，否则其应承担举证不能的法律责任。但是本案的特殊之处在于，B公司应当举证提交的鉴定材料的原件实际由A公司持有。在A公司拒绝提供这些鉴定材料的情形下，B公司要合法取得这些鉴定材料，只能依法申请一审法院向A公司调取。

在一审法院依法向A公司调取的情形下，A公司如果拒不提供这些鉴定材料，那么依据本案审理时施行的《最高人民法院关于适用〈中华人民共和国民事诉讼法〉的解释》（法释〔2015〕5号）第一百一十二条的规定："书证在对方当事人控制之下的，承担举证证明责任的当事人可以在举证期限届满前书面申请人民法院责令对方当事人提交。申请理由成立的，人民法院应当责令对方当事人提交，因提交书证所产生的费用，由申请人负担。对方当事人无正当理由拒不提交的，人民法院可以认定申请人所主张的书证内容为真实。"一审法院可以结合本案其他证据，认定A公司拒不提供的鉴定材料的复印件与原件一致。这样，B公司申请的司法鉴定依法仍然可以推进、完成。但遗憾的是，一审法院并没有这样操作，相反却让A公司承担B公司申请司法鉴定举证不能的法律责任，显然适用法律错误。

其二，除了上述错误外，一审法院还应对本案进行实体审理。即应审查本案当事人提交的全部证据，以综合认定B公司是否是本案适格被告这一争议焦点问题。而不应仅以A公司拒不提交本案两件司法鉴定案所需的鉴定材料，认定其应承担举证不能的法律责任。事实上，即使本案两件司法鉴定案均能完成，这两份鉴定意见也不是认定B公司是否是本案适格被告的决定性证据。一审法院仍然需要结合本案其他证据，综合认定B公司是否是本案适格被告，是否应当承担《分包合同》相关的法律责任。

但遗憾的是，一审法院也没有这样操作。

正是基于上述事实及法律依据，二审法院最高人民法院认为一审法院的裁定理由不合法，因此撤销了一审裁定，指令一审法院继续审理本案（详见本讲"裁判理由"）。

四、裁判理由

以下为最高人民法院作出的（2019）最高法民终552号《民事裁定书》对本讲总结的上述法律问题的裁判理由：

本院认为，B公司是否是本案的适格被告，需要人民法院对相关事实进行民事实体审理后才能做出判断，相反证据是否足以推翻生效裁判确认的事实，综合证据情况予以认定。就A公司与B公司之间是否存在建设工程施工合同关系的问题，即便案涉合同上的印章不是B公司的备案印章，也不能当然得出双方不存在合同关系的结论，对该事实的判断仍需结合案涉合同上的印章是否曾为B公司使用，是否系B公司授权加盖、黄某某、白某等人与B公司之间的关系等情况综合予以判定。针对该问题，双方当事人在一审诉讼过程中分别举示了大量的证据，但一审法院均未作出审查认定，仅以A公司认可合同上的印章不是备案印章，拒绝提供B公司申请鉴定所需检材，致使案件争议的事实无法通过鉴定结论予以认定，A公司应当承担举证不能的法律后果为由，直接裁定驳回A公司的起诉不当，本院予以纠正。

五、案例来源

（一）一审：四川省高级人民法院（2017）川民初70号《民事裁定书》

（二）二审：最高人民法院（2019）最高法民终552号《民事裁定书》（见本讲附件：案例）

六、裁判要旨

建设工程施工合同中的一方当事人将另一方起诉至法院，被告抗辩案涉施工合同里加盖的本方印章系被他人伪造，本方也未参与施工，因此不是本案适格被告。针对该争议焦点问题，法院应当结合在案全部证据，进行实体审理后才能做出判断。如果双方当事人分别举示了大量证据，但一审法院未对这些证据审查认定，仅以原告认可案涉施工合同里的印章不是被告的备案印章，且拒绝提供被告申请司法鉴定所需的鉴定材料，致使案件争议的事实无法通过鉴定意见认定，因此认定原告承担举证不能的法律责任，裁定驳回其起诉。一审法院的上述做法不合法，二审法院应予纠正。

七、相关法条

（一）《最高人民法院关于适用〈中华人民共和国民事诉讼法〉的解释》（根据2022年3月22日最高人民法院审判委员会第1866次会议通过的《最高人民法院关于修改〈最高人民法院关于适用《中华人民共和国民事诉讼法》的解释〉的决定》第二次修正）

第一百一十二条　书证在对方当事人控制之下的，承担举证证明责任的当事人可以在举证期限届满前书面申请人民法院责令对方当事人提交。

申请理由成立的，人民法院应当责令对方当事人提交，因提交书证所产生的费用，由申请人负担。对方当事人无正当理由拒不提交的，人民法院可以认定申请人所主张的书证内容为真实。

（二）《最高人民法院关于民事诉讼证据的若干规定》（法释〔2019〕19号）

第三十一条　当事人申请鉴定，应当在人民法院指定期间内提出，并预交鉴定费用。逾期不提出申请或者不预交鉴定费用的，视为放弃申请。

对需要鉴定的待证事实负有举证责任的当事人，在人民法院指定期间内无正当理由不提出鉴定申请或者不预交鉴定费用，或者拒不提供相关材料，致使待证事实无法查明的，应当承担举证不能的法律后果。

八、实务交流

（一）法院对于当事人的司法鉴定申请，如果认为其有法律依据，尤其是其申请的鉴定事项事关案件基本事实的认定，依法应当先予准许。至于申请人在其后拒不提交司法鉴定所需的鉴定材料，彼时法院才能依法认定其应当承担举证不能的法律责任。法院不应先后顺序倒置，以申请人拒不提交鉴定材料为由，不准许其鉴定申请，这样操作显然没有法律依据。

（二）在涉及主体较多且案情复杂的建设工程诉讼案中，对于当事人是否适格这一争议焦点问题，法院应根据在案全部证据进行实体审理和综合认定，而不应仅根据几个司法鉴定意见来片面认定。因为司法鉴定意见本质上仍属于一种证据，法院难以仅凭这一单一证据就能审理查明复杂案件的真相。

（三）建设单位、发包人如果发现本方签订的施工合同里加盖的承包单位的公章、法定代表人的签名系他人伪造、假冒，在双方发生不可调和的纠纷的情形下，建议同时采取以下两条维权路径：一是以他人涉嫌"伪造公司、企业、事业单位、人民团体印章罪"等罪名为由，向公安机关刑事报案。通过司法机关查明案涉相关事实，有助于建设单位、发包人正确选择其后的法律措施。二是以施工合同纠纷为由，向法院同时起诉承包单位以及涉嫌伪造承包单位印章的实际承包人、施工人、挂靠人。这一步尤为关键，否则极易遭遇本案A公司遭遇的上述诉讼窘境，导致不必要的诉累。

（四）在任何诉讼案件中，凡是负有法定举证义务的当事人在向法院申请司法鉴定获得准许后，一定要主动提交自己持有的鉴定所需材料，不要瞻前顾后或抱有侥幸心理拒不提交。否则，法院认定当事人承担举证不能的法律责任，合法合理。

 **附件：案例**

中华人民共和国最高人民法院
民事裁定书

（2019）最高法民终552号

上诉人（原审原告）：A公司，住所地湖南省长沙市天心区青园街道常青路8号。

法定代表人：朱某某，A公司总经理。

委托诉讼代理人：伍某某，男，1981年6月20日出生，汉族，该公司职工，住湖南省新化县。

委托诉讼代理人：罗某，男，1989年9月26日出生，汉族，该公司职工，住湖南省长沙市天心区。

被上诉人（原审被告）：B公司，住所地四川省成都市交桂路89号5楼。

法定代表人：文某某，B公司执行董事。

委托诉讼代理人：何某，泰某某律师事务所律师。

委托诉讼代理人：汪某，重庆某某律师事务所律师。

上诉人A公司因与被上诉人B公司建设工程施工合同纠纷一案，不服四川省高级人民法院（2017）川民初70号民事裁定，向本院提起上诉。本院依法组成合议庭对本案进行了审理。

A公司上诉请求：1.撤销四川省高级人民法院（2017）川民初70号民事裁定；2.改判支持A公司的全部诉讼请求；3.本案一、二审诉讼费由B公司负担。审理过程中变更第2项诉讼请求为：撤销原裁定，指令四川省高级人民法院继续审理本案。事实与理由：一审法院对A公司提交的证据材料未进行全面审查，对基本事实未进行认定，仅以A公司未配合提交鉴定检材，无法进行鉴定为由，草率判定A公司承担举证不能的法律后果，系基本事实未查清，认定依据明显错误。A公司提交了加盖有B公司印章的资质材料、授权委托书、分包合同、往来函件、结算单、会议纪要、会议签到表等材料，证明合同关系成立并已实际履行。B公司南充办事处总经理白某代表B公司就案涉工程与黄某某签订"内部承包责任合同"、向B公司支付管理费、律师费等B公司内部管理方面的材料以及会东县人力资源和社会保障局《关于A公司代付农民工工资的证明》、成都市公安局高新技术产业开发区分局新益州治安派出所关于B公司员工李某、夏某某的讯问笔录等第三方佐证材料，以上材料形成了完整的证据链，足以证明B公司参与了案涉工程的施工管理，是本案适格被告。白某作为B公司南充办事处总经理，参与了案涉工程的前期管理以及合同解除后经济问题的协商谈判，出席了相关会议并签订了会议纪要，以上情况A公司提交了《南充市外地企业入南从事建筑活动登记证书》、白某与B公司关于工程款管理费的支付凭证、就B公司退场问题进行协商的会议纪要等证据，充分证明B公司对案涉工程是知情的，参与了案涉工程的施工管理。李某作为B公司总部员工（有社保缴费记录），具体负责南充办事处与B公司总部之间的财务往来和联系、报备资料等工作，其在新益州治安派出所的陈述也可以印证，白某为B公司南充办事处负责人，向B公司总部缴纳了年度管理费，并就案涉项目向B公司另行缴纳了管理费，B公司实际参与了案涉工程，对工程是完全知情的。一审法院启动的鉴定是B公司申请的，用以证明案涉工程中加盖的B公司印章是假的，根据"谁主张、谁举证"的原则，举证责任在B公司。根据A公司了解的情况，案涉合同加盖的印章在其他合同中使用过，A公司要求就案涉合同加盖的印章与其他合同中出现的印章对比鉴定，一审法院却以"未证明其主张的检材上印章与B公司的关联性"为由驳回鉴定申请，实在难以理解。同时，一审法院关于"已有生效判决认定存在他人冒用B公司名义私刻B公司印章签订合同从事建设工程施工活动的事实"显示一审法院已先入为主。

B公司辩称，《四川省会东至河门口公路工程施工Ⅰ标段路基分包合同》不是加盖的B公司的印章，是黄某某、白某伪造B公司印章签订的，B公司不是该合同的当事人。B公司从来没有组织过人员进行该工程施工，也没有收到过A公司的任何支付款项，B公司与本案无关。B公司从未与A公司签订过案涉合同，有多份生效判决、仲裁等法律文书认定B公司与A公司的案涉工程之间没有关系。黄某某、白某不是B公司的员工。李某虽然是B公司的员工，但是她只是一般工作人员，在公安机关所作的陈述没有得到B公司的授权和认可。

A公司向一审法院起诉请求：1.判令B公司返还A公司为其垫付的农民工工资10890119元，并按照同期银行贷款利率从资金垫付之日起至实际返还日止支付利息；2.判令B公司返还超付工程款3036446元，并按照同期银行贷款利率从工程款超付之日起至实际返还日止支付利息；3.判令B公司承担违约金43670000元；4.判令B公司赔偿阻工期间造成的人员、设备窝工损失5549880元；5.判令B公司赔偿工程质量问题返工和维修费用10860000元；6.由B公司承担本案的诉讼费用。

一审法院未作事实认定，仅对双方申请鉴定的情况予以了描述：一审审理中，B公司申请对A公司提交的起诉证据《四川省会东至河门口公路工程施工Ⅰ标段路基分包合同》上B公司印章真伪，以及《授权委托书》《授权委托书变更》等相关文件上的B公司印章及法定代表人处"文某"签名的真实性进行鉴定。A公司申请对B公司在《金源利·中央华城1、2号楼施工总承包合同补充协议》及相关合同、巴中市巴州区大和乡中心小学校学生食堂建设工程施工合同、兰成渝管道K0358+750汛期抢险水毁治理工程施工合同、兰成渝K472+540汛期抢险水毁治理等工程施工合同上加盖的印章与本案案涉工程合同上加盖的印章的一致性进行鉴定，但没有提供相关检材。

　　一审法院认为，对于B公司是否是本案适格被告的问题，该院根据B公司的申请，依法启动司法鉴定程序，对案涉《四川省会东至河门口公路工程施工I标段路基分包合同》上B公司印章真伪，以及《授权委托书》《授权委托书变更》上法定代表人处"文某"笔迹真伪进行鉴定。对于A公司的鉴定申请，因A公司未能证明其申请作为比对的其他工程所涉文件上的印文与本案B公司的关联性，且已有生效判决认定存在他人冒用B公司名义私刻B公司印章签订合同从事建设工程施工活动的事实。且A公司既未提供其申请鉴定的检材，也未证明其主张的检材上印章与本案B公司的关联性，故对A公司的申请不予准许。

　　根据A公司的起诉证据复印件，以及B公司的鉴定申请，因B公司主张未与A公司签订过案涉合同，案涉合同及相关证据是A公司提交的起诉证据。因此，一审法院要求A公司提供以下鉴定材料原件：1.落款时间为"2012年7月13日"的《四川省会东至河门口公路工程施工I标段路基分包合同》；2.落款时间为"2012年7月15日"的"金兴字（2012）第28号"文件；3.落款时间为"2012年4月23日"的《授权委托书》；4.落款时间为"2012年7月15日"的"金兴字（2012）第25号"文件；5.落款时间为"2012年12月5日"的"金兴字（2012）第45号"文件；6.落款时间为"2012年12月21日"的《授权委托书变更》；7.落款时间为"2012年12月21日"的"金兴字（2012）第46号"文件；8.落款时间为"2013年6月25日"的"金兴字（2012）第46号"文件；9.落款时间为"2013年6月25日"的《授权委托书变更》；10.落款时间为"2013年9月3日"的《关于的回复函》。A公司拒绝提供上述检材，并明确表示："我方认可合同上的印章不是备案印章。"由于A公司拒绝提供上述检材原件，导致对上述检材上法定代表人处"文某"签名是否真实的鉴定事项无法进行。根据《最高人民法院关于民事诉讼证据的若干规定》第二十五条第二款"对需要鉴定的事项负有举证责任的当事人，在人民法院指定的期限内无正当理由不提出鉴定申请或者不预交鉴定费用或者拒不提供相关材料，致使对案件争议的事实无法通过鉴定结论予以认定的，应当对该事实承担举证不能的法律后果"的规定，A公司应当承担举证不能的法律后果。本案现有证据不能证明B公司与A公司存在案涉建设工程施工法律关系，也不能证明A公司与B公司就案涉工程存在事实上的建设工程施工关系。因此，本案尚无证据证明B公司是本案适格被告。综上，依照《中华人民共和国民事诉讼法》第一百一十九条、第一百五十四条第三项规定，裁定：驳回A公司的起诉。

　　本院认为，B公司是否是本案的适格被告，需要人民法院对相关事实进行民事实体审理后才能做出判断，相反证据是否足以推翻生效裁判确认的事实，综合证据情况予以认定。就A公司与B公司之间是否存在建设工程施工合同关系的问题，即便案涉合同上的印章不是B公司的备案印章，也不能当然得出双方不存在合同关系的结论，对该事实的判断仍需结合案涉合同上的印章是否曾为B公司使用，是否系B公司授权加盖，黄某某、白某等人与B公司之间的关系等情况综合予以判定。针对该问题，双方当事人在一审诉讼过程中分别举示了大量的证据，但一审法院均未作出审查认定，仅以A公司认可合同上的印章不是备案印章，拒绝提供B公司申请鉴定所需检材，致使案件争议的事实无法通过鉴定结论予以认定，A公司应当承担举证不能的法律后果为由，直接裁定驳回A公司的起诉不当，本院予以纠正。依照《中华人民共和国民事诉讼法》第一百七十一条、《最高人民法院关于适用〈中华人民共和国民事诉讼法〉的解释》第三百三十二条之规定，裁定如下：

一、撤销四川省高级人民法院（2017）川民初70号民事裁定；

二、本案指令四川省高级人民法院审理。

本裁定为终审裁定。

审判长　　司　伟

审判员　　马成波

审判员　　叶　欢

二〇一九年五月三十日

法官助理　余　鑫

书记员　　隋艳红

第 **15** 讲

承包人提供的鉴定材料不足，法院因此应否准许其工程造价鉴定申请

一、阅读提示

施工承包人为了举证证明自己已完工程的造价，因此向法院申请委托工程造价司法鉴定，并向法院提交了鉴定材料。法院经审查认为鉴定材料不能满足鉴定需要，因此应否准许该鉴定申请？

二、案例简介

2014年5月9日，施工分包人A公司与承包人B公司下属的广州番禺分公司（以下简称广州分公司）签订《昆明项目五期1—9座铝合金门窗制作安装施工合同》（以下简称《施工合同》），约定广州分公司将其从发包人C公司处承包的海伦堡五期1—9座建筑工程中的铝合金门窗的制作与安装部分分包给A公司。

当事双方在《施工合同》履行过程中发生纠纷，A公司撤场，其剩余未完成的安装工程被广州分公司另行分包给第三人完成。因此，A公司于2016年将B公司、C公司起诉至云南省昆明市中级人民法院（以下简称一审法院），诉请它们连带支付剩余工程款及利息损失。B公司遂提起反诉。

在一审诉讼中，因A公司提交的证据不能证明其已完工程量及工程款，经一审法院释明，A公司仍不申请对其已完工程做工程造价司法鉴定。一审法院因此认定其承担举证不能的法律责任，判其败诉。

A公司遂上诉至云南省高级人民法院（以下简称二审法院），并补充提交了部分证据，同时申请对其已完工程的造价委托司法鉴定。二审法院经审查，认为A公司补充提交的证据真实性存疑，现有鉴定材料不足，无鉴定基础，因此不准许其鉴定申请，仍然认定其应承担举证不能的法律责任。A公司对此不服，遂向最高人民法院申请再审。

最高人民法院经审查，认为二审法院不准许A公司司法鉴定申请的裁判理由合法，遂于2018年3月30日作出（2018）最高法民申468号《民事裁定书》，驳回A公

司的再审申请。

三、案例解析

从上述案情中笔者总结出的法律问题是：**本案二审法院因认为分包人A公司提供的鉴定材料不足而不准许其司法鉴定申请，是否合法？**

笔者认为：二审法院不准许A公司司法鉴定申请的决定值得商榷。主要分析如下：

从上述案情简介可知，二审法院经审查认为A公司在本案一审和二审提交的全部证据尤其是二审补充提交的证据"无鉴定基础"。言外之意是A公司提供的鉴定材料不足，因此必然会导致本案工程造价司法鉴定不能完成，因此二审法院才决定不准许其鉴定申请，该决定的确有事实依据，似乎没有损害A公司的实体权利。

但是，二审法院的上述决定没有明确的法律依据，且极可能损害A公司申请司法鉴定的诉讼权利。因为依据本案审理时施行的《中华人民共和国民事诉讼法》（2013年修正，现已失效）第七十六条第一款的规定："当事人可以就查明事实的专门性问题向人民法院申请鉴定。当事人申请鉴定的，由双方当事人协商确定具备资格的鉴定人；协商不成的，由人民法院指定。"以及当时施行的《建设工程司法鉴定程序规范》[被《司法部办公厅关于颁布和废止部分司法鉴定技术规范的通知》（司办通〔2018〕139号）文件废止]第4.2.1.2条的规定："对提供的鉴定资料不真实、不齐全的，司法鉴定机构可以要求委托人补充。委托人补充齐全的，可以受理。"当事人就案件必须查明的专门性问题依法向法院申请做司法鉴定的，法院通常应当先准许并依法选择司法鉴定机构，至于其后当事人提供的鉴定材料是否满足鉴定需要，这个问题更多属于司法鉴定的专业问题，理应交由司法鉴定机构判断并决定是否受理，法院只需等待鉴定机构的通知即可。

因此，法官在通常情况下不宜仅凭自己的知识认定当事人提供的鉴定材料是否满足司法鉴定的需要。因为民事诉讼法之所以专门设置司法鉴定的法律规定，主要原因在于法官和法院通常不是法律知识之外的其他行业知识的专家和专业机构，凡是诉讼案涉及必须查明的法律之外的专业问题，理应先交由司法鉴定机构提供专业意见，然后再由法院、法官依法认定。除非存在当事人逾期申请司法鉴定、拒不提供鉴定材料等不需要凭借专业知识判断的特殊情形，法院此时可径直不准许当事人的司法鉴定申请，合情合理。

反观本案，二审法院直接认定A公司提交的在案全部证据"无鉴定基础"即鉴定材料不足，无法做司法鉴定，所以不准许其司法鉴定申请。但是仔细品味，当事人提供的鉴定材料是否满足司法鉴定的需要，这个问题是否更多属于需要工程造价司法鉴定机构先回答的专业问题？二审法院是否宜先听取鉴定机构的专业意见，再定夺是否准许当事人的鉴定申请？可见，这些诉讼程序问题值得商榷和探讨。遗憾的是，再审法院最高人民法院没有深究这个诉讼程序问题，反而支持了二审法院的上述观点（详见本讲"裁判理由")。

四、裁判理由

（一）以下为本案最高人民法院作出的（2018）最高法民申468号《民事裁定书》对本讲总结的上述法律问题的裁判理由

关于二审法院对A公司的鉴定申请不予准许，适用法律是否存在错误的问题。《最高人民法院关于民事诉讼证据的若干规定》第二十五条第二款规定，对需要鉴定的事项负有举证责任的当事人，在人民法院指定的期限内无正当理由不提出鉴定申请或者不预交鉴定费用或者拒不提供相关材料，致使对案件争议的事实无法通过鉴定结论予以认定的，应当对该事实承担举证不能的法律后果。本案中，经二审法院调查，A公司虽提交了部分用以鉴定的材料，但经质证，其提供的鉴定材料不充分，无相应的鉴定基础，二审法院对其鉴定申请不予准许，并驳回其相应的诉讼请求，并无不当。

（二）以下为本案二审法院云南省高级人民法院作出的（2017）云民终212号《民事判决书》对本讲总结的上述法律问题的裁判理由

关于A公司提交的鉴定申请问题。2017年5月11日，A公司向本院提交《司法鉴定申请书》一份，申请本院指定专业机构就案涉工程量以及价款进行司法鉴定。在二审调查中，A公司述称除已提交原审法院和本院的证据、补充证据外，无其他资料可作为鉴定资料提交。鉴于A公司针对其完成工程部分的工程量是多少向本院提交的补充证据4的真实性本院依法不予认可（理由前已述及），补充证据5—9亦未得到合同相对方B公司的确认且与证据4在时间上有矛盾之处，故本院认为A公司的上述申请无鉴定基础，对其该项申请依法不予准许。

综上，现A公司无证据证明其完成部分的工程量是多少，加之案涉的工程还有第三人施工的情况，原审法院依照《最高人民法院关于民事诉讼证据的若干规定》第二条之规定对A公司主张由B公司、C公司向其支付工程价款10290840.42元及利息的主张依法不予支持并无不当，对此本院依法予以维持。

五、案例来源

（一）一审：云南省昆明市中级人民法院（2016）云01民初707号《民事判决书》

（二）二审：云南省高级人民法院（2017）云民终212号《民事判决书》

（三）再审审查：最高人民法院（2018）最高法民申468号《民事裁定书》（见本讲附件：案例）

六、裁判要旨

在建设工程纠纷诉讼案中，负有举证义务的当事人向法院申请工程造价司法鉴定，如果其提供的鉴定材料不足，法院不宜自行认定其必然导致司法鉴定不能完成，依法应先准许鉴定申请，再将鉴定材料交由司法鉴定机构判断是否满足鉴定需要。

七、相关法条

（一）《中华人民共和国民事诉讼法》（根据2023年9月1日第十四届全国人民代表大会常务委员会第五次会议《关于修改〈中华人民共和国民事诉讼法〉的决定》第五次修正）

第七十九条 当事人可以就查明事实的专门性问题向人民法院申请鉴定。当事人申请鉴定的，由双方当事人协商确定具备资格的鉴定人；协商不成的，由人民法院指定。当事人未申请鉴定，人民法院对专门性问题认为需要鉴定的，应当委托具备资格的鉴定人进行鉴定。

（二）《建设工程造价鉴定规范》GB/T 51262—2017

3.3.6 鉴定过程中遇有下列情形之一的，鉴定机构可终止鉴定：
1 委托人提供的证据材料未达到鉴定的最低要求，导致鉴定无法进行的；
2 因不可抗力致使鉴定无法进行的；
3 委托人撤销鉴定委托或要求终止鉴定的；
4 委托人或申请鉴定当事人拒绝按约定支付鉴定费用的；
5 约定的其他终止鉴定的情形。
终止鉴定的，鉴定机构应当通知委托人（格式参见本规范附录B），说明理由，并退还其提供的鉴定材料。

（三）《最高人民法院关于审理建设工程施工合同纠纷案件适用法律问题的解释（一）》（法释〔2020〕25号）

第三十二条 当事人对工程造价、质量、修复费用等专门性问题有争议，人民法院认为需要鉴定的，应当向负有举证责任的当事人释明。当事人经释明未申请鉴定，虽申请鉴定但未支付鉴定费用或者拒不提供相关材料的，应当承担举证不能的法律后果。

一审诉讼中负有举证责任的当事人未申请鉴定，虽申请鉴定但未支付鉴定费用或者拒不提供相关材料，二审诉讼中申请鉴定，人民法院认为确有必要的，应当依照民事诉讼法第一百七十条第一款第三项的规定处理。

八、实务交流

（一）现行法律并没有明确规定：如果当事人向法院提供的鉴定材料不足，那么法院就可以以此为由不准许其司法鉴定申请，进而使该当事人因此承担举证不能的法律责任。笔者认为，当事人提供的鉴定材料是否满足司法鉴定的需要，更多属于需要司法鉴定机构判断的专业问题。因此，通常情况下，法院不应自行判断，建议依法先准许当事人的司法鉴定申请，再将该专业问题交由鉴定机构判断。

（二）本案关于鉴定程序的裁判观点建议读者谨慎参考。因为根据笔者搜索的大量案例发现，在司法实践中，大多数法院通常会依法先准许当事人的司法鉴定申请，其后由鉴定机构判断当事人提供的鉴定材料是否满足司法鉴定的需要或者客观条件。如果不满足，鉴定机构通常会书面通知法院不予受理或终止委托。其后，法院依法才能让当事人因此承担举证不能的法律责任（这类案例请见本讲"参考类案"）。因此，笔者认为这类司法实践的常规做法既合法更合理，值得借鉴。

九、参考类案

为使广大读者有更多的权威类案参考，笔者专门检索、提供近年来由最高人民法院作出的部分类案的生效裁判文书的裁判理由（与本案上述裁判观点相反的反例2例），供大家辩证参考、指导实践。

（一）反例：最高人民法院（2020）最高法民终455号《民事判决书》（二审）

《中华人民共和国民事诉讼法》第六十四条第一款规定，当事人对自己提出的主张，有责任提供证据。A公司在一审中已提交了相关施工资料证明已施工工程质量合格，B公司主张引水隧洞衬砌工程存在质量问题，应承担相应的举证证明责任。一审中，B公司虽申请隧洞工程质量鉴定，但经一审法院委托四川省建筑工程质量检测中心查勘，现场因隧洞积水等原因不具备鉴定的客观条件，B公司未能提交其他证据证明案涉工程存在质量问题或现场具备鉴定条件，故B公司应承担举证不能的不利后果，其要求A公司承担修复费用缺少事实依据。

（二）反例：最高人民法院（2019）最高法民终1584号《民事判决书》（二审）

一审中，A公司向一审法院申请对案涉《索赔通知书》等材料的形成时间等进行司法鉴定。一审法院合议庭依法准许A公司提出的司法鉴定申请，并在通知B公司提交相关检材后，移送一审法院司法鉴定处。但A公司不能提供符合要求的比对样本，送检材料被退回。故一审法院未委托鉴定机构对案涉《索赔通知书》等材料的真实性及其形成时间等专门性问题进行鉴定，系由A公司不能提供符合要求的比对样本所致，一审法院并未违反法定程序。

 **附件：案例**

中华人民共和国最高人民法院
民 事 裁 定 书

（2018）最高法民申468号

再审申请人（一审原告、反诉被告，二审上诉人）：A公司，住所地北京市门头沟区石龙经济开发区永安路20号3号楼B1-3974室。

法定代表人：王某某，A公司总经理。

委托诉讼代理人：杨某某，安徽某某律师事务所律师。

被申请人（一审被告、反诉原告，二审被上诉人）：B公司，住所地福建省建宁县荷花东路亿兴大厦（城关小学南侧）。

法定代表人：温某某，B公司总经理。

被申请人（一审被告、二审被上诉人）：C公司，住所地云南省昆明市官渡区小板桥镇中街10号A栋104号。

法定代表人：叶某，C公司总经理。

一审第三人：D公司，住所地云南省昆明市官渡区龙泉路麦溪村。

法定代表人：李某，D公司董事长。

一审第三人：E公司，住所地重庆市大渡口区松青路1029号附7-5-5号。

法定代表人：帅某某，E公司董事长。

再审申请人A公司因与被申请人B公司、C公司，一审第三人D公司、E公司建设工程合同纠纷一案，不服云南省高级人民法院（2017）云民终212号民事判决，向本院申请再审。本院依法组成合议庭对本案进行了审查，现已审查终结。

A公司申请再审称，（一）有新的证据，足以推翻二审判决。二审庭审中，A公司提交了名称为《昆海五期天镇幕墙公司现场实际完成铝合金装框工程量汇总（截至2014年12月25日）》的书证，二审判决以该证据存在多处涂改痕迹为由不予采信，存在错误。虽然该书证名称涂改为"昆海五期天镇幕墙公司形象进度工程申报"，并对两点说明进行划线删除，在形式上存在涂改的瑕疵，但其内容却明确了A公司作为形象进度申报的已完工工程量，海伦堡陈某表、陈某燕（成本部预算主管）签字确认认可。2017年8月陈某、陈某燕出具一份书面《证明》，就上述证据的涂改原因进行说明，确认了A公司作为形象进度申报的已完工工程量，此《证明》属于新证据，足以推翻二审判决。（二）二审判决认定的基本事实缺乏证据证明。案涉工程已竣工验收合格，并投入使用，A公司应得到与其实际施工量对应的工程款。关于A公司已完工工程量的确定，二审庭审中A公司提交的《昆海五期天镇幕墙公司形象进度申报表》以及《昆海五期天镇已完工铝合金窗框工程量统计》可以作为双方结算依据，且用总工程量减去B公司广州分公司与D公司签订的《昆明五期（1、2、3、5）栋剩余部分及4、6栋铝合金门窗制安收尾工程施工合同》约定的工程量（除去增加的工程量部分）亦可反推出A公司已完工工程量。二审判决以A公司对已完成工程量无法提供充分证据为由，驳回A公司的诉讼请求，明显有失公平。（三）二审判决适用法律错误。二审判决认为案涉未完工工程量无鉴定基础，对A公司的鉴定申请不予准许，存在错误。一审中，A公司基于主张案涉合同并未解除以及不论案涉工程客观上由谁实际施工完成，依据合同约定工程量对应价款全部均应归A公司的重大误解以及一审中鉴定材料不充分、B公司工程量确认签字人身份没有证据证实等事由，未申请对本案已完工工程价款做鉴定。但该鉴定对案件处理有实质性影响，二审若不准予，必将严重损害A公司的合法权益，有失公平，也不利于本案案件事实的查明，故二审应准许鉴定。综上，请求：1.撤销二审判决第一项；2.改判B公司、C公司连带支付A公司工程款254万元或将本案发回重审。

　　本院经审查认为，本案再审审查的争议焦点是：（一）A公司提交的《证明》是否属于再审新证据，足以推翻二审判决；（二）A公司是否对已完工程量之事实完成了相应的举证责任；（三）二审法院对A公司的鉴定申请不予准许，适用法律是否存在错误。

　　关于A公司提交的《证明》是否属于再审新证据，足以推翻二审判决的问题。经审查，该证据为复印件，无法与原件核对，且该证据属证人证言性质，A公司未申请陈某、陈某燕出庭作证；即使对该证据的真实性认可，从《证明》的内容看，陈某为陈某燕对涂改原因的说明，亦不能以此作为认定A公司已完工程量的依据，该证据无法推翻二审判决。A公司主张，对于其已完工工程量的确定问题，可以采用查清第三人E公司与D公司完成的工程量，以总工程量减去第三人E公司与D公司完成工程量的方式计算得出，或者用总工程造价扣减第三人E公司与D公司施工部分，以及B公司已支付工程款，再考虑不同合同的单价差计算，剩余款项即可作为A公司的工程款。本院认为，《最高人民法院关于适用〈中华人民共和国民事诉讼法〉的解释》第九十条规定，当事人对自己提出的诉讼请求所依据的事实或者反驳对方诉讼请求所依据的事实，应当提供证据加以证明，但法律另有规定的除外。在作出判决前，当事人未能提供证据或者证据不足以证明其事实主张的，由负有举证证明责任的当事人承担不利的后果。综合本案现有证据看，二审判决认定A公司对于已完工程量没有提供充分证据，未完成相应的举证证明责任，并无不当。A公司该项主张，依据不足。

　　关于二审法院对A公司的鉴定申请不予准许，适用法律是否存在错误的问题。《最高人民法院关于民事诉讼证据的若干规定》第二十五条第二款规定，对需要鉴定的事项负有举证责任的当事人，在人民法院指定的期限内无正当理由不提出鉴定申请或者不预交鉴定费用或者拒不提供相关材料，致使对案件争议的事实无法通过鉴定结论予以认定的，应当对该事实承担举证不能的法律后果。本案中，经二审法院调查，A公司虽提交了部分用以鉴定的材料，但经质证，其提供的鉴定材料不充分，无相应的鉴定基础，二审法院对其鉴定申请不予准许，并驳回其相应的诉讼请求，并无不当。

　　依照《中华人民共和国民事诉讼法》第二百零四条第一款、《最高人民法院关于适用〈中华人民共和国民事诉讼法〉的解释》第三百九十五条第二款规定，裁定如下：

驳回A公司的再审申请。

审判长　　王　丹

审判员　　黄　年

审判员　　李晓云

二〇一八年三月三十日

法官助理　李　朋

书记员　　陈思妤

第 16 讲

当事人诉争的基本事实须司法鉴定查明的，法院不能以审代鉴

一、阅读提示

在建设工程司法实践中，我们看到更多的是"以鉴代审"现象。那么，什么是"以审代鉴"？在当事人诉争的案件基本事实需要凭借建设工程相关专业机构司法鉴定查明的情形下，法院能否不委托司法鉴定，直接根据在案证据裁判？

二、案例简介

2010年、2011年，发包人A公司与勘察人B公司先后签订建设工程勘察合同及补充协议，约定由B公司承担A公司选矿厂详细勘察项目的地质勘察工作。

其后，B公司经过地质勘探，向A公司出具了《岩土工程勘察报告书》（以下简称《勘察报告》）。A公司依据《勘察报告》组织实施选矿厂厂房的设计、施工，主厂房于2014年建设完工，于当年7月25日进行投料试生产。当月底，A公司选矿厂磨机钢平台支柱剪刀撑发生轻微弯曲变形，选矿厂零平面地面发生大面积开裂，出现大范围基础下沉和位移。

上述事故发生后，A公司为查明事故原因以及恢复生产，先后与相关专业单位签订相应的地基调查合同、施工合同、监理合同，并采购了大量施工材料，因此支付了数千万元费用，损失巨大。

2015年4月，A公司以建设工程勘察合同纠纷为由，将B公司起诉至新疆维吾尔自治区高级人民法院（以下简称一审法院），提出了要求B公司赔偿因《勘察报告》不合格给A公司造成的损失等多项诉求。一审法院根据本案实际情况，酌定B公司承担本案事故造成损失的70%，A公司承担本案事故造成损失的30%。但对于A公司提交的证明损失的证据和金额在未经专业机构司法鉴定区分的情况下，仅认定和支持了部分，并作出了一审判决。

当事双方均不服一审判决，遂依法上诉至最高人民法院。最高人民法院经审理，认为一审判决对于选矿厂地基基础沉降造成的损失事实认定不清，一审法院应

该对A公司一审提交的相关损失证据涉及的合理性和必要性以及损失金额，先行委托地质调查、修复、治理等专业机构做司法鉴定，再行判决。因此于2020年6月28日作出（2020）最高法民终474号《民事裁定书》，撤销一审判决，发回一审法院重审。

三、案例解析

从上述案情中笔者总结出的法律问题是：**对于发包人A公司举证的大量合同、损失证据，一审法院依法是否应当先行委托专业机构对这些损失的合理性、必要性以及相应的损失金额做司法鉴定，再行判决？**

笔者认为：从审慎查明当事人诉争案件基本事实的角度来看，一审法院理应先委托相关专业机构做司法鉴定，再做裁判，不宜"以审代鉴"。主要分析如下：

（一）从本案事实分析

根据上述案情可知，A公司认为自己因为B公司出具了不合格的《勘察报告》，导致自己遭受了较大的经济损失。其因此向一审法院提供了先后与多家专业机构签订的多份地基调查合同、施工合同、监理合同，以及采购大量施工材料的支出证据。虽然一审法院并没有全部认可上述证据，仅根据通常的证据认定规则支持了A公司的部分损失诉求，但本案的特殊之处在于：本案诉争损失其实极其需要凭借地质勘察等专业知识司法鉴定。即A公司提交的上述损失证据及损失金额，有多少与B公司出具的《勘察报告》有直接关联？有多少是因为《勘察报告》的错误直接导致？这些专业问题是否需要一审法院委托专业机构司法鉴定区分？是否仅凭一审法官的法律知识就能正确查明？

如果理性分析，笔者认为上述专业问题更需要一审法院依法委托地质勘察相关的专业机构做司法鉴定，这样更有助于一审法院审理查明本案基本事实。毕竟术业有专攻，法官面对这些专业问题，其知识结构多是有心无力的。

（二）从相关法律依据分析

依据本案审理时施行的《中华人民共和国民事诉讼法》（根据2017年6月27日第十二届全国人民代表大会常务委员会第二十八次会议《关于修改〈中华人民共和国民事诉讼法〉和〈中华人民共和国行政诉讼法〉的决定》第三次修正）第七十六条的规定，诉讼案件如果涉及专门性问题即专业技术知识问题，那么负有举证责任的当事人可以向法院申请委托专业机构做司法鉴定，或者法院可以依职权委托专业机构做司法鉴定，这样可以帮助法院更好地审理查明案件基本事实。

本案中，由于A公司向B公司主张的损失证据非常复杂，而且索赔的损失金额高达数千万元，这些证据和损失的认定更宜通过地质勘察相关专业机构司法鉴定才能查明。但是反观一审法院，遗憾的是法官却没有这样操作，导致本案基本事实存在未能查明的极大可能性。因此，二审法院最高人民法院才会撤销一审判决，将本案发回重审（详见本讲"裁判理由"）。

四、裁判理由

以下为最高人民法院作出的（2020）最高法民终474号《民事裁定书》对本讲总结的上述法律问题的裁判理由：

本院认为，一审判决对于选矿厂地基基础沉降造成的损失事实认定不清。A公司为证明损失情况，提交了其与新疆某某科学研究院、中冶某某工程技术有限公司、新疆巴州某某建设工程监理有限公司、上海某某建设发展有限公司等单位签订的若干合同及付款凭证。上述合同所含项目和费用是否合理、必要，涉及地质调查、修复、治理等专门性问题，应通过具备资格的鉴定人鉴定予以确定。一审未经鉴定径行认定相关损失数额理据不足。为查明事实，本案发回一审法院重新审理。重新审理时应就案涉选矿厂地基基础沉降造成损失情况，向负有举证责任的A公司释明鉴定的必要性，并询问其是否申请鉴定。如有必要，亦可依据《中华人民共和国民事诉讼法》第七十六条，依职权委托具备资格的鉴定人进行鉴定。之后，根据鉴定情况合理、准确界定事故损失。

五、案例来源

（一）一审：新疆维吾尔自治区高级人民法院（2015）新民一初字第6号《民事判决书》

（二）二审：最高人民法院（2020）最高法民终474号《民事裁定书》（见本讲附件：案例）

六、裁判要旨

在建设工程勘察合同纠纷诉讼案中，发包人认为勘察人作出的勘察报告不合格，导致自己其后建设使用的建筑工程出现地基基础沉降，损失严重。发包人为证明损失情况，提交了其与相关地质调查、修复、监理、施工等专业机构签订的若干合同及付款凭证。上述合同所含项目和费用是否合理、必要，涉及地质调查、修复、治理等专门性问题，应通过具备资格的鉴定人鉴定予以确定。一审法院未经鉴定径行认定相关损失数额理据不足，属于"以审代鉴"，应予纠正，二审法院依法可以将本案发回重审。

七、相关法条

（一）《中华人民共和国民法典》（2020年5月28日第十三届全国人民代表大会第三次会议通过）

第八百条 勘察、设计的质量不符合要求或者未按照期限提交勘察、设计文件拖延工期，造成发包人损失的，勘察人、设计人应当继续完善勘察、设计，减收或者免收勘察、设计费并赔偿损失。

（二）《中华人民共和国建筑法》（根据2019年4月23日第十三届全国人民代表大会常务委员会第十次会议《关于修改〈中华人民共和国建筑法〉等八部法律的决定》第二次修正）

第十五条 建筑工程的发包单位与承包单位应当依法订立书面合同，明确双方的权利和义务。

发包单位和承包单位应当全面履行合同约定的义务。不按照合同约定履行义务的，依法承担违约责任。

第五十六条 建筑工程的勘察、设计单位必须对其勘察、设计的质量负责。勘察、设计文件应当符合有关法律、行政法规的规定和建筑工程质量、安全标准、建筑工程勘察、设计技术规范以及合同的约定。设计文件选用的建筑材料、建筑构配件和设备，应当注明其规格、型号、性能等技术指标，其质量要求必须符合国家规定的标准。

（三）《中华人民共和国民事诉讼法》（根据2023年9月1日第十四届全国人民代表大会常务委员会第五次会议《关于修改〈中华人民共和国民事诉讼法〉的决定》第五次修正）

第七十九条 当事人可以就查明事实的专门性问题向人民法院申请鉴定。当事人申请鉴定的，由双方当事人协商确定具备资格的鉴定人；协商不成的，由人民法院指定。

当事人未申请鉴定，人民法院对专门性问题认为需要鉴定的，应当委托具备资格的鉴定人进行鉴定。

八、实务交流

（一）对于法院而言，如果审理的案件尤其是当事人诉争的案件基本事实涉及法律之外的专业知识，应依法委托专业机构做司法鉴定，以尽可能审理查明案件的基本事实尤其是当事人诉争激烈的事实问题。毕竟术业有专攻，法官和专业机构可以发挥各自所能，但不可"以鉴代审"，也不可"以审代鉴"。否则案件基本事实极易不能查清，被上级法院发回重审或改判的概率极大。

（二）对于索赔损失的一方当事人而言，如果当事人在诉讼中提交了大量证明损失的证据，并且能够客观论证这些损失与对方当事人的违约行为或侵权行为有因果关系，各自责任比例是多少，笔者认为当事人基本完成了自己的举证责任。当然，如果上述重要事实需要借助相关专业知识认定，笔者建议当事人依法向法院申请做相关司法鉴定，以便法院更加精准查明上述重要事实，从而作出经得起检验的判决。

（三）对于被索赔损失的另一方当事人而言，如果当事人认为对方当事人提交的索赔证据及损失有部分或全部与当事人的行为无因果关系，或者认为当事人不应承担较大的责任比例，那么按照"谁主张，谁举证"的一般举证规则，当事人要么提交反驳证据证明其的抗辩观点，要么向法院申请委托专业机构对对方当事人提交的证明损失的证据做相关司法鉴定。

九、参考类案

为使广大读者有更多的权威类案参考，笔者专门检索、提供近年来由部分中级人民法院作出的部分类案的生效裁判文书的裁判理由（与本案的上述裁判观点基本一致），供大家辩证参考、指导实践。

（一）云南省红河哈尼族彝族自治州中级人民法院（2023）云25民终52号《民事裁定书》（二审）

本案中，上诉人主张其房屋存在质量问题，提交了照片以及其自行委托的云南金某建筑科学研究院有限公司出具的检测报告，该检测报告对A房屋结构的安全性评定等级为Csu级，在被上诉人B对上诉人A自行委托的鉴定报告不予认可的情况下，上诉人A已经向法院提交了书面鉴定申请，一审以案涉房屋无设计图纸，B系按照A提供的建筑思路组织施工，上诉人A未提供证据证实案涉房屋系被上诉人B设计并按B建筑思路组织施工为由对A的鉴定申请不予准许并驳回A的诉讼请求不当。根据《中华人民共和国民事诉讼法》第七十九条第一款规定："当事人可以就查明事实的专门性问题向人民法院申请鉴定。当事人申请鉴定的，由双方当事人协商确定具备资格的鉴定人；协商不成的，由人民法院指定。"的规定，上诉人可以就其房屋存在的质量问题、存在质量问题的原因及相应的修复方案、费用申请鉴定，故本案应通过鉴定确定案涉房屋是否存在质量问题，如果存在质量问题，存在质量问题的原因是什么，相应的修复方案和修复费用是多少，在以上内容确定的情况下再根据双方的过错确定各自应承担的责任。

（二）山东省临沂市中级人民法院（2021）鲁13民终4595号《民事裁定书》（二审）

本院认为，给流量计加铅封是否构成"实质维修"系专门性问题。根据《中华人民共和国民事诉讼法》《最高人民法院关于民事诉讼证据的若干规定》之规定，对专门性问题，应通过鉴定或对有专门知识的人进行询问等方式作出认定。一审法院认定给流量计加铅封构成"实质维修"并无依据，一审法院在此基础上否定机械表读数进而否定A公司、B公司使用燃气数量，认定基本事实不清。

附件：案例

中华人民共和国最高人民法院
民 事 裁 定 书

（2020）最高法民终474号

上诉人（原审原告）：A公司。住所地：新疆维吾尔自治区和静县和静镇友好路天富花园别墅1号。

法定代表人：赵某，A公司董事长。

委托诉讼代理人：芦某某，A公司工作人员。

委托诉讼代理人：刘某，新疆某某律师事务所律师。

上诉人（原审被告）：B公司。住所地：新疆维吾尔自治区乌鲁木齐市沙依巴克区友好北路12号天一大厦14楼。

法定代表人：王某某，B公司总经理。

委托诉讼代理人：李某，B公司工作人员。

委托诉讼代理人：崔某某，新疆某某律师事务所律师。

上诉人A公司、B公司因建设工程勘察合同纠纷一案，不服新疆维吾尔自治区高级人民法院（2015）新民一初字第6号民事判决，向本院提起上诉。本院依法组成合议庭对本案进行了审理。

本院认为，一审判决对于选矿厂地基基础沉降造成的损失事实认定不清。A公司为证明损失情况，提交了其与新疆某某科学研究院、中冶某某工程技术有限公司、新疆巴州某某建设工程监理有限公司、上海某某建设发展有限公司等单位签订的若干合同及付款凭证。上述合同所含项目和费用是否合理、必要，涉及地质调查、修复、治理等专门性问题，应通过具备资格的鉴定人鉴定予以确定。一审未经鉴定径行认定相关损失数额理据不足。为查明事实，本案发回一审法院重新审理。重新审理时应就案涉选矿厂地基基础沉降造成损失情况，向负有举证责任的A公司释明鉴定的必要性，并询问其是否申请鉴定。如有必要，亦可依据《中华人民共和国民事诉讼法》第七十六条，依职权委托具备资格的鉴定人进行鉴定。之后，根据鉴定情况合理、准确界定事故损失。

综上，一审判决认定部分事实不清。依照《中华人民共和国民事诉讼法》第一百七十条第一款第三项规定，裁定如下：

一、撤销新疆维吾尔自治区高级人民法院（2015）新民一初字第6号民事判决；

二、本案发回新疆维吾尔自治区高级人民法院重审。

上诉人A公司预交的二审案件受理费141502.9元、B公司预交的二审案件受理费90688.4元予以退回。

审判长　　厉文华

审判员　　任雪峰

审判员　　欧海燕

二〇二〇年六月二十八日

法官助理　杨振兴

书记员　　葛　元

当事人约定按固定价结算工程款，法院为何不准许工程造价司法鉴定

一、阅读提示

依据相关司法解释的规定，当事人如果约定按照固定价结算工程款，一方当事人申请对建设工程造价进行鉴定的，法院不予准许。该规定是否属于"一刀切"的规定？其是否暗含有适用的前提条件？我们应如何正确理解其内涵？

二、案例简介

2017年，承包人A公司因与发包人B公司锡铁山分公司、B公司发生建设工程施工合同纠纷，将其起诉至青海省海西蒙古族藏族自治州中级人民法院（以下简称一审法院），索要相关工程款及损失。

本案争议的施工合同系A公司与B公司锡铁山分公司于2013年7月5日签订的《工程施工合同》。其第5条约定，合同价款及确定：本工程按工程量清单方式计价，本工程合同定价为中标价：2359.032万元。第15.2条约定：本合同价款采用固定单价合同方式确定。承包人需对投标单价合理性负责，承包人提出调整要求的，需经发包人认可；发包人提出调整要求的，承包人不得拒绝。第17.1条约定：工程变更承包人在工程变更14天内，提出变更工程价款的报告，经工程师确认后调整合同价款。

在施工合同履行过程中，A公司向B公司锡铁山分公司、监理公司发出工作联系单，内容为"由于现场施工中，原招标文件中指定取料场未见碎石。后经甲方开会商定重新指定料场。原招标文件中透水层19.5万立方米碎石由库区400米料场改为10公里外炸山爆破取料，运距增加，爆破碎石费用增加，望业主及监理现场核实。"B公司锡铁山分公司对该工作联系单未签字确认。监理公司在该工程联系单中签署内容为"所用碎石均由业主选定的采石场开采后运到尾矿库工地使用"。

一审中，A公司就上述工作联系单所述的19.5万立方米碎石增加运距的造价及爆破费用造价申请司法鉴定，但未获一审法院准许。该公司对此不服，其后依次向青海

省高级人民法院（以下简称二审法院）上诉，向最高人民法院申请再审。

上述法院经审理，均认为一审法院不准许A公司的鉴定申请合法。最高人民法院遂于2019年5月31日作出（2019）最高法民申2248号《民事裁定书》，驳回A公司的再审申请。

三、案例解析

从上述案情中笔者总结出的法律问题是：**本案一审法院不准许A公司提出的工程造价司法鉴定申请，是否合法？**

笔者认为：一审法院的做法合法。主要分析如下：

其一，从上述案情可知，本案双方签订的《工程施工合同》属于按照固定单价结算工程款的合同。那么依据本案审理时施行的《最高人民法院关于审理建设工程施工合同纠纷案件适用法律问题的解释》（法释〔2004〕14号，被法释〔2020〕16号文件废止）第二十二条的规定："当事人约定按照固定价结算工程价款，一方当事人请求对建设工程造价进行鉴定的，不予支持。"通常情况下，一审法院可以据此不准许A公司的工程造价鉴定申请。除非该公司争议的上述19.5万立方米碎石增加运距的运费及爆破费用超出了施工合同约定的调整范围。

其二，A公司索要的上述19.5万立方米碎石增加运距的运费及爆破费用也不符合《工程施工合同》的约定。从该合同第15.2条和第17.1条的约定可知，即使这笔费用不属于固定单价涵盖的范围，那么A公司应提交证据证明发包人或监理公司认可了上述费用。但是，其在本案中提交的工程联系单等证据既没有发包人签字认可，也没有监理公司签字承认该部分工程量的意思表示。因此，一审法院不准许其鉴定申请具有合同依据。

正是基于上述事实及法律依据，本案二审法院和再审法院均认可一审法院的上述做法，没有采纳A公司的理由（详见本讲"裁判理由"）。

四、裁判理由

以下为最高人民法院作出的（2019）最高法民申2248号《民事裁定书》对本讲总结的上述法律问题的裁判理由：

关于原判决适用法律问题。案涉《工程施工合同》第15.2约定，合同价款采用固定单价合同方式确定。原判决据此认定案涉合同系固定单价合同，各方当事人对此并无异议。承包人与发包人在合同中约定采用固定价结算的形式一般有两种，一是价格固定，二是面积固定单价包干。这意味着在约定的风险范围和风险费用内合同价款不再调整，除非发生合同修改或者变更等情况导致工程量发生变化。无论是固定总价还是固定单价，工程款都是可以通过当事人双方举证、质证、认证等过程计算出来，不需要专门委托中介机构鉴定来确定应结算的工程款。基于此，《最高人民法院关于审理建设工程施工合同纠纷案件适用法律问题的解释》第二十二条规定，"当事人约定按照固定价结算工程价款，一方当事人请求对工程造价进行鉴定的，不予准许"。具体到本案，首先，上述司法解释规定中的"固定价"既包括"固定总价"，也包括本案情形的"固定单价"。而对于案涉工程量，各方当事人均认为没有变化。因此，原判决据此不准许A公司的鉴定申请适用法律并无不当。其次，《工程施工合同》第15条"合同价款确定及调整"约定，"承包人需对投标单价合理性负责，承包人提出调整要求的，需经发包人认可"，但A公司并没有证据证明B公司锡铁山分公司认可了其调整单价的要求，而2013年8月2日的工作联系单由于没有发包人的签证，故并不产生发包人的认可效果；《工程施工合同》第17.1条"工程变更"则约定，"承包人在工程变更14天内，提出变更工程价款的报告，经工程师确认后调整合同价款"，但根据原审查明的事实，A公司并未在合同约定的限期内提出变更工程价款的报告。因此，即使《工程施工合同》中约定了单价和工程价款可以调整，但A公司并无证据证明工程价款已经按照合同的约定进行了调整。再次，关于《工程施工合同》工程价款的问题。本案当事人确认案涉合同系固定单价合同，但在该合同第六条"合同价款与支付"条款中，又约定"本工程合定价为中标价2359.032万元"。在工程量没有变化时，以固定单价计算的工程价款与以中标价确定的工程价款具有一致性。A公司向甘肃蓝某公司提交的《竣工报验申请表》以及《工程竣工报告》中载明"工程造价2359.032万元"，亦从侧面证明案涉工程价款并未因碎石运距增加而经当事人协商一致进行调整。

五、案例来源

（一）一审：青海省海西蒙古族藏族自治州中级人民法院（2017）青28民初62号《民事判决书》

（二）二审：青海省高级人民法院（2018）青民终158号《民事判决书》

（三）再审审查：最高人民法院（2019）最高法民申2248号《民事裁定书》（见本讲附件：案例）

六、裁判要旨

承包人与发包人在建设工程施工合同中约定采用固定价结算的形式一般有两种，一是价格固定，二是面积固定单价包干。这意味着在约定的风险范围和风险费用内合同价款不再调整，除非发生合同修改或者工程设计变更等情况导致工程量发生变化。无论是固定总价还是固定单价，工程款都是可以通过当事人双方举证、质证、认证等过程计算出来，因此依据最高人民法院审理建设工程施工合同纠纷案件司法解释的相关规定，法院不需要专门委托工程造价鉴定机构来确定应结算的工程款。

七、相关法条

（一）《最高人民法院关于审理建设工程施工合同纠纷案件适用法律问题的解释（一）》（法释〔2020〕25号）

第二十八条　当事人约定按照固定价结算工程价款，一方当事人请求对建设工程造价进行鉴定的，人民法院不予支持。

（二）《最高人民法院关于人民法院民事诉讼中委托鉴定审查工作若干问题的规定》（法〔2020〕202号）

一、对鉴定事项的审查

1.严格审查拟鉴定事项是否属于查明案件事实的专门性问题，有下列情形之一的，人民法院不予委托鉴定：

（1）通过生活常识、经验法则可以推定的事实；

（2）与待证事实无关联的问题；

（3）对证明待证事实无意义的问题；

（4）应当由当事人举证的非专门性问题；

（5）通过法庭调查、勘验等方法可以查明的事实；

（6）对当事人责任划分的认定；

（7）法律适用问题；

（8）测谎；

（9）其他不适宜委托鉴定的情形。

2.拟鉴定事项所涉鉴定技术和方法争议较大的，应当先对其鉴定技术和方法的科学可靠性进行审查。所涉鉴定技术和方法没有科学可靠性的，不予委托鉴定。

八、实务交流

（一）当事人签订的施工合同约定了按照固定总价或固定单价结算工程款，在诉讼中如果申请工程造价司法鉴定，法院在能够根据在案证据查明案涉工程量、工程款的情形下，通常不会准许做鉴定。因此，在案涉工程造价不能鉴定的情形下，施工承包人在诉讼中的重点工作应转移到举证方面，应举证证明自己依约完成了哪些施工内容。

（二）除了本案外，笔者也检索到最高人民法院作出了许多与本案裁判观点一致的类案（详见本讲"参考类案"）。但是，在司法实践中，并非所有约定了按照固定价结算工程款的施工合同纠纷诉讼案都不会被法院准许做工程造价司法鉴定。如果当事人争议的工程量超出了施工合同约定的范围或者工程设计发生变更等特殊情形，且与发包人对这些特殊情形的计价方式没有特别约定，法院为了查明案件的基本事实，会准许当事人就该部分争议工程的造价申请做司法鉴定。不过这类司法实践的做法目前还没有明确的法律规定，最高人民法院也没有对上述司法解释的规定的适用前提或者例外情形作出进一步解释，笔者目前只能通过司法实践总结。

九、参考类案

为使广大读者有更多的权威类案参考，笔者专门检索、提供近年来由最高人民法院作出的以及入选人民法院案例库的部分类案的生效裁判文书的裁判理由（与本案的上述裁判观点基本一致），供大家辩证参考、指导实践。

（一）最高人民法院（2021）最高法民申4372号《民事裁定书》（再审审查，人民法院案例库入库编号：2023-10-2-236-001）

1.最高人民法院对该案的裁判理由：在《施工合同》中，双方约定："包工、包料（除发包人自供材料外）、包工期、包质量，固定合同总价""合同价款为中标价，采用固定价格合同；合同价款中包括所有风险（含施工期间政策性调整及报价项目中自购材料风险，风险费用已含在投标报价及合同价中，结算时不再调整），同时对投标报价中的漏项、缺项或报价不完整的部分也不予调整……"在《协议》中，双方约定："乙方承诺调整后的工程总价为最终价格，包含了所有的价格等因素风险，乙方不再以任何理由寻求加价"。《会议纪要》记载："乙方承诺，根据2008年5月21日乙方编制的《价格调整意见》，自2008年2月1日后1#、2#造船坞建设工程剩余工程量价格调整为420544638.6元，此价款为最终一次性调整价格，它包含了人、机、材涨价因素以及其他各种风险因素，以后不得以任何理由要求加价"。以上关于"固定总价"的约定，表明双方对建设施工的风险有充分预期，已经考虑到合同履行中引起价格变动的诸种因素，属于当事人意思自治范畴，人民法院应予尊重。同时，从《协议》中"对于2008年2月1日前的施工费用原则不作调整"的内容可以看出，双方在《协议》和《会议纪要》中对部分工程量和价款所作的相应调整，并未突破《施工合同》中关于"固定总价"的约定。

《最高人民法院关于审理建设工程施工合同纠纷案件适用法律问题的解释（一）》第二十八条规定："当事人约定按照固定价结算工程价款，一方当事人请求对建设工程造价进行鉴定的，人民法院不予支持。"原审法院在根据A公司完成的工程量及固定总价的计算方式可以得出工程价款数额的情况下，未同意A公司关于对工程造价进行鉴定的申请，认定事实和适用法律并无不当。

2.人民法院案例库对该案归纳的裁判要旨：建设工程合同中约定了"固定总价"，合同当事人应当按照约定结算工程价款。人民法院在根据已完成工程量及固定总价的计算方式可以得出工程价款数额的情况下，不应再予同意当事人在诉讼中提出的对工程造价进行鉴定的申请。

（二）最高人民法院（2019）最高法民申5173号《民事裁定书》（再审审查）

本院认为，《合同协议书》《哈密项目工程施工合同补充协议》（以下简称《补充协议》）系双方自愿达成，且不违反法律、行政法规效力性强制性规定，系有效合同。《合同协议书》约定合同为固定总价合同，除工程量一览表中工程量及内容变化造成工程总造价变化超过±3%，则超出部分予以价格调整外，其他因素均不作价格调整。《最高人民法院关于审理建设工程施工合同纠纷案件适用法律问题的解释》第二十二条规定，当事人约定按照固定价结算工程价款，一方当事人请求对建设工程造价进行鉴定的，不予支持。《结算申请书》《2015年7月度形象进度》系本案合同履行期间A公司新疆分公司制作，为A公司新疆分公司的真实意思表示，B公司天津分公司予以确认。A公司新疆分公司现予以否认，但并未提交证据推翻该两份材料。原审结合《合同协议书》《补充协议》《结算申请书》《2015年7月度形象进度》的内容，对A公司新疆分公司申请鉴定的请求未予准许，认定其应得工程款金额不缺乏事实和法律依据。

（三）最高人民法院（2018）最高法民申6062号《民事裁定书》（再审审查）

（三）案涉建设工程施工合同的结算条款对再审申请人是否具有约束力。《中华人民共和国合同法》第五十六条规定：无效的合同或者被撤销的合同自始没有法律约束力。《最高人民法院关于审理建设工程施工合同纠纷案件适用法律问题的解释》（以下简称《建设工程解释》）第二条规定："建设工程施工合同无效，但建设工程经竣工验收合格，承包人请求参照合同约定支付工程价款的，应予支持。"第十六条第一款规定："当事人对建设工程的计价标准或者计价方法有约定的，按照约定结算工程价款。"本案中，《610元/㎡合同》因符合《建设工程解释》第一条规定的情形而无效，但《610元/㎡合同》中关于结算单价的约定，依然对本案当事人具有约束力。《建设工程解释》第二十二条规定："当事人约定按照固定价结算工程价款，一方当事人请求对建设工程造价进行鉴定的，不予支持。"本案中，虽案涉建设工程施工合同无效，但均约定了固定单价，原审根据本案案件基本事实进行综合评判，参照合同约定结算条款确定工程价款，而不以鉴定结论作为工程造价结算依据并无明显不当。再审申请人关于二审适用《建设工程解释》错误的再审申请理由不能成立。

（四）最高人民法院（2018）最高法民申4513号《民事裁定书》（再审审查）

二、原判决未准许A提出的工程司法鉴定是否程序违法。《最高人民法院关于审理建设工程施工合同纠纷案件适用法律问题的解释》第二十二条的规定，"当事人约定按照固定价结算工程价款，一方当事人请求对建设工程造价进行鉴定的，不予支持。"由于《建筑工程施工内部承包合同》为固定价合同，双方约定对签订合同时施工范围内的工程量采取固定价结算工程价款，因此原判决对A提出对案涉工程进行鉴定的请求不予准许，适用法律正确，程序合法。

（五）最高人民法院（2018）最高法民申3443号《民事裁定书》（再审审查）

本院经审查认为：A公司与B公司签订《A公司生产维修中心工程施工合同》《A公司生产维修中心工程施工合同补充协议》及《协议》，对案涉工程价款的结算进行了约定。双方在案涉工程施工过程中形成了42份《经济签证单》，原审判决根据《经济签证单》上记载的签证事项、签证原因、工程量变化、价格计算和增减数额等内容，对其中31份《经济签证单》的价款予以认定、对另外11份《经济签证单》的价款不予认定不缺乏证据证明。原审法院依据上述证据认为无需再次对工程价款金额进行结算并对A公司的工程造价申请鉴定不予批准并无不当。B公司的11份签证单在原审审理过程中已经提交，不属于新证据；A公司提交的武汉某某工程咨询有限公司出具的《A公司生产维修中心项目31份签证单工程造价咨询（结算审核）报告》系A公司单方委托，并于本案申请再审期间形成，B公司并未参与，依法不能采信。

（六）最高人民法院（2017）最高法民申3155号《民事裁定书》（再审审查）

首先，原审判决对于案涉工程造价的认定具有证据支持。案涉《轻钢彩板施工合同书》约定，A将钢结构2万平方米，承包给B施工。单价600元/平方米，总造价500万元（按实际发生量计算）。该条对于工程价款按照固定单价计算明确具体，原审判决根据当事人认可的B施工面积乘以合同约定单价计算案涉工程造价具有事实依据。《最高人民法院关于审理建设工程施工合同纠纷案件适用法律问题的解释》第二十二条规定，当事人约定按照固定价结算工程价款，一方当事人请求对建设工程造价进行鉴定的，不予支持。根据该规定，在当事人已明确约定固定单价计算的情况下，A提出的工程造价鉴定申请没有事实依据，依法不应予以准许。

（七）最高人民法院（2017）最高法民申126号《民事裁定书》（再审审查）

第二，案涉工程无需进行造价鉴定。《工程承包合同》明确约定固定单价，该约定系A与B分公司真实意思表示。A认可B分公司提交的三份测量报告所确定的房屋面积，并同意在此基础上按照《工程承包合同》约定的单价确定工程量。二审判决依照《工程承包合同》和测量报告确定B分公司应当支付A工程款25760213元，并无不当。

（八）最高人民法院（2017）最高法民申2013号《民事裁定书》（再审审查）

二、二审法院未准许A公司司法鉴定及调取证据的申请是否程序违法。因《餐厅工程承包合同》合法有效，该合同约定两项工程总承包价为6304787.30元，工程造价一次性包定，除发包方下达设计变更外，建材、人工工资涨跌及国家、省定额调整等情况合同总价均不再作调整。A公司主张应对本案工程建筑面积进行司法鉴定，依鉴定后的实际面积乘以案涉合同约定的每平方米单价1435元来确定本案工程总造价与合同约定不符。按照《最高人民法院关于审理建设工程施工合同纠纷案件适用法律问题的解释》第二十二条"当事人约定按照固定价结算工程价款，一方当事人请求对建设工程造价进行鉴定的，不予支持"的规定，一、二审法院未准许A公司对建筑面积的鉴定申请适用法律正确。

 附件：案例

中华人民共和国最高人民法院
民 事 裁 定 书

（2019）最高法民申2248号

再审申请人（一审原告、反诉被告，二审上诉人）：A公司。住所地：陕西省西安市雁塔区科技路1号紫薇龙腾新世界13层11305室。

法定代表人：常某某，A公司董事长。

委托代理人：祁某某，青海某某律师事务所律师。

委托代理人：李某某，青海某某律师事务所律师。

被申请人（一审被告、反诉原告，二审上诉人）：B公司锡铁山分公司。住所地：青海省大柴旦行委锡铁山镇。

代表人：程某某，B公司锡铁山分公司总经理。

委托代理人：马某某，B公司法务部部长。

被申请人（一审被告）：B公司。住所地：青海省西宁市五四大街52号。

法定代表人：张某某，B公司董事长。

委托代理人：朱某，B公司法务部工作人员。

一审第三人：C公司。住所地：甘肃省兰州市城关区天水南路168号。

法定代表人：窦某某，C公司总经理。

委托代理人：刘某某，C公司总监理工程师。

再审申请人A公司因与被申请人B公司锡铁山分公司、B公司以及一审第三人C公司建设工程施工合同纠纷一案，不服青海省高级人民法院（2018）青民终158号民事判决，向本院申请再审。本院依法组成合议庭进行了审查，现已审查终结。

A公司申请再审称：一、原判决认定A公司未提交"20—180mm的碎石"运距变更和爆破取石费用增加的相关证据，系事实认定错误。二审时B公司锡铁山分公司、B公司和C公司对运距增加和爆破方式变更的事实进行了自认，只是对计价不认可。A公司也提交了C公司签字确认的2013年8月2日的工作联系单和现场照片，均可以证实此节事实。二、原判决认定本案《工程施工合同》中当事人按照固定价结算工程价款，导致错误适用《最高人民法院关于审理建设工程施工合同纠纷案件适用法律问题的解释》第二十二条不支持A公司请求对工程造价进行鉴定。该条款所规定的"固定价款"是指固定总价，而本案合同价款采用固定单价方式确定。案涉招标文件和《工程施工合同》第15.1条约定，工程量调整的依据是《建设工程工程量清单计价规范》

GB 50500—2008。该规范第4.7.2条规定"若施工中出现施工图纸（含设计变更）与工程量清单项目特征描述不符的，发、承包双方应按新的项目特征确定相应工程量清单项目的综合单价"，第4.5条规定"工程计量时，若发现工程量清单中出现漏项、工程量计算偏差，以及工程量变更引起工程量的增减，应按承包人在履行合同义务过程中实际完成的工程量计算"。结合以上规范规定和合同约定，本案在实际施工中，出现了运距增加和开采方式变更的情形，应按照实际施工的项目特征重新确定相应工程量清单项目的综合单价，计算调整合同价款。因此，原审驳回A公司的鉴定申请是错误的。请求依照《中华人民共和国民事诉讼法》第二百条第二项、第六项之规定再审本案。

本院经审查认为，本案系再审审查案件，应当依据再审申请人的申请再审事由以及《中华人民共和国民事诉讼法》第二百条的规定进行审查。

关于原判决认定的事实问题。A公司在接受本院询问时称原判决认定的基本事实是客观的，不存在基本事实缺乏证据证明的情形。

关于原判决适用法律问题。案涉《工程施工合同》第15.2条约定，合同价款采用固定单价合同方式确定。原判决据此认定案涉合同系固定单价合同，各方当事人对此并无异议。承包人与发包人在合同中约定采用固定价结算的形式一般有两种，一是价格固定，二是面积固定单价包干。这意味着在约定的风险范围和风险费用内合同价款不再调整，除非发生合同修改或者变更等情况导致工程量发生变化。无论是固定总价还是固定单价，工程款都是可以通过当事人双方举证、质证、认证等过程计算出来，不需要专门委托中介机构鉴定来确定应结算的工程款。基于此，《最高人民法院关于审理建设工程施工合同纠纷案件适用法律问题的解释》第二十二条规定，"当事人约定按照固定价结算工程价款，一方当事人请求对工程造价进行鉴定的，不予准许"。具体到本案，首先，上述司法解释规定中的"固定价"既包括"固定总价"，也包括本案情形的"固定单价"。而对于案涉工程量，各方当事人均认为没有变化。因此，原判决据此不准许A公司的鉴定申请适用法律并无不当。其次，《工程施工合同》第15条"合同价款确定及调整"约定，"承包人需对投标单价合理性负责，承包人提出调整要求的，需经发包人认可"，但A公司并没有证据证明B公司锡铁山分公司认可了其调整单价的要求，而2013年8月2日的工作联系单由于没有发包人的签证，故并不产生发包人的认可效果；《工程施工合同》第17.1条"工程变更"则约定，"承包人在工程变更14天内，提出变更工程价款的报告，经工程师确认后调整合同价款"，但根据原审查明的事实，A公司并未在合同约定的限期内提出变更工程价款的报告。因此，即使《工程施工合同》中约定了单价和工程价款可以调整，但A公司并无证据证明工程价款已经按照合同的约定进行了调整。再次，关于《工程施工合同》工程价款的问题。本案当事人确认案涉合同系固定单价合同，但在该合同第六条"合同价款与支付"条款中，又约定"本工程合定价为中标价2359.032万元"。在工程量没有变化时，以固定单价计算的工程价款与以中标价确定的工程价款具有一致性。A公司向C公司提交的《竣工报验申请表》以及《工程竣工报告》中载明"工程造价2359.032万元"，亦从侧面证明案涉工程价款并未因碎石运距增加而经当事人协商一致进行调整。

综上，A公司的再审申请不符合《中华人民共和国民事诉讼法》第二百条规定的情形。本院依照《中华人民共和国民事诉讼法》第二百零四条第一款、《最高人民法院关于适用〈中华人民共和国民事诉讼法〉的解释》第三百九十五条第二款之规定，裁定如下：

驳回A公司的再审申请。

审判长　：陈纪忠

审判员　：王东敏

审判员　：丁广宇

二〇一九年五月三十一日

法官助理：刘海洋

书记员　：田思璐

第 18 讲

当事人虽约定按固定价结算，但在何种情形下仍可做工程造价司法鉴定

一、阅读提示

依据相关司法解释的规定，当事人约定按照固定价结算工程价款，如果申请法院对建设工程造价委托司法鉴定，法院不予准许。该规定是法院裁判的"铁律"，似乎没有回旋的余地。但是在纷繁复杂的司法实践中，它果真如此吗？在何种特殊情形下，法院仍会准许当事人申请对案涉工程造价委托司法鉴定？

二、案例简介

2014年，施工承包人A公司因与发包人B医院发生建设工程施工合同纠纷，遂将B医院起诉至黑龙江省高级人民法院（以下简称一审法院），索要相关工程款及损失。本案其后历经两次一审。

本案双方分别于2011年4月7日签订《建设工程施工合同》、2013年1月10日签订《施工补充协议书》、2012年5月20日签订《装饰工程施工合同》。这些合同虽然均约定按照工程量清单及固定单价方式确定工程款，但是A公司在施工完毕后新增了部分工程量，双方对该部分工程量存在争议，且无法核对合同内新增的工程量及合同外增加的工程量。因此，A公司向一审法院申请对本案全部工程造价委托司法鉴定。

一审法院同意了A公司的申请，遂委托司法鉴定机构对案涉全部工程的造价进行了鉴定。一审法院经审理，采信了司法鉴定机构作出的大部分鉴定意见，并作出了一审判决。

A公司、B医院均不服一审判决，其后遂向最高人民法院上诉。双方在二审中的争议焦点之一是：本案鉴定机构作出的工程造价鉴定意见能否作为认定案件事实的根据？是否需要重新鉴定？

最高人民法院经审理，认为鉴定机构作出的鉴定意见依法可以作为定案证据，不需要重新鉴定。因一审判决存在其他错误，最高人民法院遂作出（2019）最高法民终165号《民事判决书》，对一审判决作出了部分改判。

三、案例解析

从上述案情中笔者总结出的法律问题是：**本案双方签订的施工合同、装修合同均约定了按照工程量清单及固定单价方式确定工程款，在发包人B医院对承包人A公司完成的新增工程量存在争议的情况下，一审法院准许A公司申请对全部工程造价做司法鉴定，是否合法？**

笔者认为：一审法院的做法合法。主要分析如下：

读完上述案情后，一些人可能会产生疑问：因为本案双方签订的合同明确约定了按照工程量清单及固定单价方式确定工程款，那么依据本案审理时施行的《最高人民法院关于审理建设工程施工合同纠纷案件适用法律问题的解释》（法释〔2004〕14号，被法释〔2020〕16号文件废止）第二十二条的规定："当事人约定按照固定价结算工程价款，一方当事人请求对建设工程造价进行鉴定的，不予支持。"一审法院不应准许A公司的司法鉴定申请。其实不然。该法律依据适用的前提条件是施工承包人实际完成的工程量均在施工合同约定的承包范围和风险范围内。

但是根据本案情况，当事双方并不能确认承包人A公司新增工程量的具体范围，双方因此产生争议，法院也无法根据在案证据查明该部分工程量。那么依据本案审理时施行的《最高人民法院关于审理建设工程施工合同纠纷案件适用法律问题的解释》（法释〔2004〕14号）第二十三条的规定："当事人对部分案件事实有争议的，仅对有争议的事实进行鉴定，但争议事实范围不能确定，或者双方当事人请求对全部事实鉴定的除外。"一审法院可以准许A公司申请对案涉全部工程造价进行鉴定。

正是基于上述事实及法律依据，本案二审法院最高人民法院才会认可一审法院的上述做法（详见本讲"裁判理由"）。

四、裁判理由

以下为最高人民法院作出的（2019）最高法民终165号《民事判决书》对本讲总结的上述法律问题的裁判理由：

根据《最高人民法院关于审理建设工程施工合同纠纷案件适用法律问题的解释》第二十三条的规定，当事人对部分案件事实有争议的，仅对有争议的事实进行鉴定，但争议事实范围不能确定，或者双方当事人请求对全部事实鉴定的除外。本案中，案涉工程施工完毕后，因双方当事人对A公司实际完成的工程量存在争议，且无法核对合同内新增的工程量及合同外增加的工程量，一审法院根据A公司的申请，委托鉴定机构对案涉工程的全部工程造价进行鉴定，符合上述司法解释的规定。

五、案例来源

（一）一审：黑龙江省高级人民法院（2017）黑民初23号民事判决

（二）二审：最高人民法院（2019）最高法民终165号《民事判决书》（因其篇幅过长，故不纳入本讲附件）

六、裁判要旨

当事人签订的施工合同虽然约定按照固定价款结算工程款，但是承包人在实际施工中新增了工程量，当事人对该部分工程量产生争议，且无法核对是否属于合同内及合同外新增的工程量。在此情形下，法院可以依据相关司法解释的规定，准许当事人的鉴定申请，对案涉全部工程的造价委托司法鉴定。

七、相关法条

（一）《最高人民法院关于审理建设工程施工合同纠纷案件适用法律问题的解释（一）》（法释〔2020〕25号）

第二十八条　当事人约定按照固定价结算工程价款，一方当事人请求对建设工程造价进行鉴定的，人民法院不予支持。

第三十一条　当事人对部分案件事实有争议的，仅对有争议的事实进行鉴定，但争议事实范围不能确定，或者双方当事人请求对全部事实鉴定的除外。

（二）《最高人民法院关于人民法院民事诉讼中委托鉴定审查工作若干问题的规定》（法〔2020〕202号）

一、对鉴定事项的审查

1.严格审查拟鉴定事项是否属于查明案件事实的专门性问题，有下列情形之一的，人民法院不予委托鉴定：

（1）通过生活常识、经验法则可以推定的事实；

（2）与待证事实无关联的问题；

（3）对证明待证事实无意义的问题；

（4）应当由当事人举证的非专门性问题；

（5）通过法庭调查、勘验等方法可以查明的事实；

（6）对当事人责任划分的认定；

（7）法律适用问题；

（8）测谎；

（9）其他不适宜委托鉴定的情形。

2.拟鉴定事项所涉鉴定技术和方法争议较大的，应当先对其鉴定技术和方法的科学可靠性进行审查。所涉鉴定技术和方法没有科学可靠性的，不予委托鉴定。

八、实务交流

（一）并非所有的施工合同即使约定了按照固定总价或者固定单价结算工程款，当事人如果申请工程造价司法鉴定，都不会被法院准许。除了本案的特殊情形外，在其他特殊情形下（例如，当事人约定的按照固定总价结算工程款的施工合同被解除；施工合同无效，承包人中途撤场；当事人对超出合同约定之外的已完工程量存在争议；承包人的实际工期远超合同约定工期；工程设计发生变更等情形），法院本着公平原则，仍然会准许对案涉工程之全部或部分委托工程造价鉴定。因此，如果你们的案件遇到上述类似情况，可以依法向法院申请工程造价司法鉴定。

（二）需要注意的是：在司法实践中，与本案类似的案例相对少见，更多的案例是法院在能查明案涉工程量的情况下，通常会依据现行《最高人民法院关于审理建设工程施工合同纠纷案件适用法律问题的解释（一）》第二十八条的规定，不准许当事人的工程造价鉴定申请。因此，当事人要么写好施工合同，要么在施工过程中注意搜集能够证明实际工程量的证据。

九、参考类案

为使广大读者有更多的权威类案参考，笔者专门检索、提供近年来由最高人民法院作出的部分类案的生效裁判文书的裁判理由（与本案上述裁判观点基本一致），供大家辩证参考、指导实践。

（一）最高人民法院（2020）最高法民申213号《民事裁定书》（再审审查）

《最高人民法院关于审理建设工程施工合同纠纷案件适用法律问题的解释》第二十三条规定："当事人对部分案件事实有争议的，仅对有争议的事实进行鉴定，但争议事实范围不能确定，或者双方当事人请求对全部事实鉴定的除外。"本案中，A公司和B公司对未完成的地下一层车库工程造价存在争议，A公司向一审法院申请鉴定，B公司作为发包方，有义务提供地下车库施工标准等鉴定材料，但B公司未能提供地下车库施工标准，也未提供其他能够确定地下车库工程量的鉴定依据，在此情况下，一审法院委托鉴定机构依据施工图纸、现场勘测记录等材料，按照吉林省建筑装饰工程预算定额、吉林省安装工程预算定额以及市场情况进行鉴定计算工程造价并无不当。虽然鉴定材料中的装修及计算说明和上海市某某公证处出具的公证书未经质证，但上述说明和公证书系确定施工标准的证据材料，B公司应予以提供而没有提供，且其针对鉴定结论进行质证时亦未提出其他反驳证据，二审法院在此情况下采信有关鉴定结论并无不当。至于B公司主张的案涉施工合同为固定单价合同以及工程价款无需鉴定的问题，虽然《总承包合同》约定案涉工程总建筑面积8.4万㎡，合同单价720元/㎡，合同总价6048万元，但其中第2.3条第6项（广场交接界面条款）关于"经营物业配套广场的坦铺面积不超过1.8万㎡"的约定以及双方在《补充协议》中将广场工程从原合同施工范围内扣除并扣减相应价款450万元的约定，可以说明双方合同约定的施工范围并不限于8.4万㎡的建筑面积，当工程量有所减少时，也不是按照720元/㎡的单价乘以减少的施工面积直接扣减工程款。因此，720元/㎡的合同单价是全部工程的平均单价，而非各部分工程均采用720元/㎡的固定单价，未施工的地下车库工程价款亦不应按每平方米单价乘以面积的方式简单计算得出。对于B公司欠付A公司的工程款，二审法院在双方认可的5598万元工程总价款的基础上，扣除鉴定结论确定的地下车库未完成工程部分造价1415800元，以及B公司之前支付3700万元工程款，判决B公司给付A公司工程款17564200元并无不当。

（二）最高人民法院（2019）最高法民申1491号《民事裁定书》（再审审查）

本院经审查认为，本案再审审查主要涉及案涉工程款的结算认定问题。其一，关于鉴定程序是否合法的问题。据已查明的事实可知，在案涉合同的实际履行中，A公司亦认可案涉工程存在合同内减少部分、合同外签证部分的事实，由此可见双方并未完全按照合同的约定履行义务，且双方对于变更部分的实际施工量与工程结算不能达成一致意见，故原审法院据此认为合同确定的固定价不宜直接作为案涉工程的结算依据，并依申请启动司法鉴定程序并无不当，A公司提出应直接按照合同固定价进行结算的主张不能成立。

（三）最高人民法院（2019）最高法民申2454号《民事裁定书》（再审审查）

关于工程总结算价款问题。首先，A公司与B公司于2015年9月1日签订的《建设工程装修施工合同》第五条合同价款约定，合同包干价2100万元。根据《最高人民法院关于审理建设工程施工合同纠纷案件适用法律问题的解释》第二十二条规定："当事人约定按照固定价结算工程价款，一方当事人请求对建设工程造价进行鉴定的，不予支持。"，故原审判决未对工程造价进行鉴定而依约认定案涉合同固定价为2100万元并无不当。其次，双方《建设工程装修施工合同》专用条款第9.2条约定，结算方式：合同总价款+变更签证+工程联系单。根据《最高人民法院关于审理建设工程施工合同纠纷案件适用法律问题的解释》第十六条第一款规定："当事人对建设工程的计价标准或者计价方法有约定的，按照约定结算工程价款。"，故原审判决就合同外签证单和工程联系单所涉工程量及对应的价款予以调整结算并确定最终案涉工程价款亦无不当。据此，在案涉合同为固定价格且B公司已完成合同固定价2100万元范围内的全部项目的前提下，原审判决未再对合同项下工程项目进行鉴定，而根据B公司申请委托鉴定机构对合同外已经双方质证的签证单、工程联系单等资料进行鉴定并据此结算，有事实和法律依据。

（四）最高人民法院（2019）最高法民申5423号《民事裁定书》（再审审查）

《最高人民法院关于审理建设工程施工合同纠纷案件适用法律问题的解释》第二十三条规定："当事人对部分案件事实有争议的，仅对有争议的事实进行鉴定，但争议事实范围不能确定，或者双方当事人请求对全部事实鉴定的除外。"本案中，A农场和B公司既约定采用固定总价方式确定合同价款，又在施工合同专用条款51.2.（3）及77条补充条款特别约定不同情形下可以调整工程价款。因A农场和B公司就变更和增加部分工程，以及工程延误损失结算发生争议，一审法院依法委托鉴定机构对案涉工程变更和增加项进行鉴定并无不当。

（五）最高人民法院（2018）最高法民申1289号《民事裁定书》（再审审查）

二、关于案涉《工程造价司法鉴定评估报告》应否采信问题。本案中，A公司与B公司签订的《建设工程施工合同》中约定，工程价款为固定价3135万元。依据《最高人民法院关于审理建设工程施工合同纠纷案件适用法律问题的解释》第二十二条"当事人约定按照固定价结算工程价款，一方当事人请求对建设工程造价进行鉴定的，不予支持。"的规定，若工程正常竣工全部完成，当以双方约定的固定价款方式作出结算。但在案涉工程没有完工的情况下，双方对工程价款又不能达成一致意见，原审依据C申请对其已完成的工程进行工程造价鉴定，据实结算，符合本案实际，鉴定机构采取2006年二类取费标准计费亦无明显不当。

（六）最高人民法院（2018）最高法民终244号《民事判决书》（二审）

《最高人民法院关于审理建设工程施工合同纠纷案件适用法律问题的解释》第二十二条规定，当事人约定按照固定价结算工程价款，一方当事人请求对建设工程造价进行鉴定的，不予支持。本案中，虽然A公司与B公司签订的《合同协议书》无效，但双方在合同中约定采用固定价结算的方式，约定总工程价款为2906万元。案涉工程虽未验收，但工程已交付使用，且B公司取得了京汉·新城一期住宅竣工验收备案表。原审法院根据《最高人民法院关于审理建设工程施工合同纠纷案件适用法律问题的解释》第二条的规定，参照合同约定的工程价款，并依据当事人的司法鉴定申请，委托鉴定机构对于对设计变更工程量进行造价鉴定，并无不当。B公司主张依据施工图对全部工程进行鉴定，缺乏事实依据和法律依据，本院不予支持。

（七）最高人民法院（2017）最高法民申3287号《民事裁定书》（再审审查）

A公司主张，在双方合同约定按照固定价结算工程款的情况下，原审不应启动鉴定程序对工程量和工程造价进行鉴定，该做法违反了《最高人民法院关于审理建设工程施工合同纠纷案件适用法律问题的解释》第二十二条关于"当事人约定按照固定价结算工程价款，一方当事人请求对建设工程造价进行鉴定的，不予支持"的规定。但上述规定在工程量无争议情况下当然应予遵循，而在工程量本身存在争议无法确定的情况下，应否鉴定还应根据案件具体情形具体分析。本案中，案涉工程并非全部由B、C完成，A公司亦未及时拨付工程款造成工期迟延，同时还存在原材料价格与合同约定发生明显变化的事实，因此工程量与工程价款已失去直接按照合同约定认定的条件。原审中，A公司也并非反对司法鉴定，只是主张鉴定范围应限于B、C完成工程量占总工程量的比例，应付工程价款则按照已完成比例乘以合同约定的总造价12420096元计算得出。但建设工程所涉项目众多，材料价格各不相同，在不计算价格的情况下，无法确认某部分工程占总工程量的比例。原审基于上述情况要求A公司提供仅鉴定工程量比例而不鉴定工程造价的类似鉴定报告，但A公司未能提交。此种情况下，原审根据B、C的申请，委托鉴定机构对案涉工程量以及工程价款进行鉴定，并无不当。

（八）最高人民法院（2016）最高法民再392号《民事判决书》（再审）

根据原审已经查明的事实，A公司与B公司于2007年4月30日签订的"康桑苑甲型公寓楼"《建设工程施工合同》，约定开竣工日期为2007年5月1日至2007年12月31日；双方于2007年6月10日签订的"康桑苑B型公寓楼"《建设工程施工合同》（B型也称乙型），约定开竣工日期为2007年6月15日至2008年1月15日，工期均为210天。但本案工程实际开工时间为2007年7月23日，后经多次停工、复工，2010年1月21日工程进行初步验收，直到2010年7月7日工程才进行竣工验收。本案工程实际工期显然远远长于双方约定。工期的延长，必然对工程款金额造成影响。虽然在诉讼中双方对于导致工程延期的原因有不同主张，但根据原审已查明的事实，本案工程取得建筑工程施工许可证的时间是2007年7月20日，取得建设工程规划许可证的时间是2009年6月20日，且B公司在诉讼中亦承认工程设计发生过变更，就此而言，不能说B公司对于本案工程延期完全没有责任。在本案实际工期远远超出合同约定，且工程设计发生变更的情形下，原审未"参照"合同约定的固定价款认定本案工程造价，而接受A公司的申请委托鉴定机构进行工程造价鉴定，并无不当。《最高人民法院关于审理建设工程施工合同纠纷案件适用法律问题的解释》第二十二条规定："当事人约定按照固定价结算工程价款，一方当事人请求对建设工程造价进行鉴定的，不予支持。"该条规定之适用，以当事人关于按照固定价结算工程价款的约定有效为前提，其在本案中并无适用余地。

第 **19** 讲

固定价施工合同解除，如何鉴定承包人已完工程的造价

一、阅读提示

施工合同约定按照固定单价或固定总价结算工程款，如果承包人依约完成全部工程，其应得的全部工程款可以依约计算。但是，如果该施工合同因故解除，导致工程成为"半拉子工程"，那么承包人已完工程的工程款如何计算？其是否需要申请工程造价司法鉴定？如果需要，鉴定机构应以何种方法鉴定该工程造价？

二、案例简介

2013年1月25日，发包人A公司与施工中标人B公司分别签订两份《建设工程施工合同》。2014年3月8日，双方签订《补充协议》，变更了此前施工合同约定的工程款计价标准和方式。其中约定工程主楼（包括商铺）单方造价按1850元/平方米结算，B区地下停车库按2700元/平方米结算，建筑面积按实际施工图结合设计修改、变更单等双方签字认可的技术资料计算。

2018年，B公司因A公司拖欠工程款停工，并将A公司起诉至辽宁省高级人民法院（以下简称一审法院），提出了解除双方签订的施工合同、索要剩余工程款等多项诉求。A公司遂提出反诉。

在一审诉讼中，一审法院根据B公司的申请，委托司法鉴定机构对该公司已完工程的造价做鉴定。该鉴定机构以当事双方签订的《补充协议》作为主要鉴定依据，采取以下三种鉴定方法作出了三种鉴定意见，供一审法院裁判选择：1.按照《补充协议》约定的单价乘以建筑面积，扣减按照辽宁省2008年定额计算未施工工程量的已完工程造价；2.以《补充协议》约定的单价乘以建筑面积为竣工总价，按已完工程占全部工程比例计算已完工程造价（已完工程及全部工程造价都按照辽宁省2008年定额计算）；3.按照备案合同及招标投标文件记载的定额和取费计算已完工程造价。

一审法院经审理，采信了鉴定机构按照上述第2种鉴定方法作出的鉴定意见，据此认定B公司已完工程的价款，遂作出一审判决。A公司不服一审判决，遂向最高人

民法院上诉。其上诉理由之一是认为鉴定机构采用上述第2种鉴定方法没有法律依据，计算方式有失公平，因此一审法院采纳该鉴定意见错误。

最高人民法院经审理，认为一审法院采纳该鉴定意见合法合理，因此不支持A公司的该上诉理由。因一审判决存在其他错误，该院于2020年12月15日作出（2020）最高法民终903号《民事判决书》，改判了一审判决的部分事项。

三、案例解析

从上述案情中笔者总结出的法律问题是：**在本案施工合同《补充协议》约定按固定单价结算工程款且施工合同解除的情况下，一审法院和二审法院均采纳鉴定机构按照上述第2种鉴定方法鉴定承包人B公司已完成的部分工程造价，是否合法合理？**

笔者认为：本案两级法院采纳本案鉴定意见的做法符合当前司法实践的主流观点，合法合理。主要分析如下：

（一）从本案事实分析

本案当事双方虽然签订了多份施工合同，但对于工程款的计价标准及方式依法应以双方2014年3月8日签订的《补充协议》的相关约定为准。因为该协议变更了此前双方签订的所有《建设工程施工合同》关于工程价款的计价约定，因此本案鉴定机构应以《补充协议》作为主要鉴定依据，鉴定承包人B公司已完工程的造价。

（二）从当前司法实践的主流观点分析

从上述案情可知，本案《补充协议》约定按照固定单价乘以全部施工建筑面积的计价方式结算B公司的全部完工工程款，即当事双方此前签订的施工合同至此变更成为固定单价合同。在此情形下，如果B公司依约完成了全部工程，那么依据本案审理时施行的《最高人民法院关于审理建设工程施工合同纠纷案件适用法律问题的解释》（法释〔2004〕14号，被法释〔2020〕16号文件废止）第二十二条的规定："当事人约定按照固定价结算工程价款，一方当事人请求对建设工程造价进行鉴定的，不予支持。"本案法院无需委托做工程造价司法鉴定，可以直接按照固定单价乘以全部施工建筑面积计算B公司应得的全部工程款。

但问题在于：本案属于"半拉子工程"，即施工合同并没有依约履行完毕，而被当事双方解除，而且当事双方对B公司的已完工程量应该也存在重大争议。那么，本案一审法院应该怎么处理？鉴定机构该如何鉴定B公司已完工程的造价？对于此类问题，当前司法实践的主流观点是：法院可以根据当事人的申请委托工程造价鉴定机构鉴定，鉴定机构通常采取以下方法鉴定：承包人已完工程造价=（施工合同约定的固定单价×建筑面积或者固定总价）×（按照定额计算的承包人已完工程造价÷按照定额计算的全部工程造价）。该鉴定方法与自2018年3月1日起施行的《建设工程造价鉴定规范》GB/T 51262—2017的相关规定（详见本讲"相关法条"）基本一致。

显然，本案鉴定机构采用的第2种鉴定方法即是上述主流观点认可的鉴定方法。因此，一审法院采信该鉴定意见符合司法实践的主流观点，合情合理。正是基于上述事实，本案二审法院最高人民法院才会认可一审法院的裁判理由（详见本讲"裁判理由"）。

四、裁判理由

以下为最高人民法院作出的（2020）最高法民终903号《民事判决书》对本讲总结的上述法律问题的裁判理由：

B公司因A公司拖欠工程价款提前撤离施工现场，工程未能如约完工。一审法院采信鉴定机构作出的第二种鉴定结论，以《补充协议》约定的单价乘以建筑面积为竣工总价，按已完工工程量占全部工程量比例计算已完工工程的价款，能够较为合理地兼顾已完工工程与未完工工程在整个约定工程中的价值比例。一审法院根据该鉴定结论及复议答复认定案涉工程的工程价款为110851012.7元，并无不当。A公司主张按照备案《建设工程施工合同》约定的工程价款结算方式认定已完工工程的价款，缺乏事实和法律依据，本院不予支持。

五、案例来源

（一）一审：辽宁省高级人民法院（2018）辽民初44号《民事判决书》

（二）二审：最高人民法院（2020）最高法民终903号《民事判决书》（因其篇幅过长，故不纳入本讲附件）

六、裁判要旨

发包人与承包人约定按照固定价结算工程价款的，双方因故解除施工合同导致承包人未完成合同约定的全部工程量时，承包人已完工部分经验收质量合格的，可以采用"按比例折算"的方式，即计算已完工部分的工程量和整个合同约定的总工程量的比例系数，再用合同约定的固定价乘以该系数确定发包人应付的工程价款。

七、相关法条

（一）《最高人民法院关于审理建设工程施工合同纠纷案件适用法律问题的解释（一）》（法释〔2020〕25号）

第二十八条　当事人约定按照固定价结算工程价款，一方当事人请求对建设工程造价进行鉴定的，人民法院不予支持。

第三十一条　当事人对部分案件事实有争议的，仅对有争议的事实进行鉴定，但争议事实范围不能确定，或者双方当事人请求对全部事实鉴定的除外。

（二）《建设工程造价鉴定规范》GB/T 51262—2017

5.10.6　单价合同解除后的争议，按以下规定进行鉴定，供委托人判断使用：

1　合同中有约定的，按合同约定进行鉴定；

2　委托人认定承包人违约导致合同解除的，单价项目按已完工程量乘以约定的单价计算（其中，单价措施项目应考虑工程的形象进度），总价措施项目按与单价项目的关联度比例计算；

3　委托人认定发包人违约导致合同解除的，单价项目按已完工程量乘以约定的单价计算，其中剩余工程量超过15％的单价项目可适当增加企业管理费计算。总价措施项目已全部实施的，全额计算；未实施完的，按与单价项目的关联度比例计算。未完工程量与约定的单价计算后按工程所在地统计部门发布的建筑企业统计年报的利润率计算利润。

5.10.7　总价合同解除后的争议，按以下规定进行鉴定，供委托人判断使用：

1　合同中有约定的，按合同约定进行鉴定；

2　委托人认定承包人违约导致合同解除的，鉴定人可参照工程所在地同时期适用的计价依据计算出未完工程价款，再用合同约定的总价款减去未完工程价款计算；

3　委托人认定发包人违约导致合同解除的，承包人请求按照工程所在地同时期适用的计价依据计算已完工程价款，鉴定人可采用这一方式鉴定，供委托人判断使用。

八、实务交流

（一）对于本讲总结的上述法律问题，虽然现行法律（狭义）、司法解释并没有作出明确规定如何解决，但近年来一些省级高级人民法院出台了相关地方性司法文件，提出了本地的解决方案，因此至少可供当地的当事人和办案律师、法官、鉴定机构参考使用。此外，从2018年3月1日起施行的《建设工程造价鉴定规范》GB/T 51262—2017首次从国家标准层面对上述法律问题也作出了相关规定，给出了专业的解决方案，可供大家参考使用。

（二）需要注意的是，上述鉴定方法仅适用于与本案类似的案件，并不一定适用于所有的约定了固定单价或总价的施工合同被解除的案件。因为本案其实暗含一个至为重要的前提事实：承包人已完工程的质量必须合格，且鉴定机构使用的鉴定方法作出的鉴定意见不能对承包人显失公平。因为当事人约定按照固定单价结算工程款的诉讼案件中会存在一种特殊情形：如果存在因发包人违约原因导致施工合同解除，且承包人前期完成的是利润较低甚至亏本的工程，后期未完成的却是利润较高的工程，如果按照本案法院采纳的鉴定方法作出的鉴定意见很可能会对守约的承包人显失公平。

那么，法院审理此类案件就不能完全采纳本案的鉴定方法，可以采纳以定额或市场价据实结算的鉴定方法计算承包人的已完工程造价。这类特殊案例近年来已有最高人民法院作出裁判。

（三）对于工程造价司法鉴定机构而言，在受理与本案类似的案件的鉴定时，建议学习本案鉴定机构同时采取多种鉴定方法作出多种鉴定意见供法院选择的方法。这样可以缩减鉴定的程序和时间，给当事人和法院更多可探讨和选择的空间。

九、参考类案

为使广大读者有更多的权威类案参考，笔者专门检索、提供近年来由最高人民法院作出的以及入选人民法院案例库的部分类案的生效裁判文书的裁判理由（与本案上述裁判观点基本一致），供大家辩证参考、指导实践。

（一）江西省高级人民法院（2022）赣民再74号《民事判决书》（再审，人民法院案例库入库编号：2023-16-2-115-015）

1. 江西省高级人民法院对该案的再审裁判理由：最后，案涉合同约定的工程价款是固定价，且未对因设计变更导致工程量减少的情况进行约定，现案涉项目由于施工现场地势因素的影响导致规划和设计发生变更，而肖某某和陈某某对实际施工工程量的变化均不存在过错，且双方都无法提供证据证实每根基桩单价且已完成工程量的价款。因此，在固定价合同中，承包人未完成合同约定工程量，但已完工部分经验收质量合格的情况下，可以采用"按比例折算"的方式，计算已完工部分的工程量和整个合同约定的总工程量，两者对比计算出相应系数，再用合同约定的固定价乘以该系数确定应付的工程价款。

2. 人民法院案例库对该案归纳的裁判要旨：发包人与承包人约定按照固定价结算工程价款的，因工程设计变更导致承包人未完成合同约定的工程量时，已完工部分经验收质量合格的，可以采用"按比例折算"的方式，即计算已完工部分的工程量和整个合同约定的总工程量的比例系数，再用合同约定的固定价乘以该系数确定发包人应付的工程价款。

（二）最高人民法院（2020）最高法民终871号《民事判决书》（二审）

关于北方嘉园二期工程造价。诉讼过程中，A公司和B公司均申请对北方嘉园二期工程造价进行鉴定。一审法院委托某某公司对北方嘉园二期工程进行造价鉴定。某某公司出具北方嘉园二期项目《工程造价鉴定意见书》，鉴定结论为：1.北方嘉园二期项目7#—10#楼工程造价为：（1）若采用"按比例折算"的鉴定方法计算，北方嘉园二期工程7#—10#楼工程造价为23663516.92元。（2）若采用施工期适用的河北省计价依据计算，北方嘉园二期工程7#—10#楼工程造价为29850122.33元。2.北方嘉园二期项目地下车库工程造价为13652095.76元。某某公司及相关鉴定人员具备鉴定资质，鉴定程序合法，鉴定意见书作出后，鉴定人员到庭接受质询，并对A公司和B公司提出的异议进行了当庭及书面回复。该鉴定结论，一审法院予以采信。对于北方嘉园二期工程7#—10#楼工程造价，A公司认为应采用施工期适用的河北省计价依据计算，B公司认为应采用"按比例折算"的鉴定方法计算。由于双方合同约定的是固定总价，北方嘉园二期住宅项目为未完工程，固定总价合同中未完工程的造价计算原则应采用比例折算法，即以合同约定的固定价为基础，根据已完工工程占合同约定施工范围的比例计算工程款。A公司主张以定额标准作为造价鉴定依据，一审法院不予支持。

（三）最高人民法院（2020）最高法民申1299号《民事裁定书》（再审审查）

根据A公司与B公司之间的合同约定，案涉工程按固定单价方式结算。因B公司未完成全部工程施工，且缺乏B公司已完成施工面积的数据，鉴定机构采用实际完工百分比法进行鉴定，即按照当地计价规范和施工期的造价信息，分别测算已完成部分工程造价和全部工程造价，将二者的比值作为实际完工百分比，再以实际完工百分比乘以按合同约定方式计算出的工程总价。该计价方法符合双方当事人的真实意思表示，且鉴定机构对于双方当事人提出的意见均已进行说明和答复。A公司主张从工程造价鉴定结果中扣除管理费、规费等共计1000余万元，并不符合案涉合同约定的计价方式。鉴于现行法律与相关司法解释对未完工工程价款的确定并无统一计算方法，本案鉴定机构采用的计价方法符合《最高人民法院关于审理建设工程施工合同纠纷案件适用法律问题的解释》第二条规定之精神，一、二审法院根据该鉴定意见认定B公司已完成工程的造价，并无不当。

（四）最高人民法院（2019）最高法民申1877号《民事裁定书》（再审审查）

1.河南省高级人民法院二审裁判理由：一、关于A公司应支付B工程款数额的确定问题。本案诉讼中，一审法院委托新乡某某建设工程项目管理有限公司对案涉工程造价进行司法鉴定，确定的案涉工程造价为20249465.32元。B称该造价鉴定的计价方式下浮了30%的让利系数，没有根据，违反了民法的公平原则。经查，由于B没有将本案约定的工程全部施工完毕，因此，在计价方式上是将全部约定工程的约定价款与全部约定工程的定额价款相比较，得出一定的比例。再将全部已完工程的定额价款乘以该比例，得出已完工程的工程价款。该比例方式并不是下浮30%的让利系数，而是在工程未全部施工完毕的情况下，根据约定的工程价款折算出已经完工工程的工程价款。本案约定工程未施工完毕的原因在于双方产生纠纷，并非A公司一方违约并解除合同，因此，B上诉称本案一审认定的工程款存在让利系数30%及已完工工程价款应按照定额取费确定的理由没有事实和法律依据，本院不予支持。

2.最高人民法院再审审查裁判理由：本院经审查认为，原审法院委托新乡某某建设工程项目管理有限公司（以下简称某某公司）对B完成的工程的价款进行鉴定。某某公司出具的鉴定结论具有证据效力。B虽主张应当按照最高人民法院（2014）民一终字第69号判决中的工程价款计算方法来确定本案工程款，但因该案中的计算方法是建设工程施工合同有效情形对工程价款的计算，其不能当然适用到本案建设工程施工合同无效的情形中。二审判决未采纳B的上述意见，而采纳某某公司出具的鉴定意见书，并无不当。

（五）最高人民法院（2015）民一终字第309号《民事判决书》（二审）

2.采用固定单价如何计算工程款。《补充协议书》约定的固定单价，指的是每平方米均价，针对的是已经完工的工程。根据已查明事实，A公司退场时，案涉工程尚未完工。此种情形下工程款如何计算，现行法律、法规、司法解释没有做出规定。一审判决先以固定单价乘以双方约定的面积计算出约定的工程总价款，再通过造价鉴定计算出A公司完成的部分占整个工程的比例，再用计算出的比例乘以约定的工程总价款确定A公司应得的工程价款，此种计算方法，能够兼顾合同约定与工程实际完成情况，并无不当。

固定单价施工合同解除，何种情形下已完工程造价可据定额鉴定

一、阅读提示

对于当事人约定按照固定单价结算工程款的施工合同，如果该合同在履行过程中因发包人的原因被解除，那么承包人已完工程的工程款是否都应按照或参照固定单价结算？能否用定额鉴定？司法实践中是否有例外情形？

二、案例简介

2010年11月15日、2011年11月19日，发包人A公司与承包人B公司分别签订建设工程施工《合同文件》和《工程承包补充协议》，约定将A公司开发的肇东汇雄国际城一期1#至4#楼、6#至14#楼的结构工程、装修工程、机电安装、消防工程等工程发包给B公司施工；1#至4#楼的工程款按照固定单价1280元/㎡结算，6#至14#楼的工程款按照固定单价1590元/㎡结算。

在上述施工合同履行过程中，因A公司未依约支付工程款，双方同意解约，B公司遂将A公司起诉至黑龙江省绥化市中级人民法院（以下简称一审法院），诉请支付剩余工程款及赔偿损失。

一审法院经审理，依法认定本案施工合同无效。对于如何计算B公司在本案中已完成施工部分的工程款，一审法院依法委托司法鉴定机构做工程造价鉴定。该鉴定机构使用的鉴定方法是：按照工程定额确定承包人所完工程的工程量占全部工程量的比例，再参照无效施工合同约定的固定价款计算其已完工程款。一审法院采信了鉴定机构的上述鉴定方法和鉴定意见。但承包人B公司对此不服，遂向黑龙江省高级人民法院（以下简称二审法院）上诉。

二审法院经审理，认为一审法院采信的上述鉴定方法及鉴定意见对B公司显失公平。因为本案施工合同约定的固定单价是针对工程整体作出的，B公司主要完成的是结构工程，利润有限；未完成工程主要是装修、安装工程，利润较高。因此，二审法院参照鉴定意见计算的已完工程价款，综合全案实际，酌定结算价款较定额价格下浮

比例为6.9%，并依法改判，作出了二审判决。

发包人A公司对二审判决不服，尤其是对二审法院认定的上述鉴定方法不服，遂向最高人民法院申请再审。最高人民法院经审查，认为二审法院的裁判理由合法合理，遂于2019年4月24日作出（2019）最高法民申1396号《民事裁定书》，驳回了A公司的再审申请。

三、案例解析

从上述案情中笔者总结出的法律问题是：**本案施工合同约定了工程款按照固定单价结算，在被解约的情况下，二审法院没有参照固定单价鉴定承包人B公司的已完工程款，而是参照工程定额酌定，是否合法合理？**

笔者认为：二审法院的做法既符合法律的公平原则，也符合当前类似案件的主流裁判观点。主要分析理由如下：

（一）从本案事实分析

根据本案一审法院的认定，当事双方2010年11月15日、2011年11月19日分别签订的建设工程施工《合同文件》和《工程承包补充协议》依法应为无效合同（由于该问题不属于本讲探讨的法律问题，因此本讲不对其展开阐述）。虽然上述施工合同无效，但是如果承包人B公司完成的工程质量合格，那么施工合同关于按照固定单价结算工程款的相关约定依法可以参照执行。该法律依据便是本案审理时尚在施行的《最高人民法院关于审理建设工程施工合同纠纷案件适用法律问题的解释》（法释〔2004〕14号，被法释〔2020〕16号文件废止）第二条的规定："建设工程施工合同无效，但建设工程经竣工验收合格，承包人请求参照合同约定支付工程价款的，应予支持。"

因此，一审法院和鉴定机构正是依据上述法律规定，鉴定B公司的已完工程造价。但是二审法院却认为不当，为什么？这就需要我们了解法院对本案类似案件的主流裁判观点。

（二）从类似案件的主流裁判观点分析

从上述案情简介可知，本案存在以下四个基本特征：

1.当事双方签订的施工合同约定了按照固定单价（综合单价）结算工程款，且无论该施工合同是否有效。

2.施工合同主要是因为发包人的原因被解约。

3.承包人仅完成了部分工程且工程质量合格，如果参照施工合同约定的固定单价结算工程款，将对承包人显失公平。因为承包人前期完成的该部分工程投入大、利润小，甚至存在亏本情形。

4.承包人的已完工程量不能根据在案全部证据认定，当事双方对此存在重大争议，法院因此依据当事人的申请委托工程造价司法鉴定。

对于具备上述基本特征的类案，当前主流的司法惯例是：法院通常委托工程造价司法鉴定机构参照案涉工程所在地政府部门发布的相关工程定额文件鉴定承包人的已完工程款。为什么法院会如此操作？因为这类案件中的承包人基本是守约方，不是导致施工合同半途而废的责任方，而且其在施工合同约定的固定单价尤其是综合单价通常是建立在整个工程全部施工完成的前提下为了平衡利益所作出的报价。如果承包人实际完成的是吃力不讨好的部分工程（例如地基与基础工程、主体结构工程等），法院依据或参照施工合同约定的固定单价计算其已完工程款，显然将使守约方利益严重受损，这样的裁判结果不符合司法公正的价值观。因此，法院通常会依法委托司法鉴定机构参照工程定额文件鉴定承包人的已完工程款。这是法院综合考虑当事人的过错和司法判决的价值取向等因素所选择的最佳方法，更具合理性和公平性。

为什么选择工程定额文件作为司法鉴定的计价标准？因为工程定额是在正常施工条件下完成规定计量单位的合格建筑安装工程所消耗的人工、材料、施工机具台班、工期天数及相关费率等的数量基准，是一定时期内施工技术水平与管理水平的基准反映。

反观本案，二审法院认为施工合同约定的固定单价是针对工程整体作出的，B公司主要完成的是结构工程，利润有限；未完成工程主要是装修、安装工程，利润较高。如果依据固定单价鉴定承包人的已完工程款，将显失公平。因此，二审法院才会选择依据定额酌定承包人的已完工程款，并对一审判决改判。正是基于上述事实及法律依据，本案再审法院最高人民法院才会认可二审法院的上述观点（详见本讲"裁判理由"）。

四、裁判理由

以下为最高人民法院作出的（2019）最高法民申1396号《民事裁定书》对本讲总结的上述法律问题的裁判理由：

本院认为，一、关于案涉未完工程价款的认定。A公司与B公司虽然在2010年11月15日签订合同约定固定单价分别为每平方米1348元、1468元；2011年11月19日《补充协议》增加施工范围，价款分别调整为每平方米1280元、1590元。但双方合同约定的承包单价是针对工程整体作出的，B公司主要完成的是结构工程，利润有限；未完成工程主要是装修、安装工程，利润较高。双方直接按合同约定的固定单价方式结算工程价款对B公司有失公平。二审法院参照鉴定意见计算的已完工程价款105982315.24元，综合全案实际，酌定结算价款较定额价格下浮比例为6.9%，据此确定案涉工程合同内已完工程价款为98669315.24元，计算方式及酌定数额不存在明显的偏颇。A公司再审请求按照合同约定的固定价计算的主张不能成立。

五、案例来源

（一）一审：黑龙江省绥化市中级人民法院（2014）绥中法民一民初字第62号

《民事判决书》

（二）二审：黑龙江省高级人民法院（2018）黑民终76号《民事判决书》

（三）再审审查：最高人民法院（2019）最高法民申1396号《民事裁定书》（见本讲附件：案例）

六、裁判要旨

当事人签订的施工合同约定按照固定单价（综合单价）结算工程款，该合同其后因发包人的原因解约，对于承包人已完工程的工程款，在确认已完工程质量合格的前提下，法院依法委托的司法鉴定机构如果按照或参照施工合同约定的固定单价鉴定承包人的已完工程造价对承包人显失公平，那么法院可以要求司法鉴定机构参照工程定额文件鉴定承包人的已完工程造价。

七、相关法条

（一）《中华人民共和国民法典》（2020年5月28日第十三届全国人民代表大会第三次会议通过）

第五百一十一条　当事人就有关合同内容约定不明确，依据前条规定仍不能确定的，适用下列规定：

（一）质量要求不明确的，按照强制性国家标准履行；没有强制性国家标准的，按照推荐性国家标准履行；没有推荐性国家标准的，按照行业标准履行；没有国家标准、行业标准的，按照通常标准或者符合合同目的的特定标准履行。

（二）价款或者报酬不明确的，按照订立合同时履行地的市场价格履行；依法应当执行政府定价或者政府指导价的，依照规定履行。

（三）履行地点不明确，给付货币的，在接受货币一方所在地履行；交付不动产的，在不动产所在地履行；其他标的，在履行义务一方所在地履行。

（四）履行期限不明确的，债务人可以随时履行，债权人也可以随时请求履行，但是应当给对方必要的准备时间。

（五）履行方式不明确的，按照有利于实现合同目的的方式履行。

（六）履行费用的负担不明确的，由履行义务一方负担；因债权人原因增加的履行费用，由债权人负担。

第七百九十三条　建设工程施工合同无效，但是建设工程经验收合格的，可以参照合同关于工程价款的约定折价补偿承包人。

建设工程施工合同无效，且建设工程经验收不合格的，按照以下情形处理：

（一）修复后的建设工程经验收合格的，发包人可以请求承包人承担修复费用；

（二）修复后的建设工程经验收不合格的，承包人无权请求参照合同关于工程价款的约定折价补偿。

发包人对因建设工程不合格造成的损失有过错的，应当承担相应的责任。

（二）《最高人民法院关于审理建设工程施工合同纠纷案件适用法律问题的解释（一）》（法释〔2020〕25号）

第十九条　当事人对建设工程的计价标准或者计价方法有约定的，按照约定结算工程价款。

因设计变更导致建设工程的工程量或者质量标准发生变化，当事人对该部分工程价款不能协商一致的，可以参照签订建设工程施工合同时当地建设行政主管部门发布的计价方法或者计价标准结算工程价款。

建设工程施工合同有效，但建设工程经竣工验收不合格的，依照民法典第五百七十七条规定处理。

（三）《建设工程造价鉴定规范》GB/T 51262—2017

5.10.6　单价合同解除后的争议，按以下规定进行鉴定，供委托人判断使用：

1　合同中有约定的，按合同约定进行鉴定；

2　委托人认定承包人违约导致合同解除的，单价项目按已完工程量乘以约定的单价计算（其中，单价措施项目应考虑工程的形象进度），总价措施项目按与单价项目的关联度比例计算；

3　委托人认定发包人违约导致合同解除的，单价项目按已完工程量乘以约定的单价计算，其中剩余工程量超过15%的单价项目可适当增加企业管理费计算。总价措施项目已全部实施的，全额计算；未实施完的，按与单价项目的关联度比例计算。未完工程量与约定的单价计算后按工程所在地统计部门发布的建筑企业统计年报的利润率计算利润。

5.10.7　总价合同解除后的争议，按以下规定进行鉴定，供委托人判断使用：

1　合同中有约定的，按合同约定进行鉴定；

2　委托人认定承包人违约导致合同解除的，鉴定人可参照工程所在地同时期适用的计价依据计算出未完工程价款，再用合同约定的总价款减去未完工程价款计算；

3　委托人认定发包人违约导致合同解除的，承包人请求按照工程所在地同时期适用的计价依据计算已完工程价款，鉴定人可采用这一方式鉴定，供委托人判断使用。

八、实务交流

（一）本案及相关类案涉及的司法裁判观点当前并没有明确的法律规定，虽然《建设工程造价鉴定规范》GB/T 51262—2017作出了较为明确的鉴定方法，但在司法实践中并不常见。此外，少数省级高级人民法院注意到了这类法律问题，出台了地方性司法文件，对指导当地法院的审判工作非常有意义。

（二）对于建设工程的当事人尤其是施工承包人，如果你们签订的施工合同因为发包人的原因半途而废，且按照合同约定的固定单价（综合单价）计算已完工程款对守约的承包人显失公平时，建议你们可以借鉴本案的司法裁判观点主张工程款。但务必要厘清你们的案件是否同时符合上述归纳的本案的四个基本特征。如果不符合，只能按照或参照施工合同约定的固定单价计算已完工程款。

九、参考类案

为使广大读者有更多的权威类案参考，笔者专门检索、提供近年来由最高人民法院作出的部分类案的生效裁判文书的裁判理由（与本案上述裁判观点基本一致），供大家辩证参考、指导实践。

（一）最高人民法院（2018）最高法民申1289号《民事裁定书》（再审审查）

二、关于案涉《工程造价司法鉴定评估报告》应否采信问题。本案中，A公司与B公司签订的《建设工程施工合同》中约定，工程价款为固定价3135万元。依据《最高人民法院关于审理建设工程施工合同纠纷案件适用法律问题的解释》第二十二条"当事人约定按照固定价结算工程价款，一方当事人请求对建设工程造价进行鉴定的，不予支持。"的规定，若工程正常竣工全部完成，当以双方约定的固定价款方式作出结算。但在案涉工程没有完工的情况下，双方对工程价款又不能达成一致意见，原审依据C申请对其已完成的工程进行工程造价鉴定，据实结算，符合本案实际，鉴定机构采取2006年二类取费标准计费亦无明显不当。

（二）最高人民法院（2016）最高法民再135号《民事判决书》（再审）

（一）关于案涉工程款是按固定价还是据实结算问题。A公司承建的B电厂三期扩建工程2×300MW循环流化床机组土建工程系电力能源项目，属于《中华人民共和国招标投标法》第三条规定的必须进行招标的大型基础设施、公用事业等关系社会公共利益和公众安全的项目，根据《最高人民法院关于审理建设工程施工合同纠纷案件适用法律问题的解释》第一条第三项关于"建设工程施工合同具有下列情形之一的，应当根据合同法第五十二条第（五）项的规定，认定无效……（三）建设工程必须进行招标而未招标或者中标无效的"之规定，《韶关市坪石发电厂有限公司（B厂）三期扩建工程2×300MW循环流化床机组土建工程施工合同》因本案当事人未依法履行招标投标程序而无效。前述司法解释第二条虽有"建设工程施工合同无效，但建设工程经竣工验收合格，承包人请求参照合同约定支付工程价款的，应予支持"的规定，但无效合同比照有效处理的前提是当事人对权利义务进行充分协商、各自意志已充分表达，只有对合同履行的利益有了全面以及合理的预期才能够接受合同条款的约束。由于本案中双方当事人于2006年12月6日签订施工合同时仅有一份简略的《广东坪石发电厂（B厂）三期扩建工程厂区总平面布置图》可资参考，对具体的施工范围以及相对准确的工程量等与工程价款的厘定有密切关系的基本事实并未确定，而具体的施工图纸在合同签订后自2007年5月起至2009年11月期间方由B电厂向A公司陆续提交，因此即便A公司作为专业建设施工单位具有相当的施工经验和市场风险判断能力，对于案涉大型基础建设施工工程而言，也不可能基于一份简略的《广东坪石发电厂（B厂）三期扩建工程厂区总平面布置图》而对工程量和造价做出相对准确的评估。另外，施工合同中关于"2.11、工程项目价格表，合计为20495万元，本工程为土建总承包，范围含有合同中所列表格内容，但不限于该内容，详见施工图纸"的条款也说明随着陆续提供的详细施工图纸所确定实际的施工范围会逐步超出合同签订时预估的施工范围，那么这种以协商不足的固定价款来对应不断增加的工程量的交易方式对施工方而言是极不公平的……故上述证据可以证明案涉施工合同所约定的固定承包价缺乏事实基础并实际导致利益失衡，在此情况下双方当事人根据施工合同的实际履行情况以及市场的重大变化重新议定工程价款具有合理性，原判决关于案涉合同执行固定价而非据实结算的认定缺乏事实根据。

（三）最高人民法院（2016）最高法民申892号《民事裁定书》（再审审查）

本院认为，（一）关于案涉已完工程的造价问题。根据二审法院查明的事实可知，A公司作为发包方，不按约履行支付工程进度款的合同义务，致使B公司无法继续施工，B公司遂依据约定解除合同。由于合同约定的固定单价结算是以合同完全履行为前提，而本案所涉合同未完全履行，且合同解除的过错方为A公司，故A公司要求按照固定单价折算已完工程造价，不符合合同约定。在案涉工程没有完工的情况下，应当按照实际完成的工程量据实结算。1号鉴定报告系按照内蒙古自治区2009工程定额的计价标准，对实际完成工程量作出的造价鉴定，二审法院采信此鉴定报告，并依此认定已完工程的造价为12130170元，并无不当。

（四）最高人民法院（2014）民一终字第69号《民事判决书》（二审，入选《最高人民法院公报》2015年第12期）

二、关于案涉合同工程价款应当如何确定的问题。

第一，就本案应当采取的计价方法而言。本院认为，首先，根据双方签订的《建设工程施工合同》约定，合同价款采用按约定建筑面积量价合一计取固定总价，即，以一次性包死的承包单价1860元/㎡乘以建筑面积作为固定合同价，合同约定总价款约68345700元。作为承包人的A公司，其实现合同目的、获取利益的前提是完成全部工程。因此，本案的计价方式贯彻了工程地下部分、结构施工和安装装修三个阶段，即三个形象进度的综合平衡的报价原则。

其次，我国当前建筑市场行业普遍存在着地下部分和结构施工薄利或者亏本的现实，这是由于钢筋、水泥、混凝土等主要建筑材料价格相对较高且大多包死，施工风险和难度较高，承包人需配以技术、安全措施费用才能保质保量完成等所致；而安装、装修施工是在结构工程已完工之后进行，风险和成本相对较低，因此，安装、装修工程大多可以获取相对较高的利润。本案中，A公司将包括地下部分、结构施工和安装装修在内的土建＋安装工程全部承揽，其一次性包死的承包单价是针对整个工程作出的。如果A公司单独承包土建工程，其报价一般要高于整体报价中所包含的土建报价。作为发包方的B公司单方违约解除了合同，如果仍以合同约定的1860元/㎡作为已完工程价款的计价单价，则对A公司明显不公平。

......

最后，根据本案的实际，确定案涉工程价款，只能通过工程造价鉴定部门进行鉴定的方式进行。通过鉴定方式确定工程价款，司法实践中大致有三种方法：一是以合同约定总价与全部工程预算总价的比值作为下浮比例，再以该比例乘以已完工程预算价格进行计价；二是已完施工工期与全部应完施工工期的比值作为计价系数，再以该系数乘以合同约定总价进行计价；三是依据政府部门发布的定额进行计价。

......

第三，就已完工程价款如何确定而言。本院认为，首先，前述第一种方法的应用，是在当事人缔约时，依据定额预算价下浮了一定比例形成的合同约定价，只要计算出合同约定价与定额预算价的下浮比例，据此就能计算出已完工程的合同约定价。鉴定意见书即采用了该种方法，一审判决也是采纳了该鉴定意见......显然，如采用此种计算方法，将会导致B公司虽然违反约定解除合同，却能额外获取910余万元利益的现象。这种做法无疑会助长因违约获得不利益的社会效应，因而该方法在本案中不应被适用。四是虽然一审判决试图以这一种计算方法还原合同约定价，但却忽略了当事人双方的利益平衡以及司法判决的价值取向。至B公司解除合同时，A公司承包的土建工程已全部完工，B公司解除合同的行为破坏了双方的交易背景，此时如再还原合同约定的土建工程价款，既脱离实际情况，违背交易习惯，又会产生对守约一方明显不公平的后果。

其次，如果采用第二种方法计算本案工程的工程价款......采用这一种方法，与建设工程中发包人与承包人多以单位时间内完成工程量考核进度的交易习惯相符......此时虽然符合B公司中途解除合同必然导致增加交易成本的实际情况，但该计算结果明显高于已完工工程相对应的定额预算价40652058.17元，对B公司明显不公，因而也不应采用。

再次，如采用第三种方法即依据政府部门发布的定额计算已完工工程价款，则已完工工程价款应是40652058.17元。B公司应支付的全部工程价款为：40652058.17元＋13500000元（被B公司分包出去的屋面工程）＋14600000元（剩余工程的工程价款）＝68752058.17元，比合同约定的总价68345700元仅高出36万余元。此种处理方法既不明显低于合同约定总价，也不过分高于合同约定总价，与当事人预期的价款较为接近，因而比上述两种计算结果更趋合理。另外，政府部门发布的定额属于政府指导价，依据政府部门发布的定额计算已完工程价款亦符合《中华人民共和国合同法》第六十二条第二项"价款或者报酬不明确的，按照订立合同时履行地的市场价格履行；依法应当执行政府定价或者政府指导价的，按照规定履行"以及《中华人民共和国民法通则》第八十八条第四项"价格约定不明确，按照国家规定的价格履行；没有国家规定价格的，参照市场价格或者同类物品的价格或者同类劳务的报酬标准履行"等相关规定，审理此类案件，除应当综合考虑案件实际履行情况外，还特别应当注重双方当事人的过错和司法判决的价值取向等因素，以此确定已完工程的价款。一审判决没有分清哪一方违约，仅依据合同与预算相比下浮的76.6%确定本案工程价款，然而，该比例既非定额规定的比例，也不是当事人约定的比例，一审判决以此种方法确定工程价款不当，应予纠正；A公司提出的以政府部门发布的预算定额价结算本案已完工工程价款的上诉理由成立，应予支持。

附件：案例

中华人民共和国最高人民法院
民 事 裁 定 书

（2019）最高法民申1396号

再审申请人（一审被告、二审被上诉人）：A公司，住所地黑龙江省绥化市肇东市城区北六街东北商业第A街。

法定代表人：宋某某，A公司董事长。

委托诉讼代理人：车某某，黑龙江某某律师事务所律师。

被申请人（一审原告、二审上诉人）：B公司，住所地黑龙江省哈尔滨市香坊区动源街23号。

法定代表人：刘某某，B公司董事长。

委托诉讼代理人：王某某，黑龙江某某律师事务所律师。

再审申请人A公司因与被申请人B公司建设工程施工合同纠纷一案，不服黑龙江省高级人民法院（2018）黑民终76号民事判决，向本院申请再审。本院依法组成合议庭进行了审查，现已审查终结。

A公司依据《中华人民共和国民事诉讼法》第二百条第二项、第六项申请再审。事实与理由：（一）二审法院采用参照鉴定意见计算的已完工程价款105982078.67元并下浮比例6.9%的方法，最终确定案涉工程合同内造价98669315.24元是错误的。案涉工程虽系未完工程，但仍应参照合同约定处理。应按鉴定机构的鉴定意见确定的已完工程量比例来计价。施工合同及补充协议系双方自愿达成，其固定价结算的约定对双方有约束力。只要确定已完工程量比例即可。案涉工程未施工完毕是因B公司延误工期并擅自解除合同所致，由此产生的无利润或亏本均应由其自行承担。本案中没有任何证据能够证实案涉工程的成本，且成本问题也不是审理范围。法律规定合同约定固定价排除鉴定的适用，只要通过其他方式能够确定造价也应排除鉴定的适用。

（二）二审法院将3、4号楼已发生的施工费用471762元从已付款中扣除是错误的。黑龙江省某某建筑工程有限公司（以下简称某某公司）对3、4号楼已进行部分施工，应从造价中扣除或计入已付款，具体数额以某某公司结算的已完工程款471762元为准。（三）二审法院判决A公司承担利息没有任何依据。在2012年4月24日双方签订的《房产抵押协议》中明确记载："甲方已将工程进度款按合约日期支付给乙方……"所以A公司不存在迟延给付行为，故不存在逾期利息。根据合同约定，在工程竣工验收合格并报备材料完善前仅支付进度款的65%，在工程竣工验收合格并报备材料完善后再支付30%，之后留5%作为质量保证金。双方争议的工程项目并没有完工，也没有给付相关材料，甚至连发票都没有交付，也没有竣工验收合格，所以之后的30%不应当支付。（四）A公司已超额给付。A公司实际已给付数额为94032800.53元，原一审法院认定给付数额为92132800.53元。按照鉴定意见确定的已完工程量比例，A公司应给付合同内工程价款为87230739.48元。合同外设计变更部分造价841644元、三通一平修路费用60万元，最终造价为88672373.59元。可以认定A公司已多支付工程款3460426.94元。（五）B公司已施工部分存在严重质量问题，不具备向A公司主张工程款的前提条件。（六）人民法院应立即对超标的查封部分予以解封。B公司原一审诉讼标的为4000万元，发回重审后，B公司再次明确诉讼请求为2400多万，而重审判决则驳回了其诉请，二审判决虽改判，但给付义务仅为800多万元。而B公司保全的房屋价值在6000万左右，属于严重超标的保全。并且B公司提供黑龙江省某某融资担保股份有限公司作担保，而该公司不符合担保要求。且人民法院亦未核实其担保限额及笔数，应视为B公司没有担保。查封已给A公司造成巨大经济损失。

　　本院认为，一、关于案涉未完工程价款的认定。A公司与B公司虽然在2010年11月15日签订合同约定固定单价分别为每平方米1348元、1468元；2011年11月19日《补充协议》增加施工范围，价款分别调整为每平方米1280元、1590元。但双方合同约定的承包单价是针对工程整体作出的，B公司主要完成的是结构工程，利润有限；未完成工程主要是装修、安装工程，利润较高。双方直接按合同约定的固定单价方式结算工程价款对B公司有失公平。二审法院参照鉴定意见计算的已完工程价款105982315.24元，综合全案实际，酌定结算价款较定额价格下浮比例为6.9%，据此确定案涉工程合同内已完工程价款为98669315.24元，计算方式及酌定数额不存在明显的偏颇。A公司再审请求按照合同约定的固定价计算的主张不能成立。

　　二、关于3号楼与4号楼基础费用应否扣除问题。该部分为案涉工程施工范围，B公司与某某公司并无工程量交接确认，A公司提供的其与某某公司签订协议复印件等证据并无工程签证等佐证，在本案鉴定中未能区分某某公司施工范围，故不能将A公司对外付款数额直接在本案中扣减。二审法院对此认定并无不当。

　　三、关于工程质量问题。A公司作为发包人主张工程存在质量问题而拒付工程款没有事实依据，并且A公司在原审中并未提起反诉，其此项申请再审理由不能成立。

　　四、关于A公司主张已经超额给付工程款的问题。二审法院确定合同内已完工程价款为98669315.24元，A公司对此虽有异议，但如前文所述，其主张不能成立。对于合同外工程，案涉工程三通一平尚有60万元未给付，以及案涉工程设计变更价款按照鉴定结论计算为841644.11元，对于该两项合同外工程价款A公司并无异议。故案涉工程已完工程总价款合计为100110959.35元（98669315.24元+60万元+841644.11元）。A公司已给付B公司工程款及代付材料款合计为91661038.13元，尚欠8449920.87元。A公司主张超额给付没有事实和法律依据，二审法院对此计算并无不当。

五、关于二审法院判决A公司给付B公司自2012年11月19日起至2013年8月14日止的1500万元本金产生的利息问题。因A公司在本案审理期间，于2013年8月14日拨付B公司工程款1500万元，该款系逾期支付的工程款，自工程价款应付之日至实际给付之日的利息损失已实际发生，故其应给付B公司相应利息损失。A公司主张没有逾期给付工程款及相应的利息没有事实和法律依据，对A公司申请再审主张不应给付利息，理由不能成立。

综上，A公司申请再审的理由不能成立。依照《中华人民共和国民事诉讼法》第二百零四条第一款、《最高人民法院关于适用〈中华人民共和国民事诉讼法〉的解释》第三百九十五条第二款之规定，裁定如下：

驳回A公司的再审申请。

审判长　　张代恩

审判员　　王富博

审判员　　仲伟珩

二○一九年四月二十四日

法官助理　汤化冰

书记员　　刘美月

第21讲

司法鉴定费是否属于诉讼费

一、阅读提示

《诉讼费用交纳办法》自2007年4月1日施行至今17年，由于其立法不完善、不明确，因此导致法院在民事、行政诉讼中委托司法鉴定产生的司法鉴定费是否属于诉讼费这个问题一直是法律界争议不休的话题。我国法院对这个争议问题持有哪些不同的司法观点？当事人及律师在诉讼中该如何应对？

二、争议观点

（一）主流司法观点

在司法实践中，包括最高人民法院在内的绝大多数法院均认为法院在民事、行政诉讼中委托司法鉴定所产生的司法鉴定费属于诉讼费，应当由当事人先预交，再由法院根据《诉讼费用交纳办法》第二十九条的规定（详见本讲"相关法条"），根据判决结果决定当事人各自负担的鉴定费数额。虽然该观点是主流司法观点，但是其主要根据相关法律规定推理得出，没有明确的法律依据，且与《诉讼费用交纳办法》第六条、第十二条的规定明显不符。

（二）非主流司法观点

少数法院则认为司法鉴定费依法不属于诉讼费，其主要法律依据则是《诉讼费用交纳办法》第六条、第十二条。该类观点属于严格遵守现行相关法律规定的观点，虽然有点认死理，但笔者赞成这种观点和司法态度。既然该类观点认为司法鉴定费依法不属于诉讼费，那么它属于什么性质的费用？它是否属于申请司法鉴定一方当事人因诉讼维权所产生的经济损失？如果它属于经济损失，那么该当事人应否将其列入诉讼请求索赔？这一系列后续问题值得法律界同行深入研究。

上述两种司法观点均有相应的裁判案例，其中前者的案例比比皆是，后者的案例相对较少，笔者搜集到最高人民法院有这两类案例，详见本讲"参考类案"。

为方便读者深入理解上述两种司法观点，本讲直接引用最高人民法院第二巡回法庭2021年第21次法官会议纪要的以下观点，供大家参考。

对于鉴定费用应由哪一方当事人负担问题，争议较大，裁判观点也不尽相同。总体来说，主要存在两种不同的观点：

一是败诉方承担说。该说认为，鉴定费用属于诉讼费用，原则上应当由败诉方负担。《诉讼费用交纳办法》第六条以列举的方式规定，鉴定人在人民法院指定日期出庭发生的交通费、住宿费、生活费和误工补贴属于当事人应当向人民法院交纳的诉讼费用。《诉讼费用交纳办法》将鉴定费用的不同组成部分予以区分，仅规定鉴定人出庭费用属于诉讼费，未对鉴定费予以规定，而《最高人民法院关于民事诉讼证据的若干规定》第三十八条、第三十九条规定鉴定人出庭费用按照证人出庭作证费用计算，申请方预交，败诉方承担鉴定人出庭费用。参照类推适用的原则，鉴定费也应由申请鉴定的一方当事人或者对鉴定事项负证明责任的一方当事人向鉴定人预交，并根据《诉讼费用交纳办法》第二十九条规定确定如何负担。

二是举证方负担说。该说认为，根据《诉讼费用交纳办法》第十二条第一款有关诉讼过程中因鉴定发生的依法应当由当事人负担的费用，人民法院根据谁主张、谁负担的原则，决定由当事人直接支付给有关机构或者单位，人民法院不得代收代付的规定，可知鉴定费用应由负有举证责任的一方当事人负担。

我们倾向于败诉方承担说，理由如下：

第一，原《人民法院诉讼收费办法》明确规定鉴定费属于诉讼费用的收费范围。虽然该办法自2007年4月1日起不再适用。但最高人民法院对此问题的观点仍有借鉴意义。

第二，从目的性解释求看，《诉讼费用交纳办法》第十二条中规定当事人将负担费用直接向有关机构或单位交纳，此处的"负担"应理解为"预交"才符合该条款的本意，举证方负担说的观点过于简单机械。在最高人民法院（2018）最高法民终557号江西省亿隆建筑装饰工程有限公司与江西桑海投资开发有限公司建设工程施工合同纠纷案中，最高人民法院认为，《诉讼费用交纳办法》第十二条规定解决的是在鉴定、评估程序启动时，由申请鉴定、评估的当事人直接将相关费用交给鉴定、评估机构，禁止人民法院代收代付，而不是解决鉴定、评估费在当事人之间的最终分担问题。

第三，从比较法上看，鉴定费用包括鉴定人出庭费用、鉴定所需的必要费用和鉴定人的报酬。《德国司法补偿与赔偿法》第五条规定了鉴定人的出庭作证费用，第六条与第七条规定了鉴定必要费用，第九条与第十条规定了鉴定人在一般领域及在医疗诉讼中的报酬请求权。《日本关于民事诉讼费用的法律》第十八条第一款及第三款分别规定了鉴定人的出庭作证费用、鉴定人的报酬、鉴定必要费用。鉴定费用作为一个整体概念应具有同一性质，我国《诉讼费用交纳办法》既然认定鉴定人出庭作证费用为诉讼费用，那么也应同时认定鉴定必要费用及鉴定人的报酬也属于诉讼费用。

第四，认定鉴定费属于诉讼费用，由败诉方承担，更能平衡当事人之间利益，符合公平原则。若鉴定费一律由举证方承担，将影响有胜诉希望但经济能力薄弱的当事人申请鉴定的积极性，可能使得法院关于鉴定事项作出对其不利的认定，损害当事人的合法权益。

既然鉴定费属于诉讼费用的范畴，人民法院应当按照《诉讼费用交纳办法》第二十九条的规定确定此费用的负担。当事人不可单独就有关鉴定费的决定提起上诉，而是按照《诉讼费用交纳办法》第四十三条的规定申请复核。

值得一提的是，人民法院还应考虑当事人在诉讼中是否诚信，是否存在恶意诉讼或者滥用诉讼，是否存在举证迟延导致诉讼费用增加等情形合理确定当事人分担诉讼费用的比例。例如，如果当事人在一审中无正当理由不应诉，随后才针对缺席判决上诉且在二审中对专门性问题申请鉴定，那么即使其上诉请求得到支持，也可能被判决承担二审全部诉讼费用。

需要说明的是：上述观点仅是最高人民法院第二巡回法庭的一家之见，它并非最高人民法院的观点，更非最高人民法院的司法解释，因此仅供大家参考。

三、相关法条

（一）《诉讼费用交纳办法》（国务院令第481号）

第二条　当事人进行民事诉讼、行政诉讼，应当依照本办法交纳诉讼费用。

本办法规定可以不交纳或者免予交纳诉讼费用的除外。

第六条　当事人应当向人民法院交纳的诉讼费用包括：

（一）案件受理费；

（二）申请费；

（三）证人、鉴定人、翻译人员、理算人员在人民法院指定日期出庭发生的交通费、住宿费、生活费和误工补贴。

第十二条　诉讼过程中因鉴定、公告、勘验、翻译、评估、拍卖、变卖、仓储、保管、运输、船舶监管等发生的依法应当由当事人负担的费用，人民法院根据谁主张、谁负担的原则，决定由当事人直接支付给有关机构或者单位，人民法院不得代收代付。

人民法院依照民事诉讼法第十一条第三款规定提供当地民族通用语言、文字翻译的，不收取费用。

第二十九条　诉讼费用由败诉方负担，胜诉方自愿承担的除外。

部分胜诉、部分败诉的，人民法院根据案件的具体情况决定当事人各自负担的诉讼费用数额。

共同诉讼当事人败诉的，人民法院根据其对诉讼标的的利害关系，决定当事人各自负担的诉讼费用数额。

第四十三条　当事人不得单独对人民法院关于诉讼费用的决定提起上诉。

当事人单独对人民法院关于诉讼费用的决定有异议的，可以向作出决定的人民法院院长申请复核。复核决定应当自收到当事人申请之日起15日内作出。

当事人对人民法院决定诉讼费用的计算有异议的，可以向作出决定的人民法院请求复核。计算确有错误的，作出决定的人民法院应当予以更正。

（二）《最高人民法院关于民事诉讼证据的若干规定》（法释〔2019〕19号）

第三十一条　当事人申请鉴定，应当在人民法院指定期间内提出，并预交鉴定费用。逾期不提出申请或者不预交鉴定费用的，视为放弃申请。

对需要鉴定的待证事实负有举证责任的当事人，在人民法院指定期间内无正当理由不提出鉴定申请或者不预交鉴定费用，或者拒不提供相关材料，致使待证事实无法查明的，应当承担举证不能的法律后果。

第三十八条　当事人在收到鉴定人的书面答复后仍有异议的，人民法院应当根据《诉讼费用交纳办法》第十一条的规定，通知有异议的当事人预交鉴定人出庭费用，并通知鉴定人出庭。有异议的当事人不预交鉴定人出庭费用的，视为放弃异议。

双方当事人对鉴定意见均有异议的，分摊预交鉴定人出庭费用。

第三十九条　鉴定人出庭费用按照证人出庭作证费用的标准计算，由败诉的当事人负担。因鉴定意见不明确或者有瑕疵需要鉴定人出庭的，出庭费用由其自行负担。

人民法院委托鉴定时已经确定鉴定人出庭费用包含在鉴定费用中的，不再通知当事人预交。

四、实务交流

（一）如果读者稍加研究本讲所述问题的争议观点，就会发现这些争议观点主要是因为《诉讼费用交纳办法》关于司法鉴定费的定性不明确所导致。既然法律界对这个问题争议了17年，而且各地法院、法官对该问题的理解不一，笔者强烈建议国务院集思广益，尽快对《诉讼费用交纳办法》修改、完善，以定纷止争。

（二）我们为什么必须厘清司法鉴定费是否属于诉讼费这个问题？因为它属于必须解决的基础性法律问题，事关法院作出的裁判文书如何编写，事关当事人应否将司法鉴定费列入诉讼请求等法律实务问题。如果我们最终统一认定司法鉴定费属于诉讼费，那么法院在裁判文书中的裁判主文部分就不能写入鉴定费的分担事项，只能将其写入诉讼费分担部分。在此情形下，如果当事人对法院分配鉴定费的决定不服，只能依据《诉讼费用交纳办法》第四十三条的规定向该法院的院长申请复核，不能上诉。相反，如果我们最终统一认定司法鉴定费不属于诉讼费，那么它应属于当事人因诉讼维权产生的经济损失，当事人必须在诉讼请求中写明要求对方当事人赔偿鉴定费损失，法院才会审判该诉求，否则法院按照不告不理的诉讼原则，有权不审判该项损失诉求。在此情形下，如果当事人不服该项判决，其依法可以上诉。

五、参考类案

为使广大读者有更多的权威类案参考，笔者专门检索、提供近年来由最高人民法院作出的部分类案的生效裁判文书的裁判理由（其中，与上述主流司法观点基本一致的案例有很多，本讲提供正例5例。与上述非主流司法观点基本一致的案例较少，本讲提供反例2例），供大家辩证参考、指导实践。

（一）正例：最高人民法院（2021）最高法民终304号《民事判决书》（二审）

鉴定费用属于诉讼费用范围，根据国务院《诉讼费用交纳办法》第四十三条第一款关于"当事人不得单独对人民法院关于诉讼费用的决定提起上诉"的规定，华某公司单独对鉴定费用的负担问题提起上诉，缺乏法律依据。且根据国务院《诉讼费用交纳办法》第二十九条第二款关于"部分胜诉、部分败诉的，人民法院根据案件的具体情况决定当事人各自负担的诉讼费用数额"的规定，一审法院根据案件具体情况决定双方当事人各自负担的诉讼费用数额并无不当。故A公司关于应由B公司全部承担鉴定费用的主张，不能成立。

（二）正例：最高人民法院（2021）最高法民申2565号《民事裁定书》（再审审查）

A公司主张B教育局拖欠其工程款，其本身负有举证证明案涉工程的总造价的义务，在双方未在诉讼前及诉讼中就案涉工程的总造价达成一致意见的情况下，对案涉工程的总造价申请司法鉴定是A公司本身所负有的义务。鉴定费属于诉讼费的范畴，《诉讼费用交纳办法》第二十九条第二款规定，部分胜诉、部分败诉的，人民法院根据案件的具体情况决定当事人各自负担的诉讼费用数额。本案中，A公司起诉的工程款本金为33197221元，判决支持的本金金额为17546582.80元，约占A公司起诉金额的一半，原审判决确定A公司和B教育局各自承担50%的鉴定费并无不当。

（三）正例：最高人民法院（2020）最高法民申2678号《民事裁定书》（再审审查）

鉴定费属于诉讼费用，根据《诉讼费用交纳办法》第二十九条之规定，人民法院可以根据案件的具体情况决定当事人如何负担该费用。因A对第一次鉴定意见所采用的标准提出异议，二审法院委托进行补充鉴定，补充鉴定意见证明其异议不能成立。因第二次鉴定费是由A的不当诉讼行为所导致，二审法院判令A承担此次鉴定的全部费用，并无不当。

（四）正例：最高人民法院（2019）最高法民申4838号《民事裁定书》（再审审查）

A公司提出二审判决鉴定费分担不合理、遗漏保全费的再审理由，因诉讼费用负担是人民法院依法决定的事项，不属于《中华人民共和国民事诉讼法》第二百条规定的申请再审事由，故本院不予审查。

（五）正例：最高人民法院（2019）最高法民申4782号《民事裁定书》（再审审查）

案涉鉴定费产生于本案诉讼过程中，且在一审判决中鉴定费和案件受理费均按《诉讼费用交纳办法》第二十九条进行分担，因此，案涉鉴定费的性质属于诉讼费而非诉讼请求，二审法院漏判鉴定费的行为，不构成漏判诉讼请求，A公司可以依照《诉讼费用交纳办法》第四十三条的规定向二审法院主张权利。A公司的该项主张，本院不予支持。

（六）反例：最高人民法院（2021）最高法民申1517号《民事裁定书》（再审审查）

（一）关于鉴定费负担问题。依据《诉讼费用交纳办法》第六条、第十二条规定，鉴定费不属于诉讼费用，不适用第二十九条关于"诉讼费用由败诉方负担""部分胜诉、部分败诉的，人民法院根据案件的具体情况决定当事人各自负担的诉讼费用数额"的规定；诉讼过程中因鉴定等发生的依法应当由当事人负担的费用，人民法院需遵循谁主张、谁负担的原则。本案系A公司申请对案涉工程造价进行鉴定，二审法院根据查明事实判令A公司承担一半鉴定费，并无明显不当，且鉴定费的负担问题并非《中华人民共和国民事诉讼法》第二百条规定的当事人申请再审的法定事由，故A公司该项主张不能成立。

（七）反例：最高人民法院（2020）最高法民申5354号《民事裁定书》（再审审查）

A、B认为其一审中交纳了鉴定费用10万元，二审判决支持了其部分诉讼请求，故鉴定费应由其与湖南某工公司及其宁夏分公司分担。本院认为，国务院《诉讼费用交纳办法》第十二条规定，诉讼过程中因鉴定发生的依法应当由当事人负担的费用，人民法院根据谁主张、谁负担的原则，决定由当事人直接支付给有关机构或者单位，人民法院不得代收代付。A、B一审中申请的鉴定以案涉工程实际产生的劳务费为内容，系属A、B的主张范围，其应承担该主张的举证责任，负担该鉴定相关费用；鉴定费不同于诉讼费，亦不属于案件受理费，故二审法院依据上述规定未将该费用由双方当事人分担，并无不当。A、B该项申请再审事由与上述规定不符，不能成立。

附件：案例

中华人民共和国最高人民法院
民 事 裁 定 书

（2020）最高法民申2678号

再审申请人（一审原告、二审被上诉人）：A，男，1969年1月11日出生，汉族，住黑龙江省哈尔滨市动力区。

被申请人（一审被告、二审上诉人）：B，女，1955年1月9日出生，汉族，住黑龙江省哈尔滨市南岗区。

被申请人（一审被告）：C公司。住所地：黑龙江省哈尔滨市道里区光华街148号。

法定代表人：吴某某，C公司董事长。

再审申请人A因与被申请人B、C公司建设工程施工合同纠纷一案，不服黑龙江省高级人民法院（2017）黑民终204号民事判决，向本院申请再审。本院依法组成合议庭进行了审查，现已审查终结。

A依据《中华人民共和国民事诉讼法》（以下简称民事诉讼法）第二百条第一项、第二项、第四项、第六项、第十一项申请再审。主要事实和理由：（一）大唐某某热电公司项目部与C公司项目部之间的转款凭证等新证据能够证明A仅收到工程款1600余万元，足以推翻原判决。（二）二审判决认定的基本事实缺乏证据证明。二审判决认定A已完工程量对应价款为19137597元错误，该款项为已付款，非案涉工程造价，A与B已达成进度结算明细，确定已完工程造价为23946310元，二审判决认定事实不清。（三）二审判决以一审判决已对争议款项确认为由，在二审中未经质证即直接认定B替A垫付工人工资及材料款3590111元，明显不当，符合民事诉讼法第二百条第四项"原判决、裁定认定事实的主要证据未经质证的"情形。（四）二审判决适用法律确有错误。本案当事人在诉讼前已按照总包合同约定形成固定价结算书，一、二审法院委托鉴定，违反《最高人民法院关于审理建设工程施工合同纠纷案件适用法律问题的解释（二）》第十二条之规定，且鉴定程序违法，鉴定结论不可采信。B上诉时只主张与A未约定风险包干费，没有主张该费用为管理费，二审判决将2010600元风险包干费认定为管理费，属定性错误，也违反不告不理原则。大某公司与C公司承包合同中计取风险包干费的约定对A同样具有效力，二审判决未支持A关于计取2010600元风险包干费的请求，无事实和法律依据。二审法院判决A承担二审全部鉴定费明显违法。（五）二审判决超出B的诉讼请求。B未明确主张返还垫付的工人工资及材料款3590111元，且该数额虚假，二审法院予以支持，超出其诉讼请求。二审判决认定结算表中的19137597元可以对应A工程造价款、案涉风险包干费为管理费，也明显超出B的诉讼请求。

本院经审查认为，A关于有新的证据推翻原判决的申请再审理由不能成立。A在《2009年6月—11月份进度工程（进度）款结算付款明细表》（以下简称《进度款付款明细表》)签字确认已实际收到工程款19137597元,在起诉状中亦明确认可收到上述款项,二审判决据此认定其已收到19137597元工程款,并无不当。A提交的记账凭证不能证明二审判决对前述事实的认定错误,不属于《最高人民法院关于适用〈中华人民共和国民事诉讼法〉的解释》第三百八十七条第一款所指的新证据。

关于A主张应按《进度款付款明细表》认定其施工工程价款的问题。尽管经各方当事人签字的《进度款付款明细表》体现A施工工程量价款为23946310元,但B在本案诉讼中提供的证据证明该表中载明的施工量与实际不符,二审法院结合双方在庭审中的陈述及证据举示,通过对双方争议数额差异较大的综合办公楼、筒壁工程进行粗略计算亦发现《进度款付款明细表》确实存在多报工程量的问题,故《进度款付款明细表》不能作为工程结算依据。在此情形下,原审法院根据当事人的申请进行鉴定,并无不当。鉴定意见认定A实际完成的工程造价为14045638.45元,二审法院以《进度款付款明细表》中实付金额19137597元作为A完成工程量所对应的工程价款数额,对A并无不利。A主张应以《进度款付款明细表》所体现的23946310元认定其施工工程造价的申请再审理由,不能成立。

B与A之间的合同并未约定A有权计取风险包干费,A主张参照大某公司与C公司之间的合同约定计取风险包干费2010600元,缺乏事实和法律依据,不应予以支持。

本案一审法院已组织各方当事人对B垫付的材料款及人工费的证据进行质证,在此基础上认定B替A垫付工人工资及材料款等3590111元,A亦未对此提出上诉,其关于二审判决认定前述事实的证据未经质证的申请再审理由,不能成立。

鉴定费属于诉讼费用,根据《诉讼费用交纳办法》第二十九条之规定,人民法院可以根据案件的具体情况决定当事人如何负担该费用。因A对第一次鉴定意见所采用的标准提出异议,二审法院委托进行补充鉴定,补充鉴定意见证明其异议不能成立。因第二次鉴定费是由A的不当诉讼行为所导致,二审法院判令A承担此次鉴定的全部费用,并无不当。

B反诉请求A给付B代其垫付的各项费用,并在上诉请求中明确主张A无权计取风险包干费,A关于二审判决超出当事人诉讼请求的申请再审理由,不能成立。

综上,A的再审申请不符合《中华人民共和国民事诉讼法》第二百条第一项、第二项、第四项、第六项、第十一项的规定。本院依照《中华人民共和国民事诉讼法》第二百零四条第一款和《最高人民法院关于适用〈中华人民共和国民事诉讼法〉的解释》第三百九十五条第二款之规定,裁定如下:

驳回A的再审申请。

审判长　　王富博

审判员　　仲伟珩

审判员　　李赛敏

二○二○年八月二十四日

法官助理　陈凤影

书记员　　修俊妍

第 22 讲

法院漏审司法鉴定费，当事人应如何救济

一、阅读提示

在建设工程诉讼案中，当事人因申请相关司法鉴定所预付的司法鉴定费数额通常较大，如果法院因疏忽没有在判决书里依法分割司法鉴定费，对于当事人而言将是一笔巨大损失。此时当事人依法应如何救济？漏审司法鉴定费的法院依法应如何亡羊补牢？其上一级法院依法应如何处理？

二、案例简介

2018年，实际施工人A因建设工程施工合同纠纷向甘肃省高级人民法院（以下简称一审法院）起诉发包人B公司和C公司，诉请已完工程款及相关经济损失。B公司和C公司应诉后提出反诉，其反诉请求之一是判令A及其挂靠的施工单位连带承担因建设工程质量不合格所产生的费用。

在一审诉讼中，一审法院根据A的申请委托司法鉴定机构对案涉工程造价鉴定，鉴定机构作出了鉴定意见，A因此预付鉴定费200000元。此外，一审法院根据B公司、C公司的申请，先后委托3家司法鉴定机构分别对案涉工程的施工质量、修复方案、修复造价进行鉴定。3家鉴定机构均作出了相应的鉴定意见，C公司因此分别预付鉴定费648280元、150000元、84400元，共计882680元。

一审法院经审查后作出一审判决，但未予分割A和B公司、C公司一审预付的鉴定费。上述当事人均不服一审判决，遂依法向二审法院最高人民法院上诉。其中B公司和C公司的上诉理由之一是：一审法院未对其一审预交的鉴定费的承担进行处理，请二审法院一并处理。

二审法院经审理，发现一审法院的确漏审当事人一审预付的鉴定费以及部分判决错误，因此于2023年12月13日作出（2023）最高法民终330号《民事判决书》，对一审判决部分改判，同时对A和B公司、C公司一审预付的鉴定费共计1082680元，决定由A负担882680元，B公司、C公司负担200000元。

三、案例解析

从上述案情中笔者总结出的法律问题是：**对于一审法院漏审当事人预付的司法鉴定费，当事人依法应如何救济？当事人应向一审法院提出异议，还是应向二审法院上诉解决？二审法院是否有权分割当事人一审预付的司法鉴定费？**

上述法律问题在本案裁判文书里并没有被二审法院详细说理、解释，笔者因此不揣浅陋，愿意对其深入解读，供大家参考。

其一，在分析上述问题之前，我们需要先理解一个重要的法律基础问题：当事人在诉讼中申请产生的司法鉴定费是否属于"诉讼费"的范畴？关于这个问题，笔者此前已在"第21讲司法鉴定费是否属于诉讼费"中专门论述。在此须强调这一观点：现行法律并没有明确规定司法鉴定费属于"诉讼费"（详见本讲"相关法条"），但司法实践主流观点将该费用定性为"诉讼费"，本案二审法院最高人民法院即持此类观点。

其二，既然本案二审法院认为司法鉴定费属于"诉讼费"，那么在一审法院漏审当事人一审预付的司法鉴定费的情况下，二审法院是否有权直接分割司法鉴定费？目前的确没有明确的法律依据授权二审法院有此项权力，相反现行《诉讼费用交纳办法》却明确规定当事人不得单独对法院关于诉讼费用的决定提起上诉，如果对法院关于诉讼费用的决定有异议的，只能向作出决定的法院申请复核。即本案中，当事人依法应该向一审法院就其漏审司法鉴定费的错误提出异议，申请复核，由一审法院依法补正。

其三，本案二审法院是最高人民法院，虽然目前没有明确的法律依据授权二审法院有权分割一审法院漏审的司法鉴定费，但本案的特殊之处是二审法院对一审判决作出了涉及司法鉴定事项的相关改判，那么势必需要重新划分当事人分担司法鉴定费的责任比例，因此二审法院可以参照《最高人民法院关于适用〈中华人民共和国民事诉讼法〉的解释》（2022年3月22日修正）第一百九十六条的规定，有权分割当事人预付的司法鉴定费。

正是基于上述事实及法理依据，本案二审法院最高人民法院才会决定分割一审法院漏审的司法鉴定费（详见本讲"裁判理由"）。

四、裁判理由

以下为最高人民法院作出的（2023）最高法民终330号《民事判决书》对本讲总结的上述法律问题的裁判理由：

一审判决对本案所涉四次鉴定的费用未予处理，本案二审期间已经予以查明，在判决时一并处理……（一审）鉴定费1082680元，由A负担882680元，B公司、C公司负担200000元。

五、案例来源

（一）一审：甘肃省高级人民法院（2018）甘民初102号《民事判决书》

（二）二审：最高人民法院（2023）最高法民终330号《民事判决书》（因其篇幅过长，故不纳入本讲附件）

六、裁判要旨

在建设工程诉讼案中，一审法院对当事人在一审诉讼中预付的司法鉴定费未予处理，二审法院查明属实并对一审判决改判的，可以在二审判决时一并处理。

七、相关法条

（一）《诉讼费用交纳办法》（国务院令第481号）

第二条　当事人进行民事诉讼、行政诉讼，应当依照本办法交纳诉讼费用。

本办法规定可以不交纳或者免予交纳诉讼费用的除外。

第六条　当事人应当向人民法院交纳的诉讼费用包括：

（一）案件受理费；

（二）申请费；

（三）证人、鉴定人、翻译人员、理算人员在人民法院指定日期出庭发生的交通费、住宿费、生活费和误工补贴。

第十二条　诉讼过程中因鉴定、公告、勘验、翻译、评估、拍卖、变卖、仓储、保管、运输、船舶监管等发生的依法应当由当事人负担的费用，人民法院根据谁主张、谁负担的原则，决定由当事人直接支付给有关机构或者单位，人民法院不得代收代付。

人民法院依照民事诉讼法第十一条第三款规定提供当地民族通用语言、文字翻译的，不收取费用。

第二十九条　诉讼费用由败诉方负担，胜诉方自愿承担的除外。

部分胜诉、部分败诉的，人民法院根据案件的具体情况决定当事人各自负担的诉讼费用数额。

共同诉讼当事人败诉的，人民法院根据其对诉讼标的的利害关系，决定当事人各自负担的诉讼费用数额。

第四十三条　当事人不得单独对人民法院关于诉讼费用的决定提起上诉。

当事人单独对人民法院关于诉讼费用的决定有异议的，可以向作出决定的人民法院院长申请复核。复核决定应当自收到当事人申请之日起15日内作出。

当事人对人民法院决定诉讼费用的计算有异议的，可以向作出决定的人民法院请求复核。计算确有错误的，作出决定的人民法院应当予以更正。

（二）《最高人民法院关于适用〈中华人民共和国民事诉讼法〉的解释》（根据2022年3月22日最高人民法院审判委员会第1866次会议通过的《最高人民法院关于修改〈最高人民法院关于适用《中华人民共和国民事诉讼法》的解释〉的决定》第二次修正）

第一百九十六条　人民法院改变原判决、裁定、调解结果的，应当在裁判文书中对原审诉讼费用的负担一并作出处理。

八、实务交流

（一）对于当事人而言，如果一审法院漏审司法鉴定费，且一审法院认为司法鉴定费属于"诉讼费"范畴，那么当事人合法的做法应该是：依据《诉讼费用交纳办法》第四十三条等相关规定，直接向一审法院申请复核，要求其补正。为稳妥起见，当事人可以同时向二审法院提出该异议，请求二审法院视情况依法处理该问题。

（二）对于法院而言，在司法实践中法院漏审司法鉴定费的现象并不常见，但依然存在。一审法院如果在作出一审判决后发现漏审了司法鉴定费，无论当事人是否向一审法院申请复核，建议一审法官都应亡羊补牢，及时补正。二审法院如果改判一审判决涉及司法鉴定的事项，那么依据法理当然有权直接分割当事人一审预付的司法鉴定费。但是二审法院如果要维持一审判决，且一审法院的确漏审了司法鉴定费，当事人又没有依法直接向一审法院申请复核，此时二审法院应该如何处理？是提示当事人依法直接向一审法院申请复核、补正，然后据此再作出二审判决，还是直接作出二审判决，自行决定分割当事人预付的司法鉴定费？笔者认为按照第一种方案处理更有法可依。

（三）对于立法者而言，本案上述案情在司法实践中较为少见、特殊，且目前没有对应的明确法律依据。因此，笔者建议国务院在未来修订《诉讼费用交纳办法》时完善立法，方便二审法院有法可依。

（四）除了本案之外，笔者也检索到最高人民法院近年来审理的部分类案，发现二审法院也有漏审司法鉴定费的情况，那么当事人该如何救济？再审法院该如何处理？详见本讲"参考类案"。

九、参考类案

为使广大读者有更多的权威类案参考，笔者专门检索、提供近年来由最高人民法院作出的部分类案的生效裁判文书的裁判理由（与本案上述裁判观点基本一致），供大家辩证参考、指导实践。

（一）最高人民法院（2021）最高法民申6684号《民事裁定书》（再审审查）

鉴定费用负担问题不属于《中华人民共和国民事诉讼法》第二百条规定的当事人申请再审的法定事由，故本院对A公司提出的原审法院对鉴定费未依法作出判决的理由不予审查。

（二）最高人民法院（2019）最高法民申6433号《民事裁定书》（再审审查）

（五）关于审计费15万元的问题。《诉讼费用交纳办法》第十二条规定："诉讼过程中因鉴定、公告、勘验、翻译、评估、拍卖、变卖、仓储、保管、运输、船舶监管等发生的依法应当由当事人负担的费用，人民法院根据谁主张、谁负担的原则，决定由当事人直接支付给有关机构或者单位，人民法院不得代收代付。"第四十三条规定："当事人不得单独对人民法院关于诉讼费用的决定提起上诉。当事人单独对人民法院关于诉讼费用的决定有异议的，可以向作出决定的人民法院院长申请复核。复核决定应当自收到当事人申请之日起15日内作出。当事人对人民法院决定诉讼费用的计算有异议的，可以向作出决定的人民法院请求复核。计算确有错误的，作出决定的人民法院应当予以更正。"关于该笔审计费如有异议，A可向原审法院请求复核。

（三）最高人民法院（2019）最高法民申4782号《民事裁定书》（再审审查）

（六）关于二审判决漏判鉴定费是否属于漏判诉讼请求的问题。案涉鉴定费产生于本案诉讼过程中，且在一审判决中鉴定费和案件受理费均按《诉讼费用交纳办法》第二十九条进行分担，因此，案涉鉴定费的性质属于诉讼费而非诉讼请求，二审法院漏判鉴定费的行为，不构成漏判诉讼请求，A公司可以依照《诉讼费用交纳办法》第四十三条的规定向二审法院主张权利。A公司的该项主张，本院不予支持。

当事人不服一审法院分担司法鉴定费的决定，是否有权上诉

一、阅读提示

在建设工程相关诉讼案中，一方当事人在一审诉讼中预付的工程造价、工程质量等司法鉴定费从几十万元到几百万元都有，数额不菲。这些大额的司法鉴定费通常由一审法院在判决书中决定当事人如何分担，如果当事人不服一审法院的分担决定，是否有权对此事项上诉？如果上诉了，二审法院依法应如何审理？

二、案例简介

2016年，施工承包人A公司因建设工程施工合同纠纷向新疆维吾尔自治区高级人民法院生产建设兵团分院（以下简称一审法院）起诉发包人B公司，诉请B公司支付剩余工程款及利息损失。B公司遂提起反诉，诉请A公司承担因工程质量不合格造成的返工维修费用等损失。

在一审诉讼过程中，B公司分别向一审法院申请对A公司实际完成的工程造价以及施工工程质量是否合格等相关事项委托司法鉴定，因此分别预付工程造价鉴定费45万元、工程质量鉴定费30万元。一审法院遂依法委托相关司法鉴定机构作出了相应的鉴定意见。

一审法院经审理后作出一审判决，分别支持了A公司和B公司的部分诉求，并将本案B公司预付的两项司法鉴定费分担如下：工程造价鉴定费45万元由A公司承担197100元、B公司承担252900元；工程质量鉴定费30万元由A公司承担157500元、B公司承担142500元。

A公司和B公司均不服一审判决，遂依法向二审法院最高人民法院上诉。其中A公司的上诉请求之一是：本案一审、二审诉讼费用和鉴定费用由B公司承担。B公司的上诉请求之一是：依法判令由A公司承担本案一、二审诉讼费及本案工程造价鉴定费、工程质量鉴定费。

二审法院经审理，认为A公司要求本案一审司法鉴定由B公司承担的上诉请求

不符合国务院《诉讼费用交纳办法》第四十三条第一款的规定，因此不予支持，维持了一审法院对司法鉴定费的分担决定。因一审判决存在其他错误，二审法院遂于2021年9月14日作出（2021）最高法民终304号《民事判决书》，对一审判决依法部分改判。

三、案例解析

从上述案情中笔者总结出的法律问题是：**当事人如果不服一审法院作出的分担司法鉴定费的决定，是否有权对此事项提出上诉？如果上诉了，二审法院依法应如何审理？**

笔者认为：根据目前的主流司法实践观点，当事人无权对此事项提出上诉，二审法院依法不应审理该上诉请求。主要分析如下：

其一，在解读上述法律问题之前，我们首先需要查明当事人在诉讼中预付的司法鉴定费是否属于诉讼费这个基础性法理问题。遗憾的是，现行的《诉讼费用交纳办法》并未明确规定司法鉴定费属于诉讼费。但是目前的主流司法实践观点一致认为司法鉴定费属于诉讼费（对于该问题的研究，可详见笔者另外撰写的"第21讲　司法鉴定费是否属于诉讼费"），因此持此类观点的法院就会顺其自然地再依据《诉讼费用交纳办法》的相关规定来处理当事人针对司法鉴定费的相关诉求。

其二，本案二审法院即持上述主流司法实践观点，因此其在认定司法鉴定费属于诉讼费范围的前提下，再依据《诉讼费用交纳办法》第四十三条第一款的规定："当事人不得单独对人民法院关于诉讼费用的决定提起上诉。"认为A公司要求B公司承担一审司法鉴定费的上诉请求没有法律依据，因此不予支持。但是对于B公司也要求A公司承担一审司法鉴定费的上诉请求，二审法院却没有在二审判决书里作出同样的置评，这可能是其疏忽之处，但不影响二审判决结果。

正是基于上述理由，本案二审法院最高人民法院才不予支持A公司的该项上诉请求（详见本讲"裁判理由"）。

四、裁判理由

以下为最高人民法院作出的（2021）最高法民终304号《民事判决书》对本讲总结的上述法律问题的裁判理由：

鉴定费用属于诉讼费用范围，根据国务院《诉讼费用交纳办法》第四十三条第一款关于"当事人不得单独对人民法院关于诉讼费用的决定提起上诉"的规定，A公司单独对鉴定费用的负担问题提起上诉，缺乏法律依据。且根据国务院《诉讼费用交纳办法》第二十九条第二款关于"部分胜诉、部分败诉的，人民法院根据案件的具体情况决定当事人各自负担的诉讼费用数额"的规定，一审法院根据案件具体情况决定双方当事人各自负担的诉讼费用数额并无不当。故A公司关于应由B公司全部承担鉴定费用的主张，不能成立。

五、案例来源

（一）一审：新疆维吾尔自治区高级人民法院生产建设兵团分院（2016）兵民初5号《民事判决书》

（二）二审：最高人民法院（2021）最高法民终304号《民事判决书》（因其篇幅过长，故不纳入本讲附件）

六、裁判要旨

司法鉴定费属于诉讼费用范围，根据国务院《诉讼费用交纳办法》第四十三条第一款关于"当事人不得单独对人民法院关于诉讼费用的决定提起上诉"的规定，当事人单独对鉴定费用的负担问题提起上诉，缺乏法律依据，二审法院一般情形下应不予审理该项上诉请求。且根据《诉讼费用交纳办法》第二十九条第二款关于"部分胜诉、部分败诉的，人民法院根据案件的具体情况决定当事人各自负担的诉讼费用数额"的规定，一审法院根据案件具体情况决定双方当事人各自负担的诉讼费用数额并无不当。

七、相关法条

（一）《诉讼费用交纳办法》（国务院令第481号）

第二条　当事人进行民事诉讼、行政诉讼，应当依照本办法交纳诉讼费用。

本办法规定可以不交纳或者免予交纳诉讼费用的除外。

第六条　当事人应当向人民法院交纳的诉讼费用包括：

（一）案件受理费；

（二）申请费；

（三）证人、鉴定人、翻译人员、理算人员在人民法院指定日期出庭发生的交通费、住宿费、生活费和误工补贴。

第十二条　诉讼过程中因鉴定、公告、勘验、翻译、评估、拍卖、变卖、仓储、保管、运输、船舶监管等发生的依法应当由当事人负担的费用，人民法院根据谁主张、谁负担的原则，决定由当事人直接支付给有关机构或者单位，人民法院不得代收代付。

人民法院依照民事诉讼法第十一条第三款规定提供当地民族通用语言、文字翻译的，不收取费用。

第二十九条　诉讼费用由败诉方负担，胜诉方自愿承担的除外。

部分胜诉、部分败诉的,人民法院根据案件的具体情况决定当事人各自负担的诉讼费用数额。

共同诉讼当事人败诉的,人民法院根据其对诉讼标的的利害关系,决定当事人各自负担的诉讼费用数额。

第四十三条　当事人不得单独对人民法院关于诉讼费用的决定提起上诉。

当事人单独对人民法院关于诉讼费用的决定有异议的,可以向作出决定的人民法院院长申请复核。复核决定应当自收到当事人申请之日起15日内作出。

当事人对人民法院决定诉讼费用的计算有异议的,可以向作出决定的人民法院请求复核。计算确有错误的,作出决定的人民法院应当予以更正。

(二)《最高人民法院关于民事诉讼证据的若干规定》(法释〔2019〕19号)

第三十一条　当事人申请鉴定,应当在人民法院指定期间内提出,并预交鉴定费用。逾期不提出申请或者不预交鉴定费用的,视为放弃申请。

对需要鉴定的待证事实负有举证责任的当事人,在人民法院指定期间内无正当理由不提出鉴定申请或者不预交鉴定费用,或者拒不提供相关材料,致使待证事实无法查明的,应当承担举证不能的法律后果。

八、实务交流

(一)对于包括建设工程诉讼案在内的所有民事诉讼案的当事人而言,如果当事人不服一审法院在一审判决书里作出的司法鉴定费的分担决定,依据《诉讼费用交纳办法》第四十三条第一款的规定:"当事人不得单独对人民法院关于诉讼费用的决定提起上诉。"当事人无权对此事项提起上诉,那么应该怎么维权救济呢?答案就在《诉讼费用交纳办法》第四十三条第二、三款:"当事人单独对人民法院关于诉讼费用的决定有异议的,可以向作出决定的人民法院院长申请复核。复核决定应当自收到当事人申请之日起15日内作出。当事人对人民法院决定诉讼费用的计算有异议的,可以向作出决定的人民法院请求复核。计算确有错误的,作出决定的人民法院应当予以更正。"即此时当事人只能向一审法院申请复核,由一审法院依法解决当事人的异议。

(二)对于二审法院而言,如果当事人坚持把一审司法鉴定费的分担问题作为上诉请求,笔者认为二审法院在认为该费用属于诉讼费范围的前提下,应依据《诉讼费用交纳办法》第四十三条第一款的规定,不予审理当事人的该项上诉请求。笔者认为二审法院仅有在一种情形下才有权变更一审法院关于司法鉴定费分担的决定,即二审法院依法改判了一审判决中涉及司法鉴定的事项。例如,一审法院错误采纳了工程造价鉴定意见中的部分造价金额,二审法院纠正了该错误并对当事人诉争的工程款总金额作出了改判。再如,一审法院错误采纳了工程质量鉴定意见中的部分修复造价金额,二审法院纠正了该错误并对当事人诉争的工程质量修复造价总金额作出了改判。在二审发生了上述改判的前提下,由于一审法院对于司法鉴定费的分担决定是基于一审判决结果作出的，那么二审法院改判了一审判决结果，那么其有权、理应对一审发生的司法鉴定费的分担重新作出决定。

（三）在司法实践中，少数当事人可能还会遇到一种极端的事情：一审法院漏审了司法鉴定费的分担问题，在一审判决书里没有写入当事人预付的司法鉴定费如何分担的决定。那么此时当事人依法是应向一审法院申请复核，还是向二审法院上诉解决？这个问题一言难尽，有兴趣的读者可以阅读笔者另外撰写的"第22讲　法院漏审司法鉴定费，当事人应如何救济"，即可知道答案。

九、参考类案

为使广大读者有更多的权威类案参考，笔者专门检索、提供近年来由部分省级高级人民法院作出的部分类案的生效裁判文书的裁判理由（与本案裁判观点基本一致），供大家辩证参考、指导实践。

（一）陕西省高级人民法院（2020）陕民终704号《民事判决书》（二审）

关于A预付的鉴定费用的承担问题。《诉讼费用交纳办法》第四十三条规定："当事人不得单独对人民法院关于诉讼费用的决定提起上诉。"因鉴定费属于诉讼费用，且A之上诉仅涉及该费用的承担问题，故对其上诉请求本院不予论处。

（二）吉林省高级人民法院（2019）吉民终275号《民事判决书》（二审）

鉴定费属于当事人应当向鉴定机构直接交纳，由人民法院决定承担比例的诉讼费用，《诉讼费用交纳办法》颁布实施后，并未改变最高人民法院1989年颁行的《人民法院诉讼费收费办法》关于鉴定费属于诉讼费用的属性，依照《诉讼费用交纳办法》第四十三条关于"当事人不得单独对人民法院关于诉讼费用的决定提起上诉。当事人单独对人民法院关于诉讼费用的决定有异议的，可以向作出决定的人民法院院长申请复核。复核决定应当自收到当事人申请之日起15日内作出。当事人对人民法院决定诉讼费用的计算有异议的，可以向作出决定的人民法院请求复核。计算确有错误的，作出决定的人民法院应当予以更正"的规定，A公司如对一审判决关于鉴定费的分配有异议，应当依照上述规定，向一审法院院长申请复核，本院对其鉴定费分配的上诉主张，不予支持。

当事人不服原审法院分担司法鉴定费的决定，是否有权申请再审

一、阅读提示

在建设工程相关诉讼案中，一些当事人认为原审法院在生效判决书里对一方当事人预付的司法鉴定费作出的分担决定不合法或显失公平，因此将该事项作为向再审法院申请再审的主要理由之一。请问：该当事人是否有权这样申请？再审法院依法应否审查该理由？

二、案例简介

2018年，施工分包人A公司因建设工程分包合同纠纷将承包人B公司、发包人C公司起诉至天津市第二中级人民法院（以下简称一审法院），诉请剩余工程款及利息损失。在一审诉讼中，因B公司对A公司提交的施工图纸、投标文件等鉴定资料的真实性提出异议，为此B公司申请对上述14份资料中的印章进行司法鉴定，一审法院依法准许鉴定。经鉴定，鉴定机构出具鉴定意见书认定：B公司所提14份资料中的印章与样本不是同一枚印章。B公司因此预交鉴定费10万元。

一审法院经审理后作出了一审判决，支持了A公司的部分诉讼请求，并决定一审产生的鉴定费10万元、保全费5000元均由B公司负担。B公司因此不服，遂向二审法院天津市高级人民法院上诉。其上诉理由之一是：一审判决认定的诉讼费、鉴定费和保全费负担比例不合理，上述费用均应由A公司承担。二审法院认为B公司的该项上诉理由无任何法律依据，其主张不能成立。

B公司不服二审判决，遂向最高人民法院申请再审，其申请理由之一是：原判决分摊的诉讼费、鉴定费、保全费显失公平。在原审庭审中，A公司提交的证据不具有真实性，鉴定机构出具的鉴定意见书中明确记载印章不统一，故A公司应当承担该鉴定费用。

最高人民法院经审查后认为B公司提出的全部再审申请理由均不成立。其中，对于B公司主张的原判决分摊的诉讼费、鉴定费、保全费显失公平的再审申请理由，该

院认为参照《诉讼费用交纳办法》第四十三条的规定，因原判决正确，诉讼费、鉴定费、保全费的分担问题不能单独作为申请再审的依据，B公司该申请再审理由，本院不予采纳。该院遂于2020年6月18日作出（2020）最高法民申1366号《民事裁定书》，驳回B公司的再审申请。

三、案例解析

从上述案情中笔者总结出的法律问题是：B公司因不服原审生效判决关于司法鉴定费由其全部负担的决定，是否有权对此事项申请再审？再审法院依法应否审查该申请理由？

笔者认为：B公司依法无权对此事项申请再审，再审法院依法不应审查该申请理由。主要分析如下：

其一，根据当前主流的司法实践观点，绝大多数法院将当事人在诉讼中申请产生的司法鉴定费认定属于诉讼费的范围。因此，它们通常会依据《诉讼费用交纳办法》第四十三条的规定，认为当事人无权对司法鉴定费的负担问题提出上诉、申请再审，当事人只能依法向作出司法鉴定费负担决定的原审法院申请复核，其他法院通常情况下无权处理。

其二，依据《中华人民共和国民事诉讼法》关于当事人申请再审的法定事由的相关规定（详见本讲"相关法条"），当事人将原审法院作出的关于司法鉴定费负担的决定作为申请再审的理由，显然没有法律依据。因此，即使原审法院作出的该决定有错误，再审法院依法仍无权直接处理，且有权不予审查该项申请再审的理由。

正是基于上述事实及法律依据，本案再审法院最高人民法院才会不予审查B公司的上述申请再审的理由（详见本讲"裁判理由"）。

四、裁判理由

以下为最高人民法院作出的（2020）最高法民申1366号《民事裁定书》对本讲总结的上述法律问题的裁判理由：

（二）关于原判决确定的案件诉讼费、鉴定费和保全费负担比例能否单独作为申请再审的理由问题。《诉讼费用交纳办法》第四十三条规定："当事人不得单独对人民法院关于诉讼费用的决定提起上诉。当事人单独对人民法院关于诉讼费用的决定有异议的，可以向作出决定的人民法院院长申请复核。复核决定应当自收到当事人申请之日起15日内作出。当事人对人民法院决定诉讼费用的计算有异议的，可以向作出决定的人民法院请求复核。计算确有错误的，作出决定的人民法院应当予以更正。"参照上述规定，因原判决正确，诉讼费、鉴定费、保全费的分担问题不能单独作为申请再审的依据，B公司该申请再审理由，本院不予采纳。

五、案例来源

（一）一审：天津市第二中级人民法院（2018）津02民初454号《民事判决书》

（二）二审：天津市高级人民法院（2019）津民终259号《民事判决书》

（三）再审审查：最高人民法院（2020）最高法民申1366号《民事裁定书》（见本讲附件：案例）

六、裁判要旨

参照《诉讼费用交纳办法》第四十三条的规定，因原审判决正确，原审法院作出的诉讼费、鉴定费、保全费的分担决定不能单独作为当事人申请再审的理由，再审法院依法应不予审查该项理由。

七、相关法条

（一）《诉讼费用交纳办法》（国务院令第481号）

第二条　当事人进行民事诉讼、行政诉讼，应当依照本办法交纳诉讼费用。

本办法规定可以不交纳或者免予交纳诉讼费用的除外。

第六条　当事人应当向人民法院交纳的诉讼费用包括：

（一）案件受理费；

（二）申请费；

（三）证人、鉴定人、翻译人员、理算人员在人民法院指定日期出庭发生的交通费、住宿费、生活费和误工补贴。

第十二条　诉讼过程中因鉴定、公告、勘验、翻译、评估、拍卖、变卖、仓储、保管、运输、船舶监管等发生的依法应当由当事人负担的费用，人民法院根据谁主张、谁负担的原则，决定由当事人直接支付给有关机构或者单位，人民法院不得代收代付。

人民法院依照民事诉讼法第十一条第三款规定提供当地民族通用语言、文字翻译的，不收取费用。

第二十九条　诉讼费用由败诉方负担，胜诉方自愿承担的除外。

部分胜诉、部分败诉的，人民法院根据案件的具体情况决定当事人各自负担的诉讼费用数额。

共同诉讼当事人败诉的，人民法院根据其对诉讼标的的利害关系，决定当事人各自负担的诉讼费用数额。

第四十三条　当事人不得单独对人民法院关于诉讼费用的决定提起上诉。

当事人单独对人民法院关于诉讼费用的决定有异议的，可以向作出决定的人民法院院长申请复核。复核决定应当自收到当事人申请之日起15日内作出。

当事人对人民法院决定诉讼费用的计算有异议的，可以向作出决定的人民法院请求复核。计算确有错误的，作出决定的人民法院应当予以更正。

（二）《中华人民共和国民事诉讼法》（根据2023年9月1日第十四届全国人民代表大会常务委员会第五次会议《关于修改〈中华人民共和国民事诉讼法〉的决定》第五次修正）

第二百一十一条　当事人的申请符合下列情形之一的，人民法院应当再审：

（一）有新的证据，足以推翻原判决、裁定的；

（二）原判决、裁定认定的基本事实缺乏证据证明的；

（三）原判决、裁定认定事实的主要证据是伪造的；

（四）原判决、裁定认定事实的主要证据未经质证的；

（五）对审理案件需要的主要证据，当事人因客观原因不能自行收集，书面申请人民法院调查收集，人民法院未调查收集的；

（六）原判决、裁定适用法律确有错误的；

（七）审判组织的组成不合法或者依法应当回避的审判人员没有回避的；

（八）无诉讼行为能力人未经法定代理人代为诉讼或者应当参加诉讼的当事人，因不能归责于本人或者其诉讼代理人的事由，未参加诉讼的；

（九）违反法律规定，剥夺当事人辩论权利的；

（十）未经传票传唤，缺席判决的；

（十一）原判决、裁定遗漏或者超出诉讼请求的；

（十二）据以作出原判决、裁定的法律文书被撤销或者变更的；

（十三）审判人员审理该案件时有贪污受贿，徇私舞弊，枉法裁判行为的。

八、实务交流

（一）对于当事人而言，如果当事人不服原审法院作出的司法鉴定费的负担决定，那么依法只能向该法院申请复核，无权将此事项作为申请再审的法定理由。因为《中华人民共和国民事诉讼法》目前的确没有将该事项作为当事人申请再审的法定理由之一。

（二）对于再审法院而言，如果当事人将其不服原审法院作出的司法鉴定费的负担决定作为申请再审的理由，法院依法有权不予审查。除了本案之外，笔者也检索到最高人民法院近年来审理的部分类案的裁判观点基本与本案一致（详见本讲"参考类案"）。

九、参考类案

为使广大读者有更多的权威类案参考，笔者专门检索、提供近年来由最高人民法院作出的部分类案的生效裁判文书的裁判理由（与本案裁判观点基本一致），供大家辩证参考、指导实践。

（一）最高人民法院（2021）最高法民申6684号《民事裁定书》（再审审查）

鉴定费用负担问题不属于《中华人民共和国民事诉讼法》第二百条规定的当事人申请再审的法定事由，故本院对A公司提出的原审法院对鉴定费未依法作出判决的理由不予审查。

（二）最高人民法院（2019）最高法民申6433号《民事裁定书》（再审审查）

《诉讼费用交纳办法》第十二条规定："诉讼过程中因鉴定、公告、勘验、翻译、评估、拍卖、变卖、仓储、保管、运输、船舶监管等发生的依法应当由当事人负担的费用，人民法院根据谁主张、谁负担的原则，决定由当事人直接支付给有关机构或者单位，人民法院不得代收代付。"第四十三条规定："当事人不得单独对人民法院关于诉讼费用的决定提起上诉。当事人单独对人民法院关于诉讼费用的决定有异议的，可以向作出决定的人民法院院长申请复核。复核决定应当自收到当事人申请之日起15日内作出。当事人对人民法院决定诉讼费用的计算有异议的，可以向作出决定的人民法院请求复核。计算确有错误的，作出决定的人民法院应当予以更正。"关于该笔审计费如有异议，A可向原审法院请求复核。

（三）最高人民法院（2019）最高法民申2429号《民事裁定书》（再审审查）

依据《中华人民共和国民事诉讼法》第二百条的规定，诉讼费、鉴定费的分担问题不属于再审审查范围，A公司如认为原审判决诉讼费、鉴定费分担存在错误，应按照《诉讼费用交纳办法》第四十三条的规定予以救济。

（四）最高人民法院（2019）最高法民申1848号《民事裁定书》（再审审查）

另外，诉讼费和鉴定费分担问题不属于再审审查范围，A公司就此提出的主张，本院不予审查。

 **附件：案例**

中华人民共和国最高人民法院
民 事 裁 定 书

（2020）最高法民申1366号

再审申请人（一审被告、二审上诉人）：B公司，住所地天津市静海区北洋工业园18号。

法定代表人：邢某某，B公司总经理。

委托诉讼代理人：刘某，B公司员工。

委托诉讼代理人：吴某某，B公司员工。

被申请人（一审原告、二审被上诉人）：A公司，住所地天津市南开区黄河道与广开四马路交口西南侧格调春天花园34号楼1、2-701。

法定代表人：唐某，A公司总经理。

被申请人（一审被告、二审被上诉人）：C公司，住所地天津市和平区大理道88号。

法定代表人：某某，C公司总经理。

一审第三人：D公司，住所地天津市静海区杨成庄乡津文路18号。

法定代表人：李某某，D公司经理。

再审申请人B公司因与被申请人A公司、C公司，一审第三人D公司建设工程分包合同纠纷一案，不服天津市高级人民法院（2019）津民终259号民事判决，向本院申请再审。本院依法组成合议庭进行了审查，现已审查终结。

B公司申请再审称，（一）A公司与D公司签订的建设工程施工劳务分包合同系无效合同，工程款项未到给付期限。A公司在原审庭审中明确表示其无资质，案涉工程在一、二审阶段并未竣工验收，A公司并未提供证据证明其已完成的工程质量验收合格，A公司无权主张工程款。B公司（甲方）与唐某（乙方）及A公司（丙方）签订的《协议》第四条明确约定"甲方收到C公司支付的全部工程款后，甲方再向乙方或丙方支付剩余工程款。若C公司未向甲方支付全部工程款，甲方无须向乙方或丙方支付任何款项。"该约定系当事人真实意思表示，并不违反国家法律法规，且A公司并未就上述协议以不公平、不合理为由申请撤销，故原判决对该条款不予采信是错误的，违反了当事人意思自治原则。因此，按照协议约定在C公司未向B公司支付全部工程款的前提下，B公司无须向A公司或唐某支付剩余工程款。（二）原判决认定的利息是错误的。剩余工程款项尚未到给付期限，何谈逾期，利息更是无从计算，原判决认定自结算次日起计算利息是错误的。（三）原判决分摊的诉讼费、鉴定费、保全费显失公平。在原审庭审中，A公司提交的证据不具有真实性，鉴定机构出具的鉴定意见书中明确记载印章不统一，故A公司应当承担该鉴定费用。同时，A公司主张的款项系61376787.26元，其明知结算总价款为4780万元，恶意提高标的额进行诉讼，案件受理费用应当由A公司自行承担。若法院支持B公司的再审请求，保全费应当由A公司承担。综上，B公司依据《中华人民共和国民事诉讼法》第二百条第二项、第六项规定申请再审。

本院经审查认为，（一）关于B公司应否向A公司支付欠付工程款及利息问题。A公司与D公司签订的建设工程施工劳务分包合同无效，但其已将施工工程交付，A公司有权就已完工程主张折价补偿。A公司撤场后，B公司与A公司及其法定代表人唐某于2015年签订《协议》，对已完工程量、已完工程价款、剩余工程款的给付进行约定。《协议》确定A公司完成工程量总金额为4780万元，该价款可以作为折价补偿的数额，B公司应予支付。结算协议虽然约定"甲方（B公司）收到C公司支付的全部工程款后，甲方再向乙方（唐某）或丙方（A公司）支付剩余工程款；若C公司未向甲方支付全部工程款，甲方无须向乙方或丙方支付任何款项。"但是，自2015年签订《协议》，至二审判决之日，C公司一直未能向B公司支付全部工程款，该期间已经超出了合理期间。原判决综合案件情况判令B公司向A公司支付欠付工程款，同时判令C公司在欠付B公司工程款范围内承担给付责任，并自签订《协议》之日计算利息，能够保护建筑工人的利益，并无明显不当。B公司申请再审主张不应当给付剩余工程款及利息，本院不予采纳。

（二）关于原判决确定的案件诉讼费、鉴定费和保全费负担比例能否单独作为申请再审的理由问题。《诉讼费用交纳办法》第四十三条规定："当事人不得单独对人民法院关于诉讼费用的决定提起上诉。当事人单独对人民法院关于诉讼费用的决定有异议的，可以向作出决定的人民法院院长申请复核。复核决定应当自收到当事人申请之日起15日内作出。当事人对人民法院决定诉讼费用的计算有异议的，可以向作出决定的人民法院请求复核。计算确有错误的，作出决定的人民法院应当予以更正。"参照上述规定，因原判决正确，诉讼费、鉴定费、保全费的分担问题不能单独作为申请再审的依据，B公司该申请再审理由，本院不予采纳。

综上，B公司的再审申请不符合《中华人民共和国民事诉讼法》第二百条第二项、第六项规定的情形。依照《中华人民共和国民事诉讼法》第二百零四条第一款，《最高人民法院关于适用〈中华人民共和国民事诉讼法〉的解释》第三百九十五条第二款规定，裁定如下：

驳回B公司再审申请。

审判长　张　纯
审判员　汪　军
审判员　谢爱梅
二〇二〇年六月十八日
法官助理　高　桦
书记员　宋　健

当事人约定不计取规费和安全文明施工费，法院为何判决计取

一、阅读提示

依据相关规定，建设工程造价中的规费（社会保险费、住房公积金等）、税金以及安全文明施工费属于不可竞争性费用，发包人与承包人不得约定调整甚至不予计取。但是在司法实践中，对于该类约定的法律效力却存在两种截然不同的裁判观点。你赞同哪种观点？

二、案例简介

2007年，施工承包人A公司与发包人B公司采取先入场施工再招标投标的方式，确定A公司为中标人，将聚泉小区1#、2#、5#楼建设工程发包给A公司施工。

双方签订了多份施工合同。其中，2007年9月20日签订的《陕西省建设工程施工合同》用于备案（以下简称备案合同）。2007年10月21日签订的《补充协议》约定：以1999《陕西省建筑工程综合预算定额》、2001年《全国统一安装定额陕西省价目表》和《聚泉小区1#、2#、5#楼预算的几点说明》（以下简称《预算几点说明》）为依据，以施工图和变更、签证为基础进行结算，并在此总造价基础上下浮8%作为最终结算价；取消本案工程款中的人工费调差；双方应遵循附件《预算几点说明》中的条文，本补充协议作为双方竣工结算的唯一依据。而附件《预算几点说明》约定：本案工程的贷款利息、养老统筹、四项保险费、安全文明施工费，不予计取。

2009年11月27日，本案工程竣工验收。当事双方产生纠纷，A公司遂于2011年4月1日将B公司及其法定代表人C起诉到陕西省西安市中级人民法院（以下简称一审法院），提出了索要剩余工程款及赔偿损失等多项诉求。B公司则提起反诉，要求A公司返还多支付的工程款及利息损失。

在一审诉讼中，一审法院根据当事人的申请，委托工程造价司法鉴定机构对本案工程造价鉴定。鉴定机构按照本案备案合同和非备案合同出具了两份鉴定意见书，其中对于本案工程造价中的养老统筹费、安全文明施工费、四项保险费、人工费调差、

结算商品混凝土价格、结算钢筋价格、6%优惠额、8%优惠额予以单列，供法院参考裁判。

一审法院经审理，认为本案当事双方签订的所有施工合同包括《补充协议》因违反《中华人民共和国招标投标法》的强制性规定而无效。本案的争议焦点之一是：当事双方在《补充协议》及其附件《预算几点说明》约定本案工程款结算不计取人工费调差、贷款利息、养老统筹、四项保险费、安全文明施工费，是否可以参照适用。一审法院认为可以参照适用，因此从鉴定机构作出的上述工程造价鉴定意见中扣除了上述费用，作出了一审判决。

当事双方不服一审判决，遂向陕西省高级人民法院（以下简称二审法院）上诉。二审法院经审理，认为本案人工费调差、贷款利息可以不计取，但本案工程质量合格，从平衡当事双方利益的角度考虑，养老统筹、四项保险、安全文明施工措施费应计取。遂作出二审判决，对一审判决部分改判。当事双方对此不服，遂向最高人民法院申请再审。

最高人民法院经审查，认可二审法院的上述判决理由，认为当事双方提出的全部理由不成立。遂于2020年9月25日作出（2020）最高法民申2649号《民事裁定书》，驳回双方的再审申请。

三、案例解析

从上述案情中笔者总结出的法律问题是：**本案承包人A公司与发包人B公司在《补充协议》及其附件《预算几点说明》中约定工程款结算不计取人工费调差、贷款利息、养老统筹、四项保险费、安全文明施工费，这些费用的全部或部分依法是否应从工程款中扣除？二审法院对该争议问题的判决理由是否合法？**

笔者认为：二审法院对该争议问题的判决理由存在合理性，但值得商榷。主要理由如下：

（一）从相关法律依据分析

根据上述案情简介可知，本案当事双方签订的《补充协议》及其附件《预算几点说明》依法属于无效协议。虽然无效，但本案工程质量合格，依据本案审理时施行的《最高人民法院关于审理建设工程施工合同纠纷案件适用法律问题的解释》（法释〔2004〕14号，被法释〔2020〕16号文件废止）第二条的规定："建设工程施工合同无效，但建设工程经竣工验收合格，承包人请求参照合同约定支付工程价款的，应予支持。"《补充协议》及其附件《预算几点说明》约定的工程款结算不计取人工费调差、贷款利息、养老统筹、四项保险费、安全文明施工费，法院仍应参照适用。因为上述约定属于发包人与承包人关于工程价款计取与否的真实意思表示，尚不违反法律和行政法规的强制性规定，依法应予支持。

本案一审法院正是依据上述司法解释的规定，参照适用了当事人的上述约定，因此判决不计取上述全部费用。但二审法院却不认可一审法院的全部观点，仅认为可以参照适用当事人不计取人工费调差、贷款利息的约定，其余养老统筹、四项保险费、安全文明施工费因为属于不可竞争性费用，且从平衡当事双方利益的角度考虑，认为应予计取，即不应参照适用当事人关于该部分费用的约定（详见本讲"裁判理由"）。笔者认为二审法院的此种观点虽具有合理性，但没有法律依据，且其将当事人关于上述全部费用的合同约定人为割裂地理解适用，难免会给人造成支离破碎、自相矛盾的感受。

（二）从当事人约定不计取的费用的法律性质分析

本案当事双方在《补充协议》及其附件《预算几点说明》中约定工程款不计取人工费调差、贷款利息、养老统筹、四项保险费、安全文明施工费，这些费用中人工费调差、贷款利息不属于不可竞争性费用，因此均可由当事人约定是否调整。但养老统筹、四项保险费、安全文明施工费依据相关规定（详见本讲"相关法条、文件"），属于不可竞争性费用，这类费用是否允许建设工程当事人约定下浮甚至不计取，在司法实践中存在两种不同的裁判观点。第一种观点认为可以（详见本讲"参考类案"），第二种观点认为不可以（例如本案）。

笔者赞同第一种观点。因为现行法律、行政法规（注：地方性法规、规章、各级政府出台的政策文件均不属于法律、行政法规）尚未明确规定上述不可竞争性费用禁止当事人约定下浮、不计取，因此当事人的该类约定并不必然因此无效。更何况该类约定仅是民事主体之间的民事约定，并不必然减免施工企业缴纳社会保险费、住房公积金等规费、税金的法定义务，也并不必然损害国家利益、社会公共利益和他人的合法权益。如果施工企业拒绝履行上述法定义务，相关法定征收机关以及它雇佣的劳动者依法可以追究其法律责任，它依法该交的规费和税金一分都少不了。

四、裁判理由

（一）以下为最高人民法院作出的（2020）最高法民申2649号《民事裁定书》对本讲总结的上述法律问题的裁判理由

本案中虽然双方当事人在预算几点说明中约定养老统筹、四项保险费、安全文明施工费不予计取，但二审法院综合考虑养老保险统筹费、四项保险费、安全文明施工费系不可竞争费用，且案涉工程质量合格，双方当事人约定工程造价既不计取人工费调差、贷款利息、四项保险、安全文明施工费、养老保险统筹费，还要在总造价基础上下浮8％作为最终结算价等多种因素，在工程造价中计入养老保险统筹费、四项保险费、安全文明施工费，并无不当。99定额规定省级安全文明施工费费率为1.6%，但陕西省建设厅陕建发（2007）232号文件《关于调整房屋建筑和市政基础设施工程工程量清单计价安全文明施工措施费及综合人工单价的通知》已明确将房屋建筑工程的安全文明施工费费率调整至2.6%，该通知自2008年1月1日起执行，此时案涉工程仍在施工过程中，原审判决根据调整后标准2.6%计算安全文明施工费，依据充分。虽然案涉工程并未进行安全文明施工情况考评，但案涉工程已竣工验收并投入使用，B公司亦并未提供证据证明案涉工程施工过程中发生过安全事故或者不文明的施工行为，原审判决将属于不可竞争费用的安全文明施工费计入工程造价，并无不当。

（二）以下为陕西省高级人民法院（2018）陕民终972号《民事判决书》对本讲总结的上述法律问题的裁判理由

2、关于人工费调差、贷款利息、四项保险、安全文明施工费、养老保险统筹费等是否应予计取的问题。

根据《补充协议》所附的《预算几点说明》中的约定，关于贷款利息、养老统筹、四项保险费、安全文明施工费，不予计取，《补充协议》还取消了人工费调差。当事人双方的《补充协议》约定取消的虽然是备案合同第27条关于合同价款调整（包括人工费调差）的内容，但这意味着双方对案涉工程人工费不予调整已达成合意，属于当事人对其民事权利的处分。即使包括《补充协议》《预算几点说明》在内的案涉合同、协议均无效，原审法院基于当事人对其民事权利处分的真实意思表示而参照该约定不予计取人工费调差，与法不悖，并无不当。据此，A公司关于脚手架及超高费的人工费调整的主张，本院亦不予支持。另外，双方《聚泉小区1#、2#、5#楼预算的几点说明》中关于间接费中贷款利息不予计取的约定，亦为当事人的真实意思表示，原判予以参照，未计取贷款利息，亦无不当。上述《预算几点说明》还约定养老保险统筹、四项保险费、安全文明施工费，不予计取，但是，由于《预算几点说明》无效，而养老保险统筹、四项保险、安全文明施工费根据相关规定为不可竞争费用，且案涉工程质量合格，加之，双方约定工程造价即不计取人工费调差、贷款利息、四项保险、安全文明施工费、养老保险统筹费，还要在总造价基础上下浮8%作为最终结算价，这对于双方之间利益关系而言，明显失衡。故对于该三项费用则不宜参照《预算几点说明》的相关约定，而应予计取。

五、案例来源

（一）一审：陕西省西安市中级人民法院（2011）西民四初字第00136号《民事判决书》

（二）二审：陕西省高级人民法院（2018）陕民终972号《民事判决书》

（三）再审审查：最高人民法院（2020）最高法民申2649号《民事裁定书》（见本讲附件：节选案例）

六、裁判要旨

施工合同无效且约定工程款结算不计取人工费调差、贷款利息、养老统筹、四项保险费、安全文明施工费，并在总造价基础上下浮一定比例作为最终结算价，该类约定对于施工企业而言显失公平。法院可以参照当事人的上述约定，在认定案涉工程质量合格的前提下，从平衡利益的角度支持不计取人工费调差、贷款利息，可计取养老保险统筹、四项保险、安全文明施工费等不可竞争性费用。

七、相关法条、文件

（一）《中华人民共和国民法典》（2020年5月28日第十三届全国人民代表大会第三次会议通过）

第七百九十三条　建设工程施工合同无效，但是建设工程经验收合格的，可以参照合同关于工程价款的约定折价补偿承包人。

建设工程施工合同无效，且建设工程经验收不合格的，按照以下情形处理：

（一）修复后的建设工程经验收合格的，发包人可以请求承包人承担修复费用；

（二）修复后的建设工程经验收不合格的，承包人无权请求参照合同关于工程价款的约定折价补偿。

发包人对因建设工程不合格造成的损失有过错的，应当承担相应的责任。

（二）《住房城乡建设部　财政部关于印发〈建筑安装工程费用项目组成〉的通知》（建标〔2013〕44号）

附件1：建筑安装工程费用项目组成（按费用构成要素划分）

（六）规费：是指按国家法律、法规规定，由省级政府和省级有关权力部门规定必须缴纳或计取的费用。包括：

1.社会保险费

（1）养老保险费：是指企业按照规定标准为职工缴纳的基本养老保险费。

（2）失业保险费：是指企业按照规定标准为职工缴纳的失业保险费。

（3）医疗保险费：是指企业按照规定标准为职工缴纳的基本医疗保险费。

（4）生育保险费：是指企业按照规定标准为职工缴纳的生育保险费。

（5）工伤保险费：是指企业按照规定标准为职工缴纳的工伤保险费。

2.住房公积金：是指企业按规定标准为职工缴纳的住房公积金。

3.工程排污费：是指按规定缴纳的施工现场工程排污费。

其他应列而未列入的规费，按实际发生计取。

（七）税金：是指国家税法规定的应计入建筑安装工程造价内的营业税、城市维护建设税、教育费附加以及地方教育附加。

附件2：建筑安装工程费用项目组成（按造价形成划分）

（2）措施项目费：是指为完成建设工程施工，发生于该工程施工前和施工过程中的技术、生活、安全、环境保护等方面的费用。内容包括：

1. 安全文明施工费

① 环境保护费：是指施工现场为达到环保部门要求所需要的各项费用。

② 文明施工费：是指施工现场文明施工所需要的各项费用。

③ 安全施工费：是指施工现场安全施工所需要的各项费用。

④ 临时设施费：是指施工企业为进行建设工程施工所必须搭设的生活和生产用的临时建筑物、构筑物和其他临时设施费用。包括临时设施的搭设、维修、拆除、清理费或摊销费等。

2. 夜间施工增加费：是指因夜间施工所发生的夜班补助费、夜间施工降效、夜间施工照明设备摊销及照明用电等费用。

3. 二次搬运费：是指因施工场地条件限制而发生的材料、构配件、半成品等一次运输不能到达堆放地点，必须进行二次或多次搬运所发生的费用。

4. 冬雨季施工增加费：是指在冬季或雨季施工需增加的临时设施、防滑、排除雨雪，人工及施工机械效率降低等费用。

5. 已完工程及设备保护费：是指竣工验收前，对已完工程及设备采取的必要保护措施所发生的费用。

6. 工程定位复测费：是指工程施工过程中进行全部施工测量放线和复测工作的费用。

7. 特殊地区施工增加费：是指工程在沙漠或其边缘地区、高海拔、高寒、原始森林等特殊地区施工增加的费用。

8. 大型机械设备进出场及安拆费：是指机械整体或分体自停放场地运至施工现场或由一个施工地点运至另一个施工地点，所发生的机械进出场运输及转移费用及机械在施工现场进行安装、拆卸所需的人工费、材料费、机械费、试运转费和安装所需的辅助设施的费用。

9. 脚手架工程费：是指施工需要的各种脚手架搭、拆、运输费用以及脚手架购置费的摊销（或租赁）费用。

措施项目及其包含的内容详见各类专业工程的现行国家或行业计量规范。

附件3：建筑安装工程费用参考计算方法

（四）规费和税金

建设单位和施工企业均应按照省、自治区、直辖市或行业建设主管部门发布标准计算规费和税金，不得作为竞争性费用。

（三）《建设工程工程量清单计价规范》GB 50500—2013

3.1.5　措施项目中的安全文明施工费必须按国家或省级、行业建设主管部门的规定计算，不得作为竞争性费用。

3.1.6　规费和税金必须按国家或省级、行业建设主管部门的规定计算，不得作为竞争性费用。

八、实务交流

（一）对于建设工程的当事人约定社会保险费、住房公积金、安全文明施工费等规费、措施费和税金下浮或不计取，这类约定是否有效，是否会被法院支持，当前最高人民法院及各地法院均存在不同的裁判观点。因此建议发包人和承包人尽量依法依规约定计取上述费用，不要冒险规避。

（二）对于施工企业而言，即使施工企业与发包人签订的施工合同约定了对社会保险费、住房公积金等规费和税金下浮或不计取，并不等同于减免了施工企业缴纳这些费用的法定义务，因为发包人不是上述费用的法定征收主体，施工企业依法该缴纳的上述费用仍须缴纳。

（三）对于本案涉及的上述法律争议问题，尚无明确的法律规定，而且最高人民法院至今也存在不同的裁判观点（详见本讲"参考类案"），说明这类法律争议问题亟须有关部门制定统一的法律规定和裁判规则。

九、参考类案

为使广大读者有更多的权威类案参考，笔者专门检索、提供近年来由最高人民法院作出的部分类案的生效裁判文书的裁判理由（其中，与本案上述裁判观点基本一致的正例2例，与本案上述裁判观点相反的反例3例），供大家辩证参考、指导实践。

（一）正例：最高人民法院（2018）最高法民申4997号《民事裁定书》（再审审查）

A公司再审申请主张原审判决将双方约定不予计取的多项施工费用计入已完工程总造价错误。本案中，虽然根据双方约定，冬季施工费和未经当地安全检查部门现场评价、未经费用标准核定的相关费用不应计取，但鉴于在C公司施工中，有关脚手架、垂直封闭、垂直防护费、安全文明施工费、铁网围挡费、垂直运输费、增高降效费以及塔吊基础、升降机基础费用等已经实际发生，且C公司已经撤离施工现场并完成交接，原审根据鉴定机构对已完工程造价的鉴定结论，将上述费用计入已完工程总造价，并不缺乏事实依据。

（二）正例：最高人民法院（2017）最高法民终730号《民事判决书》（二审）

2.关于安全文明施工费的问题。一审鉴定机构作出的鉴定结论中安全文明施工费，包括环境保护费、安全施工费、文明施工费、临时设施费、防护用品费，共计6449771元。其中，A公司确认直接费为3259558.91元，B公司确认直接费为3190212.09元。本院认为，虽然根据双方当事人的约定，上述费用未经当地安全检查部门现场评价、未经费用标准核定的，不得计取相关费用。但在C公司施工过程中，上述费用已经实际发生，应计入工程总造价。一审中，C公司单方举证证明实际发生的铁网围挡费为1048821.71元，一审法院根据现场勘察的实际情况，结合A公司的答辩情况，酌定计取铁网围挡费524410.86元（1048821.71元×50%），并无不当，本院予以维持。但一审法院未计取其他几项费用（共计5925360.14元=6449771元-524410.86元）不当，本院予以纠正。

（三）反例：最高人民法院（2020）最高法民终355号《民事判决书》（二审）

其次，关于规费是否应当计取的问题。A公司上诉认为，根据甘建价〔2018〕575号文的规定，已经取消住房公积金、社会保险费的核定，该部分规费应当计入工程总造价。本院认为，甘建价〔2018〕575号文虽然取消了住房公积金、社会保险费等规费的核定，但同时规定按照甘建价〔2013〕585号文的规定标准予以计取，甘建价〔2013〕585号文的第七章其他说明的第2条明确规定"……规费应按照各建筑企业《甘肃省建筑工程费用标准证书》中核定的标准计取。"而根据已查明的事实，A公司并未取得《甘肃省建筑工程费用标准证书》，同时在案涉《建设工程施工合同》关于规费、措施费部分明确约定："1.规费部分：社会保障费、住房公积金、企业可持续发展基金不予计取。"可见，合同双方对于是否计取规费已经达成不予计取的合意，该约定亦不存在违反法律、行政法规等无效情形，鉴定机构据此不予计取规费，并无不当。此外，案涉《建设工程施工合同》还约定了"C、其他。1.以前颁布的造价有关政策性文件执行截至本施工合同签订日期，以后颁布的造价有关政策性文件结算时不再执行，税金调整的除外。"该约定内容表明，双方对于案涉《建设工程施工合同》签订之后颁布的政策性文件不再执行。而案涉《建设工程施工合同》签订于2014年1月6日，对于之后颁布的政策性文件等不适用本案关于造价的认定，因此，A公司依据2018年的相关文件主张鉴定机构未计取规费错误，没有事实和法律依据，本院依法不予采信。

（四）反例：最高人民法院（2018）最高法民终141号《民事判决书》（二审）

关于安全文明施工费。《最高人民法院关于适用〈中华人民共和国民事诉讼法〉的解释》第九十条规定："当事人对自己提出的诉讼请求所依据的事实或者反驳对方诉讼请求所依据的事实，应当提供证据加以证明，但法律另有规定的除外。在作出判决前，当事人未能提供证据或者证据不足以证明其事实主张的，由负有举证证明责任的当事人承担不利的后果。"根据双方合同第23.4条约定，工程取费时，如A公司取得文明工地，按50%费率计取安全文明施工定额补贴费；否则不计取安全文明工地费用。A公司未提交施工过程中取得安全文明施工的证据，故其主张计取该项费用的依据不足，应承担举证不能的不利后果。对于规费。双方约定按照A公司实际缴纳的50%计取，B公司依据A公司缴纳的票据进行结算。A公司未提交其实际缴纳相关费用的票据，主张计取该项费用的依据不足。关于劳动保险基金。A公司与B公司在合同中约定不计取劳动保险基金，未违反法律禁止性规定，A公司主张该约定无效，依据不足。

（五）反例：最高人民法院（2015）民申字第2403号《民事裁定书》（再审审查）

再审申请人主张依据相关强制性规定，规费和安全文明施工费不应下浮。经审查，衡阳市中级人民法院于2014年6月19日向湖南省某某工程造价管理总站就涉及本案工程结算的定额规定等进行调查，并根据该站的口头答复制作了备忘录，备忘录记载"管理费、利润分开算可优惠，国家税收、规费、安全文明费等强制性收费不优惠。"住房和城乡建设部《建设工程工程量清单计价规范》第3.1.6条规定"规费和税金必须按国家或省级、行业建设主管部门的规定计算，不得作为竞争性费用。"由此可见，规费、安全文明费等应依法缴纳，且不能减免。根据《建设工程施工合同》第十九条关于工程价款的约定，规费、安全文明费等已列入了工程价款，第十九条19.1③约定"税前造价优惠9%"。该优惠应视为对全部工程价款的优惠，既然工程价款中已包括了规费、安全文明费，该费用就应当按约定比例下浮。合同对工程价款的约定，对双方当事人具有约束力，工程价款下浮，并不必然导致向国家缴纳相关费用的减少。且在一审审理过程中，一审法院委托鉴定机构对工程造价进行了鉴定，鉴定结论经过质证、认证，作为定案依据，现再审申请人并未提供证据推翻鉴定结论。因此，原判决在合同约定框架下，判令规费、安全文明费下浮，并无不当。

附件：案例（节选）

中华人民共和国最高人民法院
民事裁定书

（2020）最高法民申2649号

再审申请人（一审原告、反诉被告，二审上诉人）：A公司。住所地：陕西省宝鸡市金台区宝平路付43号。

法定代表人：李某某，A公司董事长兼总经理。

委托诉讼代理人：连某某，男，A公司员工。

委托诉讼代理人：李某，陕西某某律师事务所律师。

再审申请人（一审被告、反诉原告，二审上诉人）：B公司。住所地：陕西省西安市未央区辛家庙东元路87号。

法定代表人：C，B公司总经理。

委托诉讼代理人：董某某，泰某某（西安）律师事务所律师。

委托诉讼代理人：武某，泰某某（西安）律师事务所律师。

二审被上诉人（一审被告）：C，男，1954年6月2日出生，汉族，住陕西省西安市莲湖区。

委托诉讼代理人：董某某，泰某某（西安）律师事务所律师。

委托诉讼代理人：武某，泰某某（西安）律师事务所律师。

再审申请人A公司与再审申请人B公司及二审被上诉人C建设工程施工合同纠纷一案，B公司与A公司均不服陕西省高级人民法院（2018）陕民终972号民事判决，向本院申请再审。本院依法组成合议庭进行了审查，现已审查终结。

A公司申请再审称：原审判决认定事实、适用法律错误，显失公平。一、原审判决认定《补充协议》及《聚泉小区1#、2#、5#楼预算几点说明》（以下简称预算几点说明）为双方当事人工程价款的结算依据是错误的，（2007）第06号《建设工程施工合同》（以下简称6号合同）才是双方当事人的真实意思表示，应以其为标准计取工程价款。二、原审判决参照《补充协议》及预算几点说明的约定不予计取人工费调差是错误的，人工费调差应当计取。《补充协议》第四条第2项取消的是备案合同所约定的条款而不是非备案合同的条款，应根据6号合同第11-2条的约定（8号、10号合同本条款约定同上）及相关规定计算人工费调差费用5917783.24元。B公司2018年9月12日向一审法院提交的关于聚泉小区1#、5#楼工程人工费差价调整的专项质证意见反映了B公司认可人工费应予调整。A公司于2010年8月2日向B公司报送的决算中，由B公司的预算人员李宝刚核对后开具收条并由C签字认可的1#、5#楼土建、安装决算书人工费均按232号文件调整后计入差价中，B公司并无异议。三、……

B公司申请再审称：一、……。二、原审判决认定案涉工程造价应当按3.55%计取养老统筹费1283924.29元、按0.8%计取四项保险费289335.05元、按2.6%计取安全文明施工费940338.92元没有证据证明，与事实相悖，适用法律错误。双方当事人签订的数份施工合同及实际履行的《补充协议》均附预算几点说明，该说明第五条明确约定："在间接费取费中关于贷款利息、养老统筹、四项保险、安全文明施工费不予计取。"原审判决适用公平原则突破合同约定，将养老统筹费、四项保险费、安全文明施工费计入工程造价，与查明事实相悖，适用法律错误。三、原审判决按照2.6%将安全文明施工费计入工程造价没有事实依据。按照99定额规定，计取安全文明施工费前提是经省、市级建设主管部门评定，取得安全文明工地证件后方可计取。案涉工程并未进行评定并取得该证件，不能计取安全文明施工费。99定额规定安全文明施工费的计费费率是项目获得省级安全文明工地的按照1.6%计取，获得市级安全文明工地的按照0.6%计取。本案鉴定机构在《造价汇总表》中，将安全文明施工费单列，其费率标准也是1.6%。原审判决将安全文明施工费从鉴定机构列明的1.6%的费率调整到2009年《陕西省建设工程工程量清单计价费率》中的2.6%，没有事实和法律依据。四、……

B公司针对A公司的再审申请提交意见称，……

A公司针对B公司的再审申请提交意见称，……

B公司向本院申请再审时提交了四组证据作为新证据，第一组证据2005年7月1日《西安市城建费用缴款通知书》（以下简称缴款通知）、2005年7月14日《陕西省建筑行业劳保费用统一收款票据》（以下简称收款票据），制表日期为2008年4月25日的缴款通知、2007年10月17日收款票据，2020年3月19日缴款通知、2020年3月26日收款票据；第二组证据A公司的委托诉讼代理人在一审期间提交的书面《代理意见》；第三组证据西安市规划局审批的施工总平面图；第四组证据两份法律文书。以上证据用以证明B公司已就案涉工程足额缴纳劳保费用，该费用应由A公司自行向劳保统筹管理部门申领，不应再重复计入工程造价。A公司针对上述证据发表意见称：对其证明目的不认可，无法证明缴纳的是案涉工程1#楼和5#楼的相关费用。

本院经审查认为，本案为申请再审案件，应当围绕A公司、B公司的申请再审理由，对本案原审判决是否存在其各自主张的《中华人民共和国民事诉讼法》第二百条第一项、第二项、第三项、第六项、第十一项规定的情形进行审查。

关于A公司的再审申请是否成立的问题。

本院认为，……A公司与B公司在《补充协议》中取消了备案合同第27条关于合同价款调整（包括人工费调差）的内容，原审判决参照该协议的约定认定双方当事人对人工费不予调整已达成合意，不予计取人工费调差，并无不当。A公司与B公司在预算几点说明中明确约定贷款利息不予计取，原审判决参照该约定不予计取贷款利息，亦无不当。……A公司与B公司在《补充协议》中明确约定工程结算按照99定额计价，并在工程总造价基础上下浮8%作为最终结算价，原审判决参照该约定按工程总造价下浮8%计算工程价款，亦无不当。A公司与B公司在《补充协议》中明确约定工程总造价下浮含土建甲供材，原审判决参照该约定执行，依据充分。……综上，A公司的再审申请不能成立。

关于B公司的再审申请是否成立的问题。

本院认为，B公司提交的2020年3月19日缴款通知、2020年3月26日收款票据，系用以证明在二审判决作出后B公司就科技示范小区工程缴纳的包括养老保险统筹费在内的部分城建费用的事实，该事实发生在二审判决作出之后，B公司依据二审判决作出后发生的事实主张原审判决错误的理由不能成立，上述证据不属于足以推翻原审判决的新证据。B公司提交的其他证据，从其载明的内容看，可以证明B公司2005年和2007年分两次曾就科技示范小区工程缴纳了部分养老保险统筹费，但科技示范小区工程包括两期工程，案涉工程是科技示范小区二期工程中的1#楼和5#楼，B公司提供的证据不能充分证明其缴纳的养老保险统筹费为1#楼、5#楼的全部费用，亦不能充分证明B公司已就科技示范小区一期、二期全部工程足额缴纳了养老保险统筹费，并能够从中区分出1#楼和5#楼的具体数额。结合B公司在二审判决作出后仍补缴科技示范小区二期工程的养老保险统筹费的行为，亦可以间接证明在二审判决作出前，B公司并未足额缴纳案涉工程的养老保险统筹费。因此，B公司提交的所谓新证据不能充分证明其在二审判决作出前已经足额缴纳本案所涉工程的养老保险统筹费。B公司关于其有新证据足以推翻二审判决的申请再审理由，不能成立。本案中虽然双方当事人在预算几点说明中约定养老统筹、四项保险费、安全文明施工费不予计取，但二审法院综合考虑养老保险统筹费、四项保险费、安全文明施工费系不可竞争费用，且案涉工程质量合格，双方当事人约定工程造价既不计取人工费调差、贷款利息、四项保险、安全文明施工费、养老保险统筹费，还要在总造价基础上下浮8%作为最终结算价等多种因素，在工程造价中计入养老保险统筹费、四项保险费、安全文明施工费，并无不当。99定额规定省级安全文明施工费费率为1.6%，但陕西省建设厅陕建发〔2007〕232号文件《关于调整房屋建筑和市政基础设施工程工程量清单计价安全文明施工措施费及综合人工单价的通知》已明确将房屋建筑工程的安全文明施工费费率调整至2.6%，该通知自2008年1月1日起执行，此时案涉工程仍在施工过程中，原审判决根据调整后标准2.6%计算安全文明施工费，依据充分。虽然案涉工程并未进行安全文明施工情况考评，但案涉工程已竣工验收并投入使用，B公司亦并未提供证据证明案涉工程施工过程中发生过安全事故或者不文明的施工行为，原审判决将属于不可竞争费用的安全文明施工费计入工程造价，并无不当。……综上，B公司的再审申请不能成立。

综上所述，A公司及B公司的再审申请均不符合《中华人民共和国民事诉讼法》第二百条规定的情形。本院依照《中华人民共和国民事诉讼法》第二百零四条第一款、《最高人民法院关于适用〈中华人民共和国民事诉讼法〉的解释》第三百九十五条第二款之规定，裁定如下：

驳回A公司、B公司的再审申请。

审判长　　任雪峰

审判员　　杨弘磊

审判员　　欧海燕

二〇二〇年九月二十五日

法官助理　陈　晨

书记员　　朱娅楠

第26讲

当事人约定按固定价结算工程款，承包人可否诉求安全文明施工费

一、阅读提示

建设工程施工承包人与发包人虽然约定按照固定价结算工程款，但没有约定该固定价是否包含安全文明施工费等措施项目费。如果双方对簿公堂，承包人是否有权起诉发包人另行支付安全文明施工费？法院依法应否支持该诉求？

二、案例简介

实际施工人A以施工企业B公司的名义，承包了发包人C学校发包的校内建筑工程。双方实际履行的《清丰县C学校工程承包协议》约定按照固定单价方式结算工程款，但并没有明确约定该固定单价是否包括安全文明施工费等相关费用。

2014年12月18日，A与C学校签订《C学校附加工程决算明细》，确认"所有工程款的决算（除每栋楼的工程造价决算方案协议约定的）不存在其他任何增加项，为终结决算。"2014年12月19日，A以B公司（乙方）名义与C学校（甲方）签订了《清丰县C学校一期工程送造价公司具体事项》，确认A承建的宿舍楼单价为每平方米830元，综合楼单价为每平方米1028元，餐厅单价为每平方米945元。

2017年，当事各方因本案工程款发生纠纷，B公司将C学校起诉至河南省濮阳市中级人民法院（以下简称一审法院），A以第三人身份参加诉讼，索要剩余工程款及利息损失。

本案历经两审，其中争议焦点之一是：发包人C学校应否另行支付实际施工人A安全文明施工费等合同并未明确约定的工程款？二审法院河南省高级人民法院经审理，认为根据双方签订的施工合同的约定，C学校不应支付上述费用给A，遂作出二审判决。A对此不服，遂向最高人民法院申请再审。

最高人民法院经审查，认可二审法院的审判理由，认为A提出的全部申请理由不成立，遂于2020年5月15日作出（2019）最高法民申4876号《民事裁定书》，驳回其再审申请。

三、案例解析

从上述案情中笔者总结出的法律问题是：**本案发包人C学校与实际施工人A签订的施工合同虽然约定按照固定单价结算工程款，但是并未明示该固定单价是否包含安全文明施工费，C学校应否另外支付该项费用给A？二审法院对该事项的判决理由是否合法？**

笔者认为：C学校不应另外支付安全文明施工费给A，二审法院的判决理由合法。主要分析理由如下：

其一，从上述案情简介可知，本案当事人先后签订并实际履行的《清丰县C学校工程承包协议》《清丰县C学校一期工程送造价公司具体事项》等文件，明确约定按照固定单价（也称固定综合单价）方式结算本案工程款，但并没有明确约定该固定单价是否包括安全文明施工费等相关费用。那么从固定单价的法律性质分析，它属于当事人约定的一种包干结算工程款的计价方式，通常包括了承包人完成施工所发生的分部分项工程费、措施项目费（包含安全文明施工费）、其他项目费、规费、税金以及市场风险费用。因此，当事人只要签订了固定单价或固定总价施工合同，从法律上可以推定其据此结算的工程款应该包括安全文明施工费等上述费用，除非当事人对这些费用另行明确约定单独结算。

其二，根据A与C学校2014年12月18日签订的《C学校附加工程决算明细》可知，双方已经确认"所有工程款的决算（除每栋楼的工程造价决算方案协议约定的）不存在其他任何增加项，为终结决算"。那么可以认定双方在本案中最终确认的工程结算款并不包括安全文明施工费在内的其他费用。

因此，正是基于上述事实，本案再审法院最高人民法院才会认可二审法院的上述裁判理由，驳回了A的再审申请（详见本讲"裁判理由"）。

四、裁判理由

以下为最高人民法院作出的（2019）最高法民申4876号《民事裁定书》对本讲总结的上述法律问题的裁判理由：

（二）原审法院未认定安全文明施工费、电话线及网线布设费、学校洗澡间、锅炉房费用、玻璃幕墙费用等是否有误的问题。

据原审查明，2014年12月18日，A与C学校签订《C学校附加工程决算明细》，主要内容为：1.教学楼回填土、教学楼综合楼地面取土总款叁万元；2.1#、2#宿舍楼及餐厅的造价叁万壹仟元；3.综合楼线条、购买水泵总款壹万壹仟元；4.学校四周围墙（工人阻工加班）造价贰万伍仟元；5.餐厅按合同价计算外补肆万元作为其他外墙保温、内部改造等的补偿；6.2#宿舍楼、教学楼地板砖与水磨石差价补每平方米叁拾元；7.几栋楼地基超挖费伍万元；8.学校变压器基础款壹万叁仟元。所有工程款的决算（除每栋楼的工程造价决算方案协议约定的）不存在其他任何增加项，为终结决算。

如前所述，首先，案涉工程中双方当事人约定了按照固定价结算工程价款。其次，在双方签订的《C学校附加工程决算明细》中没有关于安全文明施工费、电话线及网线布设费、学校洗澡间、锅炉房费用、玻璃幕墙费用等内容的决算，且在该决算明细中双方明确约定"所有工程款的决算（除每栋楼的工程造价决算方案协议约定的）不存在其他任何增加项，为终结决算"。故原审法院据此认定不再另行计算安全文明施工费、电话线及网线布设费、学校洗澡间、锅炉房费用、玻璃幕墙费用等，并无不当。A的该项申请再审理由亦不能成立。

五、案例来源

（一）一审：濮阳市中级人民法院出具（2017）豫09民初98号《民事判决书》

（二）二审：河南省高级人民法院（2018）豫民终840号《民事判决书》

（三）再审审查：最高人民法院（2019）最高法民申4876号《民事裁定书》［见本讲附件：案例（节选）］

六、裁判要旨

施工合同当事人约定了按照固定价结算工程款，在没有对安全文明施工费等措施项目费特别约定另行单独结算的情形下，法院依法可以认定当事人结算的工程款包含了上述费用。如果承包人因此起诉发包人另行支付该类措施项目费用，因其诉求没有事实依据和法律依据，法院应不予支持。

七、相关法条、文件

（一）《建设部关于印发〈建筑工程安全防护、文明施工措施费用及使用管理规定〉的通知》（建办〔2005〕89号）

第三条　本规定所称安全防护、文明施工措施费用，是指按照国家现行的建筑施工安全、施工现场环境与卫生标准和有关规定，购置和更新施工安全防护用具及设施、改善安全生产条件和作业环境所需的费用。安全防护、文明施工措施项目清单详见附表。

建设单位对建筑工程安全防护、文明施工措施有其他要求的，所发生费用一并计入安全防护、文明施工措施费。

（二）《建设工程工程量清单计价规范》GB 50500—2013

2.0.5　措施项目

为完成工程项目施工，发生于该工程施工准备和施工过程中的技术、生活、安全、环境保护等方面的项目。

2.0.8　综合单价

完成一个规定清单项目所需的人工费、材料和工程设备费、施工机具使用费和企业管理费、利润以及一定范围内的风险费用。

2.0.9　风险费用

隐含于已标价工程量清单综合单价中，用于化解发承包双方在工程合同中约定内容和范围内的市场价格波动风险的费用。

2.0.11　单价合同

发承包双方约定以工程量清单及其综合单价进行合同价款计算、调整和确认的建设工程施工合同。

2.0.12　总价合同

发承包双方约定以施工图及其预算和有关条件进行合同价款计算、调整和确认的建设工程施工合同。

2.0.22　安全文明施工费

在合同履行过程中，承包人按照国家法律、法规、标准等规定，为保证安全施工、文明施工，保护现场内外环境和搭拆临时设施等所采用的措施而发生的费用。

八、实务交流

（一）读者如果要真正理解本讲解读的上述案例的裁判观点，其实只要理解了何谓固定单价、固定总价施工合同，何谓安全文明施工费，它们之间是否属于包含与被包含的关系，就会豁然开朗。这些专业术语的法律内涵请详见本讲"相关法条、文件"的内容。

（二）建设施工合同当事人如果约定按照固定单价或固定总价结算工程款，在没有特别约定的情况下，该工程款依法可以推定已经包括了安全文明施工费等措施项目费，因此承包人想起诉索要这类措施项目费，没有事实依据和法律依据。那么如何破解这个问题？建议当事人可以对这类措施项目费另行约定单独结算。

九、参考类案

为使广大读者有更多的权威类案参考，笔者专门检索、提供近年来由最高人民法院作出的部分类案的生效裁判文书的裁判理由（与本案上述裁判观点基本一致），供大家辩证参考、指导实践。

（一）最高人民法院（2019）最高法民申5260号《民事裁定书》（再审审查）

关于本案建设工程款的计算问题。《最高人民法院关于审理建设工程施工合同纠纷案件适用法律问题的解释（二）》第十一条规定"当事人就同一建设工程订立的数份建设工程施工合同均无效，但建设工程质量合格，一方当事人请求参照实际履行的合同结算建设工程价款的，人民法院应予支持。"本案中，因标前合同与中标合同均无效，但原审已查明，案涉工程已竣工验收合格，故应参照双方当事人实际履行的合同确定工程价款。本案原审亦查明，双方实际履行的为标前合同，且标前合同附件5《合同固定总价核定依据》中，已将利润、安全文明施工费等均作为合同总价的组成部分，故原审参照该合同的约定，认定利润、安全文明施工费不予扣减并不缺乏证据证明。

（二）最高人民法院（2017）最高法民申2651号《民事裁定书》（再审审查）

第二，关于按照1210元/m²作为固定单价进行工程造价鉴定是否包含安全文明施工费和劳保统筹费问题。A公司主张如果按照1210元/m²鉴定总价，则总价中不应包含安全文明措施费和劳保统筹费，但安全文明施工费和劳保统筹费是建筑工程造价的组成部分，双方签订的施工合同并未特别约定1210元/m²的单价不包含安全文明施工费和劳保统筹费，且A公司认可已收到安全文明施工费，劳保统筹费已由北某某社区居委会交纳给政府有关部门，故其关于安全文明施工费和劳保统筹费不应计入已付工程款的申请再审理由没有事实依据，本院不予采信。

（三）最高人民法院（2016）最高法民申16号《民事裁定书》（再审审查）

三、关于安全文明施工增加费。双方当事人在合同中已经约定，安全文明施工增加费包含在合同价中，由承包商自行安排费用。该约定合法有效，应予遵守。A公司称没有预算价就没有合同价，没有合同依据，本院不予支持。

 附件：案例（节选）

中华人民共和国最高人民法院
民 事 裁 定 书

（2019）最高法民申4876号

再审申请人（一审第三人、二审上诉人）：A，男，1975年1月15日出生，汉族，住江苏省泗洪县。
委托诉讼代理人：徐某某，河南某某律师事务所律师。
被申请人（一审被告、二审上诉人）：C学校，住所地河南省清丰县朝阳路与诚睦路交叉口西南角。
法定代表人：祖某，C学校校长。
委托诉讼代理人：孙某某，河南某某杰律师事务所律师。
委托诉讼代理人：马某，河南某某杰律师事务所律师。

二审上诉人（一审原告）：B公司，住所地江苏省泗洪县泗洲西大街8-21号。

法定代表人：陈某某，B公司董事长。

再审申请人A因与被申请人C学校及一审原告B公司建设工程施工合同纠纷一案，不服河南省高级人民法院（2018）豫民终840号民事判决，向本院申请再审。本院依法组成合议庭进行了审查，现已审查终结。

A申请再审称，（一）原审判决认定下列事实错误。1.……2.原审判决未将安全文明施工费纳入本案工程结算实属错误。安全文明施工费是A实际完成综合楼、教学楼、两栋宿舍楼及餐厅工程造价的组成部分之一，也是《C学校附加工程决算明细》第八项中注明"每栋楼的工程造价的组成部分之一"。原审法院以《C学校附加工程决算明细》没有直接显示安全文明施工费，确认不予计算错误。……依据《中华人民共和国民事诉讼法》第二百条第二项、第六项的规定申请再审，请求：1.撤销原审判决，改判C学校支付A工程款9532869.53元及利息（自2014年9月1日起按中国人民银行发布的同期同类贷款利率计算至清偿之日止）。2.一、二审诉讼费、鉴定费由C学校承担。

C学校提交意见称，……

本院经审查认为，本案焦点问题是：（一）原审法院关于案涉工程款的计算方法及计算依据的认定是否正确，原审法院未采用科某公司的鉴定意见作为定案依据是否有误；（二）原审法院未认定安全文明施工费、电话线及网线布设费、学校洗澡间、锅炉房费用、玻璃幕墙费用等是否有误。

（一）原审法院关于案涉工程款的计算方法及计算依据的认定是否正确，原审法院未采用科某公司的鉴定意见作为定案依据是否有误的问题。

据原审查明，2014年10月30日，A以B公司（乙方）名义与C学校（甲方）签订《清丰县C学校一期工程造价决算方案协议》，该协议约定：一、因甲乙双方对工程造价存在较大争议，经双方协商决定，学校一期工程五幢楼房，按以下方式确定单价、面积及总造价；二、单价、面积、总造价确定方法，由工程造价公司按如下方式计算（所有价格不含税收）：1.综合楼单价=实际建设方案定额单价×1028（元/平方米）/原图纸去除内外墙保温后的定额单价。实际建设方案为新图纸及变更部分（地板砖经甲乙双方协定价为（800×800）17元/块；所有房间墙砖贴1.5m高；原设计卫生间只做了二楼及四楼西卫生间，其他未做）。2.教学楼最终单价按综合楼最终单价计算（地面由水磨石改为地板砖，差价另外计算）。3.宿舍楼单价=实际建设方案定额单价×830（元/平方米）/原图纸去除内外墙保温后的定额单价。实际建设方案为新图纸经甲乙双方协商每层增加一个卫生间；增加外墙瓷砖高度至1层窗上沿；内墙砖按实计算。4.餐厅单价确定为945元/平方米，不再上浮或下浮。5.所有楼房面积由工程造价公司按图纸计算（宿舍楼过道、阳台按全面积计算）。6.工程总价为每幢楼实际面积乘以各自最终单价相加所得。7.各栋楼的实际施工方案须由工程造价公司和甲方、乙方三方共同到场核定。三、双方共同选定有资质的工程造价公司，并由双方签字确认，决算费用由甲乙双方各自承担一半。四、双方已同意按工程造价公司确定造价决算。甲方无符合法律的正当理由，不履行协议，赔偿乙方壹佰万元整

（￥1000000.00），并重新进行决算；若乙方无正当理由不履行协议的，视为甲方已付清乙方所有工程款。五、其他零星工程另行计算。

2014年12月19日，A以B公司（乙方）名义与C学校（甲方）签订了《清丰县C学校一期工程送造价公司具体事项》，主要内容为：一、甲乙根据冠县图纸签订的协议单价为：宿舍楼单价为每平方米830元。综合楼单价为每平方米1028元。餐厅单价为每平方米945元。二、所有一期工程全部按濮阳图纸子目施工完毕。其中有部分增加和变更事项具体如下：1.宿舍楼外墙砖贴至一层窗上沿，现室内墙砖已做走道和楼梯间，其余部位现作为内墙漆。宿舍楼每层增加一个卫生间，卫生间做法与宿舍楼原卫生间做法相同。宿舍楼楼梯改为地板砖。2.综合楼主体施工完毕后，一、三、五层卫生间改为教室。综合楼室内镶贴1.5米高瓷砖。综合楼外墙砖镶贴至一层窗沿上。综合楼楼梯改为大理石地面。综合楼楼梯扶手改为钢管扶手（注：所有镶贴在保温上的瓷砖处均使用钢丝网而不是玻纤网布）。三、冠县图纸按合同范围内预算。所有保温保暖事项不预算，临时设施不预算，二次设计不预算。四、两份图纸都只算工料、管理费、利润费。

　　2014年12月21日，A以B公司名义同C学校与创某公司签订《建设工程造价咨询合同》，委托创某公司对C学校的男生宿舍楼、综合楼编制施工图结算。创某公司出具的《关于河南省濮阳市清丰县C学校综合楼、男生宿舍楼工程造价说明》显示，创某公司出具的第一次成果文件中冠县图纸造价写明为"土建"。此后，双方签订《总决算补充协议》，其中约定"新老图纸在决算中将水电、消防全部计算在内"，并要求创某公司在原有工程资料、《总决算补充协议》和《建设工程造价咨询合同》基础上重新出具成果文件，创某公司于2015年2月出具第二份成果文件。

　　根据《最高人民法院关于审理建设工程施工合同纠纷案件适用法律问题的解释》第十六条第一款"当事人对建设工程的计价标准或者计价方法有约定的，按照约定结算工程价款"以及《最高人民法院关于当前民事审判工作中的若干具体问题》第六项关于建设工程合同纠纷案件的审理问题中"第三，关于工程价款结算问题。要尊重合同中有关工程价款结算方法、标准的约定内容，严格执行工程造价、工程质量等鉴定程序的启动条件。虽然建设工程施工合同无效，但建设工程经竣工验收合格的，一般应参照合同约定结算工程价款，实际施工人违反合同约定另行申请造价鉴定结算的，一般不予支持"的规定，在双方对建设工程的计价标准或者计价方法有约定的情况下，应按照约定结算工程价款。本案中双方委托创某公司造价是为了按照约定的公式计算案涉工程价款，故原审法院基于创某公司出具的第二份成果文件，认定《清丰县C学校一期工程造价决算方案协议》约定的计算公式中原图纸去除内外墙保温后的定额单价为"土建＋安装"的单价符合协议约定，原审法院关于案涉工程款的计算方法及计算依据的认定并无不当。A主张原审法院错误适用单价计算公式，应以科某公司出具的鉴定意见作为本案定案依据的再审理由不能成立。

　　（二）原审法院未认定安全文明施工费、电话线及网线布设费、学校洗澡间、锅炉房费用、玻璃幕墙费用等是否有误的问题。

据原审查明，2014年12月18日，A与C学校签订《C学校附加工程决算明细》，主要内容为：1.教学楼回填土、教学楼综合楼地面取土总款叁万元；2.1#、2#宿舍楼及餐厅的造价叁万壹仟元；3.综合楼线条、购买水泵总款壹万壹仟元；4.学校四周围墙（工人阻工加班）造价贰万伍仟元；5.餐厅按合同价计算外补肆万元作为其他外墙保温、内部改造等的补偿；6.2#宿舍楼、教学楼地板砖与水磨石差价补每平方米叁拾元；7.几栋楼地基超挖费伍万元；8.学校变压器基础款壹万叁仟元。所有工程款的决算（除每栋楼的工程造价决算方案协议约定的）不存在其他任何增加项，为终结决算。

如前所述，首先，案涉工程中双方当事人约定了按照固定价结算工程价款。其次，在双方签订的《C学校附加工程决算明细》中没有关于安全文明施工费、电话线及网线布设费、学校洗澡间、锅炉房费用、玻璃幕墙费用等内容的决算，且在该决算明细中双方明确约定"所有工程款的决算（除每栋楼的工程造价决算方案协议约定的）不存在其他任何增加项，为终结决算"。故原审法院据此认定不再另行计算安全文明施工费、电话线及网线布设费、学校洗澡间、锅炉房费用、玻璃幕墙费用等，并无不当。A的该项申请再审理由亦不能成立。

综上，A的再审申请不符合《中华人民共和国民事诉讼法》第二百条第二项、第六项规定的再审情形。依照《中华人民共和国民事诉讼法》第二百零四条第一款、《最高人民法院关于适用〈中华人民共和国民事诉讼法〉的解释》第三百九十五条第二款规定，裁定如下：

驳回A的再审申请。

审判长　　张淑芳

审判员　　万会峰

审判员　　谢　勇

二〇二〇年五月十五日

书记员　　黄建伟

承包人诉请的安全文明施工费不符合当地
行政文件规定，法院为何支持

一、阅读提示

安全文明施工费是工程造价措施费中的组成部分。如果施工承包人向法院诉请发包人支付该项费用，但明显不符合工程所在地的地方性行政管理文件的规定，而且工程造价司法鉴定机构也认为该项费用因此不应计入鉴定的工程总造价，那么承包人该如何应对？法院会如何裁判？

二、案例简介

2011年10月10日，发包人A公司经过招标，与施工总承包人B公司签订了《建设工程施工合同》，约定由B公司总承包"海川·阳光尚城"工程1—5#楼的施工。该工程于2014年4月19日竣工验收合格。

2014年6月18日，B公司因工程款结算纠纷，将A公司起诉至四川省成都市中级人民法院（以下简称一审法院），提出了支付剩余工程款及赔偿损失等多项诉讼请求。A公司遂提起反诉。

本案双方的争议焦点之一是：在B公司未能按照工程所在地的行政文件《四川省建设工程安全文明施工费计价管理办法》（以下简称川建发〔2011〕6号文）出具符合要求的《建设工程安全文明施工措施评价及费率测定表》（以下简称《测定表》）的情形下，A公司应否支付安全文明施工费。

一审法院根据B公司的申请，委托司法鉴定机构对本案工程造价进行鉴定。该机构最终作出鉴定意见书，鉴定本案工程总造价为47715171.4元，并说明B公司主张的安全文明施工费945888元因其未提供《测定表》，故未将该笔费用计入上述工程总造价。

对于上述争议焦点，本案一审法院、二审法院四川省高级人民法院以及再审法院最高人民法院经审理审查，认为：B公司出具的《测定表》虽无A公司的签章，存在A公司、监理方怠于签章的情况。但现有证据证明B公司在施工过程中采取了安全文明施工措施，该部分费用实际发生，案涉工程也未发生一般及以上安全事故，因此该笔945888元安全文明施工费应计入本案鉴定的工程总造价，应支付B公司。

2020年3月24日，最高人民法院作出（2020）最高法民申180号《民事裁定书》，驳回了A公司对本案二审判决的再审申请。

三、案例解析

从上述案情中笔者总结出的法律问题是：**本案施工总承包人B公司出具的《测定表》虽无A公司的签章，明显不符合川建发〔2011〕6号文的规定，但三级法院均支持其诉请的安全文明施工费，是否合法？**

笔者认为：本案三级法院对上述问题的裁判理由合法。主要分析如下：

（一）关于川建发〔2011〕6号文的相关规定

根据川建发〔2011〕6号文（现已失效）第二条的规定："本办法适用于四川省行政区域内的各类房屋建筑及市政基础设施工程及其配套工程。"以及第十条第一项的规定："安全文明施工费的结算管理：1、对按规定应办理施工许可证的工程，工程竣工验收合格后，承包人凭《建设工程安全文明施工措施评价及费率测定表》测定的费率办理竣工结算，承包人不能出具《建设工程安全文明施工措施评价及费率测定表》的，承包人不得收取安全文明施工费……"本案工程属于该文件的行政管理范围，承包人如果不能出具经发包人、监理方、当地行政主管部门签章确认的《测定表》，不得收取安全文明施工费。

因此，从形式上分析，B公司提交的《测定表》明显不符合川建发〔2011〕6号文的上述规定，看似不应取得安全文明施工费。但是从司法审判的视角分析，川建发〔2011〕6号文属于地方性行政管理文件，不属于法律，即使B公司提交的《测定表》不符合该文件的规定，其应当承担相应的行政责任，而非民事责任。法院仍不能依据该文件直接判决B公司无权取得安全文明施工费，而应根据本案事实和相关法律依据来认定B公司应否取得该项措施费。

（二）从本案事实和相关法律依据分析

根据上述案情简介可知，本案法院已经查明现有证据可以证明B公司已经实施了安全文明施工的相关措施，而且未发生一般及以上生产安全事故。此外，该公司总承包的工程于2014年4月19日竣工验收合格，如果B公司在几年的施工过程中没有实施安全文明施工措施，这明显不符合情理和建筑行业的特点。

正是基于该基本事实，以及安全文明施工费依法属于工程造价中措施费的组成部分，本案三级法院才会认定A公司应支付B公司该笔费用（详见本讲"裁判理由"）。至于应当支付多少费用，法院可以参照本案司法鉴定机构出具的鉴定金额酌定。

四、裁判理由

以下为最高人民法院作出的（2020）最高法民申180号《民事裁定书》对本讲总结的上述法律问题的裁判理由：

4.关于安全文明施工费。本案虽无A公司签字确认的《建设工程安全文明施工措施评价及费率测定表》，但双方因工程量认定、工程进度款支付等问题发生纠纷，存在建设单位、监理方怠于在安全文明施工措施评价表上签章的情况。现有证据证明B公司在施工过程中采取了安全文明施工措施，该部分费用实际发生，案涉工程也未发生一般及以上安全事故，依据公平原则，原审判决按照最低标准认定A公司支付安全文明施工费并无不当。

五、案例来源

（一）一审：四川省成都市中级人民法院（2014）成民初字第1411号《民事判决书》

（二）二审：四川省高级人民法院（2018）川民终1162号《民事判决书》

（三）再审审查：最高人民法院（2020）最高法民申180号《民事裁定书》（见本讲附件：案例）

六、裁判要旨

在施工合同纠纷诉讼案中，虽然施工承包人诉请发包人支付的安全文明施工费不符合工程所在地相关行政管理文件的规定，但在案现有证据证明承包人在施工过程中采取了安全文明施工措施，该部分费用实际发生，案涉工程也未发生一般及以上安全事故，依据公平原则，法院判决按照最低标准认定发包人支付安全文明施工费并无不当。

七、相关法条、文件

（一）《中华人民共和国安全生产法》（根据2021年6月10日第十三届全国人民代表大会常务委员会第二十九次会议《关于修改〈中华人民共和国安全生产法〉的决定》第三次修正）

第三十一条 生产经营单位新建、改建、扩建工程项目（以下统称建设项目）的安全设施，必须与主体工程同时设计、同时施工、同时投入生产和使用。安全设施投资应当纳入建设项目概算。

（二）财政部　应急部关于印发《企业安全生产费用提取和使用管理办法》的通知（财资〔2022〕136号）

第二条　本办法适用于在中华人民共和国境内直接从事煤炭生产、非煤矿山开采、石油天然气开采、建设工程施工、危险品生产与储存、交通运输、烟花爆竹生产、民用爆炸物品生产、冶金、机械制造、武器装备研制生产与试验（含民用航空及核燃料）、电力生产与供应的企业及其他经济组织（以下统称企业）。

第三条　本办法所称企业安全生产费用是指企业按照规定标准提取，在成本（费用）中列支，专门用于完善和改进企业或者项目安全生产条件的资金。

第七条　建设工程施工企业以建筑安装工程造价为计提依据。各建设工程类别安全费用提取标准如下：

（一）矿山工程为2.5%；

（二）房屋建筑工程、水利水电工程、电力工程、铁路工程、城市轨道交通工程为2.0%；

（三）市政公用工程、冶炼工程、机电安装工程、化工石油工程、港口与航道工程、公路工程、通信工程为1.5%。

建设工程施工企业提取的安全费用列入工程造价，在竞标时，不得删减，列入标外管理。国家对基本建设投资概算另有规定的，从其规定。

总包单位应当将安全费用按比例直接支付分包单位并监督使用，分包单位不再重复提取。

第十六条　建设工程是指土木工程、建筑工程、线路管道和设备安装及装修工程，包括新建、扩建、改建。

井巷工程、矿山建设参照建设工程执行。

第十七条　建设工程施工企业以建筑安装工程造价为依据，于月末按工程进度计算提取企业安全生产费用。提取标准如下：

（一）矿山工程3.5%；

（二）铁路工程、房屋建筑工程、城市轨道交通工程3%；

（三）水利水电工程、电力工程2.5%；

（四）冶炼工程、机电安装工程、化工石油工程、通信工程2%；

（五）市政公用工程、港口与航道工程、公路工程1.5%。

建设工程施工企业编制投标报价应当包含并单列企业安全生产费用，竞标时不得删减。国家对基本建设投资概算另有规定的，从其规定。

本办法实施前建设工程项目已经完成招标投标并签订合同的，企业安全生产费用按照原规定提取标准执行。

第十八条　建设单位应当在合同中单独约定并于工程开工日一个月内向承包单位支付至少50%企业安全生产费用。

总包单位应当在合同中单独约定并于分包工程开工日一个月内将至少50%企业安

全生产费用直接支付分包单位并监督使用，分包单位不再重复提取。

工程竣工决算后结余的企业安全生产费用，应当退回建设单位。

第十九条　建设工程施工企业安全生产费用应当用于以下支出：

（一）完善、改造和维护安全防护设施设备支出（不含"三同时"要求初期投入的安全设施），包括施工现场临时用电系统、洞口或临边防护、高处作业或交叉作业防护、临时安全防护、支护及防治边坡滑坡、工程有害气体监测和通风、保障安全的机械设备、防火、防爆、防触电、防尘、防毒、防雷、防台风、防地质灾害等设施设备支出；

（二）应急救援技术装备、设施配置及维护保养支出，事故逃生和紧急避难设施设备的配置和应急救援队伍建设、应急预案制修订与应急演练支出；

（三）开展施工现场重大危险源检测、评估、监控支出，安全风险分级管控和事故隐患排查整改支出，工程项目安全生产信息化建设、运维和网络安全支出；

（四）安全生产检查、评估评价（不含新建、改建、扩建项目安全评价）、咨询和标准化建设支出；

（五）配备和更新现场作业人员安全防护用品支出；

（六）安全生产宣传、教育、培训和从业人员发现并报告事故隐患的奖励支出；

（七）安全生产适用的新技术、新标准、新工艺、新装备的推广应用支出；

（八）安全设施及特种设备检测检验、检定校准支出；

（九）安全生产责任保险支出；

（十）与安全生产直接相关的其他支出。

八、实务交流

（一）无论当事人如何争议应否支付安全文明施工费，其实最关键的是应从本案及相关类案中领会法院最核心的裁判规则：承包人是否有证据证明其为所承包工程投入、实施了安全文明施工措施，而不是以承包人是否符合工程所在地行政管理文件的规定为裁判依据。

（二）对于发包人而言，如果要抗辩本方不应向施工承包人支付安全文明施工费，除了以双方签订的施工合同的明确约定和相关法律依据为主要依据之外，笔者不建议把工程所在地的地方性行政管理文件作为主要依据来抗辩。因此该类文件不属于法律，承包人即使违反了该类规定，法院依法不应据此裁判发包人可以不支付安全文明施工费。

（三）对于承包人而言，在施工合同纠纷诉讼案中，对本方是否在施工过程中投入、实施了安全文明施工措施这项基本事实负有法定举证义务，应当举证证明。否则，如果举证不能，法院可以不支持该项费用。

（四）除了本案之外，笔者也检索到最高人民法院近年来审理的部分类案（详见本讲"参考类案"）。这些类案的裁判理由尽管表述不尽相同，但文字背后暗含着同一个裁判规则：无论是第一手施工承包人、分包人，还是后续第几手施工承包人或实际施工人，如果诉请发包人或上家支付安全文明施工费，必须举证证明本方投入、实施了安全文明施工措施，否则法院不予支持该项费用。

九、参考类案

为使广大读者有更多的权威类案参考，笔者专门检索、提供近年来由最高人民法院作出的部分类案的生效裁判文书的裁判理由（与本案上述裁判观点基本一致），供大家辩证参考、指导实践。

（一）最高人民法院（2019）最高法民申5759号《民事裁定书》（再审审查）

关于A公司应付的工程款中是否应扣除安全文明施工费、规费。《四川省建设工程安全文明施工费计价管理办法》规定，安全文明施工措施费实行现场综合评价，该办法第八条规定"承包人不能出具《建设工程安全文明施工措施评价及费率测定表》的，承包人不得收取安全文明施工费。"本案中B并未提供《建设工程安全文明施工措施评价及费率测定表》，其所主张的工程款涉及的工程仅为金科一城水电的安装工程，而A公司作为金科一城的总承包方，该工程安全文明措施项目包括的文明施工与环境保护、临时设施等均由其实施。B未提供相应证据实施任何的安全文明施工项目，故原审认定其不应收取该笔326102.25元的安全文明施工费，并无不当。

（二）最高人民法院（2017）最高法民终730号《民事判决书》（二审）

2.关于安全文明施工费的问题。一审鉴定机构作出的鉴定结论中安全文明施工费，包括环境保护费、安全施工费、文明施工费、临时设施费、防护用品费，共计6449771元。其中，A公司确认直接费为3259558.91元，B公司确认直接费为3190212.09元。本院认为，虽然根据双方当事人的约定，上述费用未经当地安全检查部门现场评价、未经费用标准核定的，不得计取相关费用。但在C公司施工过程中，上述费用已经实际发生，应计入工程总造价。一审中，C公司单方举证证明实际发生的铁网围挡费为1048821.71元，一审法院根据现场勘察的实际情况，结合D公司的答辩情况，酌定计取铁网围挡费524410.86元（1048821.71元×50%），并无不当，本院予以维持。但一审法院未计取其他几项费用（共计5925360.14元=6449771元−524410.86元）不当，本院予以纠正。

（三）最高人民法院（2016）最高法民终414号《民事判决书》（二审）

（一）关于安全文明措施费1620797.36元应否作为本案工程价款组成部分的问题。

安全文明措施费，是按照国家现行的建筑施工安全、施工现场环境与卫生标准和有关规定，购置和更新施工安全防护用具及设施、改善安全生产条件和资源环境所需要的费用。国家及各地建设行政主管部门的相关规范性文件，是行业主管部门从行业规范及管理的角度对建设工程安全文明措施费作出的规定。但具体工程应如何计取、实际发生金额及如何支付，则应当根据当事人的约定以及施工过程中采用的具体安全文明施工措施等实际情况而定。本案中，当事人虽然在案涉《建设工程施工合同》中对此项费用作出了参照批准的施工组织设计计算的原则约定，但工程施工组织设计、安全文明施工方案、专项方案中列明的仅为相应的暂列金额、估算或暂定金额，鉴定机构在《补充资料审核》亦认为"不能作为结算依据"，具体金额应当以相应的签证单等为依据加以计算。对于该项费用的实际发生情况及金额，应由施工企业A公司承担相应的举证证明责任，但在A公司提供给鉴定机构的证据材料中，并无施工过程中经过签证认可的安全文明施工收方资料，A公司亦未提供B公司对于该项费用予以认可的其他证据，故无法证明本案中安全文明措施费实际发生的情况及金额，A公司主张该项费用的事实依据不足，应由A公司自行承担举证不能的不利后果。

附件：案例

中华人民共和国最高人民法院
民事裁定书

（2020）最高法民申180号

　　再审申请人（一审被告、反诉原告，二审上诉人）：A公司，住所地四川省成都市蒲江县鹤山镇海川路149号。

　　法定代表人：苏某，A公司总经理。

　　被申请人（一审原告、反诉被告，二审上诉人）：B公司，住所地四川省华蓥市文化路118号。

　　法定代表人：匡某某，B公司董事长。

　　委托诉讼代理人：漆某某，上海某某段（成都）律师事务所律师。

　　委托诉讼代理人：余某某，上海某某段（成都）律师事务所律师。

　　再审申请人A公司因与被申请人B公司建设工程施工合同纠纷一案，不服四川省高级人民法院（2018）川民终1162号民事判决，向本院申请再审。本院依法组成合议庭进行了审查，现已审查终结。

　　A公司申请再审称：依据《中华人民共和国民事诉讼法》第二百条第二、三、四、五、六、七、九、十一、十三项的规定申请再审。事实及理由：

　　1.原审法院遗漏A公司提供的大量证据，大量证据未经质证，错误采信证据，未依申请调查证据，错误认定案件事实。（1）A公司对一审判决认定的诸多事实、造价鉴定程序均提出异议，二审判决却认定A公司无异议，此种认定缺乏事实依据。（2）原审法院对A公司于2014年11月24日、2014年11月28日、2017年1月13日、2017年9月6日补充提交的合计2311页证据以及B公司提交的257页证据未组织证交换和质证，致事实认定错误。（3）B公司提供了某某市公安局治安管理大队出具的《证明》，证明其起诉书中加盖的印章系其所有。A公司申请一审法院调查核实该《证明》的真实性，一审法院未予调查，也未对A公司提出的驳回B公司起诉的请求进行审理。（4）B公司提交的电子银行交易回单并非正式发票，未经A公司质证，一审法院以此认定鉴定费120万元不当。

2. 原审判决认定A公司承担以下费用不当：（1）B公司主张总承包服务费194307.39元的证据《工程项目竣工结算汇总表》系B公司伪造，未附计算该费用所依据的各分包工程造价金额，该证据不应采信。此外，原审判决认定A公司持有分包工程结算资料拒不提供，从而推定B公司主张的总承包服务费194307.39元成立，系适用法律错误。（2）B公司主张地震维修费317179.26元的证据《芦山420地震维修项目竣工结算书》系B公司伪造，该结算书中列明的地震维修工程量无其他证据予以印证，不应采信。同时，4·20地震不属于合同约定的不可抗力范畴，A公司也未同意承担地震修复费用。（3）原审判决以加权平均数计算钢材价款错误，应以算术平均数计算。钢材差价为370000元的证据《钢材加权平均表》系B公司伪造，该表将不同规格的钢材按一种规格的单价计算，且依据单价为2012年四川省造价信息价，与A公司根据市场行情所定单价不符，也未经A公司质证，不应采信。（4）B公司未提供《建设工程安全文明施工措施评价及费率测定表》，依据2011年施行的《四川省建设工程安全文明施工费计价管理办法》的规定，不能收取安全文明施工费。即使B公司申请安全文明评价，因B公司在施工过程中存在大量违反安全文明施工的行为，B公司的综合评价结果应为不合格，也不能计收安全文明施工费。且该办法中没有安全文明施工费最低标准这一概念，原审判决认定安全文明施工费最低标准945888元无依据。虽然2017年施行的《四川省建设工程安全文明施工费计价管理办法》规定施工企业可以自主选择是否进行安全文明评价，如不进行评价，结算时按基本费计取安全文明施工费。但该规定施行于本案合同订立后，不适用于本案。（5）B公司未对24号签证中监理单位批复意见提出异议，鉴定机构则应按监理单位的批复进行鉴定，鉴定机构按常规施工做法进行鉴定不当，认定该签证所涉工程造价150523.9元是错误的。（6）B公司选择以法院判决的方式取得工程结算审计定案的结果，该行为应视为B公司放弃其依据合同享有的要求A公司在90天内完成工程审计的权利，因此，在案涉工程结算审计定案即判决生效前，B公司无权要求A公司支付工程款利息。原审法院以付款时间约定不明，判决从起诉之日计算工程款利息不当。

3. 原审判决认定B公司不承担以下费用不当：（1）A公司提供的由B公司项目经理及监理方签字确认的祥宇工函〔2012〕013号工作函中，B公司认可偷卖砂石1300立方米，据此计算应赔偿A公司砂石款19500元。（2）A公司不存在违约行为，案涉工程未结算是B公司未提交竣工结算资料所致。A公司对B公司未提交竣工资料也无任何过错，B公司应支付A公司逾期交付竣工资料违约金600万元。（3）地下室集水坑水泵电缆工程属于B公司的施工范围，A公司委托第三方施工该项工程所支付的费用22900元应由B公司承担。

4.原审判决遗漏A公司提出的三项反诉请求及一项增加上诉请求。未对A公司提出的"要求B公司按合同约定办理竣工结算""要求B公司按每日17400元（5800万元×0.0003=17400元）的标准继续支付从2017年1月1日起至提交竣工资料之日止的逾期提交竣工资料违约金""B公司交付包含A公司已转交给B公司的门窗、栏杆、外墙涂料分包工程竣工资料"的反诉请求，以及增加的上诉请求"改判A公司从本案判决发生法律效力之日起开始承担未付工程款的利息"进行处理。

5.二审中审判长存在违规违法行为，应当回避而未回避。A公司申请变更后的合议庭回避，二审法院未处理。

本院经审查认为，A公司的再审申请事由均不能成立，具体分析如下：

关于是否存在原审判决认定事实的主要证据未经质证或系伪造的问题。经核查，原审判决认定事实所依据的证据均已组织各方当事人举证、质证，保障了A公司的诉讼权利。A公司主张B公司向一审法院提交的200余页证据未质证，其中包括电子银行交易回单、《钢材加权平均表》、地震损坏现场照片、工地照片等，但其已就上述证据在二审庭审中发表了质证意见。A公司主张其补充提交的2000余页证据一审法院未质证，但其未具体指出证据的名称、来源、内容及证明目的，在二审开庭时也未将上述证据向法庭提交和出示。故其主张一、二审法院均遗漏证据及证据未质证的理由不成立。A公司主张B公司提交的《工程项目竣工结算汇总表》《芦山420地震维修项目竣工结算书》《钢材加权平均表》系伪造，上述证据实为B公司单方编制的费用计算表，仅作为一种计算参考，并未直接成为定案依据，A公司的该项申请事由亦不成立。

关于鉴定程序及鉴定费用问题。一审法院启动工程造价鉴定是因双方不能就工程结算达成一致，经B公司申请，双方共同摇珠选择有资质的司法鉴定机构进行鉴定，该鉴定程序符合法律规定。此外，鉴定费用系相关诉讼费用，原审判决对鉴定费用的确认不属于认定案件事实。A公司也未提供证据证明原审判决确认的鉴定费金额错误，故其关于原审判决认定上述事实缺乏证据证明的事由不成立。

关于B公司的起诉是否应予驳回的问题。A公司主张一审法院未前往某某市公安局治安管理大队核实《证明》的真实性，因此本案B公司并未提起有效的诉讼。因《证明》上加盖了公安机关的印章，结合B公司提供的其他证据，足以证明提起该案诉讼是B公司的真实意思表示，一审法院无需向公安机关进行核实。一、二审法院已对本案作出实体判决，表明对B公司的主体资格已进行审查，A公司主张一、二审法院未对其提出的抗辩进行处理的理由不成立。

关于工程款及利息起算时间的问题。1.关于总包服务费。电梯、总坪等分项工程系A公司自行分包，其应持有分包工程的结算资料，却怠于提供相关资料用于计算总包服务费，原审法院依据《最高人民法院关于民事诉讼证据的若干规定》第七十五条、《最高人民法院关于适用〈中华人民共和国民事诉讼法〉的解释》第一百一十二条，推定B公司主张的总包服务费金额成立并无不当。2.关于地震维修费。因地震造成的维修工程量属于新增工程量，不属B公司合同义务。A公司作为案涉工程的发包人，该工程利益最终由A公司享有，其应承担相应维修费用。3.关于钢材差价款。案涉合同未约定按加权平均还是算术平均计算钢材价款，系约定不明。钢材价格市场波动较大，以信息价为依据按加权平均计算钢材价款，相较于算术平均而言，更能反映不同时间段的钢材价格变化，体现钢材的实际价格，原审判决按此计算钢材价款并无不当。4.关于安全文明施工费。本案虽无A公司签字确认的《建设工程安全文明施工措施评价及费率测定表》，但双方因工程量认定、工程进度款支付等问题发生纠纷，存在建设单位、监理方怠于在安全文明施工措施评价表上签章的情况。现有证据证明B公司在施工过程中采取了安全文明施工措施，该部分费用实际发生，案涉工程也未发生一般及以上安全事故，依据公平原则，原审判决按照最低标准认定A公司支付安全文明施工费并无不当。5.关于24号签证所涉工程造价。监理公司虽然认为B公司未按设计施工，但该签证附图内容并不完整，原审法院结合B公司已实际施工的情况和造价鉴定机构的意见，按组织设计施工批复意见计算部分工程款，符合客观实际。6.关于工程款利息的起算时间。合同约定工程竣工验收合格审计后90日付款，但案涉工程未按合同约定进行审计，而是通过诉讼确认工程造价，审计后付款的条件不可能成就，应视为付款时间约定不明，且本案存在A公司怠于结算的情形，原审判决从B公司起诉之日起计算工程款利息并无不当。

关于A公司主张的赔偿款及违约金问题。1.关于砂石赔偿款。A公司〔2012〕13号工作联系函不能证明B公司造成了A公司砂石款损失，原审判决未支持其该项主张并无不当。2.关于逾期交付竣工资料违约金。从现有证据看，A公司、B公司在合同履行期间存在严重分歧，分别就工程施工过程中对方存在的问题进行信访和投诉，四川省某某县城建设局多次组织双方协调，原审判决认定双方均存在未履行合同义务的情况，均有过错，应自行承担各自的过错责任，并不缺乏事实依据。原审判决未予支持A公司要求B公司承担违约责任的相关请求并无不当。3.关于地下室集水坑水泵电缆工程费用。A公司未提供充分证据证明该工程属于B公司施工范围，且B公司所做工程已竣工验收合格，原审判决认定B公司不承担该费用并无不当。

关于原审合议庭成员是否应当回避以及原审判决是否遗漏诉讼请求的问题。A公司未提交证据证明原审合议庭成员存在《中华人民共和国民事诉讼法》第四十四条规定的应当回避的情形，其该项再审理由不能成立。本案原审法院已对工程款结算以及A公司主张的逾期提交竣工资料违约金和移交竣工资料等反诉请求进行了审理和判决，并未有所遗漏。判决书生效后，当事人应当根据诚实信用原则切实履行判决事项，A公司主张判决移交资料的具体内容和份数不明确影响执行，不属于法律规定的再审申请事由。至于其增加的上诉请求，因其未在法律规定的上诉期限内提出，且未缴纳相应的上诉费，原审法院未对此进行审理并无不当。

综上，A公司的再审申请不符合《中华人民共和国民事诉讼法》第二百条规定的情形，依照《中华人民共和国民事诉讼法》第二百零四条第一款、《最高人民法院关于适用〈中华人民共和国民事诉讼法〉的解释》第三百九十五条第二款规定，裁定如下：

驳回A公司的再审申请。

审判长　　叶　欢

审判员　　冯文生

审判员　　王海峰

二〇二〇年三月二十四日

法官助理　董　行

书记员　　隋艳红

第 28 讲

承包人中途退场，安全文明施工费应否以已完工程造价中的人工费为计费基数

一、阅读提示

当前不少省市规定：建设工程安全文明施工费由"直接费、现场考评费（考评费）和奖励费"三种费用组成。如果当地的施工承包人因为种种原因中途退场、解约，上述费用通常需要借助工程造价司法鉴定确定，那么其计费基数是承包人实际已完工程造价中的人工费，还是案涉工程全部工程造价中的人工费？

二、案例简介

2014年8月19日，施工总承包人A公司与发包人B公司签订施工总承包合同，约定由A公司总承包多栋楼房工程，工程款按暂定单价结算。在该合同履行过程中，A公司因故中途撤场。

2016年7月11日，A公司将B公司起诉至河南省焦作市中级人民法院（以下简称一审法院），索要剩余工程款及相关损失。2016年10月12日，B公司则向一审法院另行起诉A公司，提出了违约金等多项诉求。一审法院将两案合并审理。

本案主要争议问题之一是：对于A公司主张的安全文明施工费（含基本费、考评费、奖励费），是应按其已完工程造价中的人工费为基数计算，还是应按全部工程造价中的人工费为基数计算？

对于该争议问题，一审法院依据A公司的申请，委托的工程造价司法鉴定机构认为：1.A公司应得的安全文明施工费中的基本费应按工程预算中的人工费为基础计算，本案鉴定只计算了已完工程造价（包含已完工程造价中的人工费），并以此人工费为基础，计取已完工程安全文明基本费。2.安全文明考评费和奖励费因没有考评系数和奖励证书，无法鉴定计算。

本案一审法院和二审法院河南省高级人民法院以及再审法院最高人民法院经审理审查，均采信鉴定机构的上述鉴定意见，认为A公司提出的应按全额计取安全文明施工费中的基本费、考评费和奖励费等理由不成立。2020年12月29日，最高人民法院

作出（2020）最高法民申3463号《民事裁定书》，驳回了A公司的再审申请。

三、案例解析

从上述案情中笔者总结出的法律问题是：**对于本案施工总承包人A公司中途退场后应取得的安全文明施工费（包含基本费、考评费、奖励费），三级法院均认为应按A公司已完工程造价中的人工费为基数计算，是否合法合理？**

笔者认为合法合理，且符合河南省关于安全文明施工费的相关文件规定。主要分析如下：

（一）关于安全文明施工费中的基本费、考评费、奖励费的概念

我们需要先了解A公司主张的安全文明施工费中的基本费、考评费、奖励费的概念。本案工程属于河南省管辖范围，因此安全文明施工费的计取需要按照河南省的相关文件执行。根据当事双方签订施工合同时正在施行的《河南省建设工程安全文明施工措施费计价管理办法》（豫建设标〔2006〕82号，现已废止）、《关于调整〈河南省建设工程安全文明施工措施费计价管理方法〉通知》（豫建设标〔2012〕31号，现已废止）等文件的相关规定，河南省范围内的建设工程的安全文明施工措施费被设为三部分计价，即："基本费""现场考评费（考评费）""奖励费"。

何谓"基本费"？它是指为保障施工现场安全生产与文明施工措施必须投入的基本费用。何谓"现场考评费（考评费）"？它是指需经考评组考核，工程造价管理机构按规定测算核定的安全文明施工措施增加费。何谓"奖励费"？它是指承包方创建省、市文明工地称号后，发包方应当支付承包方的奖励费用。

通俗地理解，安全文明施工费中的"基本费"是发包人必须无条件据实支付施工承包人的一项基础费用，而其余的"考评费"和"奖励费"是在承包人满足一定的前置条件后，发包人才应支付的额外费用。

（二）本案鉴定机构仅鉴定A公司应取得的安全文明施工费中的"基本费"，是否合规

根据《关于调整〈河南省建设工程安全文明施工措施费计价管理方法〉通知》（豫建设标〔2012〕31号，现已废止）第七条的规定："安全文明施工措施费中的基本费应按规定足额计取，工程造价结算及审核时不得调减。现场考评费应按工程造价管理机构核发的《安全文明施工措施费率核定表》进行计算。奖励费根据获奖级别按（豫建设标〔2006〕82号）文第十四条规定计算。"安全文明施工费中的"基本费""现场考评费（考评费）""奖励费"应以实际发生的定额人工费为计费基数，再乘以不同工程各自对应的费率计算得出。本案鉴定机构正是按照上述方法鉴定出A公司应取得的安全文明施工费中的"基本费"。即针对A公司施工中途退场的情形，只能以A公司实际完成的工程造价中的人工费为计费基数计算"基本费"，而非以全部工程造价

中的人工费为计费基数。

此外，对于安全文明施工费中的"考评费"和"奖励费"，由于A公司在本案中没有举证证明其完成了该两项费用的前置条件，因此鉴定机构没有鉴定该两项费用。

正是基于上述事实及文件依据，本案三级法院才会采信鉴定机构的上述鉴定意见，没有采纳A公司的主张（详见本讲"裁判理由"）。

四、裁判理由

以下为最高人民法院作出的（2020）最高法民申3463号《民事裁定书》对本讲总结的上述法律问题的裁判理由：

（五）关于安全文明施工费、临时措施费、考评费、奖励费计费问题。经查，鉴定机构已在《听证会对A公司异议的回复》第三项中就A公司该项异议作了答复，因A公司中途退场，鉴定机构按A公司已完工程计取安全文明施工费、临时措施费并无不当。在A公司未提交考评系数和奖励证书的情况下，鉴定机构无法计算安全文明考评费和奖励费，A公司应承担相应的不利后果，A公司关于应当计取考评费和奖励费的申请理由不能成立。

五、案例来源

（一）一审：河南省焦作市中级人民法院（2016）豫08民初125号《民事判决书》

（二）二审：河南省高级人民法院（2018）豫民终1958号《民事判决书》

（三）再审审查：最高人民法院（2020）最高法民申3463号《民事裁定书》[见本讲附件：案例（节选）]

六、裁判要旨

根据地方行政管理文件的规定，安全文明施工费是由"直接费、现场考评费（考评费）和奖励费"三种费用组成。如果施工承包人中途退场，未经现场考评以及未取得奖励事项，那么工程造价司法鉴定机构以其实际已完工程造价中的人工费为基数，仅计算安全文明施工费中的"直接费"，并无不当，法院可以采信。

七、相关文件

（一）原建设部《关于印发〈建筑工程安全防护、文明施工措施费用及使用管理规定〉的通知》（建办〔2005〕89号）

第三条 本规定所称安全防护、文明施工措施费用，是指按照国家现行的建筑施工安全、施工现场环境与卫生标准和有关规定，购置和更新施工安全防护用具及设施、改善安全生产条件和作业环境所需要的费用。安全防护、文明施工措施项目清单详见附表。

建设单位对建筑工程安全防护、文明施工措施有其他要求的，所发生费用一并计入安全防护、文明施工措施费。

第四条 建筑工程安全防护、文明施工措施费用是由《建筑安装工程费用项目组成》（建标〔2003〕206号）中措施费所含的文明施工费、环境保护费、临时设施费、安全施工费组成。

其中安全施工费由临边、洞口、交叉、高处作业安全防护费，危险性较大工程安全措施费及其他费用组成。危险性较大工程安全措施费及其他费用项目组成由各地建设行政主管部门结合本地区实际自行确定。

（二）住房城乡建设部 财政部关于印发《建筑安装工程费用项目组成》的通知（建标〔2013〕44号）

附件3:《建筑安装工程费用参考计算方法》

二、建筑安装工程计价参考公式如下

（一）分部分项工程费

分部分项工程费＝∑（分部分项工程量×综合单价）

式中：综合单价包括人工费、材料费、施工机具使用费、企业管理费和利润以及一定范围的风险费用（下同）。

（二）措施项目费

1.国家计量规范规定应予计量的措施项目，其计算公式为：

措施项目费＝∑（措施项目工程量×综合单价）

2.国家计量规范规定不宜计量的措施项目计算方法如下

（1）安全文明施工费

安全文明施工费＝计算基数×安全文明施工费费率（%）

计算基数应为定额基价（定额分部分项工程费＋定额中可以计量的措施项目费）、定额人工费或（定额人工费＋定额机械费），其费率由工程造价管理机构根据各专业工程的特点综合确定。

（2）夜间施工增加费

夜间施工增加费＝计算基数×夜间施工增加费费率（%）

（3）二次搬运费

二次搬运费＝计算基数×二次搬运费费率（%）

（4）冬雨季施工增加费

冬雨季施工增加费＝计算基数×冬雨季施工增加费费率（%）

（5）已完工程及设备保护费

已完工程及设备保护费＝计算基数×已完工程及设备保护费费率（%）

上述（2）～（5）项措施项目的计费基数应为定额人工费或（定额人工费＋定额机

械费），其费率由工程造价管理机构根据各专业工程特点和调查资料综合分析后确定。

八、实务交流

（一）对于当事人争议的安全文明施工费相关问题：例如，发包人是否应当支付该项费用包括的全部明细费用或是部分明细费用，该项费用的计费基数是什么，计费费率是多少等问题，当事人首先应该以工程所在地省级主管部门制定的安全文明施工费相关文件为计价依据。因为该项费用的具体行政管理权限已被国家下放给地方政府，国家对此没有统一的具体处理规定。

（二）对于施工承包人而言，如果在未完成全部承包工程的情形下中途解约退场，且其与发包人签订的施工合同没有明确约定如何计算安全文明施工费，那么该项费用通常需要借助工程造价司法鉴定确定。司法鉴定机构应以工程所在地的相关行政管理文件为鉴定依据，通常会以承包人实际已完工程造价中的人工费为计费基数计算安全文明施工费，而非以承包人应该完成的全部工程造价中的人工费为计费基数计算。

（三）在起诉索要安全文明施工费这类案件中，按照"谁主张，谁举证"的一般举证规则，施工承包人对其是否实施、完成了哪些安全文明施工措施负有法定举证义务，否则将承担举证不利的法律责任，这类败诉案例在司法实践中并不少见。

（四）除了本案之外，笔者也检索到最高人民法院近年来审理的部分类案（详见本讲"参考类案"）。这些类案的裁判理由虽然表述各异，但暗含的裁判规则基本一致：安全文明施工费中的"基本费"是发包人应当按照工程所在地的行政管理文件的相关规定必须支付施工承包人的基础费用。安全文明施工费中的"现场考评费"和"奖励费"均须承包人举证证明自己已符合当地行政管理文件规定的获得条件，否则将承担举证不利的法律责任。

九、参考类案

为使广大读者有更多的权威类案参考，笔者专门检索、提供近年来由最高人民法院作出的部分类案的生效裁判文书的裁判理由（与本案上述裁判观点基本一致），供大家辩证参考、指导实践。

（一）最高人民法院（2018）最高法民再431号《民事判决书》（再审）

3.关于现场安全文明施工费中的基本费问题。现场文明施工措施费中的基本费是施工单位在施工过程中必须发生的安全文明措施的基本保障费用，系施工单位必然发生的费用，无论行政管理部门是否核定该项费率，建设单位亦应当按相关规定及时向施工单位支付基本费。因此A公司应当向B公司支付基本费。案涉《建筑工程施工合同》约定的按江苏省工程清单计价表2008定额及取费以二类工程为准，但自江苏省建设厅编制的2009年《江苏省建设工程费用定额》施行后，原颁发的建设工程各专业费用定额同时停止执行，因此现场安全文明措施费的计取应当以2009年《江苏省建设工程费用定额》为依据。一审法院以《江苏省建设工程现场安全文明施工措施费计价管理办法》中规定的基本费率2.2%乘以当事人无争议的分部分项工程费14618578.14元，认定A公司应向B公司支付321608.71元基本费并无不当。A公司关于其不应当向B公司支付基本费的上诉主张不能成立，二审法院不予支持。

（二）最高人民法院（2018）最高法民申2123号《民事裁定书》（再审审查）

5.安全文明措施费及考评费696252.38元应否扣除的问题。依据《河南省建设工程安全文明施工措施费计价管理办法》的规定，包括基本费、现场考评费和奖励费在内的安全文明施工措施费由承包单位在施工至总工程量的一定比例时，自行向相关机构申报。而本案中，A公司作为施工单位并未实际履行申报手续，其能否获取该费用尚处不确定状态，A公司主张本案中不应扣除该费用的再审理由不能成立。

（三）最高人民法院（2014）民一终字第310号《民事判决书》（二审）

（一）关于现场文明施工措施费。一审法院审理期间，A公司对金某某公司所作补充鉴定意见质证认为，现场安全文明施工措施费部分应按2%计取。一审法院以该部分费用为不可竞争费应在工程预算中足额计取为据按基本费计取2%，该费用计取范围符合《江苏省建设工程现场安全文明施工措施费计价管理办法》第四条规定，亦未超出A公司抗辩范围。A公司关于按合同总价款的1%计算现场文明施工措施费的主张，缺乏事实和法律依据，本院不予支持。关于B公司提出应计取合同总价款0.4%奖励费及1.1%考评费问题。关于奖励费，B公司认为其施工曾获得昆山市市级文明工地，应计取0.4%奖励费。经查，昆山市为县级市，B公司主张该项目工地按上述江苏省有关文件规定属"市级文明工地"的证据不足，一审法院不予支持并无不当。关于考评费，B公司主张因A公司故意不在考评申请表签章等原因致不能参加考评和计取该项费用，应予计取。依据《江苏省建设工程现场安全文明施工措施费计价管理办法》第七条规定，现场考评一般在单项工程完成工程量约70%后，依据施工单位的申请，由造价管理机构、建设安全监督机构、监理等单位组成考评组织，现场核查打分。B公司并未提供相关考评手续以及其申请的相关证据，故一审法院对该部分费用不予计取，并无不当。

 附件：案例（节选）

中华人民共和国最高人民法院
民　事　裁　定　书

（2020）最高法民申3463号

再审申请人（一审被告、并案原告，二审上诉人）：A公司，住所地上海市黄兴路

1675号8楼。

　　法定代表人：徐某某，A公司董事长。

　　委托诉讼代理人；祝某某，河南某某阳光律师事务所律师。

　　被申请人（一审原告、并案被告，二审上诉人）：B公司，住所地河南省焦作市马村区待王镇（焦新路北）。

　　法定代表人：王某某，B公司总经理。

　　委托诉讼代理人：侯某某，上海某某城（郑州）律师事务所律师。

　　委托诉讼代理人：何某某，上海某某城（郑州）律师事务所律师。

　　再审申请人A公司因与被申请人B公司建设工程施工合同纠纷一案，不服河南省高级人民法院（2018）豫民终1958号民事判决，向本院申请再审。本院立案受理后，依法组成合议庭进行了审查，现已审查终结。

　　A公司申请再审称，一、……二、本案一、二审判决对应付款数额认定错误。（一）对案涉工程价款数额认定错误。1.……5.鉴定意见中安全文明施工费按已完工程计取费用错误，临时设施费应当全额计取，不能按照已完工工程造价计入，考评费、奖励费应当计入。安全文明费属于不可竞争费用，A公司已经按整个项目投入安全文明施工费中的基本费用，故基本费用应全额计取。豫建设标〔2014〕57号文件明确该文件下发之前已签订合同的工程按原约定执行，造价机构未受理申报的，不再对安全文明施工费测算确认，发承包双方按原标准执行，故考评费与奖励费应执行原文件标准足额计取……综上，A公司依据《中华人民共和国民事诉讼法》第二百条第二项、第六项之规定，向本院申请再审。

　　B公司提交书面意见称……

　　本院经审查认为，本案需审查的问题为：一、案涉《亿祥美郡施工总承包合同》效力如何；二、二审判决对案涉工程价款数额认定是否正确；三、二审判决对工期延误责任及B公司损失认定是否正确；四、二审判决A公司向B公司交付竣工验收资料并配合进行竣工验收及备案是否妥当。

　　一、关于案涉《亿祥美郡施工总承包合同》的效力问题

　　本案中，案涉《亿祥美郡施工总承包合同》签订于2014年8月19日，属于双方未经招标投标而签订的合同，虽然在签订该合同时，案涉工程属于必须招标投标的工程，但是本案一审审理期间，国家发展和改革委员会制定的《必须招标的工程项目规定》及《必须招标的基础设施和公用事业项目范围规定》已自2018年6月1日开始施行，案涉民间资本投资的商品住宅不再属于必须招标的项目，是否进行招标投标不再影响合同效力，二审判决认定案涉《亿祥美郡施工总承包合同》为有效合同，并未加重A公司责任或减损A公司权利，故A公司关于案涉合同效力的相关申请理由不足以导致本案再审。

　　二、关于二审判决对案涉工程价款数额认定是否正确的问题

　　（一）关于应否执行豫建设标〔2014〕29号文件，增加工程造价1044649元的问题。经查，案涉楼栋中的11#楼工程开工令显示，2014年6月27日开始施工，表明双

方之间的工程施工合同自该日即开始实际履行，双方于2014年8月19日签订的《亿祥美郡施工总承包合同》系施工后补签的合同。豫建设标〔2014〕29号文件规定："本文件自2014年7月1日起执行，此前已招标或签订合同的工程按原约定"。因本案双方未在《亿祥美郡施工总承包合同》明确约定适用该标准，故一、二审判决根据案涉工程实际开工日期的情况，认定案涉工程不适用豫建设标〔2014〕29号文件，并对该项费用不予增加，并无不当。

（二）关于人工配合清理机下余土费用。经查，A公司一审提交的B公司的签证中有人工配合机械挖土相关内容，一、二审判决认定应当计取该项费用，并根据实际施工情况，酌定按50%计取，并无不当。

（三）关于地下室照明费。因案涉工程不符合执行豫建设标〔2014〕29号文件的条件，故一、二审判决未适用该文件相应标准将该项费用计入工程造价，并无不当。

（四）关于抗渗混凝土计价问题。本案中，B公司为证明案涉工程使用的抗渗混凝土与普通商品混凝土的实际差价为10元/立方米，提交了《焦作市建设工程商品混凝土购销合同》和《河南省建筑和装饰工程综合基价（2002）综合解释》，一、二审判决按A公司主张的20元/立方米的一半即10元/立方米计算抗渗混凝土差价，有事实和法律依据，并无不当。

（五）关于安全文明施工费、临时措施费、考评费、奖励费计费问题。经查，鉴定机构已在《听证会对A公司异议的回复》第三项中就A公司该项异议作了答复，因A公司中途退场，鉴定机构按A公司已完工程计取安全文明施工费、临时措施费并无不当。在A公司未提交考评系数和奖励证书的情况下，鉴定机构无法计算安全文明考评费和奖励费，A公司应承担相应的不利后果，A公司关于应当计取考评费和奖励费的申请理由不能成立。

（六）关于分包费及管理费问题。根据鉴定机构在《听证会对A公司异议的回复》第五项回复意见，无法鉴定分包费及管理费的金额，系因双方未提交甲方分包工程的安装费、造价或人工费等计算分包费及管理费的基数，也未提交分包配合的工作内容资料和时间节点等资料所致，案涉《亿祥美郡施工总承包合同》第七条第一款第13项虽然有关于配合费及管理费的约定，但该费用的计取需以有相关分包合同或计算基数为前提，A公司主张该项费用约为20万元，因未提交充分证据证明，一、二审判决未将该项费用计入工程总造价，并无不当。

（七）关于地下室混凝土外墙套用定额问题。经查，鉴定机构就A公司该项异议已在《听证会对A公司异议的回复》第一项第9点进行了回复，A公司未提交相反证据推翻鉴定机构的回复意见，故A公司关于该项应执行剪力墙定额的申请理由不能成立。

（八）关于混凝土阳台梁板套用定额问题。经查，鉴定机构及A公司该项异议已在《听证会对A公司异议的回复》第一项第6点进行了回复，A公司未提交相反证据推翻鉴定机构的回复意见，故A公司关于该项不应执行梁板定额的申请理由不能成立。

（九）关于钢筋工程量问题。A公司主张鉴定机构钢筋工程量少计约400吨，因其未提交证据证明，且鉴定机构在《听证会对A公司异议的回复》第一项第23点已就钢筋工程量进行了复核，并复核无误，A公司该主张不能成立。

（十）关于建筑面积问题。A公司主张鉴定机构对主体结构内的阳台和建筑物外墙外侧保温隔热层面积计算不当，因其未提交相关计算依据和合同依据，故A公司相关申请理由不能成立。

（十一）关于综合脚手架、垂直运输费的问题。鉴定机构在《听证会对A公司异议的回复》第一条第21点已就A公司该项异议作出回复。因A公司未提交证据证明脚手架、垂直运输机械均由其提供，鉴定机构按已完工程量比例分摊计算脚手架、垂直运输费用，并无不当。A公司该申请理由不能成立。

（十二）A公司关于鉴定机构没有关于主楼与人防车库之间的连接口部分的造价依据的主张，本质上属于对案涉工程量提出的异议，应在一审鉴定前工程量核对过程中提出，其在一、二审中未就该项明确提出异议，A公司就该项事由申请再审，其主张不能成立。

三、关于工期延误责任及损失认定的问题

首先，关于工期延误责任问题。本案中，根据已查明事实，A公司施工的11#楼主体封顶时间较合同约定迟延274天，15#楼主体封顶时间较合同约定迟延215天，16#楼主体封顶时间较合同约定迟延214天，13#楼施工至主体16层混凝土浇筑，至A公司停工撤场时主体也未封顶，迟延271天，17#楼施工至16层混凝土浇筑，至A公司停工撤场时主体也未封顶，迟延267天。上述事实表明，A公司施工的工程均存在迟延施工情形，且迟延天数均在200天以上。A公司主张工程延误的原因在于B公司，包括施工许可证迟延办理，设计变更，受政府指令、亿祥指令、村民闹事等因素以及B公司延期支付工程款等原因。经查，A公司在案涉施工许可证办理前已经开始施工，可知施工许可证的迟延办理并未影响A公司开工。A公司提交关于设计变更、天气因素等工作联系单，均非明确的工期顺延申请，而仅是就施工过程中相关情况向B公司进行反映，根据《亿祥美郡施工总承包合同》第九条关于工期及延误工期的违约责任中关于"除有发包方顺延工期签证外"的约定内容，A公司提交的上述工程联系单和函，不足以证明B公司已同意工期顺延，而且从工程联系单上载明的内容来看，也无法得出具体顺延天数。A公司提交的《工期延误申请表》，载明的申请延期的天数为9天或13天，远不足以证明其对案涉工程迟延施工超200天以上具有合理性。另外，根据已查明的B公司付款情况，B公司3#楼付款时间较合同约定付款时点迟延5天，11#楼付款时间较合同约定付款时点迟延9天，13#楼、15#楼、16#楼、17#楼虽然亦存在迟延付款情形，但迟延时间均未达到200天以上，而且A公司亦未提交因B公司迟延付款而申请工期顺延的相关签证等证据，二审判决综合在案证据及A公司迟延施工情况和B公司迟延付款情况，认定A公司对工期延误承担主要责任，B公司承担次要责任，并无不当。

其次，关于B公司因A公司停工离场及工期延误损失问题。《亿祥美郡施工总承包合同》第十六条第三款约定，因A公司明确表示不再履行合同义务，B公司有权解除合同，A公司应赔偿B公司为完成剩余工程多支出的费用，即B公司自行或安排第三方完成剩余工程所发生的超出A公司依据合同约定完成剩余工程所需要的部分费用。该条同时还约定，工程未按原计划完工，导致B公司逾期向购房人（承租人）交付房屋的，损失（由于甲方原因的除外）由A公司承担，损失按已售总房价（租金）日万分之五计算直至交付，但最高额不超过合同总造价的3%。本案中，A公司在未完成案涉工程施工的情况下，于2016年1月17日撤离全部施工人员、设备，其以实际行为明确表明不再履行其与B公司签订的《亿祥美郡施工总承包合同》，根据上述合同约定，A公司应承担B公司由此而多支出的费用。B公司为证明其完成剩余工程工程价款，单方委托河南某某工程咨询有限公司对A公司未完工程造价进行鉴定并出具造价咨询意见书，在此基础上，一、二审判决剔除并未包含在应由A公司施工的3#地库440万元和B公司未提交证据证明实际发生的案涉工程建筑物沉降观测费41000元和建筑材料进场试验费3750元，确定B公司因A公司离场后未施工部分的损失为7574216.3元，具有事实依据，A公司亦未提供充分证据推翻二审判决的上述认定。B公司为证明其因A公司工期延误而遭受的逾期交房损失，提交了所有交房户的购房合同及赔付凭证，一、二审判决将上述损失合并认定为2500801元，并不属于缺乏证据证明情形。因A公司停工离场、工期延期是造成未施工工程另行分包增加费用的损失和逾期交房损失的主要原因，B公司未按期足额支付工程款对上述损失的形成亦具有过错，一、二审判决认定上述两项费用，由A公司承担70%，有事实和法律依据，并无不当。

此外，关于返修费用问题。虽然B公司未提交证据证明其已按照《亿祥美郡施工总承包合同》约定书面通知A公司进行返修，但是A公司施工的部分工程确实存在质量问题，且B公司系在A公司拒绝修复的情形下组织他人修复，B公司亦提交了相关证据证明修复费用已实际支出，此种情形下，一、二审判决认定返修费用由A公司承担，并不违反法律规定，A公司关于其不应承担返修费用的申请理由不能成立。

四、关于二审判决判令A公司向B公司交付竣工验收资料并配合进行竣工验收及备案是否妥当的问题

本案中，B公司作为案涉工程发包方提起诉讼，要求A公司向其提交案涉工程3#、11#、13#、15#、16#、17#楼已完主体工程施工资料，诉讼请求具体而明确，A公司作为施工方应当依照《中华人民共和国合同法》第六十条规定，遵循诚实信用原则，按照便于B公司办理案涉工程竣工验收备案的要求提供相关工程施工资料，一、二审判决对B公司应付工程数额已经明确，该义务已具有强制执行力，A公司以其未收到款项为由主张配合B公司办理竣工验收备案的条件不成就，没有事实依据，A公司相关申请理由不能成立。

另外，关于2015年11月20日460万元的收据问题。本案中，A公司在该460万元收据上盖章确认，且其对该收据真实性不持异议，应当视为A公司已收到该460万元工程款。二审判决采信该收据，并认定该460万元为B公司已付工程款，并无不当。A公司主张双方之间存在先开收款收据、B公司再根据收据及付款申请拨付工程进度款的交易习惯，因其未提交证据证明，其申请理由不能成立。

综上，A公司的再审申请不符合《中华人民共和国民事诉讼法》第二百条第二项、

第六项规定情形，本院依照《中华人民共和国民事诉讼法》第二百零四条第一款，《最高人民法院关于适用〈中华人民共和国民事诉讼法〉的解释》第三百九十五条第二款之规定，裁定如下：

驳回A公司的再审申请。

审判长　　方　芳

审判员　　朱　燕

审判员　　贾亚奇

二〇二〇年十二月二十九日

法官助理　　陈其庆

书记员　　王康桥

安全文明施工费系依据异地计价文件鉴定，法院应否采信

一、阅读提示

通常情况下，工程造价司法鉴定机构应当以案涉工程所在地住房和城乡建设部门制定的相关工程计价文件为鉴定依据，鉴定安全文明施工费。如果工程造价司法鉴定机构反其道而为之，直接将异地的工程计价文件作为鉴定依据，那么法院应否采信该笔费用？

二、案例简介

2014年，发包人A公司因与承包人B公司发生建设工程施工合同纠纷，将其起诉至贵州省高级人民法院（以下简称一审法院），索要多支付给B公司的工程款。

一审法院根据A公司的申请，委托工程造价司法鉴定机构对案涉工程的造价进行鉴定。其中，对于安全文明措施费的鉴定，虽然本案双方在签订的多份施工合同中约定"文明施工及安全措施费可参照批准的施工组织设计计算"，但B公司未能向鉴定机构提供施工过程中相应签证认可的安全文明施工收方资料。

在此情形下，鉴定机构没有依据本案工程所在地贵州省住房和城乡建设部门制定的工程计价文件鉴定安全文明措施费，而是依据重庆市的相关计价文件鉴定，作出了补充鉴定意见——《补充资料审核》，鉴定安全文明措施费为1620797.36元，供一审法院参考。

一审法院经审理，认为《补充资料审核》对上述安全文明措施费的鉴定没有事实依据和法律依据，因此不予采信，即认为该笔费用不应作为A公司支付B公司的工程款。B公司对此不服，其后向二审法院最高人民法院上诉。

最高人民法院经审理，认为一审法院的上述认定正确，B公司的全部上诉理由不成立。遂于2016年8月24日作出（2016）最高法民终414号《民事判决书》，驳回其上诉，维持一审判决。

三、案例解析

从上述案情中笔者总结出的法律问题是：**本案鉴定机构依据异地重庆市的工程计价文件鉴定在贵州省建设的工程的安全文明措施费，法院应否采信？**

笔者认为：该项鉴定意见依法不应被法院采信。主要分析如下：

（一）关于安全文明措施费的概念

我们需要先了解什么是安全文明措施费？依据《关于印发〈建筑工程安全防护、文明施工措施费用及使用管理规定〉的通知》（建办〔2005〕89号）的相关规定可知，它是指按照国家现行的建筑施工安全、施工现场环境与卫生标准和有关规定，购置和更新施工安全防护用具及设施、改善安全生产条件和作业环境所需要的费用。它属于工程造价中措施项目费中的一项，主要是由安全施工费、文明施工费、环境保护费、临时设施费组成，是工程建设单位必须支付给施工单位的专项工程费用，施工单位在施工过程中必须专款专用，据实结算。该项费用的具体计价标准一般由工程所在地住房和城乡建设部门发文制定。该费用其后逐渐被统一称为"安全文明施工费"。

（二）本案鉴定机构鉴定的安全文明措施费为何不应被法院采信

主要原因在于：鉴定机构依据异地重庆市的工程计价文件鉴定该笔费用，既没有合同依据，也没有法律依据，更没有取得当事人的一致认可。此外，依据《建筑工程安全防护、文明施工措施费用及使用管理规定》第十七条的规定可知："各地可依照本规定，结合本地区实际制定实施细则。"国内各省级住房和城乡建设部门均已制定当地的安全文明措施费计价文件，供当地建设工程当事人使用。因此，本案鉴定机构应当依据本案工程所在地贵州省住房和城乡建设部门关于安全文明施工费的计价文件鉴定，绝不应依据异地省市的计价文件鉴定。因此，仅凭此一项错误，本案两审法院就不应采信该项鉴定费用（详见本讲"裁判理由"）。

四、裁判理由

以下为最高人民法院作出的（2016）最高法民终414号《民事判决书》对本讲总结的上述法律问题的裁判理由：

（一）关于安全文明措施费1620797.36元应否作为本案工程价款组成部分的问题。

安全文明措施费，是按照国家现行的建筑施工安全、施工现场环境与卫生标准和有关规定，购置和更新施工安全防护用具及设施、改善安全生产条件和资源环境所需要的费用。国家及各地建设行政主管部门的相关规范性文件，是行业主管部门从行业规范及管理的角度对建设工程安全文明措施费作出的规定。但具体工程应如何计取、实际发生金额及如何支付，则应当根据当事人的约定以及施工过程中采用的具体安全文明施工措施等实际情况而定。本案中，当事人虽然在案涉《建设工程施工合同》中对此项费用作出了参照批准的施工组织设计计算的原则约定，但工程施工组织设计、安全文明施工方案、专项方案中列明的仅为相应的暂列金额、估算或暂定金额，鉴定机构在《补充资料审核》亦认为"不能作为结算依据"，具体金额应当以相应的签证单等为依据加以计算。对于该项费用的实际发生情况及金额，应由施工企业B公司承担相应的举证证明责任，但在B公司提供给鉴定机构的证据材料中，并无施工过程中经过签证认可的安全文明施工收方资料，B公司亦未提供A公司对于该项费用予以认可的其他证据，故无法证明本案中安全文明措施费实际发生的情况及金额，B公司主张该项费用的事实依据不足，应由B公司自行承担举证不能的不利后果。

在此情况下，鉴定机构虽然在B公司对第一次鉴定意见提出异议后，在《补充资料审核》中借鉴重庆地区计费方式和原则计算出安全文明施工费1620797.36元，但仅作为供法院裁判的参考，是否采信以及如何采信，应由法院依法审查后判定。根据B公司在二审中向本院提交的《贵州省建设厅关于贯彻建设部〈建筑工程安全防护、文明施工措施费用及使用管理规定〉的实施意见》以及《贵州省建设工程安全生产费用监督管理暂行规定》的相关规定，贵州省存在关于安全文明措施费计取标准的规定。而鉴定机构却借鉴重庆地区的计费方式和原则，对案涉工程安全文明措施费进行了计算，这一做法缺乏合同约定及法律规定为依据，更无事实依据。而且，行业行政主管部门的规范性文件是为了"加强安全生产、文明施工管理，保障从业人员的作业条件和生活环境，减少和防止生产安全事故发生"之目的，而对建筑行业计取及使用安全文明措施费作出的管理性规定，当事人违反相应规定将可能受到主管部门的行政处罚。但这与是否应当按照相关文件规定的标准作为下限实际计取安全文明措施费，并作为工程款支付给施工单位之间不能等同。

综上，一审判决以该项安全文明措施费作为工程造价予以计提的依据不充分为由，对该项费用不予认可，并无不当。

五、案例来源

（一）一审：贵州省高级人民法院（2014）黔高民初字第8号《民事判决书》

（二）二审：最高人民法院（2016）最高法民终414号《民事判决书》（因其篇幅过长，故不纳入本讲附件）

六、裁判要旨

对于安全文明施工费的鉴定，在施工合同没有明确约定计价依据的情形下，工程造价司法鉴定机构依法应直接依据案涉工程所在地住房和城乡建设部门制定的工程计价文件鉴定，不能依据异地住房和城乡建设部门制定的工程计价文件鉴定。否则，法院依法不应采信该项鉴定费用。

七、相关法条、文件

（一）《建设工程安全生产管理条例》（国务院令第393号）

第八条　建设单位在编制工程概算时，应当确定建设工程安全作业环境及安全施工措施所需费用。

第二十二条　施工单位对列入建设工程概算的安全作业环境及安全施工措施所需费用，应当用于施工安全防护用具及设施的采购和更新、安全施工措施的落实、安全生产条件的改善，不得挪作他用。

（二）《关于印发〈建筑工程安全防护、文明施工措施费用及使用管理规定〉的通知》（建办〔2005〕89号）

第三条　本规定所称安全防护、文明施工措施费用，是指按照国家现行的建筑施工安全、施工现场环境与卫生标准和有关规定，购置和更新施工安全防护用具及设施、改善安全生产条件和作业环境所需要的费用。安全防护、文明施工措施项目清单详见附表。

建设单位对建筑工程安全防护、文明施工措施有其他要求的，所发生费用一并计入安全防护、文明施工措施费。

第四条　建筑工程安全防护、文明施工措施费用是由《建筑安装工程费用项目组成》（建标〔2003〕206号）中措施费所含的文明施工费，环境保护费，临时设施费，安全施工费组成。

其中安全施工费由临边、洞口、交叉、高处作业安全防护费，危险性较大工程安全措施费及其他费用组成。危险性较大工程安全措施费及其他费用项目组成由各地建设行政主管部门结合本地区实际自行确定。

第九条　建设单位应当按照本规定及合同约定及时向施工单位支付安全防护、文明施工措施费，并督促施工企业落实安全防护、文明施工措施。

第十七条　各地可依照本规定，结合本地区实际制定实施细则。

（三）《建设工程工程量清单计价规范》GB 50500—2013

2.0.22　安全文明施工费 health, safety and environmental provisions

在合同履行过程中，承包人按照国家法律、法规、标准等规定，为保证安全施工、文明施工，保护现场内外环境和搭拆临时设施等所采用的措施而发生的费用。

八、实务交流

（一）本案所涉的上述法律问题在司法实践中较为少见，虽然如此，但仍应引以为戒。对于工程造价鉴定机构而言，鉴定建设工程的安全文明施工费，原则上应以工程所在地住房和城乡建设部门制定的相关计价文件为鉴定依据，而不应依据异地的计价文件鉴定。

（二）对于施工承包人而言，务必在施工合同中明确约定安全文明施工费的计价依据、取费标准、举证责任，尤其要在日常施工过程中注意搜集证明自己实际实施了相关措施的证据，避免在后续的工程结算或诉讼过程中承担举证不利的后果。

⚖ 第 **30** 讲 ⚖

当事人约定安全文明施工费的计提标准低于行政标准，法院应否支持

一、阅读提示

　　根据国家相关规定，安全文明施工费属于不可竞争性措施项目费，其计提标准不应低于工程所在地行政主管部门规定的行政标准。如果发包人与承包人签订的施工合同约定安全文明施工费的计提标准远低于当地行政主管部门规定的行政标准，该约定是否因此无效？法院应否支持？

二、案例简介

　　2014年2月28日，承包人A公司与发包人B公司签订《建设工程施工合同》（以下简称《备案合同》），约定将案涉工程发包给A公司承建。2014年3月1日，双方签订补充协议，确认上述《备案合同》仅用于备案。

　　2014年3月3日，双方再次就案涉工程签订《建设工程施工合同》及《迎江花园工程施工合同补充协议》（以下简称《履行合同》）。约定工程款实行预决算制，依据贵州省制定的相关定额标准和取费文件结算。其中明确约定："安全文明措施必须按当地质监站通过施工方案搭设，并通过甲方与监理现场验收合格，其费用按乙方所承建工程总造价0.2%提计。"该《履行合同》为双方实际履行的协议。

　　2017年1月10日，案涉工程竣工验收合格。其后，双方因工程款结算产生纠纷，A公司遂将B公司起诉至遵义市中级人民法院（以下简称一审法院），提出了索要剩余工程款及损失等多项诉求。B公司遂提起反诉。

　　本案历经一审、二审和再审审查3个诉讼阶段，主要争议问题之一是：《履行合同》约定本案安全文明施工费按照工程总造价的0.2%标准计提，该标准远低于国家财政部、原国家安全生产监督管理总局发布的《企业安全生产费用提取和使用管理办法》所规定的2%计提标准，以及《贵州省建设工程安全生产费用监督管理暂行规定》所规定的不得少于2.5%的计提标准。

对于上述争议问题，A公司主张应按照行政主管部门规定的计提标准计提安全文明施工费。一审法院、二审法院贵州省高级人民法院、再审审查法院最高人民法院均认为应按照《履行合同》约定的0.2%标准计提。最高人民法院经审查，认为A公司申请再审的理由均不成立，遂于2020年6月23日作出（2020）最高法民申2376号《民事裁定书》，驳回A公司的再审申请。

三、案例解析

从上述案情中笔者总结出的法律问题是：**本案承包人A公司与发包人B公司在《履行合同》中约定安全文明施工费按照0.2%计提，远低于行政主管部门规定的计提标准，该约定是否因此无效？法院应否支持该约定？**

笔者认为：本案当事人的上述约定合法有效，法院应予支持。主要分析如下：

其一，本案当事人的上述约定并未违反法律的效力性强制性规定，合法有效。虽然国家和地方现行相关文件均明确规定安全文明施工费属于不可竞争性措施项目费，但这些文件均不属于《中华人民共和国立法法》规定的狭义"法律"和"行政法规"。因此即使当事人的合同约定违反了这些文件的规定，依法并不必然因此导致合同无效。对于合法有效的合同约定，法院依法应尊重当事人的意思自治，应按照当事人的合同约定执行。因此，本案两审法院才会根据《履行合同》的约定，按照工程总造价的0.2%标准计提安全文明施工费。

其二，A公司认为《履行合同》约定的上述计提标准远低于上述行政主管部门制定的行政文件规定的计提标准，的确属实。但是，上述文件均不属于"法律"或"行政法规"，属于行政管理文件、政策文件。当事人签订的合同如果违反了这些文件的规定，可能会面临行政处罚，但不必然因此导致合同无效。

正是基于上述事实及理由，本案再审法院最高人民法院才会认可二审法院的上述裁判理由，驳回了A公司的再审申请（详见本讲"裁判理由"）。

四、裁判理由

（一）以下为本案再审法院最高人民法院作出的（2020）最高法民申2376号《民事裁定书》对本讲总结的上述法律问题的裁判理由

关于安全文明施工费的问题。A公司认为《补充协议》约定与政府规定、行业规定收费标准差距较大，应对安全文明施工费进行调整。《补充协议》是A公司与B公司协商一致订立，该协议明确约定"安全文明施工费按照工程总造价的0.2%计提"，原审法院依据该约定计算安全文明施工费并无不当。

（二）以下为本案二审法院贵州省高级人民法院（2019）黔民终189号《民事判决书》对本讲总结的上述法律问题的裁判理由

其四，安全文明措施费问题，A公司认为合同对计价方式约定为按贵州省2004年版定额及相关取费文件计取，鉴定却按补充协议第5条约定的标准计取安全文明措施费费用，远低于合同约定应计取的费用，少计490643元。本院认为，补充协议对安全文明措施费是有明确约定，应以明确约定的为准，依据第5条明确约定的"费用按乙方所承建工程总造价的0.2%计提。"标准计取安全文明措施费用并无不当。A公司的该项异议亦不成立，本院不予采纳。

五、案例来源

（一）一审：贵州省遵义市中级人民法院（2017）黔03民初524号《民事判决书》

（二）二审：贵州省高级人民法院（2019）黔民终189号《民事判决书》

（三）最高人民法院（2020）最高法民申2376号《民事裁定书》（见本讲附件：案例）

六、裁判要旨

施工合同当事人约定安全文明施工费的计提标准低于工程所在地行政主管部门制定的相关行政文件规定的计提标准的，该合同约定并不因此无效。法院通常情况下应根据该合同约定的计提标准，计算施工承包人应取得的安全文明施工费。

七、相关法条、文件

（一）《中华人民共和国民法典》（2020年5月28日第十三届全国人民代表大会第三次会议通过）

第一百五十三条　违反法律、行政法规的强制性规定的民事法律行为无效。但是，该强制性规定不导致该民事法律行为无效的除外。

违背公序良俗的民事法律行为无效。

第一百五十六条　民事法律行为部分无效，不影响其他部分效力的，其他部分仍然有效。

（二）《住房城乡建设部　财政部关于印发〈建筑安装工程费用项目组成〉的通知》（建标〔2013〕44号）

（三）措施项目费：是指为完成建设工程施工，发生于该工程施工前和施工过程中的技术、生活、安全、环境保护等方面的费用。内容包括：

1.安全文明施工费

①环境保护费：是指施工现场为达到环保部门要求所需要的各项费用。

②文明施工费：是指施工现场文明施工所需要的各项费用。

③安全施工费：是指施工现场安全施工所需要的各项费用。

④临时设施费：是指施工企业为进行建设工程施工所必须搭设的生活和生产用的临时建筑物、构筑物和其他临时设施费用。包括临时设施的搭设、维修、拆除、清理费或摊销费等。

（三）《建设工程工程量清单计价规范》GB 50500—2013

3.1.5　措施项目中的安全文明施工费必须按国家或省级、行业建设主管部门的规定计算，不得作为竞争性费用。

八、实务交流

（一）对于承包人而言，为避免自己在工程款结算中遭遇安全文明施工费的减损风险，笔者建议在施工合同等文件中尽量不要轻易降低工程所在地行政主管部门规定的安全文明施工费的计提标准。否则，将来一旦涉及诉讼，承包人向法院主张按照行政标准计提安全文明施工费，基本徒劳。

（二）经笔者专题研究，在当前的司法实践中，对于当事人约定安全文明施工费的计提标准低于工程所在地行政主管部门规定的计提标准的，法院的主流观点是尊重当事人的该项意思自治，并不认定该约定因此无效。最高人民法院裁判的这类案例中多数持此类主流观点。但是，笔者另外发现最高人民法院裁判的少数案例对该类问题作出了相反的裁判观点（详见本讲"参考类案"），值得大家批判性参考。

（三）通过本文案例及相关类案的裁判理由可知，尽管当前从国家到地方政府均明文规定安全文明施工费属于不可竞争性费用，且规定了计提标准，但不少施工承包人为了承揽工程而被迫降低了该项费用的计提标准，法院对这种民事行为依法是支持的，并没有违法裁判。但法院的此种司法行为实质上变相否定了上述行政文件的强制性规定，长期下去必将损害建设工程的行政管理秩序。因此，笔者建议：要么立法者尽快立法或修法，将安全文明施工费等不可竞争性费用的相关规定纳入强制性"法律（狭义）"或"行政法规"层面，那么当事人违反该规定的民事行为依法属于无效行为，法院自然不应再支持该民事行为。要么行政主管部门加大对当事人违反上述强制性行政规定的行政处罚力度，因为尽管当事人约定自降安全文明施工费计提标准的民事行为受到法院认可，但并不影响行政主管部门仍有权依法对该违反行政管理的违法行为作出行政处罚。

九、参考类案

为使广大读者有更多的权威类案参考，笔者专门检索、提供近年来由最高人民法院作出的部分类案的生效裁判文书的裁判理由（其中，与本案上述裁判观点基本一致的正例2例，与本案上述裁判观点相反的反例1例），供大家辩证参考、指导实践。

（一）正例：最高人民法院（2023）最高法民终89号《民事判决书》（二审）

（5）安全文明施工费的计取标准。A公司主张安全文明施工费属于不可竞争费用，应当按照《陕西省建设厅关于调整房屋建筑和市政基础设施工程工程量清单计价安全文明施工措施费及综合人工单价的通知》（陕建价发〔2007〕232号）的要求将安全文明施工费费率调整至2.6%。合同中对安全文明施工费按照1.6%进行取费作出了明确约定。不可竞争费用系为规避招标投标环节中的恶意竞争，规定相关费用必须予以计取，但相关计取标准则应由双方约定，双方约定的取费标准并不违反法律规定。A公司此项请求并无事实依据与法律依据，不予支持。

（二）正例：最高人民法院（2017）最高法民申3842号《民事裁定书》（再审审查）

关于A公司是否应向一建公司支付全部安全文明施工措施费，《最高人民法院关于适用〈中华人民共和国合同法〉若干问题的解释（一）》第四条明确规定，"合同法实施以后，人民法院确认合同无效，应当以全国人大及其常委会制定的法律和国务院制定的行政法规为依据，不得以地方性法规、行政规章为依据。"《四川省建设工程安全文明施工费计价管理办法》不能作为认定合同效力的依据，安全文明施工措施费的支付应当遵照双方当事人的合同约定。

（三）反例：最高人民法院（2014）民一终字第310号《民事判决书》（二审）

1.一审法院江苏省高级人民法院对本案的裁判理由

根据江苏省建设厅苏建价〔2005〕349号《江苏省建设工程现场安全文明施工措施费计价管理办法》（以下简称文明施工措施费计价管理办法）第四条的规定，建筑工程（土建工程）基本费率为2%，现场考评费率1.1%，奖励费获市级文明工地为0.4%、省级文明工地为0.7%。第五条规定，现场安全文明施工费为不可竞争费。在工程预算、投标报价或标底中应足额计取。基本费应当计取2%，双方在915合同中约定按1%计取，违反上述规定，不应采信。

2.二审法院最高人民法院对本案的裁判理由

（一）关于现场文明施工措施费。一审法院审理期间，A公司对金某某公司所作补充鉴定意见质证认为，现场安全文明施工措施费部分应按2%计取。一审法院以该部分费用为不可竞争费应在工程预算中足额计取为据按基本费计取2%，该费用计取范围符合《江苏省建设工程安全文明施工措施费计价管理办法》第四条规定，亦未超出A

公司抗辩范围。A公司关于按合同总价款的1%计算现场文明施工措施费的主张，缺乏事实和法律依据，本院不予支持。

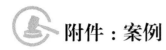 **附件：案例**

中华人民共和国最高人民法院
民 事 裁 定 书

（2020）最高法民申2376号

再审申请人（一审原告、反诉被告，二审上诉人）：A公司，住所地贵州省贵阳市南明区花果园贵阳国际中心1号楼第11栋1单元18楼4号。

法定代表人：潘某某，A公司总经理。

委托诉讼代理人：王某某，重庆某某律师事务所律师。

委托诉讼代理人：杨某某，重庆某某律师事务所律师。

被申请人（一审被告、反诉原告，二审上诉人）：B公司，住所地贵州省遵义市道真仡佬族苗族自治县玉溪镇遵义路（高原大道）。

法定代表人：张某某，B公司执行董事兼总经理。

再审申请人A公司因与被申请人B公司建设工程施工合同纠纷一案，不服贵州省高级人民法院（2019）黔民终189号民事判决，向本院申请再审。本院依法组成合议庭对本案进行了审查，现已审查终结。

A公司申请再审称，原审判决存在《中华人民共和国民事诉讼法》第二百条第一项、第六项规定的情形，应予再审。事实及理由：1.A公司以2014年2月28日A公司与B公司签订的《建设工程施工合同》（以下简称《2.28合同》）为依据诉请B公司支付工程款及利息，利息按中国人民银行同期贷款利率执行，原审法院认定该合同无效，并依据2014年3月3日签订的《建设工程施工合同》（以下简称《3.3合同》）及《迎江花园工程施工合同补充协议》（以下简称《补充协议》）认定工程款，但未据此认定利息，且未向A公司释明，违反了程序法的规定，致使少计算360余万元利息（假定案涉司法鉴定结论成立）。2.原审判决以《补充协议》约定的黔建施通564号文件作为人工费鉴定的唯一计价依据违反《3.3合同》约定，导致A公司损失800余万元。该合同专用条款第六条明确约定本合同为可调价格合同，表明人工费等价格发生变化时应予调整。在合同履行过程中发布了新的人工费计价文件黔建建通〔2014〕463号，应以该文件调整人工费。且B公司提供的《单位工程费用表》及A公司应B公司要求开具的发票金额超出案涉司法鉴定结算价金额700余万元，表明A公司在申请工程进度款过程中也作出调整，在报送竣工结算时也是按新的人工单价主张。3.原审判决以《补充协议》第5条约定"安全文明施工费按照工程总造价的0.2%计提"认定安全文明施工费，与2007年7月15日实施的《贵州省建设工程安全生产费用监督管理暂行规定》所规定的安全生产费用不得少于2.5%及国家财政部及国家安全生产监督管理总局颁布的《企业安全生产费用提取和使用管理办法》所规定的2%相差甚远，基于公平原则，应予调整。4.原审法院偏信鉴定机构意见，鉴定机构对A公司的合理要求拒不配合，致使A公司无法核实司法鉴定意见的客观性、真实性。且鉴定意见与A公司提供的新证据即A公司委托造价咨询单位作出的《造价咨询书》结论存在巨大差距。首先，原审法院依据鉴定机构意见否认鉴定依据《迎江花园（预埋管）材料核价单（四）》（复印件）的真实性是错误的，致使鉴定结算少算数百万元。其次，司法鉴定机构拒不向法院提供鉴定软件、数据模型的行为导致A公司无法核对鉴定结论的真实性。A公司委托造价咨询机构根据实际履行合同就案涉工程部分项目进行粗略鉴定，鉴定价款为8020万元，足以证明原审判决错误，应进行重新鉴定或补充鉴定。

B公司辩称，1.B公司与A公司签订的补充协议明确约定《2.28合同》仅用于报政府相关部门办理施工手续，不是实际履行的合同。《3.3合同》及《补充协议》才是双方实际履行的合同，原审判决以此作为工程款结算及判决依据是正确的。案涉工程不属于必须招标投标的工程项目，不适用招标备案合同的规定。2.鉴定机构是B公司与A公司共同抽签选定，鉴定人员具备相应资质，鉴定程序合法，鉴定过程中A公司已对工程量进行核对并签字确认，对鉴定意见及补充鉴定意见发表了意见，A公司要求重新鉴定无事实及法律依据。3.A公司提供的《造价咨询书》是其单方编造的资料，不应采信。A公司主张少算利息360余万元无事实依据。人工费、机械费调整执行黔建施通564号文件以及安全文明施工费计提比例为承建工程总造价的0.2%符合合同约定。《迎江花园（预埋管）材料核价单（四）》不是B公司批复的材料核价单，且为复印件，不应采信。4.原审判决B公司自起诉之日以包含质量保修金在内的所有剩余款项计算逾期利息，不顾A公司工期逾期累计1010天的严重违约事实，驳回B公司的反诉请求，明显偏袒A公司。

本院认为，A公司的再审申请事由及理由均不能成立，具体评析如下：

关于逾期付款利息是否恰当的问题。一审中A公司诉请的利息计算标准为"按中国银行同期贷款利率一年期4.34%计算"，《补充协议》约定的利息计算标准虽高于A公司前述诉请利率，但A公司要求按中国人民银行同期贷款利率计算逾期付款利息属于对自身权利的处分，一审法院按前述标准计算逾期付款利息并无不当。一审法院在委托鉴定时，已明确要求鉴定机构按照双方实际履行的合同，即《3.3合同》及《补充协议》所约定的计价标准进行鉴定，未同意A公司主张按《2.28合同》进行鉴定的意见，A公司对人民法院采信的合同依据已经知晓，且本案亦不存在当事人主张的法律关系的性质或民事行为的效力与人民法院根据案件事实作出的认定不一致的情形，不属于法院应当释明当事人变更诉讼请求的范畴，A公司关于一审法院未予释明系程序违法的主张不能成立。

关于人工费鉴定依据的问题。《3.3合同》约定"本合同采用可调价格合同，合同价款调整方法见《补充协议》"，《补充协议》约定"人工费、机械费调整执行黔建施通564号文件"，前述合同约定已明确表明人工费价款的计价依据为黔建施通564号文件。A公司主张按黔建建通〔2014〕463号文件计算人工费，不符合前述合同约定。《单位工程费用表》及A公司开具发票的金额也并非双方最终结算金额。前述证据不足以证明B公司在实际履行合同过程中同意将人工费计价方式调整为按黔建建通〔2014〕463号计算，故A公司关于人工费应以该文件计算的主张不能成立。

关于安全文明施工费的问题。A公司认为《补充协议》约定与政府规定、行业规定收费标准差距较大，应对安全文明施工费进行调整。《补充协议》是A公司与B公司协商一致订立，该协议明确约定"安全文明施工费按照工程总造价的0.2%计提"，原审法院依据该约定计算安全文明施工费并无不当。

关于司法鉴定意见书的问题。A公司主张原审法院未认定《迎江花园（预埋管）材料核价单（四）》的真实性，致使少计算工程价款。因A公司提供的《迎江花园（预埋管）材料核价单（四）》是复印件，其未提供其他证据予以佐证，原审法院未以此进行鉴定并无不当。A公司主张鉴定机构未提供鉴定软件、数据模型等致使鉴定意见书真实性无法核实，且与其自行委托第三方机构作出的工程造价鉴定金额差距较大，应重新鉴定或补充鉴定。经审查，遵义市某司法鉴定所系A公司、B公司共同选定的鉴定机构；鉴定资料经过双方当事人质证；A公司委托张安飞代表A公司参与了案涉项目的司法鉴定过程；鉴定机构针对造价鉴定事宜充分征求双方当事人意见，对当事人意见进行了书面答复并出庭接受质询，并同意A公司前往鉴定单位建模现场进行核对，其鉴定意见书的作出符合法律规定，应当作为法院裁判的依据。A公司在再审申请阶段提供的《造价咨询书》系A公司单方委托造价咨询单位作出，该《造价咨询书》所依据资料未经质证，无法确认其真实性，且A公司主张的人工费等计价依据均不能成立，故不能以此推翻司法鉴定意见书的结论。

综上，A公司的再审申请不符合《中华人民共和国民事诉讼法》第二百条第一项、第六项规定的情形。依照《中华人民共和国民事诉讼法》第二百零四条第一款、《最高人民法院关于适用〈中华人民共和国民事诉讼法〉的解释》第三百九十五条第二款规定，裁定如下：

驳回A公司的再审申请。

审判长　　叶　欢

审判员　　冯文生

审判员　　叶　阳

二○二○年六月二十三日

法官助理　董　行

书记员　　隋艳红

约定按固定单价结算工程款，承包人诉请措施项目费，法院应否支持

一、阅读提示

在建设工程劳务承包交易中，当事人签订的劳务承包合同多为大清包合同，即包人工、包辅材、包机械，通常约定按照固定单价结算工程款。如果当事人在签订上述合同后发生了工程款纠纷，承包人能否诉请发包人另行支付施工机具使用费、脚手架、周转材料等措施项目费？法院应否支持上述费用？

二、案例简介

2011年9月9日，劳务分包人A公司与总承包人B公司签订《建设工程劳务承包合同书》（以下简称《劳务合同》），约定将B公司总承包建设工程的劳务工程分包给A公司；劳务承包方式为包清工、包辅材、包机械，采用固定单价合同；劳务承包范围及工作内容包括：人工费、结构主体、砌体、粉刷、现场安全及施工机械工具费等，其中包含模板、方木、钢管、扣件、顶丝等周转材料费用。

其后，双方发生工程款纠纷，A公司将B公司起诉至一审法院，其中一项诉求是要求B公司支付机械、脚手架、周转材料等费用。该项费用经A公司向一审法院申请委托工程造价司法鉴定，鉴定的工程造价共计人民币4937729.19元。

本案经二审法院河南省高级人民法院终审，其认为双方签订的《劳务合同》属于固定单价合同，双方约定的固定单价已经包括A公司诉请的机械、脚手架、周转材料等费用，B公司不应另行支付，因此作出二审判决，驳回该项诉求。

A公司和B公司均对二审判决不服，其后均依法向最高人民法院申请再审。A公司申请再审的理由仍然包括上述诉求。最高人民法院经审查，认为二审法院的上述判决理由合法，A公司的上述诉求缺乏事实和法律依据，A公司和B公司的全部再审申请理由均不成立。遂于2019年6月21日作出（2019）最高法民申2135号《民事裁定书》，驳回双方的再审申请。

三、案例解析

从上述案情中笔者总结出的法律问题是：**在当事人约定按照固定单价结算工程款的情形下，劳务分包人A公司诉请总承包人B公司另行支付机械、脚手架、周转材料等费用，法院应否支持？**

笔者认为：法院不应支持。主要分析如下：

其一，我们首先要理解施工合同约定的固定单价的含义以及其与当事人诉请的机械、脚手架、周转材料等费用的关系（两者是否是包含关系）。根据相关文件（详见本讲"相关文件"）的定义可知，施工合同约定的固定单价也称综合单价，从费用要素的角度划分，它是指完成一个规定清单项目所需的人工费、材料和工程设备费、施工机具使用费、企业管理费、利润以及一定范围内的风险费用的总计费用。从工程造价形成顺序的角度划分，它包括分部分项工程费、措施项目费（包括安全文明施工费、脚手架、模板等周转材料费、大型机械设备进出场及安拆费等费用）、其他项目费。除非当事人明确约定不包括某些具体的费用，否则固定单价通常视为包括上述费用。除了上述定义的费用之外，现实交易中许多当事人约定的固定单价还包括规费和税金。由此可见，本案A公司诉请B公司另行支付的机械、脚手架、周转材料等费用，通常情况下视为包括在双方约定的固定单价里，除非双方签订的《劳务合同》另有明确约定。

其二，根据双方签订的《劳务合同》的内容可知，双方约定按照固定单价结算工程款，劳务承包方式为包清工、包辅材、包机械，劳务承包范围及工作内容包括人工费、结构主体、砌体、粉刷、现场安全及施工机械工具费等，其中包括模板、方木、钢管、扣件、顶丝等周转材料费用。那么，A公司诉请B公司支付的机械、脚手架、周转材料等费用其实均已包括在《劳务合同》约定的固定单价里。本案法院只要根据在案证据认定A公司实际完成的全部工程量，再乘以固定单价，就能计算出该公司应得的全部工程款，该工程款实际已经包括了A公司诉请B公司支付的机械、脚手架、周转材料等费用。因此，A公司的该项诉讼请求属于重复诉求，本案法院依法依约均不应支持。

正是基于上述事实及相关法律依据，本案再审法院最高人民法院才会认可二审法院的裁判理由，驳回A公司的再审申请（详见本讲"裁判理由"）。

四、裁判理由

以下为最高人民法院作出的（2019）最高法民申2135号《民事裁定书》对本讲总结的上述法律问题的裁判理由：

一、关于B公司是否应当支付A公司机械、脚手架、周转材料等费用经鉴定共计4937729.19元的问题。案涉劳务合同第二条约定，劳务承包方式为包清工、包辅材、包机械、采用固定单价合同。该条还明确约定劳务承包范围及工作内容包括人工费、施工机械使用费、材料费，且工人生产生活一切临时设施A公司负责。现A公司申请再审称，劳务合同不属于固定单价合同，请求B公司另行支付机械、脚手架、周转材料等费用，缺乏事实和法律依据，二审判决未支持其此项诉讼请求并无不当。

五、案例来源

（一）二审：河南省高级人民法院（2018）豫民终118号《民事判决书》

（二）再审审查：最高人民法院（2019）最高法民申2135号《民事裁定书》[见本讲附件：案例（节选）]

六、裁判要旨

当事人签订的劳务承包合同约定按照固定单价结算工程款，劳务承包方式为包清工、包辅材、包机械，承包范围及工作内容包括人工费、施工机械使用费、材料费，且工人生产生活一切临时设施由承包人负责。承包人其后起诉发包人另行支付机械、脚手架、周转材料等费用，缺乏事实和法律依据，法院应不予支持。

七、相关文件

（一）《财政部关于印发〈施工企业会计核算办法〉的通知》（财会〔2003〕27号）

一、本科目核算施工企业库存和在用的各种周转材料的实际成本或计划成本。

周转材料是指施工企业在施工过程中能够多次使用，并可基本保持原来的形态而逐渐转移其价值的材料，主要包括钢模板、木模板、脚手架和其他周转材料等。

（二）《住房城乡建设部　财政部关于印发〈建筑安装工程费用项目组成〉的通知》（建标〔2013〕44号）

附件1:《建筑安装工程费用项目组成（按费用构成要素划分）》

（三）施工机具使用费：是指施工作业所发生的施工机械、仪器仪表使用费或其租赁费。

附件2:《建筑安装工程费用项目组成（按造价形成划分）》

（二）措施项目费：是指为完成建设工程施工，发生于该工程施工前和施工过程中的技术、生活、安全、环境保护等方面的费用。内容包括：

1.安全文明施工费

①环境保护费：是指施工现场为达到环保部门要求所需要的各项费用。

②文明施工费：是指施工现场文明施工所需要的各项费用。

③安全施工费：是指施工现场安全施工所需要的各项费用。

④临时设施费：是指施工企业为进行建设工程施工所必须搭设的生活和生产用的临时建筑物、构筑物和其他临时设施费用。包括临时设施的搭设、维修、拆除、清理费或摊销费等。

2.夜间施工增加费：是指因夜间施工所发生的夜班补助费、夜间施工降效、夜间施工照明设备摊销及照明用电等费用。

3.二次搬运费：是指因施工场地条件限制而发生的材料、构配件、半成品等一次运输不能到达堆放地点，必须进行二次或多次搬运所发生的费用。

4.冬雨季施工增加费：是指在冬季或雨季施工需增加的临时设施、防滑、排除雨雪，人工及施工机械效率降低等费用。

5.已完工程及设备保护费：是指竣工验收前，对已完工程及设备采取的必要保护措施所发生的费用。

6.工程定位复测费：是指工程施工过程中进行全部施工测量放线和复测工作的费用。

7.特殊地区施工增加费：是指工程在沙漠或其边缘地区、高海拔、高寒、原始森林等特殊地区施工增加的费用。

8.大型机械设备进出场及安拆费：是指机械整体或分体自停放场地运至施工现场或由一个施工地点运至另一个施工地点，所发生的机械进出场运输及转移费用及机械在施工现场进行安装、拆卸所需的人工费、材料费、机械费、试运转费和安装所需的辅助设施的费用。

9.脚手架工程费：是指施工需要的各种脚手架搭、拆、运输费用以及脚手架购置费的摊销（或租赁）费用。

措施项目及其包含的内容详见各类专业工程的现行国家或行业计量规范。

（三）《建设工程工程量清单计价规范》GB 50500—2013

2.0.5 措施项目 preliminaries

未完成工程项目施工，发生于该工程施工准备和施工过程中的技术、生活、安全、环境保护等方面的项目。

2.0.8 综合单价 all-in unit rate

完成一个规定清单项目所需的人工费、材料和工程设备费、施工机具使用费和企业管理费、利润以及一定范围内的风险费用。

八、实务交流

（一）我们要理解本案法院为何不支持A公司诉请的机械、脚手架、周转材料等费用，首先应从法律角度理解建设工程行业中固定单价（综合单价）、施工机具使用费、措施项目费（包括脚手架、模板等周转材料费）的含义以及它们之间是否属于包含与被包含的关系。否则，我们会在类似案件中出现基础知识性错误，导致不必要的争议和诉累。

（二）对于承包人而言，如果承包人与发包人签订的施工合同约定按照固定单价（综合单价）结算工程款，在没有另行约定或相反证据证明的情形下，该固定单价通常视为包括人工费、材料和工程设备费、施工机具使用费、企业管理费、利润以及一定范围内的风险费用；或者包括分部分项工程费、措施项目费（包括安全文明施工费、脚手架、模板等周转材料费、大型机械设备进出场及安拆费等费用）、其他项目费。在司法实践中也包括规费和税金。那么在承包人与发包人已经按照固定单价结算工程款的情形下，承包人还主张发包人另行支付措施项目费等未明确排除的具体费用，显然没有合同依据和法律依据，因此法院依法不应支持承包人的这项诉求。

（三）对于发包人而言，如果发包人签订了与本案类似的固定单价合同，承包人要求发包人另行支付合同里没有写明的具体工程费用，发包人应仔细区分哪些费用依法依约包括在固定单价里，哪些费用依法依约不应包括在固定单价里，从而知道如何抗辩。

九、参考类案

为使广大读者有更多的权威类案参考，笔者专门检索、提供近年来由最高人民法院作出的部分类案的生效裁判文书的裁判理由（其中与本案上述裁判观点基本一致的正例2例，与本案上述裁判观点相反的反例1例），供大家辩证参考、指导实践。

（一）正例：最高人民法院（2020）最高法民终1131号《民事判决书》（二审）

④关于应增加1#楼钢筋按200元/t计取的运输费的异议。本院认为，《补充协议》约定合同计价方式按照建筑面积计算，采用包工包料包干形式。A公司主张钢材运输费的依据不足。

（二）正例：最高人民法院（2014）民一终字第310号《民事判决书》（二审）

（四）关于清水模板费用。二审审理期间，A公司认为该项费用属于包干的措施费，一审法院对地下室计取清水模板费不当。B公司认为虽然工程量报价单仅有普通模板价格，但A公司提供的施工图地上部分的要求却是清水模板施工，B公司在施工中全部采用清水模板施工，故应在一审判决计取地下部分清水模板费的基础上还需计取地上部分清水模板费用。经查，苏州工程造价管理部门提供的工程造价管理定额中并无清水模板的定额规定，A公司提供的工程量报价单也并未区分普通模板与清水模板；B公司工程量报价单所报模板价格也是普通模板价格，并因此与施工图要求的清水模板发生冲突，但B公司并未与A公司达成一致意见即按照清水模板对全部工程予以了施工。本院认为，B公司在明知工程量报价单属于普通模板并与A公司施工图冲突的情况下，应就该部分价格与A公司协商一致后再行施工，其认为该部分属于工程漏项与事实不符。同时，根据双方所订建设施工同第四条约定，调整后的商务标包括综合单价、措施费、其他项目费、规费、风险费等属于最终的综合单价、最终的措施费等，即包括模板费在内的措施费在报价确定后不再予以调整。B公司参照苏州市工程造价管理处苏建价便〔2006〕32号通知所涉清水混凝土模板补充定额标准要求增加相应的工程款，因该通知明确申明该通知补充定额不作其他工程结算依据，B公司该项主张的依据不充分。本院对B公司增加地上施工部分清水模板费用的请求不予支持。地下室施工部分，A公司的施工图明确为普通模板，但B公司施工中进行了清水模板施工，超出合同约定，A公司有关该部分费用不予计取的上诉主张，有合同依据，一审法院对该部分计取11.1196万元费用不当，本院予以纠正。

（三）反例：最高人民法院（2019）最高法民终1357号《民事判决书》（二审）

（一）工程量无争议部分是否还应计算措施费、规费、税金

首先，从A公司制作的《红云某某烟草（集团）有限责任公司曲靖卷烟厂打叶复烤易地技术改造及新建烟叶仓库项目场地平整工程（一期）施工招标控制价》中载明的内容看，工程单价不包含措施费、规费和税金，因此一审法院以单价乘以工程量的计算方式未含上述费用，故以此判决A公司应给付工程款金额有误，应予纠正。但因B公司未完成合同约定的工程，无法按照合同约定计算相关费用，B公司又未举出证据证明措施费、规费的具体金额，故本院参考措施费、规费、税金所占工程投标总造价的比例，结合B公司实际完成的工程量，酌定A公司应给付的措施费、规费、税金为3000000元。故A公司应给付B公司的工程款为11954474.26元。

附件：案例（节选）

中华人民共和国最高人民法院
民 事 裁 定 书

（2019）最高法民申2135号

再审申请人（一审原告、二审上诉人）：A公司，住所地河南省郑州高新技术产业开发区科学大道与七叶路西北角高新SOHO7号楼1层5号。

法定代表人：节某，A公司董事长。

委托诉讼代理人：张某，河南某某律师事务所律师。

再审申请人（一审被告、二审被上诉人）：B公司，住所地河南省郑州市中牟县绿博文化产业园区郑开大道与文通路交叉口向北600米路东。

法定代表人：李某，B公司董事长。

委托诉讼代理人：杜某某，河南某某律师事务所律师。

再审申请人A公司与再审申请人B公司建设工程施工合同纠纷一案，不服河南省高级人民法院（2018）豫民终118号民事判决，向本院申请再审。本院依法组成合议庭进行了审查，现已审查终结。

A公司申请再审称，（一）案涉《建设工程劳务承包合同书》（以下简称劳务合同）中没有约定固定单价的具体数额，该合同不属于固定单价合同。二审判决以固定单价为由，不支持A公司关于支付机械、脚手架、周转材料等费用的诉讼请求，违背逻辑，缺乏证据证明。上述费用经鉴定共计4937729.19元。……故依据《中华人民共和国民事诉讼法》第二百条第二项、第六项的规定申请再审。

B公司申请再审称，（一）有新的证据，足以推翻原判决。B公司提交以下证据作为"新证据"：……故依据《中华人民共和国民事诉讼法》第二百条第一项、第二项、第六项的规定申请再审。

A公司提交意见称，……

本院经审查认为，A公司的再审申请理由不能成立，理由如下：

一、关于B公司是否应当支付A公司机械、脚手架、周转材料等费用经鉴定共计4937729.19元的问题。案涉劳务合同第二条约定，劳务承包方式为包清工、包辅材、包机械、采用固定单价合同。该条还明确约定劳务承包范围及工作内容包括人工费、施工机械使用费、材料费，且工人生产生活一切临时设施A公司负责。现A公司申请再审称，劳务合同不属于固定单价合同，请求B公司另行支付机械、脚手架、周转材料等费用，缺乏事实和法律依据，二审判决未支持其此项诉讼请求并无不当。

二、关于二审判决未支持A公司关于砌体工程款的诉讼请求，分配举证责任是否错误的问题。A公司系案涉劳务合同的承包方，应对其所施工工程量及工程价款承担举证责任。二审判决认定，A公司未能提交任何砌体工程的施工资料，鉴定单位也无法对其所委托的砌体粉刷面积进行鉴定，对A公司主张的砌体工程部分的工程款不予支持，对举证责任的分配并无不当。

三、关于地泵浇筑费混凝土款11000元是否属于混凝土款、是否应由B公司承担的问题。一二审判决认定该11000元属于地泵浇筑费的证据包括任某君于2014年1月27日出具的《收到条》和群某公司出具的《证明》。该两份证据均记载该11000元为"地泵浇筑混凝土款"。A公司称该款为混凝土款，应由B公司承担的再审申请理由不能成立，本院不予支持。

四、关于案涉工程款利息起算时间的问题。A公司一审起诉时，仅主张了履约保证金的利息，并未主张欠付工程款的利息，更未提出应当自何时起算欠付工程款的利息。一审判决作出后，A公司在上诉时亦未就欠付工程款利息提起上诉。对利息问题，一、二审判决并不违法。

综上，A公司的再审申请不符合《中华人民共和国民事诉讼法》第二百条第二项、第六项规定的情形。

B公司的再审申请理由也不能成立，理由如下：

一、关于B公司申请再审提交的"新的证据"是否属于足以推翻原判决的新的证据的问题。B公司申请再审提交的第一组、第二组、第六组均属于证人证言，B公司原审中并未提交上述证人证言，也未申请马某某、韩某某、严某出庭作证。上述证据证明力较弱，并不足以推翻二审判决。第三组证据是韩某某提供的《群某公司付B公司款明细》，该明细上并无群某公司和B公司的签章，落款为"群益财务韩某某"，实际为韩某某个人出具，不能达到群某公司直接扣B公司的工程款应由A公司承担的证明目的。第四组证据是鹏某公司与常某签订的《协议书》，第五组证据是鹏某公司出具的《11号楼剔凿汇总表》《9号楼剔凿汇总表》《剔凿工人工资表》和账号为62×××45的河南省农村信用社银行卡复印件，第七组证据是旭日华庭9#、11#楼工程签证单三份，该三组证据均不涉及本案当事人，且不能证明上述费用的合理性以及是否应当由A公司承担，不能达到B公司的证明目的。

二、关于二审法院认定B公司已付工程款数额是否错误的问题。1.关于二审法院认定汽车泵送款数额是否错误的问题。B公司所提交的泵送费收据中注明系收到旭日华庭9#、11#楼泵车费的共有两张，即2012年10月6日票号为0013120、金额为4000元的收据和2012年11月22日票号为299122、金额为15696元的收据，以上两张收据显示的金额共计19696元。B公司申请再审所提交的"新证据"并不足以推翻原审判决。二审判决认定泵送费为19696元并无不当。2.关于群某公司对B公司6次罚款共计242600元是否应由A公司承担的问题。B公司提交的证据系群某公司对B公司的罚款通知和罚款收据，未提交证据证明系由A公司的原因或过错造成，故原审判决对该笔费用不予认定，并无不当。3.关于一审判决未认定建设方扣款15万元用于剔凿施工的费用是否错误的问题。B公司未提交充分有效的证据证明该笔费用是否合理、是否应当由A公司承担，故一审法院对该笔费用不予支持，并无不当。4.关于叶某某向群某公司所借20万元和利息1.5万元是否应从工程款中扣除的问题。A公司主张2012年11月24日、25日两份借条共计20万元已经包含在2013年5月13日叶某某出具的显示金额4671582元收条中，且该借条表面打"×（叉）"、已经作废，不应重复认定为B公司代A公司所付款项。且B公司提供的以证明2013年5月13日《收据》总金额4671582元组成的共计29张票据中，也没有"偃师工地利息"清单中所列"2012年11月29日借款20万元"所对应的相关票据。此外，二审期间，B公司认可2012年11月24日、25日借款20万元包含在清单所列总金额4671586元中，不应再作为已付工程款扣除。后虽否认，却未提交充分有效的证据证明，其申请再审时提交的证据亦不能推翻其在二审中的自认。故二审判决未将该20万元及利息借款从B公司应付A公司的工程款中再予扣除，并无不当。

三、关于B公司是否应当返还A公司90万元信誉保证金的问题。一审中，A公司提供了落款时间分别为2011年9月10日、2011年9月14日、2012年1月15日、2012年1月20日的四份转账凭证，显示转账总金额为90万元。汇款人均是程某某、收款人均是严某，严某系B公司的项目负责人。该四张凭条背面均加盖有"B公司旭日华庭项目资料专用章"。劳务合同也约定A公司应向B公司缴纳信誉保证金。结合全案证据，从优势证据的角度看，二审判决认定A公司向B公司支付保证金90万元，B公司应当返还该款项，有事实依据。

四、关于B公司是否应承担本案鉴定费的问题。一审判决认定，一审法院充分告知鉴定风险的情况下，A公司仍坚持申请对旭日华庭9#、11#楼主体工程中依规范所需要的机械、脚手架、周转材料、临时设施费等各项费用进行造价鉴定，该鉴定费用应由其自行承担。本案中一、二审判决并未判令B公司承担鉴定费用，故B公司关于二审判决其承担鉴定费用缺乏法律依据的再审申请理由不能成立。

综上，B公司的再审申请不符合《中华人民共和国民事诉讼法》第二百条第一项、第二项、第六项规定的情形。

依照《中华人民共和国民事诉讼法》第二百零四条第一款、《最高人民法院关于适用〈中华人民共和国民事诉讼法〉的解释》第三百九十五条第二款规定，裁定如下：

驳回A公司、B公司的再审申请。

审判长　　谢　勇

审判员　　杜　军

审判员　　朱　燕

二〇一九年六月二十一日

书记员　　张静思

第 32 讲

当事人单方委托作出的审计报告或鉴定意见是否都不能作为定案证据

一、阅读提示

在建设工程纠纷诉讼案中，我们时常遇到当事人单方委托工程造价鉴定机构作出审计报告或鉴定意见，并将其作为证据提交法院认定。不少人会想当然地认为这类证据因为不符合司法鉴定的相关法律规定，肯定不会被法院作为定案证据。果真如此吗？其实未必，也有例外。

二、案例简介

2017年12月，承包人A公司因与发包人B公司发生建设工程施工合同纠纷，将其起诉至山东省青岛市中级人民法院（以下简称一审法院），索要相关工程款及损失。

一审诉讼中，当事人提交了由B公司单方委托审计机构出具的《青岛某某瑞昌馨苑工程结算审计报告》（以下简称《审计报告》），A公司认可该《审计报告》的审计结果。

其后，B公司向一审法院提交了该审计机构另行出具的《关于某某瑞昌馨苑项目结算造价审核报告问题来函的核查说明》，证明原《审计报告》的审计结果错误，多计算了740余万元的工程款，但A公司不予认可。B公司因此向一审法院申请对本案全部工程造价委托司法鉴定。

一审法院经审理后并未准许B公司的鉴定申请，而最终以《审计报告》作为本案工程款的结算依据和定案证据，判决B公司支付A公司相关工程款及利息损失。

其后，双方均不服一审判决，相继向山东省高级人民法院（以下简称二审法院）上诉，向最高人民法院申请再审。该两级法院经审理后均认为一审法院将《审计报告》作为定案证据有法可依，双方的上诉理由、申请再审理由均不成立。2020年6月29日，最高人民法院作出（2020）最高法民申2264号《民事裁定书》，驳回双方的再审申请。

三、案例解析

从上述案情中笔者总结出的法律问题是：**本案一审法院将 B 公司单方委托审计机构作出的《审计报告》作为定案证据，并不准许 B 公司的司法鉴定申请，是否合法？在建设工程纠纷诉讼案中，当事人单方委托作出的审计报告或鉴定意见是否都不能作为定案证据？**

笔者认为：一审法院的上述做法合法。在某些特殊情形下，当事人单方委托作出的审计报告或鉴定意见可以被法院作为定案证据。主要分析如下：

其一，本案发包人 B 公司单方委托审计机构作出的《审计报告》虽然在审计（鉴定）机构的选择、审计（鉴定）材料的质证、审计（鉴定）过程的参与等方面均没有事先取得承包人 A 公司的认可和参与，依据司法鉴定以及民事诉讼证据的相关法律规定（详见本讲"相关法条"），该《审计报告》在司法实践中通常不会被法院作为定案证据，除非另一方当事人认可该证据的真实性或者认可其审计结果。

本案中，恰恰是因为 A 公司事后认可了《审计报告》的审计结果，尽管其后审计机构又出具了《关于某某瑞昌馨苑项目结算造价审核报告问题来函的核查说明》，试图否定自己此前作出的《审计报告》的部分审计结果，但因为 A 公司不认可，所以一审法院才会将双方认可的《审计报告》作为双方达成的工程款结算依据和定案证据。

其二，正因为一审法院依法将《审计报告》作为本案定案证据，所以其不准许 B 公司提出对本案全部工程造价委托司法鉴定的申请，其法律依据是本案审理时施行的《最高人民法院关于审理建设工程施工合同纠纷案件适用法律问题的解释（二）》（法释〔2018〕20 号，现已失效）第十二条的规定："当事人在诉讼前已经对建设工程价款结算达成协议，诉讼中一方当事人申请对工程造价进行鉴定的，人民法院不予准许。"因此，一审法院的上述做法合法，才会得到二审法院和再审法院的认可（详见本讲"裁判理由"）。

四、裁判理由

以下为最高人民法院作出的（2020）最高法民申 2264 号《民事裁定书》对本讲总结的上述法律问题的裁判理由：

关于案涉工程造价及部分利息计算。审计单位系受 B 公司委托对案涉工程出具审计报告，A 公司对该审计报告予以认可，审计报告中所附的各工程预（结）算审计核定总表中亦加盖了 A 公司、B 公司、审计单位及其工作人员的公章，应视为发包方与承包方就案涉工程价款结算达成协议。后审计单位虽又出具说明，对审计报告工程价款予以核减，但该说明系 B 公司单方委托审计单位出具的，未得到 A 公司的认可，不能推翻由各方盖章签字确认的原审计报告的真实性，B 公司主张案涉工程审计报告存在错误不能成立。根据《最高人民法院关于审理建设工程施工合同纠纷案件适用法律问题的解释》第十二条"当事人在诉讼前已经对建设工程价款结算达成协议，诉讼中一方当事人申请对工程造价进行鉴定的，人民法院不予准许"的规定，原判决认定原审计报告及双方就合同外工程进行的结算为双方结算工程价款的依据，对B公司申请审计单位工作人员出庭及案涉工程造价鉴定未予准许，并无不当。根据《建设工程施工合同》补充条款第4条约定，"……以后施工期间每月25日，承包人将当月实际完成进度报发包人，发包人审核后于次月5日前确保支付至承包人已完工程进度款的75%以上"，即A公司每月向B公司据实报送施工进度，B公司据此支付工程进度款，故B公司主张2017年11月10日前无法知悉案涉工程各付款节点的应付款数额，依据不足，本院不予采纳。

五、案例来源

（一）一审：山东省青岛市中级人民法院（2017）鲁02民初1750号《民事判决书》

（二）二审：山东省高级人民法院（2019）鲁民终1520号《民事判决书》

（三）再审审查：最高人民法院（2020）最高法民申2264号《民事裁定书》（见本讲附件：案例）

六、裁判要旨

在建设工程纠纷诉讼案中，当事人单方委托工程造价鉴定机构作出的审计报告或鉴定意见，并非均不能作为定案证据。如果另一方当事人认可该审计报告或鉴定意见的真实性，或者认可其审计结果、鉴定意见，法院依法可以认定当事人就工程款结算达成了协议，并将该审计报告或鉴定意见作为定案证据。

七、相关法条

（一）《最高人民法院关于民事诉讼证据的若干规定》（法释〔2019〕19号）

第三十四条　人民法院应当组织当事人对鉴定材料进行质证。未经质证的材料，不得作为鉴定的根据。

经人民法院准许，鉴定人可以调取证据、勘验物证和现场、询问当事人或者证人。

第四十一条　对于一方当事人就专门性问题自行委托有关机构或者人员出具的意见，另一方当事人有证据或者理由足以反驳并申请鉴定的，人民法院应予准许。

（二）《最高人民法院关于审理建设工程施工合同纠纷案件适用法律问题的解释（一）》（法释〔2020〕25号）

第二十九条　当事人在诉讼前已经对建设工程价款结算达成协议，诉讼中一方当事人申请对工程造价进行鉴定的，人民法院不予准许。

八、实务交流

（一）在建设工程纠纷诉讼案中，当事人单方委托作出的审计报告或鉴定意见因存在多种不合法的情形，所以法院通常不会将这类证据作为定案证据，只有在特殊情况下（例如另一方当事人认可该证据的真实性或者认可审计结果、鉴定意见，该单方委托的审计报告或鉴定意见所依据的鉴定材料实际上已经过各方当事人质证等）才会将其作为定案证据（这类案例较少，详见本讲"参考类案"中的正例）。因此，建议当事人除非在别无他法的情况下，不要单方委托鉴定机构作出审计报告、鉴定意见，避免不必要的诉累。

（二）对于另一方当事人而言，只有在己方认可对方当事人单方委托作出的审计报告或鉴定意见的真实性或者认可其审计结果、鉴定意见等情形下，该审计报告或鉴定意见才会被法院作为定案证据。至于当事人在诉讼中是否愿意认可这类证据，可根据个案决断。

（三）需要注意的是，在民事诉讼案中，当事人单方委托司法鉴定机构作出的审计报告或鉴定意见在证据种类上不属于《民事诉讼法》规定的"鉴定意见"类证据。只有法院在民事诉讼中依法委托司法鉴定机构作出的"鉴定意见"才属于法定的"鉴定意见"类证据。该观点详见人民法院出版社2020年出版的《最高人民法院新民事诉讼证据规定理解与适用》一书。之所以要区分它们的证据类别，主要是需要当事人和法院在诉讼中以不同的证据规则质证它们。

九、参考类案

为使广大读者有更多的权威类案参考，笔者专门检索、提供近年来由最高人民法院作出的部分类案的生效裁判文书的裁判理由（其中，与本案裁判观点基本一致的正例9例，与本案裁判观点相反的反例较多，本讲选取7例），供大家辩证参考、指导实践。

（一）正例：最高人民法院（2021）最高法民申4491号《民事裁定书》（再审审查）

本院经审查认为，一、关于案涉工程价款的确认问题。A公司对案涉工程进行施工后，B公司未及时与其进行结算，A公司自行委托鉴定机构就案涉工程造价进行鉴定。

鉴定机构依据A公司提供的案涉工程图纸、《劳务分包合同》《现场签证审批单》《工程审极现场查勘底稿》、工程联系单等材料做出了鉴定意见。A公司将提供给鉴定机构的材料，（除施工图纸外）已全部向一审法院提交，一审法院组织双方当事人进行了质证。二审法院传唤鉴定人到庭接受双方当事人质询，并就有关鉴定事项进行了说明。经法院释明，B公司不同意重新鉴定，亦无相反证据推翻鉴定意见，鉴定机构据实鉴定，鉴定意见能够客观反映工程造价，故原审法院按照鉴定意见认定本案工程各部分造价，符合法律规定。

（二）正例：最高人民法院（2020）最高法民申311号《民事裁定书》（再审审查）

三、关于原审法院未同意A公司的鉴定申请是否有误的问题。湖北中某工程咨询有限责任公司（以下简称中某咨询公司）系受A公司的委托，对案涉工程进行结算审核并出具造价审计报告，确定B公司承建的"尚上名筑"项目基坑支护工程造价为17775644.75元。2016年12月4日，A公司、B公司及中某咨询公司三方形成《建设工程造价审计确认表》，确认案涉工程造价金额为17775644.75元；该确认表上加盖了A公司单位印章并有时任法定代表人龚某华的签名；同时，B公司亦加盖单位公章、谭某祥以代表身份签名；中某咨询公司加盖公章并由丁某某以代表身份签名。B公司、A公司在该《建设工程造价审计确认表》上加盖单位印章以及代表人签名的行为，应视为B公司、A公司对中某咨询公司出具的案涉工程造价金额的认可，原审法院以该工程造价审计金额作为A公司支付案涉工程款的依据，并未不当。原审法院对A公司请求对案涉工程重新鉴定的申请，未予准许，并无不妥。至于A公司提出的审计资料问题。在该审计报告的第二条审核责任中载明：相关资料的提供及资料的真实性和完整性由委托单位负责。因此，A公司作为委托单位应对其所提供的相关资料的真实性和完整性负责。另，至于A公司再审申请期间提交的其单方委托湖北某某工程造价咨询有限公司作出的工程造价审计报告，因该审计报告未经B公司确认，不足以否定2016年12月4日，A公司、B公司及中某咨询公司三方形成的《建设工程造价审计确认表》所确认的案涉工程造价金额。

（三）正例：最高人民法院（2020）最高法民申3122号《民事裁定书》（再审审查）

B公司对A公司未施工部分虽单方委托进行工程造价鉴定，但案涉鉴定意见经过监理单位的确认，且A公司未提供证据证明该鉴定意见存在错误之处，原审法院对案涉鉴定意见予以采信并无不当。根据A公司与B公司签订的《建设工程施工合同》第四条关于"B公司按照建筑面积每平方米1220元付给A公司工程款（本合同价格为固定价格，与投标预算书价格无关，B公司在竣工结算时按照上述单平方价格乘以实际建筑面积结算）"的约定，双方约定按每平方米1220元乘以实际建筑面积的计算方式是A公司就案涉工程全部施工完毕后计算工程价款的方式。在A公司没有完成全部工程内容，二审法院采用合同约定的包干价1220元/m²×建筑面积－实际施工与图纸不符或未做部分造价的方式，以此来计算B公司是否拖欠A公司工程款并无不当。

（四）正例：最高人民法院（2020）最高法民申5252号《民事裁定书》（再审审查）

案涉《补充协议》第四条约定："按图纸实际施工的面积乘以一次性包死单价每平方米1850元作为该工程的合同价款。"根据该条约定内容，案涉工程价款应当按图纸实际施工的面积乘以固定单价1850元/m²计算。为证明实际施工的面积，A公司一审提交了其单方委托广西某某工程造价咨询有限公司（以下简称广西某某公司）作出的《信阳市龙源名苑小区4#楼建筑面积》，该《信阳龙源名苑小区4#楼建筑面积》是广西某某公司依据图纸计算出案涉工程建筑面积，有详细的面积说明，广西某某公司系有资质的鉴定机构且在该《信阳市龙源名苑小区4#楼建筑面积》有加盖相关鉴定人员印章，因此，在B公司未提交相反证据情形下，二审判决采信该《信阳市龙源名苑小区4#楼建筑面积》，并无不当。B公司相关申请理由不能成立。

（五）正例：最高人民法院（2019）最高法民终695号《民事判决书》（二审）

关于第二个焦点问题。《最高人民法院关于审理建设工程施工合同纠纷案件适用法律问题的解释（二）》第十四条第一款规定："当事人对工程造价、质量、修复费用等专门性问题有争议，人民法院认为需要鉴定的，应当向负有举证责任的当事人释明。当事人经释明未申请鉴定，虽申请鉴定但未支付鉴定费用或者拒不提供相关材料的，应当承担举证不能的法律后果。"本案工程造价鉴定由A公司于诉前单方委托。中某公司作为具有相关鉴定资质的专业鉴定机构，依据《施工合同》，经现场勘察，剔除未施工内容后，作出《工程造价编制报告》。B交通局不认可该报告，但经一审法院释明，该局不对工程造价申请鉴定，亦未能提交证据证明该报告存在程序违法或结论缺乏依据等不应被采信的情形，应承担举证不能的法律后果。一审法院采信《工程造价编制报告》并据此确定本案工程造价，具有法律依据。B交通局关于一审判决错误采信《工程造价编制报告》的上诉理由不能成立，本院不予支持。

（六）正例：最高人民法院（2016）最高法民终497号《民事判决书》（二审）

1. 待工损失11692906元及资金占用费。该待工损失数额是A公司单方委托贵州省新某某工程咨询有限公司所作的建黔造资字第088号《贵州省政府八角岩饭店会议中心工程停工损失咨询报告》，以2005年12月28日为时间截止点计算了《建设工程施工合同》所涉工程的损失，结论为：由于该工程长期停工等待，造成工程停工损失费共计11692906元，其中已造成机械设备费、管理费、人工费等损失共计6575544元，临时设施、利润等损失共计5117362元。一审法院以B中心收到A公司《贵州省政府八角岩饭店会议中心工程停工损失咨询报告》后，未在《建设工程施工合同》通用条款36条约定："工程师在收到承包人送交的索赔报告和有关资料后28天内未予答复或未对承包人作进一步要求,视为该索赔已经认可"的约定期间内答复,视为对索赔数额的认可,本院认为并无不当。

（七）正例：最高人民法院（2016）最高法民申612号《民事裁定书》（再审审查）

经审查,本院认为：关于一、二审法院依据工程结算书确定案涉工程造价是否正确的问题。

……

六、A诉前单方委托山东某某工程造价咨询有限公司作出的评估报告以A和B项目部双方确认的工程预算表认定的工程量为依据,依照国家定额制定标准作出的《工程结算书》可以作为案涉工程价款的依据。

……

十、并非当事人一方委托鉴定机构作出的鉴定意见均不能作为定案依据,法院根据案件的具体情况可以作出对其是否采信的决定。

（八）正例：最高人民法院（2014）民申字第1459号《民事裁定书》（再审审查）

二、关于A公司单方委托的鉴定报告能否作为认定B公司施工部分工程价款的问题。

……原审诉讼中,A公司委托具有司法鉴定资质的四川某某建筑工程造价司法鉴定所对B公司施工部分工程的造价进行了鉴定,鉴定机构根据司法鉴定规范,就全部送检资料所反映的工程情况进行鉴定,并对鉴定情况出具了详细说明。原审法院书面通知B公司对鉴定报告原件及《鉴定资料清单》进行质证,B公司并未对其真实性提出异议。根据《最高人民法院关于民事诉讼证据的若干规定》第二十八条的规定："当事人自行委托鉴定部门作出的鉴定,另一方当事人有足以反驳的证据证明其鉴定确有错误,申请重新鉴定的,人民法院应当准许。"但B公司亦不申请重新鉴定,故原审法院依据A公司提交的鉴定报告确定的数额认定B公司施工部分造价并无不妥,其关于举证责任的分配合法妥当,本院予以维持。B公司的此项再审理由不能成立,本院不予支持。

（九）正例：最高人民法院（2013）民申字第2110号《民事裁定书》（再审审查）

关于龙某鉴定中心出具的鉴定意见能否采信的问题。A市政府提供的龙某鉴定中心出具的鉴定意见,虽是由A市政府单方委托出具,但龙某鉴定中心是具有鉴定资质的中立鉴定机构,其对比了广东省某某设计研究院1996年3月设计的地形图、罗某市测绘队测绘并经公证的完工现场图、陈某华1996年7月绘制的地形图这三份图纸，发现三份图纸测绘的用地范围基本一致，进而对比罗某发电厂第一期的用地范围、地形、等高线高程等数据，以挖填标高52米（黄海高程）为计算依据，最终得出鉴定结论。二审法院综合上述实际情况，依据证据优势原则，对该证据予以采信并无不当。

（十）反例：最高人民法院（2020）最高法民终771号《民事判决书》（二审）

A公司委托审核作出的审计意见系其单方委托有关机构作出，不能仅依据该意见认定案涉工程造价。经一审法院释明，双方当事人均表示对案涉工程价款不申请鉴定，故一审法院对双方所提交的工程价款结算依据进行了比对，依据本案相关证据对建设工程价款进行认定。A公司关于应当以其单方提交的工程造价审核报告作为认定案涉工程造价的依据的上诉主张不能成立，本院不予支持。

（十一）反例：最高人民法院（2020）最高法民申3214号《民事裁定书》（再审审查）

本院经审查认为，某某项目管理有限公司出具的《审核报告》系A公路局单方委托作出，B公司对该报告不予认可，不属于足以推翻原审判决的新的证据。

（十二）反例：最高人民法院（2020）最高法民申3368号《民事裁定书》（再审审查）

根据《最高人民法院关于审理建设工程施工合同纠纷案件适用法律问题的解释（二）》第十二条"当事人在诉讼前已经对建设工程价款结算达成协议的，诉讼中一方当事人申请对工程造价进行鉴定的，人民法院不予准许"的规定，A公司不能否定案涉编号ZJHX-TFL20161219的《协议书》以及三份新增工程量补充协议的签订系其真实意思表示，其应当受到上述协议的约束。原审法院未准许A公司提出对案涉工程的鉴定申请，并无不当。另外，A公司单方委托鉴定机构出具的鉴定意见，B公司不予认可，该意见亦不能代替上述双方所达成的结算协议而作为认定工程总造价的依据。至于A公司主张B公司对三份新增工程量补充协议中的工程未实际施工，但又未能举出反证反驳B公司已提交证据证明的事实，本院不予采纳。

（十三）反例：最高人民法院（2020）最高法民终846号《民事判决书》（二审）

一审诉讼期间，A公司向一审法院申请对案涉工程造价进行鉴定，一审法院根据《最高人民法院关于审理建设工程施工合同纠纷案件适用法律问题的解释（二）》第十二条的规定，对A公司的鉴定申请不予准许，适用法律正确。A公司二审诉讼期间提交的工程造价报告系其单方委托，B公司不予认可，且如上所述，本案应以双方共同签署的工程结算核对说明作为认定案涉工程款的依据。对A公司二审提交的工程造价报告，本院不予采信。

（十四）反例：最高人民法院（2020）最高法民申2383号《民事裁定书》（再审审查）

亚某公司于2017年9月12日出具的《审核报告》系B农信社在本案诉讼中单方委托作出，审核过程无A公司的参与，报告中对单价及工程量的调整均无相应证据支撑。B农信社根据该《审核报告》主张案涉工程价款为7882987.69元，认为超额支付的工程款725833.90元应由A公司返还，事实和法律依据不足，一审、二审判决未予支持并无不当。

（十五）反例：最高人民法院（2019）最高法民申835号《民事裁定书》（再审审查）

本院认为，佳某公司作出的检测报告系诉前A公司单方委托鉴定。鉴定意见因欠缺民事诉讼程序保障，影响鉴定结论的证明力。《中华人民共和国民事诉讼法》第六十八条、《最高人民法院关于适用〈中华人民共和国民事诉讼法〉的解释》第一百零三条、第一百零四条、第一百零五条等法律、司法解释规定，应当按照法定证据运用规则，对证据进行分析判断。未经当事人质证的证据，不得作为认定案件事实的根据。根据《中华人民共和国民事诉讼法》第七十六条第一款及《最高人民法院关于民事诉讼证据的若干规定》有关委托鉴定的规定，当事人申请鉴定，由双方当事人协商确定具备资格的鉴定人；协商不成的，由人民法院指定。实务中，委托鉴定一般采取当事人协商确定一家有资质的鉴定机构或者法院从当事人协商确定的几家鉴定机构中择一选定，法院指定鉴定机构一般采取摇号等随机抽取方式确定；在法院主持下，经双方当事人当庭质证后确定哪些材料送鉴；鉴定机构及其鉴定人员有义务就鉴定使用的方法或标准向双方作出说明，有义务为当事人答疑，有义务出庭参与庭审质证；允许双方当事人申请法院通知具有专门知识的人出庭，就鉴定意见或者专业问题，形成技术抗辩。《中华人民共和国民事诉讼法》第七十八条规定，鉴定人拒不出庭作证的，鉴定意见不得作为认定事实的根据。在本案中，佳某公司受A公司单方委托作出的鉴定结论，因未纳入民事诉讼程序，保障当事人充分行使诉权，不具有鉴定意见的证据效力。原审根据佳某公司出具的检测报告，认定案涉工程已经检验为合格，证据不充分。

（十六）反例：最高人民法院（2019）最高法民申1531号《民事裁定书》（再审审查）

A公司向本院提交了《关于海南某某咨询有限公司〈海南保亭那香山雨林度假村一期/二期（A/C）地块土建、安装工程工程造价鉴定意见书〉的审核报告》，拟证明原审所采信的鉴定意见错误。因该审核报告系A公司单方委托世某某工程项目管理有限公司出具，本院不予采信。

附件：案例

中华人民共和国最高人民法院
民 事 裁 定 书

（2020）最高法民申2264号

再审申请人（一审原告、二审上诉人）：A公司，住所地江苏省海门市海门街道丝绸西路365号海西花苑27幢1号。

法定代表人：顾某某，A公司董事长。

委托诉讼代理人：张某某，山东某某律师事务所律师。

委托诉讼代理人：贾某某，山东某某律师事务所律师。

再审申请人（一审被告、二审上诉人）：B公司，住所地山东省青岛市市北区瑞昌路168号地下1层02。

法定代表人：冉某某，B公司执行董事。

委托诉讼代理人：王某某，泰某某（济南）律师事务所律师。

委托诉讼代理人：张某，泰某某（济南）律师事务所律师。

再审申请人A公司、B公司因建设工程施工合同纠纷一案，不服山东省高级人民法院（2019）鲁民终1520号民事判决，向本院申请再审。本院依法组成合议庭进行了审查，现已审查终结。

A公司申请再审称，原判决认为B公司无须支付拖延结算期间（2013年1月31日起至2017年11月10日）工程总造价7%款项对应的利息，适用法律错误。（一）2008年11月23日签订的《建设工程施工合同》通用条款31.3约定"工程结算的审核时限……自接到结算书之日起56天完成。"B公司于2012年12月5日收到A公司提交的结算书，依前述约定，B公司应于2013年1月30日前完成工程结算审价，但其拖延到2017年11月10日才完成工程竣工结算审价。原判决机械适用《建设工程施工合同》补充条款第4条约定及《最高人民法院关于审理建设工程施工合同纠纷适用法律问题的解释》第十八条，认为B公司应付工程总造价7%款项的时间和相应的欠付款利息起算时间为2017年11月10日，而未考虑B公司拖延审价的违约情形，适用法律错误。（二）根据《中华人民共和国合同法》第一百零七条之规定，B公司拖延结算，违反合同关于竣工结算期限的约定，应赔偿A公司损失。根据《中华人民共和国民法总则》第一百五十九条之规定，B公司自2013年1月31日起无正当理由拖延结算，视为工程竣工结算审价完毕，工程付款条件已成就。最高人民法院（2016）最高法民申1731号民事裁定亦支持该观点。综上，A公司依据《中华人民共和国民事诉讼法》第二百条第六项规定申请再审。

B公司申请再审称，（一）原判决对案涉工程竣工验收日期认定错误。原判决依据B公司在一审中陈述及2011年6月14日案涉工程17号楼及网点《建设工程竣工验收会签表》（以下简称旧竣工验收会签表）认定案涉工程竣工验收时间为2011年6月14日。但青建备字第2014-024号《建设工程竣工验收备案证》确定案涉工程17号楼及网点取得竣工验收日期为2014年1月14日；2014年3月17日《房地产开发项目综合验收备案书》载明案涉工程竣工日期为2014年1月26日。B公司在二审中亦提交了验收日期为2014年1月17日的案涉工程17号楼及网点《建设工程竣工验收会签表》（以下简称新竣工验收会签表）复印件，上有A公司龚某斌签字同意验收。2020年3月15日，案涉工程监理单位出具证明文件，载明2011年6月14日案涉工程17号楼及其网点未施工完毕，真正竣工验收时间为2014年1月。该新证据证明旧竣工验收会签表系虚假的，不是各方真实意思表示。根据《最高人民法院关于民事诉讼证据的若干规定》第七十四条、《最高人民法院关于适用〈中华人民共和国民事诉讼法〉的解释》第九十二条规定，自认的事实可以被推翻，上述证据可以推翻B公司在一审中的陈述及旧竣工验收会签表，故案涉工程应于2014年1月26日竣工验收。（二）原判决认定的工程造价及部分利息计算错误。1.原判决系将审计单位出具的审计报告作为认定工程价款依据之一，后审计单位出具复核说明，对审计报告工程价款予以核减，证明审计报告存在错误，但原判决未予认定，亦未准许B公司关于审计单位工作人员出庭作证和对案涉工程造价进行鉴定的申请。2.案涉工程实际结算造价最早形成于2017年11月10日，在此之前B公司无法预估各付款节点的应付款数额，故应按照《建设工程施工合同》协议书第五条约定，以合同暂定价2.3亿元确定各节点应付款数额，进而计算逾期付款利息，原判决以案涉工程实际结算造价计算各付款节点应付款数额，导致B公司多承担利息450余万元。（三）B公司申请从质监站获取新竣工验收会签表原件，但二审法院未予准许，侵害了B公司的合法权益。综上，依据《中华人民共和国民事诉讼法》第二百条第一项、第二项、第五项申请再审。

再审审查期间，B公司提交案涉工程监理单位出具的情况说明一份，拟证明案涉工程施工完毕并通过竣工验收的时间为2014年1月。

本院经审查认为，关于工程总造价7%款项的应支付时间及相应利息起算时间，依照《建设工程施工合同》通用条款第2.1条、专用条款第2.1条，当事人应优先适用补充条款约定。《建设工程施工合同》补充条款第4条约定，工程竣工验收合格后30日内拨付至工程总造价的90%；工程竣工结算审价完毕后，除暂时扣留承包人自行完成部分竣工造价3%的质量保修金外，发包人付清工程款余额。案涉工程于2017年10月25日对合同内工程审价完毕，于2017年11月10日对合同外工程结算完毕，原判决依照上述条款，认定2017年11月10日为工程总造价7%款项的应支付日期，并从该日期起计算相关款项拖延支付的利息，适用法律并无不当。A公司主张其已于2012年12月5日向B公司提交了结算书，根据《建设工程施工合同》通用条款第31.3条约定，B公司应在收到结算书后的56天内，即最晚于2013年1月30日完成工程结算审价并支付剩余款项，但B公司无理由拖延至2017年11月10日，其应当支付拖延期间内工程总造价7%款项的相应利息。本院认为，根据已查明的事实，双方当事人并未严格按照通用条款中的竣工结算条款履行，案涉工程于2011年6月14日竣工验收，即使A公司于2012年12月5日向B公司提交结算书，亦与通用条款第31.1条关于承包人应在工程竣工验收合格后28天内向发包人递交竣工结算书的约定不符，A公司主张应适用通用条款第31.3条确定支付工程总造价7%款项及相应利息的起算时间，依据并不充分。A公司主张B公司无正当理由拖延结算，但并未提交充分有效的证据予以证明，（2016）最高法民申1731号民事裁定亦与本案不同，故其主张适用《中华人民共和国合同法》第一百零七条、《中华人民共和国民法总则》第一百五十九条之规定，本院不予采纳。

关于案涉工程竣工验收时间。据原审查明，2009年12月16日，建设单位、施工单位、设计单位、监理单位对案涉工程进行验收，分别签署《主体结构验收记录》，验收意见均为："同意验收"。2011年6月14日，建设单位、勘察单位、设计单位、施工单位、监理单位代表签署旧竣工验收会签表，验收意见均为："同意验收"。一审中，B公司对上述事实予以确认，并认可案涉工程质保期自竣工验收之日即2011年6月14日起算。A公司于2011年4月25日向B公司、监理单位等出具的《竣工报告》及监理单位出具的监理评估报告原件，与旧竣工验收会签表相互印证。根据《建设工程质量管理条例》第十六条"建设单位收到建设工程竣工报告后，应当组织设计、施工、工程监理等有关单位进行竣工验收。"及第四十九条第一款"建设单位应当自建设工程竣工验收合格……报建设行政主管部门或者其他有关部门备案。"规定，旧竣工验收会签表真实有效，相关工程备案证不足以推翻五方签订的旧竣工验收会签表的效力。新竣工验收会签表在提起本案诉讼前即已存在，B公司在知晓此证据的前提下在一审中对旧竣工验收会签表及案涉工程质保期予以确认，现又欲以新竣工验收会签表为证据推翻自认，不具事实和法律依据，原判决认定案涉工程应于2011年6月14日竣工验收，对B公司申请调取相关证据原件不予支持，并无不当。即使2011年6月14日竣工验收后仍存在部分施工，在案涉工程主体结构已验收的情况下，B公司未提交充分有效的证据证明17号楼及网点后续施工工程量在全部工程量中的比重足以否认前期竣工验收结果，且其主张的青建备字第2014-024号备案证、新竣工验收会签表等文件所记载的17号楼及网点竣工验收日期自身就存在冲突。监理单位出具的情况说明系私文书证，不足以否定有各方签字的旧竣工验收会签表。故B公司主张案涉工程竣工验收日期应为2014年1月26日，依据并不充分，本院不予采纳。

关于案涉工程造价及部分利息计算。审计单位系受B公司委托对案涉工程出具审计报告，A公司对该审计报告予以认可，审计报告中所附的各工程预（结）算审计核定总表中亦加盖了A公司、B公司、审计单位及其工作人员的公章，应视为发包方与承包方就案涉工程价款结算达成协议。后审计单位虽又出具说明，对审计报告工程价款予以核减，但该说明系B公司单方委托审计单位出具的，未得到A公司的认可，不能推翻由各方盖章签字确认的原审计报告的真实性，B公司主张案涉工程审计报告存在错误不能成立。根据《最高人民法院关于审理建设工程施工合同纠纷案件适用法律问题的解释》第十二条"当事人在诉讼前已经对建设工程价款结算达成协议，诉讼中一方当事人申请对工程造价进行鉴定的，人民法院不予准许"的规定，原判决认定原审计报告及双方就合同外工程进行的结算为双方结算工程价款的依据，对B公司申请审计单位工作人员出庭及案涉工程造价鉴定未予准许，并无不当。根据《建设工程施工合同》补充条款第4条约定，"……以后施工期间每月25日，承包人将当月实际完成进度报发包人，发包人审核后于次月5日前确保支付至承包人已完工程进度款的75%以上"，即A公司每月向B公司据实报送施工进度，B公司据此支付工程进度款，故B公司主张2017年11月10日前无法知悉案涉工程各付款节点的应付款数额，依据不足，本院不予采纳。

综上，A公司、B公司的再审申请不符合《中华人民共和国民事诉讼法》第二百条第一项、第二项、第五项、第六项规定的情形。依照《中华人民共和国民事诉讼法》第二百零四条第一款，《最高人民法院关于适用〈中华人民共和国民事诉讼法〉的解释》第三百九十五条第二款规定，裁定如下：

驳回A公司、B公司的再审申请。

审判长　　张　纯

审判员　　汪　军

审判员　　谢爱梅

二〇二〇年六月二十九日

法官助理　马　冉

书记员　　宋　健

工程造价司法鉴定意见存在0.01%的工程量误差，原审生效判决应否再审

一、阅读提示

工程造价司法鉴定机构在原审作出的鉴定意见被原审法院采信作为定案证据并据此作出生效判决，其后在当事人申请再审阶段，该鉴定机构向再审法院出具文件证明原审鉴定意见多鉴定了0.01%的工程量。请问：原审生效判决因此应否再审？

二、案例简介

2016年，实际施工人A、B将发包人C公司起诉至辽宁省大连市中级人民法院（以下简称一审法院），诉请C公司支付剩余工程款及利息损失。

一审法院根据A、B的申请，依法委托工程造价司法鉴定机构鉴定A、B已完工程的造价。该鉴定机构其后作出鉴定意见，均被一审法院和二审法院辽宁省高级人民法院采信作为定案证据。A和C公司均认为本案鉴定意见错误，均不服二审判决，其后均向最高人民法院申请再审。

在再审审查中，鉴定机构提交《A、B与C公司建设工程施工合同纠纷工程造价鉴定问题回复函》称：原审鉴定意见中子项目综合单价有误，将A、B已完工程量占合同约定项目工程量的百分比由49.78%调整为49.77%，即多鉴定0.01%的已完工程量。最高人民法院因此认为原审法院认定事实的主要证据已发生变化，本案依法应予再审，遂于2019年9月6日作出（2019）最高法民申3270号《民事裁定书》，指令二审法院再审本案。

三、案例解析

从上述案情中笔者总结出的法律问题是：**本案工程造价司法鉴定机构在再审审查阶段承认原审鉴定意见多鉴定0.01%的已完工程量，是否足以否定原审鉴定意见的证据效力？是否足以导致二审判决应予再审？**

笔者认为：按照有错必纠的司法原则和再审的相关法律规定，上述问题的答案是肯定的。主要分析如下：

尽管鉴定机构自证原审鉴定意见多鉴定了0.01%的已完工程量，鉴定的误差比例极小，但该事实如果经再审法院审查属实，那么可以证明原审法院采信的鉴定意见的确存在瑕疵错误，由此必然导致本案二审判决此前认定C公司应支付A、B已完工程款的总金额及其判决结果错误。因此，依据我国《民事诉讼法》关于再审的相关法律规定（详见本讲"相关法条"），本案二审判决应予再审（详见本讲"裁判理由"）。

四、裁判理由

以下为最高人民法院作出的（2019）最高法民申3270号《民事裁定书》对本讲总结的上述法律问题的裁判理由及裁判结果：

本案审查期间，鉴定机构提交《A、B与C公司建设工程施工合同纠纷工程造价鉴定问题回复函》称，大信司鉴所〔2017〕价鉴字第014号司法鉴定意见中子项目综合单价有误，将A、B已完工程的工程量占合同约定项目工程量的百分比由49.78%调整为49.77%。

本院认为，由于鉴定机构具函称鉴定意见有误，并对A、B已完工程的工程量占合同约定项目工程量的百分比进行调整，本案一、二审判决认定事实的主要证据已发生变化。

依照《中华人民共和国民事诉讼法》第二百零四条、第二百零六条，《最高人民法院关于适用〈中华人民共和国民事诉讼法〉的解释》第三百九十五条第一款规定，裁定如下：

一、指令辽宁省高级人民法院再审本案；

二、再审期间，中止原判决的执行。

五、案例来源

（一）一审：大连市中级人民法院（2016）辽02民初399号《民事判决书》

（二）二审：辽宁省高级人民法院（2018）辽民终113号《民事判决书》

（三）再审审查：最高人民法院（2019）最高法民申3270号《民事裁定书》（见本讲附件：案例）

六、裁判要旨

原审法院采信其依法委托的工程造价司法鉴定机构作出的鉴定意见，并据此作出生效判决后，该鉴定机构在当事人申请再审阶段提交文件证明原审鉴定意见多鉴定了占比极小的已完工程量。如果该证明事实经再审法院审查属实，那么原审鉴定意见依法不应作为定案证据，需要纠正，原审生效判决依法应予再审。

七、相关法条

（一）《最高人民法院关于民事诉讼证据的若干规定》（法释〔2019〕19号）

第四十二条　鉴定意见被采信后，鉴定人无正当理由撤销鉴定意见的，人民法院应当责令其退还鉴定费用，并可以根据情节，依照民事诉讼法第一百一十一条的规定对鉴定人进行处罚。当事人主张鉴定人负担由此增加的合理费用的，人民法院应予支持。

人民法院采信鉴定意见后准许鉴定人撤销的，应当责令其退还鉴定费用。

（二）《中华人民共和国民事诉讼法》（根据2023年9月1日第十四届全国人民代表大会常务委员会第五次会议《关于修改〈中华人民共和国民事诉讼法〉的决定》第五次修正）

第二百一十一条　当事人的申请符合下列情形之一的，人民法院应当再审：

（一）有新的证据，足以推翻原判决、裁定的；

（二）原判决、裁定认定的基本事实缺乏证据证明的；

（三）原判决、裁定认定事实的主要证据是伪造的；

（四）原判决、裁定认定事实的主要证据未经质证的；

（五）对审理案件需要的主要证据，当事人因客观原因不能自行收集，书面申请人民法院调查收集，人民法院未调查收集的；

（六）原判决、裁定适用法律确有错误的；

（七）审判组织的组成不合法或者依法应当回避的审判人员没有回避的；

（八）无诉讼行为能力人未经法定代理人代为诉讼或者应当参加诉讼的当事人，因不能归责于本人或者其诉讼代理人的事由，未参加诉讼的；

（九）违反法律规定，剥夺当事人辩论权利的；

（十）未经传票传唤，缺席判决的；

（十一）原判决、裁定遗漏或者超出诉讼请求的；

（十二）据以作出原判决、裁定的法律文书被撤销或者变更的；

（十三）审判人员审理该案件时有贪污受贿，徇私舞弊，枉法裁判行为的。

八、实务交流

（一）根据笔者的办案经历，本案再审法院裁定再审的理由在当前的司法实践中非常难得。如果仅从原审鉴定意见存在0.01%的瑕疵错误分析，该误差比例并不属于重大错误。但是如果从有错必纠的司法原则分析，本案裁定再审的理由和裁判结果实属清流，非常珍稀，值得倡导和肯定。

（二）在当前的司法实践中，即使原审司法鉴定机构事后出具证明文件甚至是撤销决定，以否定其作出的已被原审法院采信的鉴定意见的证据效力，并不一定都会被法院采纳、准许。尤其是在申请再审案件中，再审法院仍然会重点审查原审鉴定意见是否存在重大错误，如果不存在，或者仅存在瑕疵错误，那么依法仍会确认原审鉴定意见的证据效力，最终驳回当事人的再审申请（这类案例可见本讲"参考类案"）。

九、参考类案

为使广大读者有更多的权威类案参考，笔者专门检索、提供近年来由最高人民法院作出的部分类案的生效裁判文书的裁判理由（与本案上述裁判观点相反的反例1例），供大家辩证参考、指导实践。

反例：最高人民法院（2015）民申字第2169号《民事裁定书》（再审审查）

本院认为，本案争议焦点为：河南某某司法鉴定中心出具的《撤销决定》是否属于新证据，是否足以推翻原二审判决的相应判项……

1. 关于《撤销决定》是否属于新证据，根据《最高人民法院关于适用〈中华人民共和国民事诉讼法〉审判监督程序若干问题的解释》第十条第三款的规定，"原庭审结束后原作出鉴定结论、勘验笔录者重新鉴定、勘验，推翻原结论的证据"才属于民事诉讼法第一百七十九条第一款第（一）项规定的"新的证据"。河南某某司法鉴定中心出具的《撤销决定》只是表明撤销了原鉴定，而非新的鉴定，不足以推翻原鉴定结论，不能认定为新证据。故此项申诉理由不能成立。

附件：案例

中华人民共和国最高人民法院
民 事 裁 定 书

（2019）最高法民申3270号

再审申请人（一审原告、二审上诉人）：A，男，1970年6月18日出生，汉族，住黑龙江省哈尔滨市南岗区。

委托诉讼代理人：赵某某，上海市某某（大连）律师事务所律师。

委托诉讼代理人：魏某，上海市某某（大连）律师事务所律师。

再审申请人（一审被告、二审上诉人）：C公司，住所地辽宁省大连市中山区中南路265C-1号。

法定代表人：王某某，C公司总经理。

委托诉讼代理人：张某，辽宁某某律师事务所律师。

委托诉讼代理人：马某，辽宁某某律师事务所律师。

被申请人（一审原告、二审上诉人）：B，男，1970年3月6日出生，汉族，住辽宁省大连市甘井子区。

再审申请人A、C公司因与被申请人B建设工程施工合同纠纷一案，不服辽宁省高级人民法院（2018）辽民终113号民事判决，向本院申请再审。本院依法组成合议庭对本案进行了审查，现已审查终结。

A申请再审称，大连某某工程造价咨询事务所有限公司（现更名为中某某工程造价咨询有限公司，以下简称中某某公司）出具的司法鉴定意见书存在根本性、原则性错误，其鉴定结论认定的B、A完成的工程造价严重低于真实造价。（一）在计算B、A施工部分工程造价和计算案涉合同约定工程范围总价款时，采用了不同的取费标准，共有270个子项目采用的综合单价是不同的。（二）在计算C公司委托专业工程施工费时，未按照"图纸＋定额"计算造价，而是按照"合同＋发票"计算造价。C公司拒不提供施工图和竣工图，应当推定证据内容对其不利。（三）在鉴定单体楼造价时，把属于规划红线内管网及外配套设施的费用和规划红线范围外的费用共200余万元计算在内，导致B、A完成的单体楼工程造价减少。（四）将因签证、设计变更等增加的工程款和费用错误计算在6000万元范围内，导致B、A完成的单体楼工程造价减少。A依据《中华人民共和国民事诉讼法》第二百条第二项、第六项的规定申请再审。

C公司申请再审称，（一）原审采用的工程造价司法鉴定方式是错误的，不应以6000万元为固定总价按比例折价计算工程款。依据补充协议，B、A需全部垫资施工至案涉工程全部施工完毕后才能依约定取得6000万元的包死价格。B、A未全部垫资、未施工完毕，部分履行补充协议后就单方违约停止施工，无权按照6000万元总价并按其完成的工程比例取得相应工程价款。本案应比照《最高人民法院关于审理建设工程施工合同纠纷案件适用法律问题的解释》第十六条，按双方签订补充协议时，当地建设行政主管部门发布的计价方法或计价标准据实结算工程价款。（二）司法鉴定中的计算方法是错误的。鉴定机构未考虑C公司委托施工的配套施工费用和向有关部门缴纳的费用，明显有悖委托鉴定事项的初衷。2018年8月3日后新发生的费用即C公司向检测公司支付的工程检测服务费，应计算在工程价款中。鉴定意见没有考虑C公司委托施工费用及缴纳费用相对应的利润，显失公平。鉴定意见遗漏了C公司垫付的其他费用包括建设工程设计费、勘察设计费等。按照08定额据实计算工程款，更符合法律公平价值。因A不能提供发票，在工程款中应扣除税金。C公司依据《中华人民共和国民事诉讼法》第二百条第二项、第六项的规定申请再审。

B未提交意见。

本案审查期间，中某某公司提交《B、A与C公司建设工程施工合同纠纷工程造价鉴定问题回复函》称，大信司鉴所〔2017〕价鉴字第014号司法鉴定意见中子项目综合单价有误，将A、B已完工程的工程量占合同约定项目工程量的百分比由49.78%调整为49.77%。

本院认为，由于中某某公司具函称鉴定意见有误，并对A、B已完工程的工程量占合同约定项目工程量的百分比进行调整，本案一、二审判决认定事实的主要证据已发生变化。

依照《中华人民共和国民事诉讼法》第二百零四条、第二百零六条，《最高人民法院关于适用〈中华人民共和国民事诉讼法〉的解释》第三百九十五条第一款规定，裁定如下：

一、指令辽宁省高级人民法院再审本案；

二、再审期间，中止原判决的执行。

审判长　　余晓汉

审判员　　宋春雨

审判员　　丁俊峰

二○一九年九月六日

法官助理　孙勇进

书记员　　曹美施

第 34 讲

当事人因不服司法鉴定意见而起诉鉴定机构，法院应否受理

一、阅读提示

在司法和仲裁实践中，不少当事人因为法院或仲裁委员会采信了其依法委托的司法鉴定机构作出的鉴定意见而败诉，因此对鉴定意见不服，继而向法院另案起诉司法鉴定机构承担相应的民事责任。那么，这类起诉案件是否属于法院民事案件的受理范围？法院应如何处理？

二、案例简介

2013年6月25日，A公司因与某公司发生建设工程施工劳务分包协议纠纷，向邯郸仲裁委员会申请仲裁，索要相关工程款及损失。在该案仲裁过程中，邯郸仲裁委员会委托工程造价司法鉴定机构B会计师事务所对案涉工程作出了司法鉴定意见，并采信鉴定意见作为定案证据，于2014年9月30日裁决某公司给付A公司相关工程款及利息损失。A公司不服该裁决结果，其后依法向法院申请撤销裁决，但未成功。

2017年5月12日，A公司因认为B会计师事务所作出的鉴定意见存在重大错误，导致自己在上述仲裁案中遭受了严重损失，遂将其起诉至河北省邯郸市丛台区人民法院（以下简称一审法院），索赔损失。

一审法院认为A公司的起诉属于法院的受理范围，但诉求依据不足，因此判决驳回其诉讼请求。A公司遂上诉至河北省邯郸市中级人民法院（以下简称二审法院）。二审法院经审查，认为A公司以B会计师事务所作出的司法鉴定意见错误而起诉鉴定机构，不属于法院的受理范围，一审法院适用法律有误，因此裁定撤销一审判决，驳回A公司的起诉。

其后，A公司向河北省高级人民法院（以下简称再审法院）申请再审。该院认同二审法院的裁定理由，于2018年11月7日作出（2018）冀民申8170号《民事裁定书》，驳回A公司的再审申请。

三、案例解析

从上述案情中笔者总结出的法律问题是：**本案A公司起诉工程造价司法鉴定机构B会计师事务所赔偿因其作出的鉴定意见所造成的损失，是否属于法院的受理范围？**

笔者认为：本案依法不属于法院民事案件的受理范围。主要分析如下：

（一）A公司在本案起诉争议的对象不属于民事法律行为，而是准司法行为

从上述案情中可知，A公司主要是针对B会计师事务所在仲裁案作出的司法鉴定意见而起诉该司法鉴定机构。因为其认为该鉴定意见存在重大错误，却被邯郸仲裁委员会采信作为定案证据，直接导致自己遭受了严重损失。

笔者认为：即使A公司有充分证据证明B会计师事务所作出的鉴定意见存在重大错误，也无权通过民事诉讼的救济途径向法院起诉该鉴定机构。因为该鉴定意见系仲裁委员会依法委托B会计师事务所作出的证据，且被仲裁委员会最终采信作为定案证据，那么该鉴定意见本质上属于仲裁委员会的准司法行为认定的证据，具备准司法行为的属性，因此依法不能作为民事法律行为被起诉。

A公司只能依据《中华人民共和国仲裁法》《中华人民共和国民事诉讼法》的相关规定，采取对鉴定意见提出质证意见、申请补充鉴定或重新鉴定、申请撤销仲裁裁决等法定救济途径，而无权通过民事诉讼的救济途径直接起诉B会计师事务所。

（二）A公司与司法鉴定机构B会计师事务所在本案中不存在民事法律关系

依据本案审理时施行的《中华人民共和国民事诉讼法》（根据2017年6月27日第十二届全国人民代表大会常务委员会第二十八次会议《关于修改〈中华人民共和国民事诉讼法〉和〈中华人民共和国行政诉讼法〉的决定》第三次修正）第三条的规定："人民法院受理公民之间、法人之间、其他组织之间以及他们相互之间因财产关系和人身关系提起的民事诉讼，适用本法的规定。"本案中，A公司与B会计师事务所之间并没有直接建立委托关系，委托人是邯郸仲裁委员会。即使从侵权法律关系分析，A公司与B会计师事务所之间是在仲裁过程中通过邯郸仲裁委员会才建立了准司法程序上的联系，而非通过双方民事主体在司法程序或准司法程序之外直接建立了民事法律关系。因此，它们在本案中也不存在民事法律关系，A公司仍然无权以民事诉讼的途径起诉B会计师事务所。

正是基于上述事实及法律依据，本案二审法院和再审法院均认定A公司在本案的起诉依法不属于法院的受理范围，而一审法院认为本案属于法院的受理范围，确属适用法律错误（详见本讲"裁判理由"）。

四、裁判理由

以下为河北省高级人民法院作出的（2018）冀民申8170号《民事裁定书》对本讲

总结的上述法律问题的裁判理由：

本院经审查认为，关于本案争议是否属于人民法院受理民事案件范围的问题。鉴定人在仲裁中是仲裁庭查明案件事实的辅助人，具有独立性和中立性。本案中的鉴定机构是仲裁庭委托的，是仲裁庭调查取证的行为。鉴定意见属于证据，其采纳与否取决于仲裁庭的判断，而仲裁庭采信证据的行为不具有可诉性。在此情况下，申请人因认为鉴定意见错误而起诉鉴定机构的，不属于人民法院受理民事诉讼案件的范围。据此，原审法院裁定驳回申请人的起诉并无不当。

五、案例来源

（一）一审：河北省邯郸市丛台区人民法院（2017）冀0403民初1842号《民事判决书》

（二）二审：河北省邯郸市中级人民法院（2017）冀04民终6618号《民事裁定书》

（三）再审审查：河北省高级人民法院（2018）冀民申8170号《民事裁定书》（见本讲附件：案例）

六、裁判要旨

仲裁庭或法院依法委托工程造价司法鉴定机构作出鉴定意见的行为，属于准司法行为或司法行为。鉴定意见属于证据，其采纳与否取决于仲裁庭或法院的判断，而仲裁庭或法院采信证据的行为不具有可诉性。在此情况下，当事人因认为鉴定意见错误而起诉鉴定机构的，不属于人民法院受理民事诉讼案件的范围。

七、相关法条

（一）《中华人民共和国民法典》（2020年5月28日第十三届全国人民代表大会第三次会议通过）

第一百三十三条　民事法律行为是民事主体通过意思表示设立、变更、终止民事法律关系的行为。

第一百三十四条　民事法律行为可以基于双方或者多方的意思表示一致成立，也可以基于单方的意思表示成立。

法人、非法人组织依照法律或者章程规定的议事方式和表决程序作出决议的，该决议行为成立。

第一百三十五条　民事法律行为可以采用书面形式、口头形式或者其他形式；法律、行政法规规定或者当事人约定采用特定形式的，应当采用特定形式。

（二）《中华人民共和国民事诉讼法》（根据2023年9月1日第十四届全国人民代表大会常务委员会第五次会议《关于修改〈中华人民共和国民事诉讼法〉的决定》第五次修正）

第三条　人民法院受理公民之间、法人之间、其他组织之间以及他们相互之间因财产关系和人身关系提起的民事诉讼，适用本法的规定。

第一百二十二条　起诉必须符合下列条件：

（一）原告是与本案有直接利害关系的公民、法人和其他组织；

（二）有明确的被告；

（三）有具体的诉讼请求和事实、理由；

（四）属于人民法院受理民事诉讼的范围和受诉人民法院管辖。

（三）《最高人民法院关于适用〈中华人民共和国民事诉讼法〉的解释》（根据2022年3月22日最高人民法院审判委员会第1866次会议通过的《最高人民法院关于修改〈最高人民法院关于适用《中华人民共和国民事诉讼法》的解释〉的决定》第二次修正）

第三百二十八条　人民法院依照第二审程序审理案件，认为依法不应由人民法院受理的，可以由第二审人民法院直接裁定撤销原裁判，驳回起诉。

八、实务交流

（一）对于包括建设工程当事人在内的所有当事人而言，无论你们是在法院诉讼的过程中，还是在仲裁委员会仲裁的过程中，法院或仲裁委员会依法委托司法鉴定机构作出的鉴定意见，无论该鉴定意见是否被法院或仲裁委员会采信作为定案证据，依法都不具有可诉性。因为其本质上属于司法行为或准司法行为认定的证据，具备司法行为或准司法行为的属性，不属于法院民事案件的受理范围（相关法律依据详见本讲"相关法条"）。因此，当事人不能以此为由起诉司法鉴定机构承担民事责任，否则法院依法最终会驳回起诉。

（二）当事人在诉讼或仲裁过程中如果不服法院或仲裁委员会委托的司法鉴定机构作出的鉴定意见，只能依法提出质证意见，申请补充鉴定或重新鉴定，对原审判决提起上诉或申请再审，申请撤销仲裁裁决等，而无权以民事诉讼的途径另案起诉司法鉴定机构。

（三）近年来，包括建设工程在内的不同案由的案件的当事人直接起诉司法鉴定机构的诉讼案件日益增多（详见本讲"参考类案"），其中大多数案件与本案存在类似情况，均被法院驳回起诉。这说明至今仍有不少当事人对其中涉及的法律知识、法理知识的确存在混淆的认识，值得后来者重视和思考。

九、参考类案

为使广大读者有更多的权威类案参考，笔者专门检索、提供近年来纳入《最高人民法院公报》的相关类案和部分省级高级人民法院作出的相关类案的生效裁判文书的裁判理由（不限于建设工程类案件，与本案上述裁判观点基本一致），供大家辩证参考、指导实践。

（一）四川省成都市金牛区人民法院（2011）金牛民初字第547号《民事裁定书》（一审，见《最高人民法院公报》2013年第2期）

人民法院委托鉴定机构作出的司法鉴定结论，仅是诉讼证据之一，其不具有可诉性。当事人对鉴定结论存在异议，直接向人民法院提起诉讼请求确认鉴定结论无效的，不属于人民法院民事诉讼受案范围，应当依法裁定驳回起诉。

（二）云南省高级人民法院（2023）云民申4378号《民事裁定书》（再审审查）

鉴定意见系人民法院为查明事实的专门性问题而委托鉴定机构对专门性问题提出的意见，鉴定意见在法律性质上属于证据，对于证据是否采信，应当由人民法院结合具体情况依法予以判断，故鉴定意见本身不具有可诉性。根据《中华人民共和国民事诉讼法》第一百二十二条的规定："起诉必须符合下列条件：（一）原告是与本案有直接利害关系的公民、法人和其他组织；（二）有明确的被告；（三）有具体的诉讼请求和事实、理由；（四）属于人民法院受理民事诉讼的范围和受诉人民法院管辖。"再审申请人对鉴定意见提出的民事诉讼不属于人民法院受理民事诉讼的范围，原审法院对再审申请人的起诉不予受理符合法律规定，对再审申请人的再审申请，本院不予支持。

（三）四川省高级人民法院（2020）川民申1186号《民事裁定书》（再审审查）

本院经审查认为，B检测公司接受法院委托并出具鉴定意见的行为属于人民法院调查收集证据的行为，该行为及所作司法鉴定意见不具有可诉性，且办理过相关案件并非法律规定的审判人员回避事由，原审程序合法，故原审裁定并无不当，A、B申请再审的理由不能成立。

（四）上海市高级人民法院（2020）沪民申700号《民事裁定书》（再审审查）

本院经审查认为，B司鉴院受法院委托作出司法鉴定的行为非民事行为，不属于人民法院民事诉讼受案范围。原审法院认定A等3人对B司鉴院提出的起诉不属于人民法院民事诉讼受案范围，裁定驳回其起诉，并无不当，且审理程序符合法律规定。A等3人的再审申请不符合《中华人民共和国民事诉讼法》第二百条第一项、第二项、第四项、第六项、第九项、第十三项规定的情形。

（五）河北省高级人民法院（2020）冀民申6118号《民事裁定书》（再审审查）

本院经审查认为，鉴定意见是证据形式之一，其是否被采纳、对当事人的利益能否产生影响，均取决于委托法院，与当事人之间不存在直接的民事权利义务关系，不具有可诉性，原审驳回申请人起诉并无不当。

（六）河南省高级人民法院（2020）豫民申3870号《民事裁定书》（再审审查）

本院经审查认为：本案中A所诉的洛某正司鉴所〔2017〕临鉴字第606号遗漏缺陷鉴定司法鉴定意见书，系洛阳市瀍河回族区人民法院在案件审理过程中委托B司法鉴定所作出，此鉴定行为属于法院查明案件事实的辅助行为，鉴定意见属于诉讼证据种类之一，应由人民法院综合全案证据决定是否采纳；证据是证明案件事实的材料，不是案件标的，不具有可诉性，当事人可以对证据是否应予采纳发表意见，若对鉴定意见不服可以通过重新鉴定或者补充鉴定来保护自身权益，但鉴定过程中的程序问题，不属于人民法院民事案件的受案范围。原审法院对A的起诉裁定不予受理并无不当，A的再审申请理由不能成立，本院不予支持。

（七）浙江省高级人民法院（2020）浙民申2143号《民事裁定书》（再审审查）

本院经审查认为，A医学会作为人民法院在案件审理过程中委托的鉴定机构，其作出的鉴定意见属于诉讼证据之一，不具有可诉性，再审申请人提起本案诉讼不属于人民法院受理民事诉讼的受案范围。原一审、二审裁定不予受理并无不当。再审申请人的再审申请不符合《中华人民共和国民事诉讼法》第二百条规定的情形。

附件：案例

河北省高级人民法院
民　事　裁　定　书

（2018）冀民申8170号

再审申请人（一审原告、二审上诉人）：A公司，住所地：河北省邯郸市丛台区光明北大街68号。

法定代表人：薛某某，A公司董事长。

委托诉讼代理人：张某某，A公司职员。

被申请人（一审被告、二审被上诉人）：B会计师事务所，住所地：河北省邯郸市丛台区人民路208号国贸中心5A层505室。

执行事务合伙人：王某某，B会计师事务所主任会计师。

再审申请人A公司因与被申请人B会计师事务所侵权纠纷一案，不服河北省邯郸市中级人民法院（2017）冀04民终6618号民事裁定，向本院申请再审。本院依法组成合议庭进行了审查，现已审查终结。

A公司申请再审称，一、依据《司发通〔2016〕98号》第四条规定"鉴定人或者鉴定机构经依法认定有故意作虚假鉴定等严重违法行为的……；在执业活动中因故意或者重大过失给当事人造成损失的，依法承担民事责任。"被申请人作为专业鉴定机构，接受仲裁庭委托进行司法鉴定，是在从事执业活动。仲裁庭委托被申请人进行鉴定是法定代理。申请人既是案件的当事人，又是申请鉴定的当事人。根据申请人向法院提供的证据，被申请人的鉴定意见，鉴定程序严重违法，是虚假鉴定，具有可诉性。二、《建筑工程施工发包与承包计价管理办法》第十八条第四款规定：承包方对发包方提出的工程造价咨询企业竣工结算审核意见有异议的，在接到该审核意见后一个月内，可以向有关工程造价管理机构或者有关行业组织申请调解，调解不成的，可以依法申请仲裁或者向人民法院提起诉讼。三、申请人起诉的是被申请人由于鉴定意见过错给申请人造成侵害的事实。究竟被申请人的鉴定意见是否给申请人造成损失，应以司法鉴定错误得到确认为前提。申请人提供的证据，可以认定被申请人鉴定程序严重违法，符合《最高人民法院关于民事诉讼证据的若干规定》第二十七条重新鉴定的情形。依据《司发通〔2016〕98号》第四条规定，邯郸市中级人民法院应该根据申请人提供的证据，支持申请人的鉴定申请，进行"依法认定"。四、二审没有对实体进行审查，规避、掩盖了因被申请人出具虚假鉴定报告给申请人造成重大损失、侵犯申请人合法权益的事实，案件审理程序违法。五、申请人与被申请人侵权纠纷一案，根据申请人提交的录音与会议录音记录证实，被申请人指派的司法鉴定人商某涛，在邯郸市建设局造价站副站长主持的会议上，明确承认其在鉴定过程中没有全部计算工程量，遗漏了工程量。依据相关法律规定，应由用人单位承担侵权责任。综上，申请对本案再审。

本院经审查认为，关于本案争议是否属于人民法院受理民事案件范围的问题。鉴定人在仲裁中是仲裁庭查明案件事实的辅助人，具有独立性和中立性。本案中的鉴定机构是仲裁庭委托的，是仲裁庭调查取证的行为。鉴定意见属于证据，其采纳与否取决于仲裁庭的判断，而仲裁庭采信证据的行为不具有可诉性。在此情况下，申请人因认为鉴定意见错误而起诉鉴定机构的，不属于人民法院受理民事诉讼案件的范围。据此，原审法院裁定驳回申请人的起诉并无不当。综上，A公司的再审申请不符合《中华人民共和国民事诉讼法》第二百条规定的再审事由。

依照《中华人民共和国民事诉讼法》第二百零四条第一款、《最高人民法院关于适用〈中华人民共和国民事诉讼法〉的解释》第三百九十五条第二款规定，裁定如下：

驳回Ａ公司的再审申请。

审判长　　李冠霞

审判员　　张志刚

审判员　　习　静

二〇一八年十一月七日

书记员　　孟祥辉

第 35 讲

仅由造价员作出的工程造价司法鉴定意见应否被法院作为定案证据

一、阅读提示

在建设工程诉讼案中，我们很少见到法院委托的工程造价司法鉴定机构全部安排仅具备造价员执业资格的人员作为鉴定人（编制人、审核人），而没有安排至少一名具备注册造价工程师执业资格的人员作为鉴定人。那么仅由造价员作出的工程造价司法鉴定意见是否合法？应否被法院采信作为定案证据？

二、案例简介

2017年8月，发包人A公司因建设工程施工合同纠纷将施工承包人B公司、实际施工人C起诉至陕西省咸阳市中级人民法院（以下简称一审法院），提出了要求B公司返还超额收取的工程款、承担工程质量修复责任等多项诉求。B公司其后提出反诉。

在一审诉讼中，一审法院根据A公司的申请，分别委托陕西某某建筑工程司法鉴定所对案涉工程做工程质量司法鉴定，委托某某造价公司对案涉已完工程做工程造价司法鉴定。其后，某某造价公司作出《司法鉴定意见书》，鉴定参与人为黄某、胡某某、王某。其中黄某、胡某某为鉴定人，均为全国建设工程造价员，王某系辅助工作人员。

本案的争议焦点之一是：A公司认为《司法鉴定意见书》存在鉴定人不具备司法鉴定资格、鉴定程序违法等问题，该鉴定意见应否被法院采信作为定案证据。本案一审法院、二审法院陕西省高级人民法院和再审法院最高人民法院经审理、审查，均认为A公司的上述理由不成立。

最高人民法院经再审审查认为：黄某、胡某某为本案鉴定人，系全国建设工程造价员，具有鉴定资格，王某系辅助工作人员，符合《司法鉴定程序通则》第十八条、第二十四条第二款的规定。一审法院委托鉴定程序合法，鉴定机构和鉴定人具有鉴定资质和资格，采信《司法鉴定意见书》并无不当。其遂于2021年7月16日作出（2021）最高法民申2819号《民事裁定书》，驳回了A公司的再审申请。

三、案例解析

从上述案情中笔者总结出的法律问题是：**某某造价公司对案涉已完工程造价作出的《司法鉴定意见书》系由两名造价员以鉴定人身份作出，该鉴定意见是否合法？应否被法院采信作为定案证据？**

笔者认为：仅从造价员是否具备工程造价鉴定的法定资格这一要素来审查，本案鉴定意见不合法，不应被法院采信作为定案证据。主要分析如下：

其一，根据上述案情可知，某某造价公司安排作出本案《司法鉴定意见书》的2名鉴定人是黄某、胡某某，他们仅取得了全国建设工程造价员执业资格，并没有取得注册造价工程师执业资格。那么，依据本案一审审理时施行的《注册造价工程师管理办法》（根据2016年9月13日住房和城乡建设部令第32号修正，现已修正）第三条第二款的规定："未取得注册证书和执业印章的人员，不得以注册造价工程师的名义从事工程造价活动。"第十五条的规定："注册造价工程师执业范围包括：（一）建设项目建议书、可行性研究投资估算的编制和审核，项目经济评价，工程概、预、结算、竣工结（决）算的编制和审核；（二）工程量清单、标底（或者控制价）、投标报价的编制和审核，工程合同价款的签订及变更、调整、工程款支付与工程索赔费用的计算；（三）建设项目管理过程中设计方案的优化、限额设计等工程造价分析与控制，工程保险理赔的核查；（四）工程经济纠纷的鉴定。"第十八条的规定："注册造价工程师应当在本人承担的工程造价成果文件上签字并盖章。"仅有注册造价工程师有法定职权单独从事工程造价鉴定业务，造价员不具备该项法定职权，因此其无权以工程造价司法鉴定人身份作出鉴定意见，其作出的鉴定意见不合法，依法不应被法院采信作为定案证据。

当然，从2020年2月19日起，上述《注册造价工程师管理办法》被住房和城乡建设部令第50号修正，"造价员"这一职业称谓至此被"二级注册造价工程师"取代，从此退出历史舞台，但其仍然无权"独立"完成工程造价鉴定业务，只能"协助"一级注册造价工程师完成该业务（详见本讲"相关法条"）。

其二，本案再审法院最高人民法院认为某某造价公司在本案的鉴定行为符合《司法鉴定程序通则》第十八条、第二十四条第二款的规定，笔者认为适用法律错误。因为依据《全国人大常委会关于司法鉴定管理问题的决定》第二条、第三条等相关规定可知（详见本讲"相关法条"），以及《司法鉴定程序通则》（司法部令第132号）第一条的规定："为了规范司法鉴定机构和司法鉴定人的司法鉴定活动，保障司法鉴定质量，保障诉讼活动的顺利进行，根据《全国人民代表大会常务委员会关于司法鉴定管理问题的决定》和有关法律、法规的规定，制定本通则。"工程造价司法鉴定业务至今并未纳入司法部主管登记的司法鉴定业务范围，因此司法部制定的《司法鉴定程序通则》显然不应适用于工程造价司法鉴定业务及其鉴定机构，法院不应将该部门规章作为认定工程造价司法鉴定行为是否合法的法律依据。

虽然笔者的上述观点与本案三级法院的裁判理由截然相反，但笔者还是愿意将本案例分享给读者辩证参考、自行判断、明辨是非。

四、裁判理由

以下为最高人民法院作出的（2021）最高法民申2819号《民事裁定书》对本讲总结的上述法律问题的裁判理由：

关于陕某〔2018〕造鉴字32号《司法鉴定意见书》是否应予采信的问题。A公司认为，一审法院随意增加未经摇号确定的鉴定机构参加鉴定属程序违法；陕西某某工程造价咨询有限公司不具有建设工程造价的经营范围；鉴定人员没有执业资质，且在两个鉴定机构违规执业；案件承办法官违反规定未参与摇号程序，故陕某〔2018〕造鉴字32号《司法鉴定意见书》不应予采信。经核，委托鉴定前一审法院司法技术室工作人员明确告知双方当事人"摇号产生的质量鉴定机构为本案工程造价机构，两幅牌子一名法人"，双方均在《对外委托司法鉴定案件流程表》上签字确认；且现场勘察前双方亦在编号为SXXY/QR-20-2《陕西某某工程造价咨询有限公司现场勘查记录》上签字确认，故一审法院委托鉴定程序并无不当。陕西某某工程造价咨询有限公司具有甲级工程造价资质，且系纳入人民法院工程造价司法鉴定名册之中的鉴定机构；鉴定机构参与现场勘察人员为黄某、胡某某、王某，黄某、胡某某为本案鉴定人，系全国建设工程造价员，具有鉴定资格，王某系辅助工作人员，符合《司法鉴定程序通则》第十八条、第二十四条第二款的规定。对外委托鉴定职责由人民法院相关职能部门履行，案件承办法官是否参与摇号程序，并不影响鉴定机构的确定。综上，一审法院委托鉴定程序合法，鉴定机构和鉴定人具有鉴定资质和资格，原判决采信陕某〔2018〕造鉴字32号《司法鉴定意见书》并无不当。A公司关于委托及鉴定程序违法，鉴定意见无效的理由不能成立，本院不予支持。

五、案例来源

（一）一审：咸阳市中级人民法院作出的（2017）陕04民初170号《民事判决书》
（二）二审：陕西省高级人民法院（2020）陕民终636号《民事判决书》
（三）再审审查：最高人民法院（2021）最高法民申2819号《民事裁定书》（见本讲附件：案例）

六、裁判要旨

法院依法委托的工程造价司法鉴定机构具有甲级工程造价资质，且系纳入人民法院工程造价司法鉴定名册之中的鉴定机构；鉴定机构参与现场勘察人员为本案鉴定人，系全国建设工程造价员，具有鉴定资格，符合《司法鉴定程序通则》第十八条、第二十四条第二款的规定。原审法院委托鉴定程序合法，鉴定机构和鉴定人具有鉴定资质和资格，因此原审法院采信上述司法鉴定意见并无不当。

七、相关法条

（一）《全国人大常委会关于司法鉴定管理问题的决定》（根据 2015年 4 月 24 日第十二届全国人民代表大会常务委员会第十四次会议《关于修改〈中华人民共和国义务教育法〉等五部法律的决定》修正）

一、司法鉴定是指在诉讼活动中鉴定人运用科学技术或者专门知识对诉讼涉及的专门性问题进行鉴别和判断并提供鉴定意见的活动。

二、国家对从事下列司法鉴定业务的鉴定人和鉴定机构实行登记管理制度：

（一）法医类鉴定；

（二）物证类鉴定；

（三）声像资料鉴定；

（四）根据诉讼需要由国务院司法行政部门商最高人民法院、最高人民检察院确定的其他应当对鉴定人和鉴定机构实行登记管理的鉴定事项。

法律对前款规定事项的鉴定人和鉴定机构的管理另有规定的，从其规定。

三、国务院司法行政部门主管全国鉴定人和鉴定机构的登记管理工作。省级人民政府司法行政部门依照本决定的规定，负责对鉴定人和鉴定机构的登记、名册编制和公告。

（二）《注册造价工程师管理办法》（2020年2月19日住房和城乡建设部令第50号修正）

第三条　本办法所称注册造价工程师，是指通过土木建筑工程或者安装工程专业造价工程师职业资格考试取得造价工程师职业资格证书或者通过资格认定、资格互认，并按照本办法注册后，从事工程造价活动的专业人员。注册造价工程师分为一级注册造价工程师和二级注册造价工程师。

第十五条　一级注册造价工程师执业范围包括建设项目全过程的工程造价管理与工程造价咨询等，具体工作内容：

（一）项目建议书、可行性研究投资估算与审核，项目评价造价分析；

（二）建设工程设计概算、施工预算编制和审核；

（三）建设工程招标投标文件工程量和造价的编制与审核；

（四）建设工程合同价款、结算价款、竣工决算价款的编制与管理；

（五）建设工程审计、仲裁、诉讼、保险中的造价鉴定，工程造价纠纷调解；

（六）建设工程计价依据、造价指标的编制与管理；

（七）与工程造价管理有关的其他事项。

二级注册造价工程师协助一级注册造价工程师开展相关工作，并可以独立开展以下工作：

（一）建设工程工料分析、计划、组织与成本管理，施工图预算、设计概算编制；

（二）建设工程量清单、最高投标限价、投标报价编制；

（三）建设工程合同价款、结算价款和竣工决算价款的编制。

八、实务交流

（一）需要说明的是，自2016年1月20日起，"全国建设工程造价员资格"被《国务院关于取消一批职业资格许可和认定事项的决定》（国发〔2016〕5号）取消，其后经《注册造价工程师管理办法》（2020年2月19日住房和城乡建设部令第50号修正）修法，该职业资格被"二级注册造价工程师"这一称谓取代。此前的"注册造价工程师"职业资格现已被"一级注册造价工程师"这一称谓取代。

（二）司法实践中，鲜有作出工程造价司法鉴定意见的鉴定人（编制人、审核人）全部都是造价员的，常见的是其中至少有一名鉴定人是注册造价工程师（现称为一级注册造价工程师，下同）。严格来说，只要工程造价司法鉴定人都不是注册造价工程师，那么其作出的鉴定意见不具有合法性。因此，笔者非常欣赏那些全部安排注册造价工程师作为鉴定人（编制人、审核人）的工程造价司法鉴定机构，因为它们的这种做法完全合法合规、专业敬业。

（三）根据笔者的办案经历以及大量研究发现，本案三级法院关于造价员具备工程造价司法鉴定人资格的裁判观点较为罕见，并非司法主流观点，理应商榷。如果本案三级法院的上述观点正确，那么今后工程造价司法鉴定业务就不需要原注册造价工程师（现称为一级注册造价工程师）参与了，只需造价员（现称为二级注册造价工程师）独立完成即可。此外，笔者也检索到极少的由最高人民法院裁判的类案，其裁判理由与本文解析案例的裁判理由基本一致（详见本讲"参考类案"），因此请大家谨慎参考，切勿盲信盲从。

九、参考类案

为使广大读者有更多的权威类案参考，笔者专门检索、提供近年来由最高人民法院作出的部分类案的生效裁判文书的裁判理由，供大家辩证参考、指导实践。

（一）最高人民法院（2021）最高法民申1418号《民事裁定书》（再审审查）

本院认为，首先，A工程造价咨询有限公司具备工程造价资质，造价员持有资格证书，所作出的鉴定结论具有法律效力。

（二）最高人民法院（2019）最高法民申2996号《民事裁定书》（再审审查）

关于鉴定机构及鉴定人员的资质问题。根据二审判决查明认定的事实，案涉工程造价鉴定系经A公司申请，双方在一审法院司法技术部门主持下，共同抽签确定B分公司为案涉工程造价的鉴定机构。同时，B分公司虽然接受法院委托进行的鉴定，但鉴定结论系由B公司署名作出，B公司具备工程造价咨询甲级资质。鉴定人员陈某某所持有的《全国建设工程造价员资格证书》的验证合格有效期至2016年，其在2016年接受委托鉴定时，相关资质尚在有效期内，至于国务院2016年取消了此类职业资格许可，并不当然意味着陈某某不具有鉴定资格。

 **附件：案例**

中华人民共和国最高人民法院
民 事 裁 定 书

（2021）最高法民申2819号

再审申请人（一审原告、反诉被告，二审上诉人）：A公司。住所地：陕西省咸阳市秦都区西兰路129号。

法定代表人：许某某，A公司总经理。

被申请人（一审被告、反诉原告，二审上诉人）：B公司。住所地：陕西省咸阳市秦都区迎宾路一号（西郊火车站）。

法定代表人：李某某，B公司董事长。

被申请人（一审被告、二审被上诉人）：C，男，1968年12月15日出生，汉族，住陕西省咸阳市秦都区。

再审申请人A公司因与被申请人B公司、C建设工程施工合同纠纷一案，不服陕西省高级人民法院（2020）陕民终636号民事判决（以下简称原判决），向本院申请再审。本院依法组成合议庭进行了审查，现已审查终结。

A公司申请再审称：1.二审应当开庭审理却未开庭，仅由一名法官与当事人谈话，剥夺了A公司的辩论权。2.A公司在一审法庭辩论结束前增加了新的诉讼请求，一审法院未予合并审理，原判决认定一审法院对此处理不当，但未将案件发回重审，而是让A公司另行主张权利，属于程序违法。3.一审法院随意增加未经摇号确定的鉴定机构对案涉工程进行鉴定；选定鉴定机构过程中案件承办法官未到场参加摇号，委托鉴定过程有弄虚作假情形，委托鉴定程序违法。4.陕西某某建筑工程司法鉴定所鉴定人员没有出示执业资质，违法在两个鉴定机构执业，鉴定程序违法，〔2018〕造鉴字32号《司法鉴定意见书》应属无效鉴定。5.A公司付款的前提是工程质量（验收）合格。一、二审法院使用的鉴定意见违法，应委托有资质的鉴定机构对案涉已完成的工程质量是否合格及已完成工程的价款作出鉴定。综上，原判决程序违法，适用法律错误，依据《中华人民共和国民事诉讼法》第二百条之规定，请求撤销原判决，提审或指令再审本案。

本院认为，本案系当事人申请再审的案件，应围绕A公司的再审请求予以审查。本案应审查的主要问题为：1.原判决程序是否合法；2.案涉〔2018〕造鉴字32号

《司法鉴定意见书》是否应予采信。

关于原判决是否程序违法的问题。A公司称，二审法院应当开庭但未开庭审理，剥夺了A公司的辩论权。经核，二审法院于2020年6月12日14时在该院第十六审判法庭开庭审理了案件，双方当事人、代理人出庭参加了诉讼。A公司以二审法院在此后曾通知当事人到法院进行谈话为由，主张二审未开庭审理，没有事实依据。A公司于2017年5月提起本案诉讼后，又于2019年5月5日提交增加诉讼请求及相关鉴定的申请。为避免诉讼程序的过分拖延，原判决在认定一审法院未受理A公司新增诉讼请求确有不当的基础上，告知其就新增请求可另行主张权利，符合本案的实际情况。综上，A公司有关二审法院未开庭剥夺了其辩论权以及未将案件发回一审法院重审，属程序违法的理由不能成立，本院不予支持。

关于陕某〔2018〕造鉴字32号《司法鉴定意见书》是否应予采信的问题。A公司认为，一审法院随意增加未经摇号确定的鉴定机构参加鉴定属程序违法；陕西某某工程造价咨询有限公司不具有建设工程造价的经营范围；鉴定人员没有执业资质，且在两个鉴定机构违规执业；案件承办法官违反规定未参与摇号程序，故陕某〔2018〕造鉴字32号《司法鉴定意见书》不应予采信。经核，委托鉴定前一审法院司法技术室工作人员明确告知双方当事人"摇号产生的质量鉴定机构为本案工程造价机构，两幅牌子一名法人"，双方均在《对外委托司法鉴定案件流程表》上签字确认；且现场勘察前双方亦在编号为SXXY/QR-20-2《陕西某某工程造价咨询有限公司现场勘查记录》上签字确认，故一审法院委托鉴定程序并无不当。陕西某某工程造价咨询有限公司具有甲级工程造价资质，且系纳入人民法院工程造价司法鉴定名册之中的鉴定机构；鉴定机构参与现场勘察人员为黄某、胡某某、王某，黄某、胡某某为本案鉴定人，系全国建设工程造价员，具有鉴定资格，王某系辅助工作人员，符合《司法鉴定程序通则》第十八条、第二十四条第二款的规定。对外委托鉴定职责由人民法院相关职能部门履行，案件承办法官是否参与摇号程序，并不影响鉴定机构的确定。综上，一审法院委托鉴定程序合法，鉴定机构和鉴定人具有鉴定资质和资格，原判决采信陕某〔2018〕造鉴字32号《司法鉴定意见书》并无不当。A公司关于委托及鉴定程序违法，鉴定意见无效的理由不能成立，本院不予支持。

综上，A公司的再审申请不符合《中华人民共和国民事诉讼法》第二百条规定的再审情形，本院依照《中华人民共和国民事诉讼法》第二百零四条第一款、《最高人民法院关于适用〈中华人民共和国民事诉讼法〉的解释》第三百九十五条第二款的规定，裁定如下：

驳回A公司的再审申请。

审判长　　陈宏宇

审判员　　吴　笛

审判员　　张　梅

二〇二一年七月十六日

书记员　　李晓宇

第 **36** 讲

工程造价司法鉴定机构是否必须取得
《司法鉴定许可证》

一、阅读提示

司法实践中，不少当事人认为：法院委托的工程造价司法鉴定机构必须取得当地省级司法行政机关颁发的《司法鉴定许可证》，才有资格接受法院的司法鉴定委托。否则，其作出的鉴定意见因此不具有法律效力，法院不应采信作为定案证据。这种观点是否合法？法院应否认可？

二、案例简介

2017年，施工承包人A公司因施工合同纠纷，将发包人B公司起诉至河南省濮阳市中级人民法院（以下简称一审法院），提出了索要剩余工程款及利息损失等多项诉讼请求。B公司其后反诉。

本案审理过程中，法院为查明A公司已完工程的造价，依法委托工程造价司法鉴定机构汇某公司对案涉工程造价做鉴定。其后，汇某公司作出《鉴定意见》，均被一审法院和二审法院河南省高级人民法院采信作为定案证据。

二审法院作出二审判决后，B公司对该判决不服，遂依法向最高人民法院申请再审。其申请再审的主要理由之一是：鉴定机构汇某公司未取得司法行政机关登记颁发的《司法鉴定许可证》，其经营范围不具有工程司法鉴定内容，因此作出的《鉴定意见》不具有法律效力，且《鉴定意见》存在多处错误。

最高人民法院经审查，认为B公司的上述理由及其他理由均不成立，遂于2020年6月30日作出（2020）最高法民申1913号《民事裁定书》，驳回其再审申请。

三、案例解析

从上述案情中笔者总结出的法律问题是：**本案工程造价司法鉴定机构汇某公司依法是否必须取得司法行政机关颁发的《司法鉴定许可证》，才有资格接受法院的司法**

鉴定委托？否则其作出的《鉴定意见》是否因此无效？

笔者认为：答案是否定的。主要分析如下：

（一）确定工程造价鉴定机构是否具备司法鉴定资格，当前不属于司法行政机关的法定职权

司法鉴定是指在诉讼活动中鉴定人运用科学技术或者专门知识对诉讼涉及的专门性问题进行鉴别和判断并提供鉴定意见的活动。依据《全国人民代表大会常务委员会关于司法鉴定管理问题的决定》《司法鉴定机构登记管理办法》等相关法律的规定（详见本讲"相关法条"），我国省级司法行政机关负责对从事下列四类司法鉴定业务的鉴定人和鉴定机构实行登记管理制度，并对符合法定条件的鉴定人和鉴定机构颁发《司法鉴定人执业证》《司法鉴定许可证》：（一）法医类鉴定（包括法医病理鉴定、法医临床鉴定、法医精神病鉴定、法医物证鉴定和法医毒物鉴定）；（二）物证类鉴定（包括文书鉴定、痕迹鉴定和微量鉴定）；（三）声像资料鉴定（包括对录音带、录像带、磁盘、光盘、图片等载体上记录的声音、图像信息的真实性、完整性及其所反映的情况过程进行的鉴定和对记录的声音、图像中的语言、人体、物体作出种类或者同一认定）；（四）根据诉讼需要由国务院司法行政部门商最高人民法院、最高人民检察院确定的其他应当对鉴定人和鉴定机构实行登记管理的鉴定事项。

从上述鉴定业务的分类可知，工程造价鉴定显然不属于上述前三项司法鉴定业务之一。此外，工程造价鉴定至今也未纳入司法部与最高人民法院、最高人民检察院商定的上述第（四）项司法鉴定业务。

因此，工程造价鉴定尚不属于司法行政机关法定的行政许可登记事项，本案鉴定机构汇某公司依法不必须取得司法行政机关颁发的《司法鉴定许可证》。

（二）确定工程造价鉴定机构是否具备司法鉴定资格，当前属于法院的法定职权

既然工程造价鉴定业务目前不属于司法行政机关法定的行政许可事项，那么该类鉴定机构如果想从事法院委托的工程造价司法鉴定业务，该找谁解决？答案是法院。

依据《人民法院对外委托司法鉴定管理规定》等相关法律的规定（详见本讲"相关法条"），自愿接受法院委托从事司法鉴定的社会鉴定、检测、评估机构及专业人士，须向法院（司法实践中通常是省级高院）提交申请及符合要求的材料，经法院择优选择后纳入法院编制的司法鉴定人名册，此时才取得接受该法院及下级法院委托的司法鉴定业务的司法鉴定资格。因此，工程造价鉴定机构如果想取得某地法院的司法鉴定资格，依法必须先向当地相关法院提交申请及符合要求的材料，并纳入当地省级高级人民法院编制的司法鉴定人名册。

反观本案，汇某公司作为工程造价鉴定机构应该纳入了当地法院编制的司法鉴定人名册，因此具备当地法院的司法鉴定资格，不需要取得当地司法行政机关许可颁发的《司法鉴定许可证》。因此其作出的《鉴定意见》并不因此无效。

正是基于上述事实及法律依据，本案再审法院最高人民法院才认为B公司上述申请再审的理由不成立（详见本讲"裁判理由"）。

四、裁判理由

以下为最高人民法院作出的（2020）最高法民申1913号《民事裁定书》对本讲总结的上述法律问题的裁判理由：

本院经审查认为，汇某公司是法院在征得B公司和A公司同意后所委托的鉴定机构，符合鉴定法律程序要求。汇某公司就案涉工程进行的造价鉴定并非《全国人民代表大会常务委员会关于司法鉴定管理问题的决定》（2015年修正）第二条所规定的需要登记管理的司法鉴定业务范围，汇某公司是否具有司法鉴定许可证不影响其根据法院的委托在其资质许可范围内进行工程造价鉴定。

五、案例来源

（一）一审：河南省濮阳市中级人民法院（2017）豫09民初57号《民事判决书》

（二）二审：河南省高级人民法院（2018）豫民终1890号《民事判决书》

（三）再审审查：最高人民法院（2020）最高法民申1913号《民事裁定书》［见本讲附件：案例（节选）］

六、裁判要旨

工程造价司法鉴定并非《全国人民代表大会常务委员会关于司法鉴定管理问题的决定》所规定的必须经司法行政机关行政许可、登记管理的司法鉴定业务范围。因此，工程造价鉴定机构是否具有司法鉴定许可证不影响其根据法院的委托在其资质许可范围内进行工程造价鉴定。

七、相关法条

（一）《全国人民代表大会常务委员会关于司法鉴定管理问题的决定》（根据2015年4月24日第十二届全国人民代表大会常务委员会第十四次会议《关于修改〈中华人民共和国义务教育法〉等五部法律的决定》修正）

一、司法鉴定是指在诉讼活动中鉴定人运用科学技术或者专门知识对诉讼涉及的专门性问题进行鉴别和判断并提供鉴定意见的活动。

二、国家对从事下列司法鉴定业务的鉴定人和鉴定机构实行登记管理制度：

（一）法医类鉴定；

（二）物证类鉴定；

（三）声像资料鉴定；

（四）根据诉讼需要由国务院司法行政部门商最高人民法院、最高人民检察院确定的其他应当对鉴定人和鉴定机构实行登记管理的鉴定事项。

法律对前款规定事项的鉴定人和鉴定机构的管理另有规定的，从其规定。

三、国务院司法行政部门主管全国鉴定人和鉴定机构的登记管理工作。省级人民政府司法行政部门依照本决定的规定，负责对鉴定人和鉴定机构的登记、名册编制和公告。

十七、本决定下列用语的含义是：

（一）法医类鉴定，包括法医病理鉴定、法医临床鉴定、法医精神病鉴定、法医物证鉴定和法医毒物鉴定。

（二）物证类鉴定，包括文书鉴定、痕迹鉴定和微量鉴定。

（三）声像资料鉴定，包括对录音带、录像带、磁盘、光盘、图片等载体上记录的声音、图像信息的真实性、完整性及其所反映的情况过程进行的鉴定和对记录的声音、图像中的语言、人体、物体作出种类或者同一认定。

（二）《司法鉴定机构登记管理办法》（司法部令第95号）

第三条　本办法所称的司法鉴定机构是指从事《全国人民代表大会常务委员会关于司法鉴定管理问题的决定》第二条规定的司法鉴定业务的法人或者其他组织。

司法鉴定机构是司法鉴定人的执业机构，应当具备本办法规定的条件，经省级司法行政机关审核登记，取得《司法鉴定许可证》，在登记的司法鉴定业务范围内，开展司法鉴定活动。

第二十二条　《司法鉴定许可证》是司法鉴定机构的执业凭证，司法鉴定机构必须持有省级司法行政机关准予登记的决定及《司法鉴定许可证》，方可依法开展司法鉴定活动。

《司法鉴定许可证》由司法部统一监制，分为正本和副本。《司法鉴定许可证》正本和副本具有同等的法律效力。

《司法鉴定许可证》使用期限为五年，自颁发之日起计算。

《司法鉴定许可证》应当载明下列内容：

（一）机构名称；

（二）机构住所；

（三）法定代表人或者鉴定机构负责人姓名；

（四）资金数额；

（五）业务范围；

（六）使用期限；

（七）颁证机关和颁证时间；

（八）证书号码。

（三）《人民法院对外委托司法鉴定管理规定》（法释〔2002〕8号）

第二条　人民法院司法鉴定机构负责统一对外委托和组织司法鉴定。未设司法鉴定机构的人民法院，可在司法行政管理部门配备专职司法鉴定人员，并由司法行政管理部门代行对外委托司法鉴定的职责。

第三条　人民法院司法鉴定机构建立社会鉴定机构和鉴定人（以下简称鉴定人）名册，根据鉴定对象对专业技术的要求，随机选择和委托鉴定人进行司法鉴定。

第四条　自愿接受人民法院委托从事司法鉴定，申请进入人民法院司法鉴定人名册的社会鉴定、检测、评估机构，应当向人民法院司法鉴定机构提交申请书和以下材料：

（一）企业或社团法人营业执照副本；

（二）专业资质证书；

（三）专业技术人员名单、执业资格和主要业绩；

（四）年检文书；

（五）其他必要的文件、资料。

第五条　以个人名义自愿接受人民法院委托从事司法鉴定，申请进入人民法院司法鉴定人名册的专业技术人员，应当向人民法院司法鉴定机构提交申请书和以下材料：

（一）单位介绍信；

（二）专业资格证书；

（三）主要业绩证明；

（四）其他必要的文件、资料等。

第六条　人民法院司法鉴定机构应当对提出申请的鉴定人进行全面审查，择优确定对外委托和组织司法鉴定的鉴定人候选名单。

八、实务交流

（一）建设工程诉讼案的当事人及其代理律师如果要审查法院委托的工程造价鉴定机构是否具备司法鉴定资格，依法不应核实该机构是否取得省级司法行政机关颁发的《司法鉴定许可证》，而应核实该机构是否纳入当地省级高级人民法院对外公开的年度司法鉴定人名册。如果没有纳入，就应及时向委托法院提出异议，依法要求法院另行委托纳入名册的其他鉴定机构重新鉴定。

（二）司法实践中，并非所有的法院都会依法从当地省级高级人民法院编制的司法鉴定人名册中委托工程造价鉴定机构做司法鉴定。因此，对于建设工程诉讼案的当事人及其代理律师而言，务必要高度重视这个重要的法律细节问题，它其实事关当事人案件的成败。

（三）除了本案之外，笔者检索到最高人民法院近年来也审理过部分类案（详见本讲"参考类案"），这些类案的裁判观点基本与本案的裁判观点一致，可见本案所涉法律问题在司法实践中并不少见，不少当事人对该法律问题至今还存在认识误区，因此值得大家重视和思考。

九、参考类案

为使广大读者有更多的权威类案参考，笔者专门检索、提供近年来由最高人民法院作出的部分类案的生效裁判文书的裁判理由（与本案上述裁判观点基本一致），供大家辩证参考、指导实践。

（一）最高人民法院（2020）最高法民申4652号《民事裁定书》（再审审查）

根据《全国人民代表大会常务委员会关于司法鉴定管理问题的决定》第二条的规定，工程造价鉴定不属于实行司法鉴定登记管理制度的范围。A公司以本案鉴定机构未经司法部门统一认证为由主张其不具备相应资质，缺乏理据，本院不予支持。

（二）最高人民法院（2019）最高法民终43号《民事判决书》（二审）

A公司是经中华人民共和国住房和城乡建设部批准的甲级工程造价咨询资质的企业，可以从事各类建设项目的工程造价咨询业务。且根据《全国人民代表大会常务委员会关于司法鉴定管理问题的决定》第二条、中华人民共和国住房和城乡建设部《工程造价咨询企业管理办法》第十五条的规定，工程造价鉴定不属于必须登记的鉴定从业事项，只需通过行政审批获得资质证书，即可在资质范围内从事工程造价咨询活动。

（三）最高人民法院（2019）最高法民终1401号《民事判决书》（二审）

（一）关于建某公司是否具有鉴定资格、本案是否需要重新鉴定的问题

第一，关于建某公司及其鉴定人鉴定资质的问题。《全国人民代表大会常务委员会关于司法鉴定管理问题的决定》第二条规定，国家对从事下列司法鉴定业务的鉴定人和鉴定机构实行登记管理制度：（一）法医类鉴定；（二）物证类鉴定；（三）声像资料鉴定；（四）根据诉讼需要由国务院司法行政部门商最高人民法院、最高人民检察院确定的其他应当对鉴定人和鉴定机构实行登记管理的鉴定事项。

中华人民共和国住房和城乡建设部《工程造价咨询企业管理办法》第四条规定，工程造价咨询企业应当依法取得工程造价咨询企业资质，并在其资质等级许可的范围内从事工程造价咨询活动。

《建设工程造价鉴定规范》术语2.0.5条对鉴定机构定义为：接受委托从事工程造价鉴定的工程造价咨询企业。

最高人民法院《关于如何认定司法鉴定人员是否同时在两个司法鉴定机构执业问题的请示的答复》（法函〔2006〕68号）规定，根据全国人大常委会《关于司法鉴定

管理问题的决定》第二条规定，工程造价咨询单位不属于实行司法鉴定登记管理制度的范围。……对于从事工程造价咨询业务的单位和鉴定人员的执业资质认定以及对工程造价成果性文件的程序审查，应当以工程造价行政许可主管部门的审批、注册管理和相关法律规定为据。

根据上述规定，工程造价鉴定不属于必须登记的鉴定从业事项，只需通过行政审批获得资质证书，即可在资质范围内从事工程造价咨询活动。湖南省司法厅编制《国家司法鉴定人和司法鉴定机构名册湖南分册（2017年度）》系当地行政主管部门对工程造价鉴定实行双重执业准入管理的行为，对于从事工程造价咨询业务的单位和鉴定人员的执业资质认定以及对工程造价成果性文件的程序审查，应当以工程造价行政许可主管部门的审批、注册管理和相关法律规定为据。建某公司具有"工程造价咨询企业甲级资质"证书，鉴定人亦有"注册造价工程师"证书，具备鉴定资质。A公司关于建某公司的司法鉴定资格存在瑕疵、原审法院司法鉴定人选定程序违法的主张，没有法律依据，本院不予采信。

（四）最高人民法院（2019）最高法民申5423号《民事裁定书》（再审审查）

《最高人民法院关于审理建设工程施工合同纠纷案件适用法律问题的解释》第二十三条规定："当事人对部分案件事实有争议的，仅对有争议的事实进行鉴定，但争议事实范围不能确定，或者双方当事人请求对全部事实鉴定的除外。"本案中，A农场和B公司既约定采用固定总价方式确定合同价款，又在施工合同专用条款51.2.（3）及77条补充条款特别约定不同情形下可以调整工程价款。因A农场和B公司就变更和增加部分工程，以及工程延误损失结算发生争议，一审法院依法委托鉴定机构对案涉工程变更和增加项进行鉴定并无不当。本案系建设工程造价鉴定，不属于《全国人民代表大会常务委员会关于司法鉴定管理问题的决定》第二条规定的"国家对从事下列司法鉴定业务的鉴定人和鉴定机构实行登记管理制度：（一）法医类鉴定；（二）物证类鉴定；（三）声像资料鉴定；（四）根据诉讼需要由国务院司法行政部门商最高人民法院、最高人民检察院确定的其他应当对鉴定人和鉴定机构实行登记管理的鉴定事项"的情形，A农场以司法行政部门未登记鉴定人宫某为由，主张鉴定结论不能被采信的再审申请理由，缺乏法律依据。

（五）最高人民法院（2019）最高法民申1253号《民事裁定书》（再审审查）

本院经审查认为，（一）关于鉴定报告可否作为本案定案依据问题。鉴定机构普某公司系一审法院依法定程序，通过法院技术室以摇号机轮候随机方式选定，选择过程符合法律规定，不存在程序违法事项。普某公司具备山东省住房和城乡建设厅颁发的工程造价咨询企业乙级资质证书，工程造价鉴定资质与本案工程标的相符。同时，根据《全国人民代表大会常务委员会关于司法鉴定管理问题的决定》和最高人民法院法办〔2011〕446号、法函〔2006〕68号文件，工程造价咨询机构不属于实行司法鉴定登记管理的范围，普某公司是否取得司法鉴定机构许可证并不影响其参与本案工造价鉴定的资质。

（六）最高人民法院（2018）最高法民再471号《民事判决书》（再审）

（二）案涉工程的造价认定问题（一审法院程序是否违法）。

一审法院根据四川建某工程咨询有限公司对A公司修建的"上上东方"1#、4#楼工程项目的鉴定结论，认定工程造价金额为50937898元正确，该鉴定系一审法院委托的司法鉴定，其委托程序合法。鉴定部门根据双方当事人提交的鉴定依据最终得出鉴定结论。A公司仅从主观上判断鉴定结论依据不足，但没有充分举证予以证明。故A公司以鉴定结论依据不足，申请重新鉴定的上诉理由不成立。根据《全国人民代表大会常务委员会关于司法鉴定管理问题的决定》第二条规定："国家对从事下列司法鉴定业务的鉴定人和鉴定机构实行登记管理制度：（一）法医类鉴定；（二）物证类鉴定；（三）声像资料鉴定；（四）根据诉讼需要由国务院司法行政部门商最高人民法院、最高人民检察院确定的其他应当对鉴定人和鉴定机构实行登记管理的鉴定事项。法律对前款规定事项的鉴定人和鉴定机构的管理另有规定的，从其规定"。《最高人民法院关于人民法院委托评估、拍卖工作的若干规定》第二条规定："取得政府管理部门行政许可并达到一定资质等级的评估、拍卖机构，可以自愿报名参加人民法院委托的评估、拍卖活动。人民法院不再编制委托评估、拍卖机构名册"。《四川省高级人民法院委托鉴定管理办法》第三十条规定："中级法院负责本级备选库内鉴定机构的初步筛选审定，并报省高级法院审批。省高级法院在相应司法行政管理部门、行业主管部门审批合格的机构内，择优选用鉴定专业机构，建立全省法院委托鉴定专业机构备选库，并负责管理"。根据上述规定，从事工程造价司法鉴定不属于必须经相关部门颁发《司法鉴定许可证》的范围。A公司上诉以鉴定人员未在司法厅备案无资格鉴定为由认为该鉴定结论不能采信，一审法院采信鉴定结论程序违法的理由不能成立。

（七）最高人民法院（2017）最高法民申2208号《民事裁定书》（再审审查）

（一）关于案涉工程价款的认定依据问题。A公司对此提出三个再审申请理由：

一是鉴定机构与鉴定人员不具备司法鉴定资格。经查，根据《司法鉴定许可证和司法鉴定人执业证管理办法》的规定，有关司法鉴定机构和司法鉴定人的执业主要是受《全国人民代表大会常务委员会关于司法鉴定管理问题的决定》《司法鉴定机构登记管理办法》《司法鉴定人登记管理办法》等有关法律、法规、规章的规制。《司法鉴定机构登记管理办法》第三条："司法鉴定机构是指从事《全国人民代表大会常务委员会关于司法鉴定管理问题的决定》第二条规定的司法鉴定业务的法人或者其他组织。司法鉴定机构是司法鉴定人的执业机构，应当具备本办法规定的条件，经省级司法行政机关审核登记，取得《司法鉴定许可证》，在登记的司法鉴定业务范围内，开展司法鉴定活动"。而根据《全国人民代表大会常务委员会关于司法鉴定管理问题的决定》第二条的规定，国家对从事法医类鉴定、物证类鉴定、声像资料司法鉴定业务的鉴定人和鉴定机构实行登记管理制度。根据以上规定，兴某公司是否有《司法鉴定许可证》并不影响其司法鉴定资格。A公司提出的《建设工程司法鉴定程序规范》是由司法部司法鉴定管理局发布的有关司法鉴定的技术规范，不能作为认定鉴定机构资格的法律依据。关于鉴定人员问题，一审法院要求鉴定机构对鉴定报告书中两名工程造价员不具备鉴定资格的问题予以说明，鉴定机构书面回复了一审法院，说明了工程造价员是协助注册造价工程师收集整理资料的，所以与两位造价工程师一起进行了签章，一审认定该情形不属于鉴定人员不具备鉴定资格的情形，认定正确。A公司的该项申请理由不能成立。

（八）最高人民法院（2016）最高法民申1218号《民事裁定书》（再审审查）

本院认为，（一）关于辽某司鉴所的鉴定资质问题。《全国人民代表大会常务委员会关于司法鉴定管理问题的决定》第二条规定："国家对从事下列司法鉴定业务的鉴定人和鉴定机构实行登记管理制度：（一）法医类鉴定；（二）物证类鉴定；（三）声像资料鉴定；（四）根据诉讼需要由国务院司法行政部门商最高人民法院、最高人民检察院确定的其他应当对鉴定人和鉴定机构实行登记管理的鉴定事项。法律对前款规定事项的鉴定人和鉴定机构的管理另有规定的，从其规定。"依据上述规定，对于法医类、物证类、声像资料类鉴定，以及司法部商"两高"后确定纳入司法鉴定登记管理范围的鉴定类别，人民法院应当在司法行政部门编制的鉴定机构名册内，根据案件的具体情况，选择在专业、能力等方面与委托鉴定事项和要求相适应的鉴定机构委托鉴定；对不属于司法鉴定登记管理范围的其他类鉴定，人民法院可以根据专业机构的资质等级、综合能力、社会信誉、服务质量等，择优纳入委托鉴定机构信息库，供人民法院在开展对外委托工作时选用。本案工程造价鉴定并不属于司法鉴定登记管理范围，辽某司鉴所具有中华人民共和国住房和城乡建设部颁发的工程造价咨询企业乙级资质证书，一审法院委托其对案涉工程进行造价鉴定，符合法律规定。鉴于此，辽某司鉴所作出的司法鉴定意见书及解答意见书（第二次调整）可以作为有效证据予以采信。

（九）最高人民法院（2015）民申字第2842号《民事裁定书》（再审审查）

本院经审查认为，首先，A公司主张因智某公司没有司法鉴定资格，二审法院不应采信智某公司对案涉工程造价作出的司法鉴定，但根据一审法院查明的事实，智某公司的《企业法人营业执照》与《工程造价咨询企业乙级资质证书》表明其有资格从事工程造价鉴定，二审法院据该事实和《最高人民法院关于如何认定工程造价从业人员是否同时在两个单位执业问题的答复》（法函〔2006〕68号）第一条"根据全国人大常委会《关于司法鉴定管理问题的决定》第二条的规定，工程造价咨询单位不属于实行司法鉴定登记管理制度的范围"之规定，认为司法鉴定登记并非从事工程造价鉴定的中介机构具备鉴定资质的前提条件，认定A公司主张因智某公司未在司法行政部门进行造价鉴定登记而不具备鉴定资质的理由不能成立，继而根据当事人的质证意见对智某公司作出的相关鉴定结论予以采信，并无不妥，对A公司的该项再审主张本院不予支持。

（十）最高人民法院（2014）民申字第192号《民事裁定书》（再审审查）

（二）关于亚某会计公司所做造价鉴定结论能否予以采信的问题。A公司认为亚某会计公司不具备受理工程造价审核和鉴定的资格，不属司法鉴定机构，且所做鉴定是在缺少真实工程资料的情况下伪造形成。经查，亚某会计公司属四川高级人民法院公布的工程造价类鉴定单位之一，具有工程造价审核和鉴定资格，且根据《全国人民代表大会常务委员会关于司法鉴定管理问题的决定》第二条规定，工程造价类咨询鉴定机构并未明确规定为需登记管理的机构。据此，A公司以亚某会计公司未在四川省司法厅司法鉴定管理局登记而否认其司法鉴定资格无事实和法律依据。

 ## 附件：案例（节选）

中华人民共和国最高人民法院
民 事 裁 定 书

（2020）最高法民申1913号

再审申请人（一审被告、反诉原告，二审上诉人）：B公司，住所地河南省濮阳县红旗路东段北侧、县移动公司西侧。

法定代表人：任某某，B公司董事长。

被申请人（一审原告、反诉被告，二审被上诉人）：A公司，住所地河南省濮阳市黄河路与文化路交叉口西北角。

法定代表人：武某某，A公司总经理。

委托诉讼代理人：栗某某，男，该公司工作人员。

再审申请人B公司因与被申请人A公司建设工程施工合同纠纷一案，不服河南省高级人民法院（以下简称二审法院）（2018）豫民终1890号民事判决（以下简称二审判决），向本院申请再审。本院依法组成合议庭进行了审查，现已审查终结。

B公司申请再审称，本案应当依照《中华人民共和国民事诉讼法》第二百条第一项、第二项再审。事实和理由：一、河南某某造价师事务所有限公司（以下简称汇某公司）作出的河南汇某〔2018〕建价鉴字第07号《濮阳县花好月圆项目建设工程施工合同纠纷造价鉴定意见书》（以下简称《鉴定意见书》）及河南汇某〔2018〕建价鉴字第07号补《对B公司提出的"对造价鉴定意见书的质证意见"的答复兼补充》（以下简称《补充意见》）不应作为定案依据。（一）汇某公司的经营范围不具有工程司法鉴定内容，其作出的鉴定意见不具有法律效力……

A公司提交意见称，B公司的再审申请理由不能成立。一、案涉《鉴定意见书》是双方在法院共同选定的鉴定机构作出的，鉴定机构资质齐全，鉴定程序合法……

本院经审查认为，汇某公司是法院在征得B公司和A公司同意后所委托的鉴定机构，符合鉴定法律程序要求。汇某公司就案涉工程进行的造价鉴定并非《全国人民代表大会常务委员会关于司法鉴定管理问题的决定》（2015年修正）第二条所规定的需要登记管理的司法鉴定业务范围，汇某公司是否具有司法鉴定许可证不影响其根据法院的委托在其资质许可范围内进行工程造价鉴定。因A公司就案涉工程尚未施工完毕，无法以固定包干综合单价方式计算得出B公司应付工程价款。通过鉴定方式确定B公司应付A公司款项的数额，是双方共同选择的结果。汇某公司根据B公司、A公司签订的《建设工程施工总承包合同》及《建设工程施工合同》中有相同约定的"执行《河南省建设工程工程量清单综合单价（2008）》及其配套的文件"就案涉工程进行造价鉴定，并未违反A公司及B公司的意思及法律法规的规定。因此，案涉《鉴定意见书》及《补充意见》可以作为法院认定案涉工程造价的依据。A公司已完工程造价52170398.67元并未超过合同约定总价59141168元，B公司没有超出合同约定支付工程款，其要求按比例支付工程款的主张，不能成立。汇某公司在2019年11月13日已就B公司在再审申请书中所提出的取费、已完工程量、未做工程量、材料差价等异议向二审法院进行了复函并作出了《对B公司关于"花好月圆已完工程部分造价鉴定"不同意见的答复》（以下简称《答复》）。关于B公司就取费部分提出的异议，汇某公司的《答复》认可应将税金取费统一调整为3.413%并核减1397元，安全文明施工增加费应调减17360元，B公司缴纳的建设劳保费也应调减，二审判决已采纳了《答复》的意见并在确定B公司应付工程款数额时调减了上述款项。从《答复》内容来看，B公司在二审中认为脚手架使用费、垂直运输机械费应计取90%，但其在再审申请书中又认为应取81%，二者存在矛盾。考虑到工程主体与装饰、安装已基本完工，《答复》认为应全部计取脚手架使用费、垂直运输机械费。这是鉴定机构在考量工程进度情况后作出的专业判断，在B公司对工程未完工存有过错的情况下，二审判决采纳《答复》关于脚手架使用费、垂直运输机械费的意见，并无不妥。关于工程量部分，《答复》对平整场地项目应否计费、大型机械设备进出场及安拆费应否全部计费、基础回填土是否全部是普通黏土、楼梯栏杆硬木扶手是否已计费、原土打夯（散水）项目应否计费等问题进行了明确答复。《答复》认为，平整场地子目中包含建筑物的测量、防线、定位和打龙门桩前的一次性场地平整工程，因此，平整场地项目应该计算。大型机械设备进出场及安拆费应该计算全部费用，工程完工后塔吊应由施工单位拆除并自行运走机械。基础回填土工程属于隐蔽工程，没有见到该项变更。鉴定中硬木扶手没有计算，已完工程也没有计算栏杆油漆工程。回填土后做散水还要进行平整夯实，原土打夯（散水）项目应该计算。因《答复》对B公司的上述异议已进行了说明，B公司也无证据推翻上述意见，二审判决未支持上述异议，并无错误。关于B公司主张的有图纸设计但未做的工程量部分，汇某公司的《答复》中明确，图纸设计有但没做的工程在已完工程鉴定中没有计算；弱电部分工程量是按提供的鉴定证明资料计算的。该部分未见变更签证和未做的证明资料，若有双方认可的证明资料可以调整。另外，从《答复》中可以看出，B公司在二审中并未向鉴定机构提出涉及地下车库塔吊周围约200m²部分的费用以及水落管、冷凝管的施工等异议，其在再审申请中未就前期项目部费用、地下车库塔吊周围约200m²部分的费用已包含在已完工程造价之中进行举证，也未就A公司未参与窗户、水落管、冷凝管的施工进行举证。因此，B公司关于前期项目部、地下车库塔吊周围约200m²部分、水落管、冷凝管等问题的异议，不能成立。《鉴定意见书》及《补充意见》的鉴定结论按已完工程造价、未完工程造价以及1#楼、2#楼未安装或未完整安装的塑钢窗造价进行了区分，已完工程造价52170398.67元中并不包含未安装或未完整安装的塑钢窗造价部分671126.14元，二审判决未在52170398.67元基础上再行扣除671126.14元，也无错误。B公司在2017年3月14日将A公司驱离场地后，已实际占有案涉工程，二审判决以该日期作为欠付工程款的利息起算时间，并无不妥。同时，B公司应就A公司离场时遗留的设备、剩余材料和租赁设备的情况进行举证，其所提交的公证材料形成于2017年4月15日，并不能完整反映A公司离场时的客观情况，B公司也无证据证明A公司有看守人员参与了公证活动，二审法院采信A公司提供的设备清单认定损失，酌定B公司应当返还的租赁设备数量并酌定B公司承担A公司就租赁设备的租金损失、自购设备损失、剩余材料损失的50%，并无不当。因案涉《建设工程施工总承包合同》及《建设工程施工合同》均无效，A公司是否造成工期延误、是否具有消防工程等资质，均不影响B公司赔偿其在合同无效后因其过错造成的A公司的设备、施工材料、租赁设备租金的损失。违约责任系建立在合同有效的基础上，在B公司存在延期支付工程款、对驱离A公司存在过错且工期延误责任不明的情况下，二审判决未支持B公司关于违约金及拆卸塔吊、清理现场、替A公司保管设备等损失的请求，并无错误。

综上，B公司的再审申请不符合《中华人民共和国民事诉讼法》第二百条第一项、第二项规定的情形。本院依照《中华人民共和国民事诉讼法》第二百零四条第一款，《最高人民法院关于适用〈中华人民共和国民事诉讼法〉的解释》第三百九十五条第二款规定，裁定如下：

驳回B公司的再审申请。

审判长　　包剑平

审判员　　张淑芳

审判员　　杜　军

二〇二〇年六月三十日

法官助理　丁燕鹏

书记员　　陈　博

工程造价司法鉴定机构超越企业资质作出的
鉴定意见是否因此无效

一、阅读提示

众所周知，施工企业如果超越企业资质承接建设工程，因此签订的施工合同会被法院依法认定无效。那么，如果工程造价司法鉴定机构超越企业资质作出的鉴定意见，是否同样会被法院认定无效？

二、案例简介

2016年，承包人A公司因施工合同纠纷将发包人B公司起诉至安徽省池州市中级人民法院（以下简称一审法院），索要相关工程款及损失。

一审法院根据A公司的申请，委托工程造价司法鉴定机构辰某公司对案涉工程造价进行鉴定。辰某公司其后出具鉴定意见书，鉴定结论为：1.确认的工程造价为70985391.31元；2.不确定的工程造价合计894512.32元。

B公司根据上述鉴定结论发现辰某公司仅具有工程造价咨询企业乙级资质，认为其违反了《工程造价咨询企业管理办法》关于其只能从事工程造价5000万元人民币以下造价咨询服务的规定，因此其出具的鉴定意见无效，不应作为定案证据。

本案一审法院、二审法院安徽省高级人民法院以及再审法院最高人民法院经审理、审查，均认为本案鉴定意见并不因此无效，可以作为定案证据。因此，最高人民法院于2019年4月12日作出（2019）最高法民申1242号《民事裁定书》，驳回B公司的再审申请。

三、案例解析

从上述案情中笔者总结出的法律问题是：**本案工程造价司法鉴定机构辰某公司违反《工程造价咨询企业管理办法》关于工程造价咨询企业乙级资质业务范围的规定，其作出的鉴定意见是否因此无效？能否作为定案证据？**

笔者认为：本案鉴定意见并不因此无效，如果不存在鉴定程序和实体严重违法的问题，可以作为定案证据。主要分析如下：

其一，依据本案一审审理时施行的《工程造价咨询企业管理办法》（根据2016年9月13日住房和城乡建设部令第32号修正，现已修正）第十九条第三款的规定："乙级工程造价咨询企业可以从事工程造价5000万元人民币以下的各类建设项目的工程造价咨询业务。"第三十八条的规定："未取得工程造价咨询企业资质从事工程造价咨询活动或者超越资质等级承接工程造价咨询业务的，出具的工程造价成果文件无效……"辰某公司的确违反了上述规定，如果仅依据上述规定认定，其作出的鉴定意见的确因此"无效"。但是此处的"无效"属于行政机关对当事人违反"部门规章"后果的行政认定，并不等同于法院依据"法律（狭义）""行政法规"的强制性规定认定当事人作出的法律行为"无效"的司法认定。因为《工程造价咨询企业管理办法》属于"部门规章"而非"法律（狭义）""行政法规"，依据我国民法、行政法的相关规定，当事人违反"部门规章"所作出的法律行为并不因此必然"无效"，法院只应依据法律（狭义）""行政法规"的强制性规定认定当事人作出的法律行为是否"有效"或"无效"，而不应依据"部门规章"来认定。

其二，既然在民事诉讼中辰某公司作出的鉴定意见并不因为违反"部门规章"《工程造价咨询企业管理办法》的规定而被法院认定"无效"，那么法院能直接将其作为定案证据吗？当然不能。法院仍要依据《中华人民共和国民事诉讼法》关于司法鉴定的相关法律规定，审查该证据从鉴定程序、实体等方面是否合法，如果合法，则可以作为定案证据。本案再审法院最高人民法院正是依据此审查思路，认定B公司的上述理由不成立（详见本讲"裁判理由"）。

四、裁判理由

以下为最高人民法院作出的（2019）最高法民申1242号《民事裁定书》对本讲总结的上述法律问题的裁判理由：

本院经审查认为，B公司的再审申请事由不成立。（一）关于辰某公司作出的工程造价鉴定意见能否作为认定本案事实依据的问题。B公司申请再审称，根据《工程造价咨询企业管理办法》第十九条的规定，辰某公司作为具有乙级资质的工程造价咨询企业，只能从事工程造价5000万元以下的工程造价咨询业务。而根据《工程造价咨询企业管理办法》第三十八条规定，超越资质等级承接工程造价咨询业务的，出具的工程造价成果文件无效。可见，B公司对于辰某公司具有乙级资质、有能力对工程造价进行鉴定不持异议，只是对辰某公司能否就5000万元以上的工程造价进行鉴定存在异议。鉴于在鉴定机构作出工程造价鉴定结论之前案涉工程造价的确切数额并不确定，B公司认可辰某公司是具有乙级资质的工程造价咨询企业，《工程造价咨询企业管理办法》系部门规章，不能仅因《工程造价咨询企业管理办法》第三十八条规定而否定案涉鉴定意见的合法性。一审期间，鉴定机构辰某公司依法举行了听证，进行了现场勘验，并出具鉴定意见初稿，在充分听取双方当事人对鉴定意见初稿提出的异议后，最终定稿并出庭接受质询，对当事人当庭提出的异议再次复核后给予合理答复。二审期间，辰某公司针对B公司提出的异议对案涉工程进行了两次补充鉴定，辰某公司会同双方当事人对现场进行勘验，并出具了补充鉴定意见。综合全案情况，二审判决将辰某公司作出的工程造价鉴定意见作为认定本案事实的依据是适当的。

五、案例来源

（一）一审：安徽省池州市中级人民法院（2016）皖17民初56号《民事判决书》

（二）二审：安徽省高级人民法院（2017）皖民终682号《民事判决书》

（三）再审审查：最高人民法院（2019）最高法民申1242号《民事裁定书》（见本讲附件：案例）

六、裁判要旨

法院依法委托的工程造价司法鉴定机构如果超越其企业资质作出了鉴定意见，该鉴定意见并不因为违反了《工程造价咨询企业管理办法》的相关规定而无效。因为该规定系部门规章的行政管理性规定，并非法律或行政法规的强制性规定。

七、相关法条

（一）《中华人民共和国民法典》（2020年5月28日第十三届全国人民代表大会第三次会议通过）

第一百五十三条　违反法律、行政法规的强制性规定的民事法律行为无效。但是，该强制性规定不导致该民事法律行为无效的除外。

违背公序良俗的民事法律行为无效。

（二）《工程造价咨询企业管理办法》（2020年2月19日住房和城乡建设部令第50号修正）

第十九条　工程造价咨询企业依法从事工程造价咨询活动，不受行政区域限制。

甲级工程造价咨询企业可以从事各类建设项目的工程造价咨询业务。

乙级工程造价咨询企业可以从事工程造价2亿元人民币以下各类建设项目的工程造价咨询业务。

第三十六条　未取得工程造价咨询企业资质从事工程造价咨询活动或者超越资质等级承接工程造价咨询业务的，出具的工程造价成果文件无效，由县级以上地方人民政府住房城乡建设主管部门或者有关专业部门给予警告，责令限期改正，并处以1万元以上3万元以下的罚款。

（三）《最高人民法院关于审理建设工程施工合同纠纷案件适用法律问题的解释（一）》（法释〔2020〕25号）

第一条　建设工程施工合同具有下列情形之一的，应当依据民法典第一百五十三条第一款的规定，认定无效：

（一）承包人未取得建筑业企业资质或者超越资质等级的；

（二）没有资质的实际施工人借用有资质的建筑施工企业名义的；

（三）建设工程必须进行招标而未招标或者中标无效的。

承包人因转包、违法分包建设工程与他人签订的建设工程施工合同，应当依据民法典第一百五十三条第一款及第七百九十一条第二款、第三款的规定，认定无效。

八、实务交流

（一）建设工程纠纷诉讼案的当事人及代理律师应依据哪些法律规定质证工程造价司法鉴定意见的合法性？

笔者在检索中发现最高人民法院审理过不少与本案所述法律问题相同的类案，法院的裁判观点均与本讲解析的上述案例的裁判观点一致（详见本讲"参考类案"）。可见这类法律问题在司法实践中属于高发问题，需要当事人及代理律师高度关注。如果将来读者的案件遇到与本案类似的情形，建议不要仅以司法鉴定机构违反了《工程造价咨询企业管理办法》的相关规定这一理由试图推翻其作出的鉴定意见的法律效力，而仍应重点依据《民事诉讼法》关于司法鉴定程序性和实体性的法律规定，来鉴别鉴定意见合法与否，论证其应否被法院作为定案证据。

（二）法院对于工程造价司法鉴定机构超越其企业资质作出的鉴定意见应否一视同仁地作出司法规制？

熟悉建设工程法律的人士在读到本案讨论的法律问题时，不知是否会联想到另外一个相关法律规定——《最高人民法院关于审理建设工程施工合同纠纷案件适用法律问题的解释（一）》（法释〔2020〕25号）第一条第一款的规定（详见本讲"相关法条"）。该司法解释明确规定承包人如果超越施工企业资质，其签订的施工合同因此"无效"。那么同样属于建设工程行业一员的工程造价司法鉴定机构，其超越企业资质作出的鉴定意见为何却并不被法院认定"无效"？难道仅因为其违反的是"部门规章"的规定，法院对此也无可奈何？长此下去，乙级工程造价咨询企业都可以名正言顺地超越企业资质作出司法鉴定意见，那么工程造价咨询企业取得甲级资质还有多大的价值和意义？

当然，如果要解决上述法律漏洞和司法实践的悖论，除非将《工程造价咨询企业管理办法》或关于工程造价企业资质的强制性规定从立法层面上升到"法律"或"行政法规"的位阶，才能使法院名正言顺、一视同仁地对上述问题作出司法规制。

九、参考类案

为使广大读者有更多的权威类案参考，笔者专门检索、提供近年来由最高人民法院作出的部分类案的生效裁判文书的裁判理由（与本案上述裁判观点基本一致），供大家辩证参考、指导实践。

（一）最高人民法院（2020）最高法民申3534号《民事裁定书》（再审审查）

1.关于鉴定意见能否作为定案依据的问题。首先，A公司申请再审称，案涉鉴定机构仅具备乙级资质，根据《工程造价咨询企业管理办法》之规定，乙级工程造价咨询企业可以从事工程造价5000万元人民币以下的各类建设项目工程造价咨询业务，案涉合同工程造价已远超5000万元，鉴定意见不应作为定案依据。本院认为，该管理办法是中华人民共和国住房和城乡建设部对工程造价咨询企业的管理性规定，违反该办法所作鉴定并非当然无效，原审法院委托鉴定程序合法，结合案涉鉴定意见，综合全案证据对工程造价作出认定，并无不当。

（二）最高人民法院（2018）最高法民申2326号《民事裁定书》（再审审查）

本院认为，本案再审审查的焦点问题为：明某公司出具的鉴定意见能否作为定案依据。

A公司主张，明某公司在出具鉴定意见时仅具备工程造价乙级鉴定资质，并不具备案涉工程所需要的甲级鉴定资质。明某公司于2016年11月18日至2017年2月22日间，对案涉工程进行鉴定并出具了二标段工程造价鉴定报告。本案的一审判决于2017年4月28日作出，明某公司在一审判决作出之前，于2017年2月17日已经取得甲级鉴定资质。经查，参与鉴定的人员均具备相关的职业资格。而且，一审法院在委托鉴定时也就选定明某公司征求了当事人的意见，双方均未提出异议。鉴定机构作出的鉴定意见所依据的材料，均经一审法院组织当事人进行了质证，鉴定意见作出后也征求了当事人的意见，并根据双方质询意见进行了答复和修正。就鉴定人员署名的问题，该程序上的不当之处在二审阶段已经得到了补正。综上，本院认为，明某公司出具的鉴定意见可以作为定案依据，原审法院的认定并无不当。

（三）最高人民法院（2016）最高法民申1272号《民事裁定书》（再审审查）

《工程造价咨询企业管理办法》是住房和城乡建设部作为行业监督管理部门基于加强对从事工程造价咨询活动企业的管理，提高工程造价咨询工作质量的目的制定的行业管理性规范，性质上属于部门规章。从法律适用的角度看，该部门规章并非评判人民法院依当事人申请或依职权委托造价咨询机构作出的工程造价鉴定是否有效的法律依据。作为司法鉴定，造价鉴定是依据人民法院委托鉴定的范围或当事人申请鉴定的范围确定相应资质等级的鉴定机构。本案双方当事人签订的《建设工程施工合同》尚未履行完毕即发生纠纷，一审法院系根据A公司的申请且经B公司同意，对已完工的工程委托造价鉴定。海某公司作为乙级工程造价咨询企业可以从事工程造价5000万元以下的各类建设项目的工程造价咨询业务，案涉委托鉴定部分的工程并未超出5000万元。B公司以海某公司超越资质等级鉴定为由主张《工程造价鉴定报告》不能作为本案定案依据，没有事实和法律依据，本院不予支持。原判决以《工程造价鉴定报告》为依据计算案涉工程款并无不当。

（四）最高人民法院（2015）民申字第542号《民事裁定书》（再审审查）

住房和城乡建设部颁布的《工程造价咨询企业管理办法》属部颁规章，系部门管理性规范文件，在适用该办法第三十八条关于"超越资质等级承接工程造价咨询业务的，出具的工程造价成果文件无效"的规定认定相关文件效力时，应当综合具体情况作出判断。结合本案具体情况，作出案涉鉴定结论的鉴定机构资质等级虽为乙级，但原一审中，A公司与B公司仅对鉴定机构第一次作出的鉴定结论的内容提出异议，鉴定机构根据双方意见多次进行调整后作出了最终的鉴定结论。A公司曾向一审法院提出增加鉴定项目，在一审法院据此拟委托鉴定时，该公司又不同意再行鉴定，未缴纳鉴定费用，也未再对案涉鉴定结论提出异议。一审法院已经组织双方当事人对鉴定结论进行质证，鉴定机构亦对双方当事人提出的异议予以解答，故一、二审法院以该鉴定结论作为认定相关事实的依据并无不当。

（五）最高人民法院（2014）民一终字第72号《民事判决书》（二审）

三、关于鉴定结论能否作为计算案涉工程款的依据的问题。案涉工程的鉴定机构的资质等级为乙级，A公司主张其作出的鉴定结论无效。其依据是《工程造价咨询企业管理办法》第十九条的规定："乙级工程造价咨询企业可以从事工程造价5000万元人民币以下的造价咨询业务。"第三十八条规定："超越资质等级承接工程造价咨询业务的，出具的工程造价成果文件无效。"但上述规定是原建设部的部颁规章，属于管理性规范，不能作为评判鉴定结论效力的依据，且A公司在一审中并未提出鉴定资质不合格的主张，因此，应当以鉴定结论作为计算案涉工程款的依据。一审法院已经组织双方当事人对于鉴定结论进行质证，鉴定机构亦对双方当事人提出的异议予以了解答，因此，鉴定程序合法。关于质量问题，一审时，法院曾征求A公司的意见，对于工程质量与修复费用进行鉴定。A公司不同意对此进行鉴定并且未缴纳鉴定费用，因此鉴定机构未对工程质量与修复费用进行鉴定并无不当之处。鉴定结论可以作为计算案涉工程款的依据。

（六）最高人民法院（2004）民一终字第118号《民事判决书》（二审）

（3）关于鉴定机构资质问题。A公司上诉提出，一审法院委托对1999年工程造价进行鉴定的中某公司，其经营范围内工程造价咨询为乙级资质，而本案属于大型建设项目，理应由具有甲级资质的鉴定机构进行鉴定，据此认为一审法院采用该鉴定机构出具的结论系程序违法，申请重新鉴定。中某公司虽然就工程造价咨询为乙级资质，但该鉴定机构经当地有关部门认定具有从事司法鉴定资格，且鉴定结论并非由中某公司独立完成，是由鉴定中心和中某公司联合作出，一审法院予以采信并无不当，亦不存在程序违法。A公司在一审期间未就鉴定机构资质问题提出异议，现二审期间提出，加之鉴定所需要部分材料的原件已无法提供，不具备重新鉴定条件，故对A公司的此项请求不予支持。

附件：案例

中华人民共和国最高人民法院
民 事 裁 定 书

（2019）最高法民申1242号

再审申请人（一审被告、二审上诉人）：B公司，住所地安徽省池州市江南产业集中区松花江路与大别山路交叉口东北角。

法定代表人：陈某某，B公司董事长。

委托诉讼代理人：汪某某，安徽某某（六安）律师事务所律师。

委托诉讼代理人：许某某，安徽某某律师事务所律师。

被申请人（一审原告、二审被上诉人）：A公司，住所地安徽省池州市贵池区梅龙镇镇区。

法定代表人：赵某某，A公司董事长。

委托诉讼代理人：查某某，安徽某某律师事务所律师。

委托诉讼代理人：张某某，北京某某（合肥）律师事务所律师。

再审申请人B公司因与被申请人A公司建设工程施工合同纠纷一案，不服安徽省高级人民法院（2017）皖民终682号民事判决，向本院申请再审。本院依法组成合议庭进行了审查，现已审查终结。

B公司申请再审称，（一）安徽某某建设工程项目管理有限公司（以下简称辰某公司）超越鉴定资质作出的工程造价鉴定意见，不能作为认定案件事实的依据。上述鉴定意见加盖的资质章已经过期，并且没有附鉴定机构和鉴定人员的资质证书。B公司也一直就辰某公司超越资质等级出具鉴定意见提出异议。根据《工程造价咨询企业管理办法》第十九条的规定，辰某公司作为具有乙级资质的工程造价咨询企业，只能从事工程造价5000万元以下的工程造价咨询业务。辰某公司超越其资质等级的许可范围对案涉工程出具鉴定意见，不但违反了相关行政管理规定，也违反了相关法律的强制性规定和司法解释的规定，应属无效的鉴定意见，不能作为认定案件事实的依据。

（二）二审判决B公司以工程欠款额为基数按中国人民银行同期同类贷款利率的两倍赔偿A公司的损失，缺乏事实及法律依据。同时，上述判决超过了A公司的一审诉讼请求。在一审中，A公司向法院提出的诉讼请求是B公司支付其违约金及利息等费用5661512.52元，其中除去510万元违约金外，利息仅有561512.52元。此外，A公司在本案中并未主张赔偿损失，亦未提供证据证明其损失。（三）二审判决认定案涉工程已经竣工验收合格，缺乏证据证明。A公司对案涉工程外墙保温的施工、9#—11#楼雨污分流合流的施工，不符合工程设计的要求和合同的约定。A公司所提交的竣工验收报告没有验收组人员签署的竣工验收意见，部分项目验收单上没有监理单位的印章，故其所提交的验收报告并不能证明案涉工程经竣工验收合格。根据《最高人民法院关于审理建设工程施工合同纠纷案件适用法律问题的解释》第二条的规定，建设工程施工合同无效，承包人请求参照合同约定支付工程价款的，应以建设工程竣工验收合格为前提条件，故案涉工程亦尚不具备支付工程价款的条件。（四）A公司对案涉工程不享有优先受偿权。《最高人民法院关于建设工程价款优先受偿权问题的批复》第三条规定："建设工程价款包括承包人为建设工程应当支付的工作人员报酬、材料款等实际支出的费用，不包括承包人因发包人违约造成的损失。"二审判决A公司对包括工程利润在内的案涉工程价款享有优先受偿权是错误的。案涉工程系政府回购项目，在本案纠纷发生前，A公司业已书面向政府和B公司承诺放弃案涉工程价款优先受偿权，A公司向法院诉请享有优先受偿权不应得到支持。故依据《中华人民共和国民事诉讼法》第二百条第二项、第六项规定申请再审。

A公司提交意见称：（一）B公司关于辰某公司出具的鉴定意见不能作为认定案件事实依据的主张不能成立。本案的司法鉴定程序合法有效。辰某公司是经过一审法院审核、筛选，二审法院同意备选的专业机构，具备相应的司法造价鉴定资质。按照管理规定，辰某公司的资质章每三年核准一次，2017年4月1日至5月14日期间虽不在资质章的有效期内，但该期间属于行政机关核准资质延期的正常预备时间。辰某公司从2016年8月接受法院委托至2017年5月9日出具鉴定意见书，均属于在鉴定资质章有效期内进行的鉴定活动，不存在资质章过期事实。辰某公司虽为乙级资质，但鉴定人员均持有注册造价工程师证书，具备鉴定本案工程造价的资质。《工程造价咨询企业管理办法》系部门规章，属于管理性规范文件。在适用该办法第三十八条关于"超越资质等级承接工程造价咨询业务的，出具的工程造价成果文件无效"的规定认定鉴定意见效力时，应当结合具体情况作出判断。辰某公司就案涉工程造价鉴定进行了组织听证、现场勘察、出具鉴定意见、接受法庭质询、解答当事人异议等一系列鉴定活动。这足以证明辰某公司出具的鉴定意见遵循客观事实，符合法律规定，可以作为认定案件事实的依据。（二）B公司拖欠A公司工程款19165803.37元，并已实际占有使用案涉工程。二审法院判决B公司以工程欠款额为基数按中国人民银行同期同类贷款利率的两倍赔偿A公司的损失，有事实和法律依据。（三）二审判决认定案涉工程已经竣工验收合格，有事实依据。A公司在一审庭审中就提供了八份竣工验收备案表、工程联系单、建设工程委托监理合同、监理工程师通知单、整改回复函、工程交接清单等一系列证据证明案涉工程已经竣工验收合格。（四）A公司应依法享有建设工程款优先受偿权。案涉工程不属于按照工程性质不宜折价、拍卖的工程，而政府回购与否并不能阻却A公司就B公司欠付的工程价款主张优先受偿权，B公司也没有证据证明A公司已书面承诺放弃优先受偿权。综上，请求法院依法驳回B公司的再审申请。

　　本院经审查认为，B公司的再审申请事由不成立。（一）关于辰某公司作出的工程造价鉴定意见能否作为认定本案事实依据的问题。B公司申请再审称，根据《工程造价咨询企业管理办法》第十九条的规定，辰某公司作为具有乙级资质的工程造价咨询企业，只能从事工程造价5000万元以下的工程造价咨询业务。而根据《工程造价咨询企业管理办法》第三十八条规定，超越资质等级承接工程造价咨询业务的，出具的工程造价成果文件无效。可见，B公司对于辰某公司具有乙级资质、有能力对工程造价进行鉴定不持异议，只是对辰某公司能否就5000万元以上的工程造价进行鉴定存在异议。鉴于在鉴定机构作出工程造价鉴定结论之前案涉工程造价的确切数额并不确定，B公司认可辰某公司是具有乙级资质的工程造价咨询企业，《工程造价咨询企业管理办法》系部门规章，不能仅因《工程造价咨询企业管理办法》第三十八条规定而否定案涉鉴定意见的合法性。一审期间，鉴定机构辰某公司依法举行了听证，进行了现场勘验，并出具鉴定意见初稿，在充分听取双方当事人对鉴定意见初稿提出的异议后，最终定稿并出庭接受质询，对当事人当庭提出的异议再次复核后给予合理答复。二审期间，辰某公司针对B公司提出的异议对案涉工程进行了两次补充鉴定，辰某公司会同双方当事人对现场进行勘验，并出具了补充鉴定意见。综合全案情况，二审判决将辰某公司作出的工程造价鉴定意见作为认定本案事实的依据是适当的。（二）关于二审判决B公司以工程欠款额为基数按中国人民银行同期同类贷款利率的两倍赔偿A公司的损失，是否缺乏事实及法律依据的问题。案涉工程已交付B公司占有使用。B公司拖欠A公司工程款。A公司基于案涉《建设工程施工合同》及《协议书》有效的认识，起诉请求B公司支付违约金及利息等费用，二审法院认定案涉《建设工程施工合同》及《协议书》无效，并综合考虑双方当事人的过错程度和全案事实，判决B公司以工程欠款额为基数，按中国人民银行同期同类贷款利率的两倍赔偿A公司的损失，至款清息止，并无不当。（三）关于二审判决认定案涉工程已经竣工验收合格是否缺乏证据证明的问题。《最高人民法院关于审理建设工程施工合同纠纷案件适用法律问题的解释》第十三条规定："建设工程未经竣工验收，发包人擅自使用后，又以使用部分质量不符合约定为由主张权利的，不予支持；但是承包人应当在建设工程的合理使用寿命内对地基基础工程和主体结构质量承担民事责任。"二审法院查明，案涉工程1#—8#厂房已经竣工验收合格，9#—14#楼进行了预验收，案涉工程均已交付B公司占有使用。因此，B公司关于案涉工程未竣工验收合格，尚不具备支付工程价款的条件的再审申请理由不能成立。（四）关于A公司对案涉工程是否享有优先受偿权的问题。《中华人民共和国合同法》第二百八十六条规定："发包人未按照约定支付价款的，承包人可以催告发包人在合理期限内支付价款。发包人逾期不支付的，除按照建设工程的性质不宜折价、拍卖的以外，承包人可以与发包人协议将该工程折价，也可以申请人民法院将该工程依法拍卖。建设工程的价款就该工程折价或者拍卖的价款优先受偿。"案涉项目不属于按照工程性质不宜折价、拍卖项目，政府回购与否并不当然阻却A公司所享有的建设工程价款优先受偿权。B公司未提交充分有效的证据证明A公司书面承诺放弃案涉工程价款优先受偿权。因此，二审判决认定A公司对案涉工程享有建设工程价款优先受偿权并无不当。

综上，B公司的再审申请不符合《中华人民共和国民事诉讼法》第二百条第二项、第六项规定的情形。依照《中华人民共和国民事诉讼法》第二百零四条第一款、《最高人民法院关于适用〈中华人民共和国民事诉讼法〉的解释》第三百九十五条第二款的规定，裁定如下：

驳回B公司的再审申请。

审判长　　包剑平

审判员　　杜　军

审判员　　谢　勇

二〇一九年四月十二日

书记员　　张静思

第 **38** 讲

违反推荐性技术规范作出的工程造价司法鉴定意见，是否因此无效

一、阅读提示

近年来，国家有关部委、行业协会为规范建设工程司法鉴定执业行为，相继颁布了一些推荐性技术规范、行业规范。如果法院委托的司法鉴定机构没有依据这些文件或者违反了这些文件的相关规定作出鉴定意见，那么该鉴定意见是否因此无效？其可否作为定案证据？

二、案例简介

2017年，建设工程承包人A公司、A公司分公司因与实际施工人B发生施工合同纠纷，不服河北省高级人民法院作出的二审判决，向最高人民法院申请再审。

A公司、A公司分公司申请再审的主要理由之一是：二审法院采信作为定案证据的工程造价司法鉴定意见的鉴定程序违法，违反了《建设工程司法鉴定程序规范》《建设工程造价鉴定规程》的相关规定。

最高人民法院经审查，认为《建设工程司法鉴定程序规范》《建设工程造价鉴定规程》并非法律、行政法规，本案司法鉴定机构违反上述文件的规定并非等于违反强制性法律规范。因A公司、A公司分公司申请再审的理由均不成立，最高人民法院于2018年5月22日作出（2018）最高法民申703号《民事裁定书》，驳回其再审申请。

三、案例解析

从上述案情中笔者总结出的法律问题是：**本案工程造价司法鉴定机构如果违反了《建设工程司法鉴定程序规范》《建设工程造价鉴定规程》等推荐性技术规范、行业规范的相关规定，其作出的鉴定意见是否因此无效？其可否作为定案证据？**

笔者认为：本案司法鉴定意见并不因此无效，如果其不存在违反法律、行政法规强制性规定的情形，可以作为本案定案证据。主要分析如下：

本案当事人所引用的《建设工程司法鉴定程序规范》SF/Z JD 0500001-2014（现已被司办通〔2018〕139号文件废止）和《建设工程造价鉴定规程》CECA/GC 8-2012均非法律和行政法规，分别属于推荐性技术规范、行业规范。根据《司法部办公厅关于推荐适用〈周围神经损伤鉴定实施规范〉等13项司法鉴定技术规范的通知》（司办通〔2014〕15号）可知，《建设工程司法鉴定程序规范》是司法部制定的推荐性技术规范，推荐适用，并非强制性标准，现已废止。《建设工程造价鉴定规程》是中国建设工程造价管理协会制定的行业规范。它们既非国家标准，更非法律和行政法规。因此，这两个文件对司法鉴定机构均没有法律强制力，司法鉴定机构在编制鉴定意见时有权自主选择是否适用它们。司法鉴定机构如果选择不适用它们，或者违反了它们的某些规定，只要其作出的鉴定意见没有违反法律、行政法规的强制性规定，法院依法不能因此认定鉴定意见非法无效，仍然可以将它作为定案证据。本案再审法院最高人民法院即持此类观点（详见本讲"裁判理由"）。

四、裁判理由

以下为最高人民法院作出的（2018）最高法民申703号《民事裁定书》对本讲总结的上述法律问题的裁判理由：

（一）A公司、A公司分公司关于案涉鉴定意见书鉴定程序违法以及将未经质证的证据作为鉴定依据的申请再审事由，不能成立。第一，《建设工程司法鉴定程序规范》《建设工程造价鉴定规程》并非法律、行政法规。《司法部办公厅关于推荐适用等13项司法鉴定技术规范的通知（司办通〔2014〕15号）》中已载明《建设工程司法鉴定程序规范》由司法部司法鉴定管理局组织制定，且仅为推荐适用。故建某咨询公司未按该规范要求对案涉疑问进行答复，并不违反强制性法律规范。事实上，建某咨询公司已在案涉鉴定意见书中记载"我司根据异议书内容，对鉴定征询意见进行了复核调整，最终形成本鉴定结论意见"。可见，该鉴定意见书已对A公司、A公司分公司的异议作出了相应答复。《建设工程造价鉴定规程》也非法律、行政法规，违反其并非等于违反法律、行政法规的强制性规范。

五、案例来源

（一）二审：河北省高级人民法院（2017）冀民终764号《民事判决书》

（二）再审审查：最高人民法院（2018）最高法民申703号《民事裁定书》〔见本讲附件：案例（节选）〕

六、裁判要旨

《建设工程司法鉴定程序规范》《建设工程造价鉴定规程》等推荐性技术规范、行业规范并非法律、行政法规，司法鉴定机构违反上述规范并非等于违反法律、行政法规的强制性规范，其作出的鉴定意见并不因此无效。

七、相关法条、文件

（一）《最高人民法院关于人民法院民事诉讼中委托鉴定审查工作若干问题的规定》（法〔2020〕202号）

五、对鉴定意见书的审查

10.人民法院应当审查鉴定意见书是否具备《最高人民法院关于民事诉讼证据的若干规定》第三十六条规定的内容。

（二）《最高人民法院关于民事诉讼证据的若干规定》（法释〔2019〕19号）

第三十六条　人民法院对鉴定人出具的鉴定书，应当审查是否具有下列内容：

（一）委托法院的名称；

（二）委托鉴定的内容、要求；

（三）鉴定材料；

（四）鉴定所依据的原理、方法；

（五）对鉴定过程的说明；

（六）鉴定意见；

（七）承诺书。

鉴定书应当由鉴定人签名或者盖章，并附鉴定人的相应资格证明。委托机构鉴定的，鉴定书应当由鉴定机构盖章，并由从事鉴定的人员签名。

八、实务交流

（一）审查、质证建设工程司法鉴定意见的合法性、法律效力（有效或无效），是建设工程诉讼案的当事人及其代理律师不得不应对的重要法律难题，特别考验代理律师的综合法律实力和专业水准。司法实践中，许多当事人及代理律师经常在此质证问题上失手而败诉。通过本讲的以案释法，大家应该知道应主要依据强制性法律文件审查、质证司法鉴定意见的合法性和效力，而不宜依据类似本案的推荐性技术规范、行业规范审查、质证。除非司法鉴定机构明示其将这些文件作为鉴定依据，那么当事人及其代理律师就有权依据这些文件审查、质证司法鉴定意见的合法性和效力。

（二）本讲所称的强制性法律文件主要是指对司法鉴定的程序、内容等事项作出了强制性规定的相关法律、行政法规以及强制性国家标准。这些法律文件在建设工程领域较为繁多、复杂，作为代理律师，需要在日常学习中熟练掌握它们，这样才具备随时审查、质证相关司法鉴定意见的专业能力。

（三）根据笔者搜索的最高人民法院作出的相关类案的裁判理由（详见本讲"参考类案"）可知，即使建设工程司法鉴定机构违反了推荐性技术规范、行业规范的相关规定，法院一般认定其为程序性瑕疵，并不因此认定司法鉴定意见无效。

九、参考类案

为使广大读者有更多的权威类案参考，笔者专门检索、提供近年来由最高人民法院作出的部分类案生效裁判文书的裁判理由（与本案上述裁判观点基本一致），供大家辩证参考、指导实践。

（一）最高人民法院（2019）最高法民申2174号《民事裁定书》（再审审查）

《建设工程司法鉴定程序规范》系司法部推荐适用的规范，并非强制性法律规定。二审法院认定鉴定单位在本案鉴定中未适用该规范，不构成程序违法，依据充分。

（二）最高人民法院（2020）最高法民终852号《民事裁定书》（二审）

二、鉴定依据不合理，鉴定程序不规范。1.案涉鉴定人未适用2018年3月1日起实施的住房和城乡建设部颁布的《建设工程造价鉴定规范》，而是适用中国建设工程造价管理协会制定的《建设工程造价鉴定规程》。前者系新制定的国家标准，其效力高于作为协会标准的后者，其内容更加详细、程序更加规范。在鉴定机构出具鉴定意见之前，前述国家标准已经发布，应当以此为据进行鉴定，更有利于查清本案事实，解决本案争议。2.即使依据《建设工程造价鉴定规程》，该规程第六章第一条第一款（6.1.1）规定，"鉴定项目部（组）由三人以上组成"，而案涉《工程造价鉴定意见书》中执业人员签章处显示仅由两位工程师签字，违反了该程序规定。因此，一审鉴定程序存在不规范的情形。

（三）最高人民法院（2019）最高法民申1823号《民事裁定书》（再审审查）

一、关于案涉鉴定书是否可以作为结算依据的问题。首先，《建设工程造价鉴定规范》第5.2.5条规定："鉴定机构在出具正式鉴定意见书之前，应提请委托人向各方当事人发出鉴定意见书征求意见稿和征求意见函，征求意见函应明确当事人的答复期限及其不答复行为承担的法律后果，即视为对鉴定意见书无意见。"鉴定机构未按《建设工程造价鉴定规范》规定向双方当事人送达鉴定意见书征求意见稿和征求意见函，存在鉴定程序瑕疵，但一审法院通过在一审开庭审理时，组织双方当事人对鉴定书进行质证，鉴定人员出庭接受质询并对有异议的方面进行当庭回复和庭审后书面回复，已对该瑕疵予以弥补。其次，针对A公司提出的六点意见，涌某公司出具书面的《关于对高平市A房地产开发有限公司所提意见书的回复》，一一进行了回复，回复的内容有简有繁。A公司以涌某公司仅回复"经复核，无误"为由主张鉴定机构未按规定回复的再审申请理由与事实不符，不能成立。

附件：案例（节选）

中华人民共和国最高人民法院
民事裁定书

（2018）最高法民申703号

再审申请人（一审被告，二审上诉人）：A公司，住所地天津市自贸试验区（空港经济区）西二道88号。

法定代表人：周青，A公司董事长。

委托诉讼代理人：董某，北京某某文德（天津）律师事务所律师。

委托诉讼代理人：刘某，北京某某文德（天津）律师事务所律师。

再审申请人（一审被告，二审上诉人）：A公司分公司，住所地天津市自贸试验区西二道88号。

负责人：牛某，A公司分公司总经理。

委托诉讼代理人：董某，北京某某文德（天津）律师事务所律师。

委托诉讼代理人：刘某，北京某某文德（天津）律师事务所律师。

被申请人（一审原告，二审被上诉人）：B，男，1969年8月9日出生，汉族，住山西省太原市。

再审申请人A公司、A公司分公司因与被申请人B建设工程施工合同纠纷一案，不服河北省高级人民法院（2017）冀民终764号民事判决，向本院申请再审。

A公司、A公司分公司申请再审称，原判决认定的基本事实缺乏证据证明，且判决认定事实的主要证据，即2017年4月25日出具的《承钢150T转炉安装工程项目工程造价鉴定意见书》（造价鉴字〔2017〕1号）（以下简称鉴定意见书）依据未经质证的证据作出，不具有客观真实性，理由是：（一）鉴定意见书鉴定程序违法。首先，根据《建设工程司法鉴定程序规范》第7.1.12条的规定："司法鉴定人完成受鉴定项目鉴定造价初稿后，应通过委托人向各方当事人提交征求意见稿。各方当事人在规定的时间内对征求意见稿提出异议，司法鉴定人应进行核对和答复。当事人对征求意见稿的异议具有相应证据或者依据的，司法鉴定人应对征求意见稿进行调整并出具鉴定意见"。一审法院在第一次开庭过程中，河北建某工程咨询有限公司（以下简称建某咨询公司）出庭接受询问时，表示7号鉴定意见为初稿。因此，A公司、A公司分公司针对该初稿鉴定意见书提出了书面疑问，要求建某咨询公司进行核对和答复，并于2016年11月29日将该书面疑问邮寄给一审法院，而建某咨询公司并未针对提出的疑问作出答复，仅又出具了新的鉴定意见书。

其次，根据《建设工程造价鉴定规程》第5.1.4条的规定："鉴定过程中，鉴定机构可根据鉴定需要提请鉴定委托人提交补充鉴定资料或经鉴定委托人同意，要求当事人直接提交补充举证资料。对鉴定委托人已经质证再转交的补充资料，鉴定机构可以直接作为鉴定资料使用；对鉴定委托人转交，但未经质证的资料或当事人直接补充提交的举证资料，鉴定机构应按本规程第4.2.1条至第5.1.2条对补充资料执行取证和质证等程序"。即应当完成质证程序的证据才能作为鉴定的依据。而该鉴定意见书中，存在未经质证的证据作为鉴定依据的情况（鉴定意见书第16页至第19页）。

最后，鉴定意见书第3、4页的工程造价计算的说明，第4条第（2）（4）（5）（7）项，多次提到"若当事人有异议，待进一步提供证据，并经法庭质证认证后，我司再根据法庭要求进行调整"，再次说明鉴定意见书中存在未经质证的证据作为鉴定依据的情况。

……

由上，A公司、A公司分公司认为，原判决符合《中华人民共和国民事诉讼法》（以下简称民事诉讼法）第二百条第二项、第四项规定的情形，再审请求为：1.撤销一审判决、二审判决；2.驳回B对A公司、A公司分公司全部诉讼请求；3.全部诉讼费用、鉴定费用由B负担。

本院经审查认为，A公司、A公司分公司的再审申请不能成立：

（一）A公司、A公司分公司关于案涉鉴定意见书鉴定程序违法以及将未经质证的证据作为鉴定依据的申请再审事由，不能成立。第一，《建设工程司法鉴定程序规范》《建设工程造价鉴定规程》并非法律、行政法规。《司法部办公厅关于推荐适用等13项司法鉴定技术规范的通知（司办通〔2014〕15号）》中已载明《建设工程司法鉴定程序规范》由司法部司法鉴定管理局组织制定，且仅为推荐适用。故建某咨询公司未按该规范要求对案涉疑问进行答复，并不违反强制性法律规范。事实上，建某咨询公司已在案涉鉴定意见书中记载"我司根据异议书内容，对鉴定征询意见进行了复核调整，最终形成本鉴定结论意见"。可见，该鉴定意见书已对A公司、A公司分公司的异议作出了相应答复。《建设工程造价鉴定规程》也非法律、行政法规，违反其并非等于违反法律、行政法规的强制性规范。至于A公司、A公司分公司在再审申请书中所谓"存在未经质证的证据作为鉴定依据的情况（鉴定意见书第16页至第19页）"，经查，案涉鉴定意见书本身共计6页，只在其提交材料的目录显示第16页至19页分别为《承德市中级人民法院答复函》《B对需明确问题的答复函》《承钢150T转炉5月1日前、后工程量划分》。其中《承德市中级人民法院答复函》明确记载"关于你公司2016年7月26日的函，请按B答复办理。现将原、被告双方意见转印你公司。"可见，针对建某咨询公司2016年7月26日的函，双方都发表了意见。一审法院在此基础上采信B答复内容，要求建某咨询公司以其答复为鉴定材料，并无不当。至于B提交的2008年5月1日前后工程量的划分依据，根据原判决记载，一审质证笔录已经载明，除了20号证据之外，A公司、A公司分公司并无异议。这说明上述证据均已经过法庭质证。至于鉴定意见书第3、4页的工程造价计算说明提及的"若当事人有异议，待进一步提供证据，并经法庭质证认证后，我司再根据法庭要求进行调整"的表述从文义解释而言，是指如果有异议，A公司应进一步提供证据，并经质证认证后才能据以调整现有鉴定意见，而非对已有未经质证的证据予以认可。

（二）A公司、A公司分公司关于鉴定意见书内容不真实、不客观的申请再审事由,不能成立。其一,建某咨询公司修改20号证据中的工程量问题。首先,建某咨询公司修改挖沟深为0.8m,符合常理。根据行业惯例,案涉工程一般不会只挖0.8mm深的沟,而且0.8mm深的沟一般也铺不了30cm的沙子。再加上要埋设的电气埋管尺寸,建某咨询公司将其修改为0.8m,并无不当。另外,为稳妥起见,建某咨询公司还明确说明,如果有异议,可以进一步提供证据。现A公司、A公司分公司虽提出异议,但并未提供充分证据证明沟深应为0.8mm。故对其该再审主张,不予支持。其二,电气埋管的规格、埋管长度的认定问题。A公司、A公司分公司申请再审主张,没有$\Phi114\times4.5$规格的焊管以及挖沟长度与埋管长度不符。对此,原判决已经认定该鉴定意见书对B实际施工的工程量计取依据不充分,并酌定调低了讼争工程造价。其三,2008年5月1日前后工程量划分问题。根据原判决中关于"根据原审质证笔录记载,B提交的2008年5月1日前后工程量的划分依据,除了20号证据外,A公司、A公司分公司对其他洽商签证的真实性均无异议。"可见,A公司、A公司分公司对上述划分依据,除了20号证据的真伪之外,其他(包括施工日志)已经认可。其四,鉴定意见书中工程类别划分问题。A公司、A公司分公司申请再审虽主张鉴定意见书对工程类别划分不符合取费定额标准,但其申请再审并未提供取费定额标准等相应证据予以证明,不予采信。其五,鉴定意见书与法院委托书及事实不符的问题。A公司、A公司分公司申请再审认为鉴定意见书超出了委托范围,涵盖了大量土石方、路桥及房屋修缮工程,所占比重很大。但其申请再审并未提交上述比重很大的具体证据,不予采信。其六,税金等取费问题。虽然鉴定意见书是具有相应资质工程承包人的标准计取相应费用,但税金、规费等费用支出与是否具备施工资质没有必然关系,是确定要支出的费用。另外,如确有多取费情形,从原判决对鉴定意见书确定工程价款调低价格而言,也可抵扣上述多取的费用。其七,电缆竖井套用定额问题。A公司、A公司分公司虽申请再审主张电缆竖井不符合铁构件制作安装的规定,但其并未证明电缆竖井参照套用铁构件制作安装定额对其应付工程价款有何重大影响。既然电缆竖井并无明确定额标准,那么鉴定机构选择参照铁构件安装定额计算电缆竖井的做法,也不违反相关规定。其八,水电费、材料及机械费用、大型机械进出场费用问题,根据鉴定意见书可知,鉴定机构已对水电费、人工材料机械费用的调整、水电费的负担以及大型机械进出场费用作出明确说明。A公司、A公司分公司虽然申请再审提出上述费用不应计取,但仅有其单方陈述,并无提交充分证据予以证明。

综上,依照《中华人民共和国民事诉讼法》第二百零四条第一款,《最高人民法院关于适用〈中华人民共和国民事诉讼法〉的解释》第三百九十五条第二款规定,裁定如下:

驳回A公司、A公司机电安装分公司的再审申请。

审判长　　肖　峰

审判员　　王友祥

审判员　　谢爱梅

二〇一八年五月二十二日

书记员　　李雪薇

司法鉴定意见不符合施工合同的计价约定，应否作为定案证据

一、阅读提示

在施工合同纠纷案中，当事人签订的固定价款合同并非都能被法院轻易识别。如果一审法院没有认定案涉施工合同属于固定价款合同，因此根据当事人的申请委托司法鉴定机构据实鉴定工程造价，但是二审法院却认定案涉施工合同属于固定价款合同，那么案涉鉴定意见是否符合施工合同的计价约定？应否作为定案证据？

二、案例简介

2012年7月，专业工程承包人A公司因与发包人B公司无锡分公司、B公司发生施工合同纠纷，将其起诉至江苏省南京市中级人民法院（以下简称一审法院），索要相关工程款及损失。

本案诉争施工合同为A公司与B公司无锡分公司签订的《建设工程施工专业分包合同》（以下简称《分包合同》）。该合同约定将盘古某某广场的改造装修工程中机电安装工程分包给A公司，合同总额3100万元，此部分为暂定价。其通用条款第19条约定：本合同为固定总价合同，分包为业主（简称山某公司）指定分包，故本总价以业主最终确认为准，变更为业主认可的对原有总价范围的调整。其专用条款第10条约定：本合同为固定总价合同，变更为业主认可的对原有合同总价的调整，分包人（指A公司）完成合同价的变更和调整，承包人（指B公司）没有理由阻止经业主确认的分包人的合同变更和调整。

因双方对案涉工程造价未能协商一致，一审法院根据B公司的申请，委托工程造价司法鉴定机构建某公司采取据实结算的方法对案涉工程造价及施工水电费鉴定。其后，建某公司作出司法鉴定意见，鉴定工程造价为20561169.92元，其中水电费用为25630.57元。A公司对该鉴定意见不予质证，认为应按合同约定的固定价格结算。B公司无锡分公司、B公司对鉴定意见无异议。

一审法院综合本案证据，认为《分包合同》不是固定总价合同，因此采信建某公

司的鉴定意见。A公司对此不服，上诉至二审法院江苏省高级人民法院。二审法院经审理，认为《分包合同》应属于固定总价合同，本案工程款总额依约应按3100万元结算。因此，不予采信建某公司的鉴定意见。

B公司、B公司无锡分公司对二审判决不服，遂向最高人民法院申请再审。最高人民法院经审查，认为二审法院上述裁判理由合法，遂于2015年6月15日作出（2015）民申字第437号《民事裁定书》，驳回B公司、B公司无锡分公司的再审申请。

三、案例解析

从上述案情中笔者总结出的法律问题是：**本案《分包合同》是否属于固定总价合同？司法鉴定机构建某公司作出的鉴定意见是否符合该合同的计价约定？应否作为定案证据？**

笔者认为：综合本案证据分析，《分包合同》应属于固定总价合同，本案鉴定意见不符合该合同的计价约定，不能作为定案证据。主要分析如下：

本案最大的争议焦点是当事双方签订的《分包合同》是否属于固定总价合同。因为该合同有多个条款涉及工程价款的计价约定，而且这些条款也容易使人混淆，所以会导致一审法院和二审法院产生不同的认定结论。

具体而言，《分包合同》通用条款第19条约定：本合同为固定总价合同，分包为业主（简称山某公司）指定分包，故本总价以业主最终确认为准，变更为业主认可的对原有总价范围的调整。其专用条款第10条约定：本合同为固定总价合同，变更为业主认可的对原有合同总价的调整，分包人（指A公司）完成合同价的变更和调整，承包人（指B公司）没有理由阻止经业主确认的分包人的合同变更和调整。对于上述条款，不同的人如果站在不同的立场，极易产生不同的解读。因此必须结合在案的其他证据综合认定。

本案二审法院及再审法院最高人民法院正是结合其他证据，最终认定《分包合同》属于固定总价合同（详见本讲"裁判理由"）。依据本案审理时施行的《最高人民法院＜关于审理建设工程施工合同纠纷案件适用法律问题的解释＞》（法释〔2004〕14号，被法释〔2020〕16号文件废止）第二十二条的规定："当事人约定按照固定价结算工程价款，一方当事人请求对建设工程造价进行鉴定的，不予支持。"本案无须委托工程造价司法鉴定，而且司法鉴定机构建某公司采取据实结算的方法作出的鉴定意见明显不符合《分包合同》的计价约定，因此二审法院依法不予采信，没有将其作为定案证据。

四、裁判理由

以下为最高人民法院作出的（2015）民申字第437号《民事裁定书》对本讲总结的上述法律问题的裁判理由：

（一）二审判决对案涉工程价款结算方式的认定是否正确

探究双方当事人对工程价款结算方式的合意，需要解释A公司与B公司无锡分公司签订的《分包合同》中有关工程价款结算方式的约定内容。B公司无锡分公司提供的《分包合同》通用条款第2.1条约定，合同文件应能互相解释，互为说明。除本合同专用条款另有约定外，组成本合同的文件及优先解释顺序如下：本合同协议书、中标通知书（如有）、分包人的投标函及报价书、除总包合同工程价款之外的总包合同文件、本合同专用条款、本合同通用条款、本合同建设标准及图纸、合同履行过程中，承包人和分包人协商一致的其他书面文件。专用条款第2合同文件及解释顺序约定，执行通用条款第2.1条，以本合同协议书、分包人的投标函及报价书中标通知书（如有）、除总包合同工程价款之外的总包合同文件、本合同专用条款、本合同通用条款、本合同建设标准及图纸、合同履行过程中，承包人和分包人协商一致的其他书面文件为解释顺序。依照上述合同约定，对工程价款结算方式的解释，应当优先采信专用条款部分有关工程价款结算方式的特别约定，没有特别约定的，采信解释顺序在前的文件约定。案涉《分包合同》专用条款约定，本合同为固定总价合同，变更为业主认可的对原有总价的调整，分包人完成合同价的变更和调整，承包人没有理由阻止经业主确认的分包人的合同变更和调整。协议书部分约定，合同总额为暂定价3100万元；通用条款部分合同价款及调整第19.2条约定，本合同为固定总价合同，分包为业主指定分包，故本总价以业主最终确认为准变更为业主认可的对原有总价范围的调整；B公司与山某公司签订的《施工合同》约定，合同总价6510万元，本合同价款采用固定价款，施工设计完成后，双方将就合同金额再次协商，决定最终合同价。B公司与山某公司签订的《补充协议》约定，确认在原工程总价款6510万元的基础上，因工程量增加而协商增加工程款2100万元。上述约定的文义为，A公司与B公司无锡分公司就工程价款结算方式约定为相对固定总价，即在3100万元基础上，A公司应当按照业主山某公司指令调整和变更合同履行，进而完成合同价的变更与调整。再审申请人未提交证据证明A公司经山某公司确认工程量具有增或减情形下，二审判决认定案涉工程造价按照《分包合同》约定的3100万元原价计算，适用法律并无不妥。

B公司、B公司无锡分公司有关《分包合同》约定的工程造价3100万元为暂定价，在A公司与B公司无锡分公司并未就价款结算达成协议情形下，工程结算造价应当采用据实结算方式的理由，缺乏合同依据，理由不成立。山某公司与B公司签订的《建筑装饰工程施工合同》约定，"本合同金额为暂定金额""双方商定本合同价款采用固定价格""施工设计完成后，乙方立即对此进行报价并提供给甲方，双方将就合同金额再次协商，决定最终合同价"，总包合同约定的工程结算方式为固定总价。《分包合同》通用条款第19.2条约定，固定价格。在约定的风险范围内合同价款不再调整。风险范围以外的合同价款调整方法，应当在专用条款内约定。综上，总包合同、分包合同均约定工程结算方式为固定总价；"暂定金额"是指按固定价结算中，调价风险出现前暂定工程总价，而不是将固定总价结算方式变更为可调价结算方式。建某公司出具的苏建威鉴〔2013〕010号工程造价鉴定报告书采用据实结算方式结算工程造价，与合同约定的结算方式不符，不应予以采信。B公司、B公司无锡分公司认为应采信上述鉴定报告作为认定案涉工程价款依据的理由，亦不成立。

五、案例来源

（一）一审：江苏省南京市中级人民法院（2012）宁民初字第35号《民事判决书》

（二）二审：江苏省高级人民法院（2014）苏民终字第0068号《民事判决书》

（三）再审审查：最高人民法院（2015）民申字第437号《民事裁定书》（见本讲附件：案例）

六、裁判要旨

一审法院在审理建设工程施工合同纠纷案件中未能识别案涉施工合同属于固定价款合同，因此委托工程造价司法鉴定机构采用据实结算的方式对案涉工程作出鉴定意见，不符合合同约定，且适用法律错误，二审法院应予纠正。该鉴定意见因与案涉施工合同约定的固定价款结算方式不符，因此不应被法院采信作为定案证据。

七、相关法条

（一）《中华人民共和国民法典》（2020年5月28日第十三届全国人民代表大会第三次会议通过）

第一百四十二条　有相对人的意思表示的解释，应当按照所使用的词句，结合相关条款、行为的性质和目的、习惯以及诚信原则，确定意思表示的含义。

无相对人的意思表示的解释，不能完全拘泥于所使用的词句，而应当结合相关条款、行为的性质和目的、习惯以及诚信原则，确定行为人的真实意思。

第四百六十六条　当事人对合同条款的理解有争议的，应当依据本法第一百四十二条第一款的规定，确定争议条款的含义。

合同文本采用两种以上文字订立并约定具有同等效力的，对各文本使用的词句推定具有相同含义。各文本使用的词句不一致的，应当根据合同的相关条款、性质、目的以及诚信原则等予以解释。

第五百一十条　合同生效后，当事人就质量、价款或者报酬、履行地点等内容没有约定或者约定不明确的，可以协议补充；不能达成补充协议的，按照合同相关条款或者交易习惯确定。

第五百一十一条　当事人就有关合同内容约定不明确，依据前条规定仍不能确定的，适用下列规定：

（一）质量要求不明确的，按照强制性国家标准履行；没有强制性国家标准的，按照推荐性国家标准履行；没有推荐性国家标准的，按照行业标准履行；没有国家标准、行业标准的，按照通常标准或者符合合同目的的特定标准履行。

（二）价款或者报酬不明确的，按照订立合同时履行地的市场价格履行；依法应当执行政府定价或者政府指导价的，依照规定履行。

（三）履行地点不明确，给付货币的，在接受货币一方所在地履行；交付不动产的，在不动产所在地履行；其他标的，在履行义务一方所在地履行。

（四）履行期限不明确的，债务人可以随时履行，债权人也可以随时请求履行，但是应当给对方必要的准备时间。

（五）履行方式不明确的，按照有利于实现合同目的的方式履行。

（六）履行费用的负担不明确的，由履行义务一方负担；因债权人原因增加的履行费用，由债权人负担。

（二）《最高人民法院关于审理建设工程施工合同纠纷案件适用法律问题的解释（一）》（法释〔2020〕25号）

第十九条　当事人对建设工程的计价标准或者计价方法有约定的，按照约定结算工程价款。

因设计变更导致建设工程的工程量或者质量标准发生变化，当事人对该部分工程价款不能协商一致的，可以参照签订建设工程施工合同时当地建设行政主管部门发布的计价方法或者计价标准结算工程价款。

建设工程施工合同有效，但建设工程经竣工验收不合格的，依照民法典第五百七十七条规定处理。

第二十八条　当事人约定按照固定价结算工程价款，一方当事人请求对建设工程造价进行鉴定的，人民法院不予支持。

八、实务交流

（一）对于建设工程的当事人而言，从本案中需要引以为戒的是：当事人起草、协商按固定价款结算的施工合同时，相关条款务必要更加精准、明确，避免出现歧义，令人混淆。否则，将来极易导致不必要的"口水战"或诉累。

（二）对于法官而言，当遇到类似本案的施工合同，的确难以认定其是否属于固定价款合同时，则需要调整常规的思维方式，不能固步自封，仅就合同论证合同。而应依据《中华人民共和国民法典》第四百六十六条、第五百一十条、第五百一十一条等规定，结合全案证据、行业惯例、交易习惯，综合认定案涉施工合同是否属于固定价款合同，可否委托工程造价司法鉴定。

（三）除了本案之外，笔者检索到最高人民法院近年来也审理过部分类案（详见本讲"参考类案"）。这些类案的裁判观点基本与本案的一致：只要当事人约定按照固定价款结算工程款，或者达成了工程结算协议，法院依法不应另行委托工程造价司法鉴定机构鉴定，鉴定机构更不能依据定额文件鉴定工程造价。否则，鉴定机构因此作出的鉴定意见明显违反当事人的计价约定，依法不应被法院采信作为定案证据。

九、参考类案

为使广大读者有更多的权威类案参考，笔者专门检索、提供近年来由最高人民法院作出的部分类案的生效裁判文书的裁判理由（与本案上述裁判观点基本一致），供大家辩证参考、指导实践。

（一）最高人民法院（2017）最高法民再141号《民事判决书》（再审）

第一，原审判决依据《工程造价咨询报告书》《找补说明》确定案涉工程价款违背了A与B中学之间的工程结算约定。

首先，《中华人民共和国合同法》第八条规定，依法成立的合同，对当事人具有法律约束力。当事人应当按照约定履行自己的义务，不得擅自变更或者解除合同。依法成立的合同，受法律保护。由于案涉工程使用财政资金，工程竣工后，黑河市财政投资评审中心于2009年4月20日出具了《工程结算审查结论通知书》，载明案涉工程送审造价4595.942066万元，审定造价3671.463442万元，核减924.478624万元。该通知还载明在接到通知后如有不同意见应于收到之日起五日内提出书面意见，送交审查部门，逾期未复则视同认可。B中学、A在收到该通知书后未提出异议，并于2009年4月30日在该通知书上签字盖章确认。可见，A与B中学关于案涉工程价款数额事实上已经形成了明确的结算协议，该《工程结算审查结论通知书》对双方当事人均具有约束力。其后，B中学按照该通知书支付A工程款3671.463442万元，双方关于案涉工程价款已经结算并履行完毕。现A提起诉讼要求B中学按照再支付工程款1415.677731万元，违背了双方结算协议的约定，不应支持。

其次，2010年9月13日，B中学向黑河市人民政府报送了《找补说明》，载明因哈尔滨某某公司低价中标，工程存在掉项、漏项，建材价格涨幅较大等，工程亏损严重。经A、B中学协商，共同委托锦某公司对案涉工程进行了造价分析，申请为A增加工程款1415.677731万元。但《找补说明》是B中学向黑河市人民政府提交的申请，并非向A出具的内容明确具体的承诺，《找补说明》不能证明B中学同意按照《工程造价咨询报告书》支付A工程款，更不能证明A与B中学已经形成了以《工程造价咨询报告书》认定案涉工程价款的合意。原审判决仅根据《找补说明》即推定A与B中学关于增加案涉工程价款已经形成合意，没有证据支持。

（二）最高人民法院（2014）民申字第2031号《民事裁定书》（再审审查）

本院认为：本案争议焦点为闽某公司《鉴定报告》是否可以作为认定A公司工程价款的定案依据。

……

第三、双方当事人之间通过招标投标文件成立合法有效的建设工程施工合同法律关系，合同文件中对于A公司施工的工程量和工程单价有明确的约定。闽某公司《鉴定报告》没有按合同文件中约定的工程量和工程单价来计算工程价款，也没有对工程量、工程单价的变化以及变化的原因作出明确而有说服力的说明，而是直接采用国家定额单价来计算工程价款，双方当事人对此始终存有较大争议。建设施工问题具有较强的专业性，鉴定结论对于法院审理案件具有重要作用，但闽某公司的鉴定报告并未对双方存在争议的问题给出确定的结论，不能作为定案依据。

（三）最高人民法院（2006）民一终字第4号《民事判决书》（二审）

本院认为，本案争议的焦点是A政府支付B公司工程款的数额按照双方合同约定的小浪底移民局批准下达的建安工程费进行总价承包，还是按照一审法院委托的河南省某某工程咨询公司出具的〔2005〕建价鉴字002号鉴定报告结算。

合同是确立民事法律关系的依据，依法成立的合同应受法律保护。本案中公路指挥部与B公司二分局1995年10月15日签订的《合同协议书》《施工合同协议条款》，系双方真实意思表示，内容不违反法律、法规的禁止性规定，应当确认为有效。合同明确约定："以小浪底移民局批准下达的建安工程费总价承包。"双方履行合同过程中，未对该约定理解产生异议。由此表明，合同约定的"以小浪底移民局批准下达的建安工程费总价承包"为固定价格结算方式。固定价款是合同总价或单价在合同约定的风险范围内不可调整的价格。对此，B公司有权利决定是否承建该工程，并清楚签订合同的法律后果。因此，在双方签订的合同"总价承包"没有变更，A政府已支付35.5%，522.21元工程款的情况下，一审法院依照B公司的申请，委托河南省某某工程咨询公司鉴定，有悖当事人意思自治原则。另据查明的案件事实，本案所涉新峪公路项目是国家重点移民工程，应在国家投资数额范围内结算工程款。1996年5月20日河南省人民政府移民工作领导小组办公室下达新峪公路的投资计划为7048.33万元，与黄河水利委员会勘测规划设计研究院在"黄河小浪底水库库区第一期淹没处理及移民安置技施设计补偿概算单价分析报告"中对新峪公路的投资概算70483269元基本吻合，1995年10月15日签订的《施工合同协议条款》约定的设计单位也是黄河水利委员会勘测规划设计研究院，该研究院对B公司施工路段的投资概算为33811122元，扣除相应的土地青苗补偿费、建设单位管理费、勘察设计费及基本预备费等，其建筑安装费为27744098元。1997年1月20日河南省人民政府移民工作领导小组办公室又给B公司施工路段追加建设资金550万元，故B公司施工路段的建筑安装费为33244098元。A政府所欠许横路段工程款1922262元及太北路段工程款147418.45元，总计应付B公司工程款35313778.45元，而A政府已付B公司的工程款为35596522.21元。

1995年10月15日签订的《施工合同协议条款》中约定："变更设计的责任属业主，则费用增减由业主负责。"在合同的履行过程中，B公司与A政府并没有就总价承包问题协商予以变更，B公司也没有提交A政府同意或要求变更设计从而增加建设费用的相关证据。参照《最高人民法院关于审理建设工程施工合同纠纷案件适用法律问题的解释》第二十二条的规定："当事人约定按照固定价结算工程价款，一方当事人请求对建设工程造价进行鉴定的，不予支持。"因此，一审法院在认定合同有效的前提下，又委托河南省某某工程咨询公司对石峪公路工程造价进行鉴定，缺乏事实和法律依据。

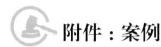

附件：案例

中华人民共和国最高人民法院
民 事 裁 定 书

（2015）民申字第437号

再审申请人（一审被告，二审被上诉人）：B公司，住所地江苏省南京市北京西路5号。

法定代表人：彭某某，B公司董事长。

委托代理人：朱某某，上海市某某律师事务所律师。

委托代理人：王某某，上海市某某成律师事务所律师。

再审申请人（一审被告、反诉原告，二审被上诉人）：B公司无锡分公司，住所地江苏省无锡市无锡国家高新技术产业开发区龙山路4号（旺庄科技创业中心）b幢907室。

负责人：夏某某，B公司无锡分公司经理。

委托代理人：朱某某，上海市某某律师事务所律师。

委托代理人：王某某，上海市某某成律师事务所律师。

被申请人（一审原告、反诉被告，二审上诉人）：A公司，住所地安徽省合肥市蜀山区潜山南路绿地蓝海国际大厦a座2204室。

法定代表人：程某，A公司董事长。

委托代理人：陈某某，江苏某某律师事务所律师。

再审申请人B公司、B公司无锡分公司与被申请人A公司装饰装修合同纠纷一案，江苏省高级人民法院于2014年11月27日作出（2014）苏民终字第0068号民事判决，B公司、B公司无锡分公司不服该判决，向本院申请再审。本院依法组成合议庭对本案进行审查。现已审查终结。

B公司、B公司无锡分公司向本院申请再审，请求：1.撤销江苏省高级人民法院（2014）苏民终字第0068号民事判决（以下简称二审判决）。2.依法改判申请人支付被申请人工程款2200539.35元及利息（其中1172480.85元自2012年3月25日起，1028058.5元自2013年3月22日起，按照中国人民银行同期同类贷款基准利率计算至判决给付之日止）。3.本案鉴定费、诉讼费全部由被申请人承担。4.再审期间中止二审判决执行。

主要事实和理由：

（一）二审判决认定B公司无锡分公司与A公司签订的《建设工程施工专业分包合同》（以下简称《分包合同》）为固定总价合同是错误的。上述合同性质为施工承包合同，该合同明确约定工程造价为暂定价形式。施工承包合同的行业惯例通常也是可调价计价形式。二审判决按照案涉工程总包人B公司与发包人山某电机（南京）商贸有限公司（以下简称山某公司）结算形成的《协议书》（即仲裁和解协议），推定B公司与A公司签订的《分包合同》为固定总价合同，缺乏事实依据和法律依据。

（二）二审判决以山某公司与B公司签订的《协议书》认定A公司工程款为3100万元是错误的。

1.山某公司与B公司达成的仲裁和解协议是B公司与山某公司对应付工程款和已付工程款的确认，未对A公司应得工程款确认。从交易习惯以及施工行业惯例来看，即使需要山某公司对A公司的工程价款进行确认，也应由山某公司与B公司达成一致并做出明确约定。在上述《协议书》明确不包含A公司工程款结算内容的情况下，二审判决推定山某公司与B公司对A公司工程价款进行了确认，违背常理。

2.由案外人山某公司确认B公司与A公司之间的合同价款违背了工程行业惯例。依照《分包合同》通用条款第5.3条约定，A公司无权就施工情况，乃至结算情况向山某公司汇报，山某公司不了解B公司与A公司履行《分包合同》的情况，无法对A公司应得款项予以确认。《分包合同》虽然约定了山某公司对分包工程享有一定的发言权，但相关条款系出于在工程建设中维护业主利益所作的权利设定，其权利行使仅限在合同签订及合同履行中，而不是工程交付两年以后。在B公司与A公司之间纠纷已进入司法程序后，山某公司无权作出任何结论性的确认，其作为案外人，无权出具带有事实裁定性质的所谓"情况说明"。

（三）二审判决认定B公司未提供证据证明A公司工程量减少是错误的。

江苏建某建设管理有限公司（以下简称建某公司）出具的苏建某鉴〔2013〕10号工程造价鉴定报告书是接受南京市中级人民法院委托，B公司与A公司配合下出具的，已能证明A公司实际完成（和减少）的工程量，应作为二审裁判依据。造价鉴定报告是依据A公司出具的专业工程分包合同、竣工图纸、结算书为依据，因竣工图部分内容不完整，鉴定机构在B公司、A公司共同陪同下也已对讼争工程进行了现场勘察，结合现场勘察的实际工程量，弱电主要设备因技术参数不明确，设备价格按A公司提供的《结算书》的价格计取，该鉴定报告系实际工程量的真实反映，不存在鉴定依据不齐全、不完整的情形，二审判决对此部分认定事实不清。即使存在鉴定依据不完整问题，也应当由负有举证责任的A公司承担责任，二审判决以竣工图不完整导致鉴定依据不齐全、不充分为由，未采信鉴定报告，适用法律错误。

综上，B公司、B公司无锡分公司依据《中华人民共和国民事诉讼法》第二百条第二项、第六项规定，申请再审。

A公司答辩称，二审判决事实清楚，适用法律正确，请求驳回再审申请，维持二审判决。

事实和理由：

（一）案外人山某公司已经将分包工程款3100万元支付给B公司，B公司和B公司无锡分公司应当向A公司支付3100万分包工程款。山某公司与B公司签订的《施工合同》约定的6510万元工程款中包括A公司施工的机电工程报价3410万元，即3100万元机电工程款和10%的管理费。A公司与B公司无锡分公司签订的分包合同中，对于机电工程的报价也为3100万元。因此，山某公司、A公司以及B公司、B公司无锡分公司对于机电工程款的数额是明知的。山某公司已经向B公司支付了包括机电工程分包工程款和增加部分的工程款在内的机电工程总价款。B公司应当将从山某公司处获得的机电工程分包工程款支付给A公司。

（二）B公司应对否认A公司的工程量负有举证责任。作为总承包方的B公司一方面以机电工程款超过原先合同约定的3100万元（增加223.4万元）向发包方山某公司要求增加工程款，一方面又主张分包方未足额完成工程量、B公司无锡分公司代为施工，拒绝向A公司支付分包工程款。对此，A公司认为应当由B公司对减少工程量承担举证责任，但B公司未能提供证据证明A公司减少了工程量，因此，B公司应当承担举证不能的法律后果。同时，二审法院已经查明鉴定报告中记载的"鉴定情况说明"未考虑诸多客观因素，鉴定依据是不齐全、不完整的。更为重要的是，《分包合同》对于工程总价是以山某公司确认的为准，且山某公司不仅确认了A公司的工程款，更是已经将A公司应得的工程款全额支付给B公司，在此前提下再对机电工程造价进行鉴定是完全没有意义和必要的。

本院认为，根据B公司、B公司无锡分公司提出的再审申请请求及所依据的事实理由，本案应对以下问题进行审查。

（一）二审判决对案涉工程价款结算方式的认定是否正确

探究双方当事人对工程价款结算方式的合意，需要解释A公司与B公司无锡分公司签订的《分包合同》中有关工程价款结算方式的约定内容。B公司无锡分公司提供的《分包合同》通用条款第2.1条约定，合同文件应能互相解释，互为说明。除本合同专用条款另有约定外，组成本合同的文件及优先解释顺序如下：本合同协议书、中标通知书（如有）、分包人的投标函及报价书、除总包合同工程价款之外的总包合同文件、本合同专用条款、本合同通用条款、本合同建设标准及图纸、合同履行过程中，承包人和分包人协商一致的其他书面文件。专用条款第2条合同文件及解释顺序约定，执行通用条款第2.1条，以本合同协议书、分包人的投标函及报价书中标通知书（如有）、除总包合同工程价款之外的总包合同文件、本合同专用条款、本合同通用条款、本合同建设标准及图纸、合同履行过程中，承包人和分包人协商一致的其他书面文件为解释顺序。依照上述合同约定，对工程价款结算方式的解释，应当优先采信专用条款部分有关工程价款结算方式的特别约定，没有特别约定的，采信解释顺序在前的文件约定。案涉《分包合同》专用条款约定，本合同为固定总价合同，变更为业主认可的对原有总价的调整，分包人完成合同价的变更和调整，承包人没有理由阻止经业主确认的分包人的合同变更和调整。协议书部分约定，合同总额为暂定价3100万元；通用条款部分合同价款及调整第19.2条约定，本合同为固定总价合同，分包为业主指定分包，故本总价以业主最终确认为准变更为业主认可的对原有总价范围的调整；B公司与山某公司签订的《施工合同》约定，合同总价6510万元，本合同价款采用固定价款，施工设计完成后，双方将就合同金额再次协商，决定最终合同价。B公司与山某公司签订的《补充协议》约定，确认在原工程总价款6510万元的基础上，因工程量增加而协商增加工程款2100万元。上述约定的文义为，A公司与B公司无锡分公司就工程价款结算方式约定为相对固定总价，即在3100万元基础上，A公司应当按照业主山某公司指令调整和变更合同履行，进而完成合同价的变更与调整。再审申请人未提交证据证明A公司经山某公司确认工程量具有增或减情形下，二审判决认定案涉工程造价按照《分包合同》约定的3100万元原价计算，适用法律并无不妥。

B公司、B公司无锡分公司有关《分包合同》约定的工程造价3100万元为暂定价，在A公司与B公司无锡分公司并未就价款结算达成协议情形下，工程结算造价应当采用据实结算方式的理由，缺乏合同依据，理由不成立。山某公司与B公司签订的《建筑装饰工程施工合同》约定，"本合同金额为暂定金额""双方商定本合同价款采用固定价格""施工设计完成后，乙方立即对此进行报价并提供给甲方，双方将就合同金额再次协商，决定最终合同价"，总包合同约定的工程结算方式为固定总价。《分包合同》通用条款第19.2条约定，固定价格。在约定的风险范围内合同价款不再调整。风险范围以外的合同价款调整方法，应当在专用条款内约定。综上，总包合同、分包合同均约定工程结算方式为固定总价；"暂定金额"是指按固定价结算中，调价风险出现前暂定工程总价，而不是将固定总价结算方式变更为可调价结算方式。建某公司出具的苏建某鉴〔2013〕10号工程造价鉴定报告书采用据实结算方式结算工程造价，与合同约定的结算方式不符，不应予以采信。B公司、B公司无锡分公司认为应采信上述鉴定报告作为认定案涉工程价款依据的理由，亦不成立。

（二）A公司施工中是否减少工程量

《最高人民法院关于民事诉讼证据的若干规定》第二条规定：当事人对自己提出的诉讼请求所依据的事实或者反驳对方诉讼请求所依据的事实有责任提供证据加以证明。没有证据或者证据不足以证明当事人的事实主张的，由负有举证责任的当事人承担不利后果。本案查明，B公司与工程业主山某公司就总包工程范围内全部工程完成结算。B公司认为A公司分包的工程中，有部分工程不是A公司施工，提供了建某公司出具的苏建某鉴〔2013〕10号工程造价鉴定报告书。该报告书载明，拆除、签证的工程量及货架配电部分因竣工图及现场均无法核实，此部分鉴定报告未考虑。该鉴定报告上述内容不足以认定A公司施工中减少了工程量。B公司无锡分公司认为A公司负有竣工验收后向B公司提供全部竣工图的法定及约定义务，因其未履行上述义务，导致苏建某鉴〔2013〕10号工程造价鉴定报告书未全面反映A公司工程量的法律后果，应由A公司承担举证不能责任的主张，与上述司法解释规定的举证责任负担原则不符，其上述申请理由亦不成立。

综上，本院认为，B公司、B公司无锡分公司申请再审理由均不成立，其申请不符合《中华人民共和国民事诉讼法》第二百条规定情形。本院根据《中华人民共和国民事诉讼法》第二百零四条第一款之规定，裁定如下：

驳回B公司、B公司无锡分公司的再审申请。

审判长　　冯小光

审判员　　关　丽

代理审判员　仲伟珩

二〇一五年六月十五日

书记员　　王楠楠

第 **40** 讲

工程造价司法鉴定意见没有鉴定人签章，
可否作为定案证据

一、阅读提示

通常情况下，一份合法的工程造价司法鉴定意见在形式要件上至少应具备注册造价工程师的签字及其执业印章，否则依法不应被法院采信作为定案证据。但在司法实践中，部分缺少鉴定人签章的工程造价司法鉴定意见依然会被法院采信作为定案证据。原因何在?

二、案例简介

2017年3月，承包人A公司因与发包人B公司发生施工合同纠纷，将其起诉至贵州省高级人民法院（以下简称一审法院），索要相关工程款及损失。

一审法院根据A公司的申请，委托工程造价司法鉴定机构鉴定本案工程造价。鉴定机构根据当事人的多次异议，先后作出五稿鉴定意见，其中2018年6月19日作出的《司法鉴定意见书》（第二稿）有鉴定人的签章，2019年2月25日作出的最终版《鉴定意见书》（以下简称《鉴定意见定稿》）没有鉴定人的签章。但一审法院最终采信《鉴定意见定稿》作为定案证据，并据此作出一审判决。

A公司不服一审判决，遂向最高人民法院申请再审。其申请再审的主要理由之一是：《鉴定意见定稿》没有鉴定人的签章，不应作为定案证据。

最高人民法院经审查，虽然查明《鉴定意见定稿》的确没有鉴定人的签章，但认为在该定稿作出前鉴定机构曾先后出具了五稿《鉴定意见书》，其中在2018年6月19日出具的《司法鉴定意见书》（第二稿）上加盖了两名注册造价工程师的印章。该定稿是鉴定机构在上述意见稿基础上结合当事人历次提出的修改意见修正后作出的。而且，一审中鉴定人出庭接受了质询，A公司并未对鉴定人资质或者身份提出过异议。据此，该定稿虽没有鉴定人签章，形式上存在瑕疵，但这并不足以影响鉴定意见的可采性。

2019年12月30日，最高人民法院认为A公司申请再审的理由均不成立，遂作出

（2019）最高法民申6023号《民事裁定书》，驳回其再审申请。

三、案例解析

从上述案情中笔者总结出的法律问题是：**本案《鉴定意见定稿》虽然没有鉴定人的签章，但能否被一审法院采信作为定案证据？**

笔者认为：综合本案具体案情，一审法院可以将《鉴定意见定稿》作为定案证据。主要分析如下：

如果仅从司法鉴定意见的形式要件审查《鉴定意见定稿》的合法性，该鉴定意见没有鉴定人的签章，显然违反了当时施行的《中华人民共和国民事诉讼法》《最高人民法院关于民事诉讼证据的若干规定》《工程造价咨询企业管理办法》的相关规定（现行规定详见本讲"相关法条"），属于不合法证据。但是，本案的特殊之处在于：《鉴定意见定稿》是在2018年6月19日有鉴定人签章的《司法鉴定意见书》（第二稿）基础上作出的，而且一审中鉴定人出庭接受了质询，当事人并没有对鉴定人身份提出异议，因此法院可以综合认定该瑕疵问题并不因此必然导致《鉴定意见定稿》无效。因此，一审法院和再审法院最高人民法院均认为该鉴定意见可以作为定案证据（详见本讲"裁判理由"）。

四、裁判理由

以下为最高人民法院作出的（2019）最高法民申6023号《民事裁定书》对本讲总结的上述法律问题的裁判理由：

2.关于鉴定意见是否因无鉴定人员签字而不应被采信。经审查，鉴定机构于2019年2月25日作出《鉴定意见书》（定稿）上没有鉴定人签章。在鉴定意见定稿作出前，鉴定机构曾先后出具了五稿《鉴定意见书》，其中征求意见稿之后的第一稿，即2018年6月19日的《司法鉴定意见书》（第二稿）上加盖了两名注册造价工程师的印章，该鉴定意见系有资质的鉴定人作出。从《鉴定意见书》（定稿）的作出过程及其内容看，《鉴定意见书》（定稿）是鉴定机构在2018年6月19日《司法鉴定意见书》（第二稿）基础上，结合A公司与B公司历次提出的修改意见进行修正后作出的。而且，原审法院曾在庭前质证和庭审中均通知鉴定人出庭，A公司并未对鉴定人资质或者身份提出过异议。据此，《鉴定意见书》（定稿）上虽没有鉴定人签章，形式上存在瑕疵，但这并不足以影响鉴定意见的可采性。

五、案例来源

（一）一审：贵州省高级人民法院（2017）黔民初27号《民事判决书》

（二）再审审查：最高人民法院（2019）最高法民申6023号《民事裁定书》[见本

讲附件：案例（节选）]

六、裁判要旨

法院委托的工程造价司法鉴定机构根据当事人的多次异议，先后出具了多份经修正的鉴定意见，其中一份鉴定意见加盖有注册造价工程师的签章，但在此基础上修正的最后一份鉴定意见（定稿）没有加盖注册造价工程师的签章。当事人在对上述多份鉴定意见的质证过程中并未对鉴定人的资质或者身份提出过异议。据此，最后一份鉴定意见（定稿）虽然没有鉴定人的签章，形式上存在瑕疵，但这并不足以影响该鉴定意见的可采性，法院可以将其作为定案证据。

七、相关法条

（一）《中华人民共和国民事诉讼法》（根据2023年9月1日第十四届全国人民代表大会常务委员会第五次会议《关于修改〈中华人民共和国民事诉讼法〉的决定》第五次修正）

第八十条　鉴定人有权了解进行鉴定所需要的案件材料，必要时可以询问当事人、证人。

鉴定人应当提出书面鉴定意见，在鉴定书上签名或者盖章。

（二）《最高人民法院关于民事诉讼证据的若干规定》（法释〔2019〕19号）

第三十六条　人民法院对鉴定人出具的鉴定书，应当审查是否具有下列内容：

（一）委托法院的名称；

（二）委托鉴定的内容、要求；

（三）鉴定材料；

（四）鉴定所依据的原理、方法；

（五）对鉴定过程的说明；

（六）鉴定意见；

（七）承诺书。

鉴定书应当由鉴定人签名或者盖章，并附鉴定人的相应资格证明。委托机构鉴定的，鉴定书应当由鉴定机构盖章，并由从事鉴定的人员签名。

（三）《工程造价咨询企业管理办法》（2020年2月19日住房和城乡建设部令第50号修正）

第二十二条　工程造价咨询企业从事工程造价咨询业务，应当按照有关规定的要求出具工程造价成果文件。

工程造价成果文件应当由工程造价咨询企业加盖有企业名称、资质等级及证书编号的执业印章，并由执行咨询业务的注册造价工程师签字、加盖执业印章。

八、实务交流

（一）对于当事人而言，如果在建设工程诉讼中遭遇与本案上述类似的情况时，切不可盲目以为这类证据明显违反相关法律的明确规定，一定不会被法院采信作为定案证据。因为从本案法院的裁判理由可见，法院最终是否采信在形式要件上存在法律瑕疵的司法鉴定意见，是要结合当事人对该鉴定意见的全部质证过程综合认定的。

（二）对于工程造价司法鉴定机构而言，即使其提交法院的鉴定意见因疏忽大意没有加盖鉴定人的签章，这个瑕疵问题其后可以依法依规补正。不过这种低级错误还是应避免触犯。

（三）需要注意的是，在司法实践中并非所有与本案类似的上述瑕疵问题都会被法院忽略不计。笔者检索到最高人民法院审理的部分类案对类似法律问题还作出了截然相反的裁判理由（详见本讲"参考类案"），这些类案同样值得我们引以为鉴。

九、参考类案

为使广大读者有更多的权威类案参考，笔者专门检索、提供近年来由最高人民法院作出的部分类案的生效裁判文书的裁判理由（其中，与本案上述裁判观点基本一致的正例1例，与本案上述裁判观点相反的反例1例），供大家辩证参考、指导实践。

（一）正例：最高人民法院（2021）最高法民申6797号《民事裁定书》（再审审查）

（一）关于二审判决将案涉《鉴定意见书》作为定案依据是否有误的问题

基于本案已经查明的事实，建某公司受一审法院委托对案涉诉争物业进行鉴定，并于2018年11月23日出具《鉴定意见书》。鉴于A公司与B公司在交付案涉诉争物业时并无交接清单，无法判断B公司交付时工程完工的具体情况，一审法院就该专门性问题委托鉴定符合《中华人民共和国民事诉讼法》第七十六条第二款的规定；经一、二审法院审查，建某公司经营范围包含工程造价咨询甲级、工程询价、工程项目管理和建筑工程信息咨询服务，具有相应的鉴定资质，鉴定人员亦有相应的鉴定资格；建某公司出具的《鉴定意见书》并经法庭质证，鉴定人员也出庭作证，接受各方当事人质询。虽《鉴定意见书》中"司法鉴定人"一栏没有鉴定人员的签字，存在形式上的瑕疵，但该页落款处加盖有建某公司的印章，且在工程结算书部分均有鉴定人员梁某某、杨某某的签名及盖章，故该瑕疵不影响《鉴定意见书》的合法性，二审判决将《鉴定意见书》作为定案依据，并无不当。

（二）反例：最高人民法院（2014）民申字第924号《民事裁定书》（再审审查）

四川某某工程咨询有限公司所出具的工程造价鉴定意见，因补充鉴定意见书没有鉴定人的签字盖章，且变更了鉴定意见书的鉴定意见，违反程序，故二审判决未采信该鉴定意见并无不妥。而《中间计量支付汇总表》虽经双方签字确认，但该汇总表系双方对阶段性工程量的确认，不能反映A公司所施工的全部工程，更不是双方对所完成工程价款的最终结算文件，故不宜作为认定全部工程款的依据。因此，二审法院在未组织双方对工程造价予以质证的情况下，直接以《中间计量支付汇总表》为计算工程价款的事实依据不当。

 附件：案例（节选）

中华人民共和国最高人民法院
民 事 裁 定 书

（2019）最高法民申6023号

再审申请人（一审原告）：A公司，住所地四川省泸县经济开发区。

法定代表人：冯某某，A公司总经理。

委托诉讼代理人：张某，四川某某达律师事务所律师。

委托诉讼代理人：陈某某，四川某某达律师事务所律师。

被申请人（一审被告）：B公司，住所地贵州省毕节市纳雍县雍熙镇县府街。

法定代表人：陈某，B公司董事长。

再审申请人A公司因与被申请人B公司建设工程施工合同纠纷一案，不服贵州省高级人民法院（2017）黔民初27号民事判决，向本院申请再审。本院依法组成合议庭进行了审查，现已审查终结。

A公司申请再审称，（一）原判决认定的基本事实错误且缺乏证据证明，鉴定意见不应被采信，本案应重新鉴定。鉴定机构在本案诉讼前就接受B公司委托对工程进度款进行审核，单方担任了B公司的咨询人，与鉴定项目存在利害关系，应当根据《建设工程造价鉴定规范》第3.5条的规定主动申请回避。故原审鉴定程序违法。《鉴定意见书》无鉴定人签字，不应被采信。鉴定结果有多处错漏。……综上，A公司根据《中华人民共和国民事诉讼法》第二百条的规定申请再审。

本院经审查认为，（一）关于原审是否因采信鉴定意见而认定事实错误的问题。A公司申请再审提出原审采信鉴定意见导致认定基本事实错误，针对A公司对于鉴定意见提出的各项理由，具体分析如下：

1.关于是否因鉴定机构未回避而导致鉴定程序违法。从B公司原审提交的工程进度款审核报告看，鉴定机构贵州某某建设项目管理咨询有限公司（以下简称正某公司）在对案涉工程造价进行鉴定前就已接受B公司委托，对案涉项目提出过意见。根据《建设工程造价鉴定规范》第3.3.4条关于"鉴定机构担任过鉴定项目咨询人的，应当自行回避"的规定，正某公司应主动申请回避。但《建设工程造价鉴定规范》第3.5.2条同时规定："鉴定机构有本规范第3.3.4条情形之一未自行回避的，且当事人向委托人申请鉴定机构回避的，由委托人决定其是否回避，鉴定机构应执行委托人的决定。"据此，在鉴定机构担任过鉴定项目咨询人的情形下，如当事人未申请鉴定机构回避，人民法院作为委托人有权决定鉴定机构是否回避，也意味着此种回避事由并不足以对鉴定意见的可采性造成实质影响。这是因为，鉴定意见作为证据的一种，是否具有证据资格，以及证明力大小最终要由人民法院根据民事诉讼证据规则进行判断。本案中，原审法院依照法定程序选定正某公司作为鉴定机构，双方当事人均未提出异议。B公司在原审中将正某公司所作工程进度款审核报告作为证据提交时，A公司就已知悉正某公司具有回避事由，但A公司并未申请回避。A公司在原审中不仅未对鉴定意见的合法性提出异议，在原审法院就鉴定意见定稿征询双方意见时，A公司还明确表示没有意见。A公司的以上诉讼行为表明，A公司在原审中对鉴定意见的客观公正性是认可的。基于此种判断，原审法院将正某公司出具的鉴定意见作为认定本案事实的依据，并不违反法律规定。A公司的该项再审申请理由不能成立。

2.关于鉴定意见是否因无鉴定人员签字而不应被采信。经审查，鉴定机构于2019年2月25日作出《鉴定意见书》（定稿）上没有鉴定人签章。在鉴定意见定稿作出前，鉴定机构曾先后出具了五稿《鉴定意见书》，其中征求意见稿之后的第一稿，即2018年6月19日的《司法鉴定意见书》（第二稿）上加盖了两名注册造价工程师的印章，该鉴定意见系有资质的鉴定人作出。从《鉴定意见书》（定稿）的作出过程及其内容看，《鉴定意见书》（定稿）是鉴定机构在2018年6月19日《司法鉴定意见书》（第二稿）基础上，结合A公司与B公司历次提出的修改意见进行修正后作出的。而且，原审法院曾在庭前质证和庭审中均通知鉴定人出庭，A公司并未对鉴定人资质或者身份提出过异议。据此，《鉴定意见书》（定稿）上虽没有鉴定人签章，形式上存在瑕疵，但这并不足以影响鉴定意见的可采性。

3.关于鉴定意见是否漏算错算费用。A公司申请再审提交了A公司委托泸州某某会计师事务所有限公司所作的泸开会基〔2019〕255号《审查意见书》，提出原审所采信的鉴定意见书漏算错算金额670余万元。对此，本院认为，该《审查意见书》系A公司单方委托会计师事务所作出，其真实性、客观性难以确定。原审法院委托正某公司所作鉴定意见，在鉴定机构选择的公正性、鉴材的可信度，以及鉴定程序的公开性等各方面，都高于A公司单方委托所作鉴定。因此，该《审查意见书》不足以推翻正某公司所作鉴定意见。而且，鉴定意见定稿前，原审法院曾多次征询A公司、B公司的意见，直至双方均表示已没有意见。现A公司在没有充分证据证明情况下，以鉴定意见漏算错算费用申请再审，其理由不能成立。

此外，关于A公司在再审申请书中单独提出鉴定意见漏算配合费85.7万元、应纳入结算的经济签证单金额53万元，以及卫生费116990元。本院认为，A公司与B公司往来函件内容显示，双方对A公司可提取的配合费及经济签证单金额不能达成一致意见。在此情况下，A公司作为主张权利一方，应向鉴定机构提供所主张费用的相关证据。A公司申请再审提出鉴定意见漏算配合费85.7万元及应纳入结算的经济签证单金额53万元，但并未提供证据证明其向鉴定机构提供了该两项费用的计算依据，故不能认定鉴定意见漏算了该两项费用。对于卫生费，A公司在原审中提出按照《贵州省城镇垃圾管理暂行办法》第十一条、第二十条的规定，其缴纳的卫生费116990元应由B公司承担。《贵州省城镇垃圾管理暂行办法》第十一条规定："城市人民政府建设（环境卫生）行政主管部门、镇人民政府应当根据《城市环境卫生设施设置标准》，设置封闭式垃圾箱、垃圾池、转运站等环卫设施，逐步关闭过渡性的简易设施。城市新区开发、旧城改造以及新建住宅小区，建设单位必须按照国家规定的标准配套建设封闭式垃圾箱、垃圾池、转运站等环卫设施，并与主体工程同时设计、同时施工、同时交付使用。环卫设施未与主体工程同时设计、同时施工的，不予验收，不能交付使用。单位内部存放垃圾设施的建设和管理由本单位负责。城市人民政府建设（环境卫生）行政主管部门应当加强监督检查。"第二十条规定："单位和个人必须按规定缴纳生活垃圾处理费。对城镇下岗职工、失业人员及低保对象，应实行收费减免政策，收费减免办法由市、县（特区）人民政府制定。任何单位和个人不得擅自减免生活垃圾处理费。不按规定减免的，由批准减免者承担相应的生活垃圾处理费。"以上规定并不足以认定A公司所缴纳卫生费116990元应由B公司承担，A公司的该项再审申请理由不能成立。

（二）关于原审对逾期支付工程进度款利息、工程款利息的认定，以及未计算A公司主张退还的50万元保证金利息是否适用法律错误的问题。

关于原审对逾期支付工程进度款利息的认定是否适用法律错误的问题。B公司逾期付款的违约行为客观存在，但从当事人所提供证据看，A公司在合同履行过程中也存在违反合同约定多次停工，未及时向B公司开具工程款发票等行为，工程进度款未能及时支付也有可归于A公司的原因。《补充协议》约定工程进度款以B公司审定为准，A公司主张按其报送金额计算逾期支付利息没有事实和法律依据。对于工程进度款逾期利息的调整，B公司在原审中抗辩认为该利息支付前提是A公司不停工，A公司擅自停工，B公司无需支付利息。逾期支付工程进度款利息，在性质上与违约金相同，均属于合同对违约责任的预设安排。原审综合考虑A公司因B公司逾期支付工程进度款所遭受损失及双方违约情况，将逾期支付工程进度款利息由约定的月息2.5%调减至月息1%，并无不当。

关于原审对工程结算款利息的认定是否适用法律错误的问题。双方当事人未约定工程结算款利息，原审按照中国人民银行发布的同期同类贷款利率计算利息，符合《最高人民法院关于审理建设工程施工合同纠纷案件适用法律问题的解释》第十七条"当事人对欠付工程价款利息计付标准有约定的，按照约定处理；没有约定的，按照中国人民银行发布的同期同类贷款利率计息"的规定。工程进度款和结算款形成于工程施工的不同阶段，当事人对工程进度款利息和结算款利息进行约定时考虑的因素会有不同，通常情况下，为保证工程顺利施工，发包人能接受相对较高的工程进度款利息。因此，在当事人对工程结算款利息未作约定情况下，如按照约定的工程进度款利息计算结算款利息，有失公平。现行规范对当事人没有约定情况下如何计算工程款利息进行了明确规定，当事人未对工程款利息进行约定，一定程度上也蕴含着同意按照相关规范执行的意思。而且，A公司在原审中并未要求按照约定的逾期支付工程进度款利息，即月息2.5%计算工程结算款利息，而是主张按照月利率2%计算。综上，A公司关于原审未按照逾期支付工程进度款利息计算工程结算款利息适用法律错误的再审申请理由不能成立。

关于原审未计算A公司主张退还的50万元保证金利息，是否适用法律错误的问题。经审查，A公司在原审中仅要求B公司退还50万元保证金，并未主张利息。因此，原审未计算保证金利息正确，A公司的该项再审申请理由不能成立。

（三）关于原审是否存在款项扣除错误的问题。

关于原审所扣除质保金金额是否有误的问题。案涉施工合同约定："决算审计及所有竣工资料报档案馆备案完善后支付至决算总造价的95%，剩余5%作为质量保修金（保修金不计利息），按保修期限分期退还（保修一年满后退还保修金的60%，二年满后退还保修金的35%，五年满后退还保修金的5%）。"案涉工程于2017年7月竣工，原审法院于2019年4月4日作出判决。在审理过程中，其约定期限并未满2年，因此，原审法院认定B公司能够扣除的保证金为"5%质保金中尚未到期的40%"符合合同约定，A公司认为工程已过保修期2年以上，可扣质保金仅为工程款的5%中未到期的5%的再审申请理由不能成立。

关于原审扣除顶楼修复费、ABCD栋土建工程消防验收整改费用、住宿费是否有误的问题。楼顶修复费用、ABCD栋土建工程消防验收整改费用，该两项工程属于A公司施工范围，B公司所支出费用应抵扣工程款。扣除的住宿费金额，原审判决中"201357元"系笔误，后原审法院已裁定补正为"21357元"，A公司在原审中对该笔费用应予扣除无异议。因此，原审在工程款中扣除该三项费用正确。

（四）关于原审是否存在遗漏诉讼请求的问题。

A公司提出原审对其要求B公司承担的财产保全担保费102000元及证据保全公证费50000元未予判决系遗漏诉讼请求。本院认为，该两项费用系A公司在诉讼中自行支出，不属于法律规定的诉讼费用范畴，A公司在原审中与诉讼费用一并提出，要求B公司负担，没有法律依据。原审未进行处理不构成遗漏诉讼请求。

A公司提出原审对其诉状中要求B公司承担的奖励款100万元未予判决系遗漏诉讼请求。本院认为，经审查，A公司在起诉状中并未提出关于支付100万元奖励款的诉讼请求，在其变更的诉讼请求中也没有该项内容，原审对此未予审理，不属于遗漏诉讼请求。

此外，关于原审对案件受理费、司法鉴定费的分担是否不公平的问题。本院认为，本案中，A公司的部分诉讼请求不能成立，原审对案件受理费、司法鉴定费的分担决定是根据《诉讼费用交纳办法》《人民法院诉讼收费办法》的相关规定、结合A公司所提诉讼请求获得支持程度等案件具体情况作出，并无不当。

依照《中华人民共和国民事诉讼法》第二百零四条第一款、《最高人民法院关于适用〈中华人民共和国民事诉讼法〉的解释》第三百九十五条第二款规定，裁定如下：

驳回A公司的再审申请。

审判长　　司　伟

审判员　　王海峰

审判员　　葛洪涛

二〇一九年十二月三十日

法官助理　周梅芳

书记员　　罗映秋

第**41**讲

无管辖权法院委托作出的司法鉴定意见，
有管辖权法院可否作为定案证据

一、阅读提示

建设工程施工承包人向一家无管辖权的法院起诉发包人支付工程款，无管辖权法院不仅受理了，而且根据当事人的申请委托司法鉴定机构作出了鉴定意见。其后承包人发现该法院对本案没有管辖权，于是撤诉，遂向有管辖权的法院重新起诉。那么，此前无管辖权的法院委托作出的司法鉴定意见，可否被其后有管辖权的法院采信作为定案证据？

二、案例简介

承包人A公司因与发包人B工厂发生建设工程施工合同纠纷，遂将其起诉至甘肃省兰州市七里河区人民法院（以下简称原一审法院），索要相关工程款。

原一审法院根据A公司的申请，委托工程造价司法鉴定机构作出了鉴定意见。双方当事人均对该鉴定意见提交了异议，鉴定机构则作出了相应的答复和调整。

其后，当事人发现本案依法应由甘肃省兰州市中级人民法院（以下简称新一审法院）管辖。于是A公司撤诉，遂向新一审法院起诉。本案新一审法院和二审法院甘肃省高级人民法院经审理后，均直接将原一审法院委托司法鉴定机构作出的鉴定意见作为定案证据，没有另行委托重新鉴定。二审法院经审理后判决B工厂支付A公司相关工程款。

B工厂不服二审判决，遂向最高人民法院申请再审。其主要申请理由之一是：本案一审、二审法院直接将无管辖权的原一审法院委托作出的鉴定意见作为定案证据不合法。

最高人民法院经审查，认为该鉴定意见系原一审法院受理期间依法对外委托产生，程序合法，B工厂上述申请理由及其他申请理由均不成立。遂于2013年4月17日作出（2012）民申字第1168号《民事裁定书》，驳回其再审申请。

三、案例解析

从上述案情中笔者总结出的法律问题是：**本案中，作为无管辖权法院的原一审法院委托工程造价司法鉴定机构作出的鉴定意见，可否被其后有管辖权的法院采信作为定案证据？**

笔者认为：本案一审法院和二审法院应该是根据本案的实际情况以及从诉讼经济的角度考虑，才采信鉴定意见。主要分析如下：

其一，本案除了管辖法院不同外，本质上仍属于同一诉讼案件。即当事人相同、案由相同、诉求相同。因此，有管辖权的法院出于诉讼经济的角度考虑，认为可以直接采信当事人在此前无管辖权法院同意的诉讼行为及结果（包括当事人同意法院委托司法鉴定机构所作出的鉴定意见）。当然，前提是这些诉讼行为及产生的结果（包括鉴定意见）没有严重违法。

其二，只要原一审法院委托司法鉴定机构所作出的鉴定意见在鉴定的申请主体、鉴定机构的选择、鉴定机构的资质、鉴定材料的审查、鉴定意见的质证等程序和实体上均符合法律的规定，且B工厂又没有充分证据证明该鉴定意见违法，那么有管辖权的法院才会采信该证据，以避免不必要的诉累。

正是基于上述事实及理由，本案再审法院最高人民法院才会认可原审法院的上述裁判理由（详见本讲"裁判理由"）。

四、裁判理由

以下为最高人民法院作出的（2012）民申字第1168号《民事裁定书》对本讲总结的上述法律问题的裁判理由：

本院认为：本案最初由兰州市七里河区人民法院受理，审理中，根据A公司的申请，受理法院委托具有相关资质的鉴定机构进行鉴定，鉴定结论作出后，双方当事人提交了异议，鉴定机构做了相应答复和调整。虽然当事人在兰州市七里河区人民法院审理中撤诉，重新向兰州市中级人民法院起诉，但因该鉴定结论系兰州市七里河区人民法院受理期间依法对外委托，程序合法。B工厂主张鉴定不能依据A公司单方编制的《工程结算书》作为依据。经查，《工程结算书》作出后，经双方核对确认，形成《工程结算审核报告》，并经双方签字，且《鉴定书》"鉴定依据部分"包括施工图纸、施工安装合同、工程签证单、工程审核结算报告等资料，并非仅依据《工程结算书》。

五、案例来源

（一）二审：甘肃省高级人民法院（2012）甘民一终字第44号《民事判决书》

（二）再审审查：最高人民法院（2012）民申字第1168号《民事裁定书》（见本讲附件：案例）

六、裁判要旨

同一施工合同纠纷诉讼案的当事人在无管辖权的法院受理案件后，申请该法院委托司法鉴定机构作出的鉴定意见，如果该鉴定意见在鉴定程序、鉴定内容、质证程序等方面均符合相关法律的规定，那么其后对本案有管辖权的法院从诉讼经济的角度考虑，可以采信该鉴定意见作为定案证据。

七、相关法条

（一）《中华人民共和国民事诉讼法》（根据2023年9月1日第十四届全国人民代表大会常务委员会第五次会议《关于修改〈中华人民共和国民事诉讼法〉的决定》第五次修正）

第六十六条　证据包括：

（一）当事人的陈述；

（二）书证；

（三）物证；

（四）视听资料；

（五）电子数据；

（六）证人证言；

（七）鉴定意见；

（八）勘验笔录。

证据必须查证属实，才能作为认定事实的根据。

第七十九条　当事人可以就查明事实的专门性问题向人民法院申请鉴定。当事人申请鉴定的，由双方当事人协商确定具备资格的鉴定人；协商不成的，由人民法院指定。

当事人未申请鉴定，人民法院对专门性问题认为需要鉴定的，应当委托具备资格的鉴定人进行鉴定。

第一百二十二条　起诉必须符合下列条件：

（一）原告是与本案有直接利害关系的公民、法人和其他组织；

（二）有明确的被告；

（三）有具体的诉讼请求和事实、理由；

（四）属于人民法院受理民事诉讼的范围和受诉人民法院管辖。

（二）《最高人民法院关于民事诉讼证据的若干规定》（法释〔2019〕19号）

第三十六条　人民法院对鉴定人出具的鉴定书，应当审查是否具有下列内容：

（一）委托法院的名称；

（二）委托鉴定的内容、要求；

（三）鉴定材料；

（四）鉴定所依据的原理、方法；

（五）对鉴定过程的说明；

（六）鉴定意见；

（七）承诺书。

鉴定书应当由鉴定人签名或者盖章，并附鉴定人的相应资格证明。委托机构鉴定的，鉴定书应当由鉴定机构盖章，并由从事鉴定的人员签名。

八、实务交流

（一）当事人今后如果遇到与本案类似的情况，希望有管辖权的法院能直接采信无管辖权法院委托作出的鉴定意见时，应注意把握自己的案件至少要满足以下两个条件：

1.除了管辖法院不同外，应当当事人相同、案由相同、诉求相同，即本质上仍属于同一件诉讼案件。

2.该鉴定意见从原一审法院的委托程序到鉴定过程、鉴定内容均不违法（原一审法院无权管辖除外）。

（二）其他法院应谨慎借鉴本案法院的裁判观点。虽然本案比较特殊，在实体上似乎没有违法之处，但是如果从诉讼程序上看，还是有值得商榷之处。因为《中华人民共和国民事诉讼法》明确规定了法院的诉讼管辖制度，任何法院原则上不能审判自己没有法定管辖权的案件。更为关键的是，无管辖权的法院对同一案件作出的所有诉讼行为尤其是涉及实体的行为，从根源上定性应为非法无效，除非当事人一致认可、同意其中的部分诉讼行为和结果。因此，有管辖权的法院不宜仅从诉讼经济的角度轻易采信无管辖权法院作出的诉讼行为和结果。

（三）本案虽然是2012年的案件，但至今仍有参考价值，因为其后类似案例在国内并不少见。笔者检索发现广东省广州市中级人民法院在2020年就审理了一件类案，其裁判观点与本案非常相似，该案二审判决为（2020）粤01民终16744号《民事判决书》。笔者也检索发现最高人民法院在部分类案中作出了相反的裁判观点（详见本讲"参考类案"），值得大家辩证参考。

九、参考类案

为使广大读者有更多的类案参考，笔者专门检索、提供以下由最高人民法院作出的以及入选《最高人民法院公报》的部分类案的生效裁判文书的裁判理由（不限于建设工程案件，与本案上述裁判观点基本一致的正例1例，与本案上述裁判观点相反的反例2例），供大家辩证参考、指导实践。

（一）正例：最高人民法院（2020）最高法知民终1210号《民事判决书》（二审）

此外，关于司法鉴定意见书。A公司上诉主张，该司法鉴定系在辽宁省葫芦岛市龙港区人民法院在对本案没有管辖权的情况下委托鉴定机构进行的，且存在鉴定材料获得程序违法，未按照委托范围进行鉴定等问题，故该司法鉴定意见书不能作为认定本案事实的依据。对此，本院认为，其一，案涉司法鉴定意见书系辽宁省葫芦岛市龙港区人民法院依照法定程序委托鉴定机构进行鉴定并出具的，本案管辖法院的变更并不影响鉴定机构依法独立做出鉴定以及其出具的相关鉴定意见的客观性。其二，根据该司法鉴定意见书的记载，鉴定机构"现场接收委托方提供的鉴定材料……并在委托方及双方当事人的见证下完成现场勘察工作……经与委托方及双方当事人协商确认：将两台服务器，一台磁盘阵列和软件光盘现场封存后带回鉴定中心，由双方各派技术人员，到我中心对受鉴系统进行重新部署恢复"，可见，A公司全程参与了相关司法鉴定活动，相关鉴定材料已经过原审法院及双方当事人的审查确认，而对于鉴定机构在2018年8月28日对硬件设备内的系统软件进行检测时"服务器可正常开机，但系统不能运行"，以及2018年10月16日再次进行检测时"结果依然为系统无法启动"等情形，A公司在鉴定活动当场并未能提出任何补救解决方案，其应对鉴定中无法进行案涉软件系统的测试，以至于无法得出案涉软件系统是否符合是案涉合同约定的技术功能的相关结论承担相应的不利后果，其仅以案涉硬件设备及软件系统自双方产生争议后一直处于自然资源局控制之下为由否定鉴定意见的相关上诉理由不能成立，本院不予支持。

（二）反例：最高人民法院（2014）民提字第178号《民事判决书》（再审，入选《最高人民法院公报》2016年3期）

关于《鉴证报告》的采信及认定问题。根据再审期间本院查明的事实，原审法院采信呼和浩特市中级人民法院审理A诉B公司合作经营合同纠纷一案中委托兴某会计师事务所出具的《鉴证报告》作为认定A实际损失的证据，存在如下问题：第一，《鉴证报告》是A申请呼和浩特市中级人民法院委托兴某会计师事务所所作鉴证，因A申请撤诉，呼和浩特市中级人民法院已对该案作出撤诉处理。本案原审期间，A并未向原审人民法院提出有关损失鉴定申请，原审法院将A提供的该《鉴证报告》作为鉴定意见予以质证和认定，违反《中华人民共和国民事诉讼法》第七十六条第一款之规定，属适用法律错误。同时，依据《中华人民共和国民事诉讼法》第七十八条之规定，鉴定意见即使为原审法院依法委托，该鉴定意见在当事人提出异议的情况下，原审法院亦应通知鉴定人出庭作证，否则不能采信为认定案件事实的证据。第二，本案《鉴证报告》属投入费用鉴证，不能作为认定投资损失事实的依据。该《鉴证报告》在内容上虽列明了A开采期间开挖的土方量和石方量及各项费用，但并未说明开挖的石方量中有商品荒料及形成多少商品荒料，即并未包含产品产出情况。根据2005

年6月，B公司委托山西省某某科学研究所进行的《内蒙古和林格尔县某某沟村花岗岩矿区普查地质报告》及2005年9月8日内蒙古某某房地产评估有限公司出具的《内蒙古和林格尔县某某沟村花岗岩矿区普查地质报告评审意见书》，均认为合作开采矿区矿体分布稳定，覆盖层或风化层较薄，裸露地表，A所采矿区的平均图解荒料率为25.03%。上述地质普查报告及评审意见均为采矿的基本资料，A作为合作采矿当事人，对此应该明知，其在履行相关开采协议期间并未提出异议。对此，本院予以采信。B公司主张《鉴证报告》所涉石方量中已有部分商品荒料产出，有一定可信性，且得到本院庭审查明事实的佐证，A认为没有矿石产品产出，故意隐瞒重要案件事实，违背诚实信用的诉讼原则，对其陈述不予采信。再审期间，A于2014年7月20日委托中国某某地质总局内蒙古地质勘查院所作《内蒙古自治区和林格尔县某某沟花岗岩矿区覆盖层调查报告》亦对矿区矿体的荒料率予以了调查，但该报告为A单方委托，且勘测的是已经开挖的矿坑，矿体因开采已经破坏，无法予以认证，对此，本院不予采信。综上，本院认为，原审根据上述《鉴证报告》认定A的投资损失，认定事实和适用法律均有错误，本院予以纠正。

（三）反例：最高人民法院（2013）民申字第1880号《民事裁定书》（再审审查）

（二）关于本案有关证据应否采纳的问题

陕西某某司法鉴定中心2009年3月19日作出《司法鉴定报告》，系因A公司于2008年9月1日向陕西省靖边县人民法院提起诉讼，请求判令B公司清偿拖欠工程款，由该院经陕西省榆林市中级人民法院委托而致。但该案因管辖权争议未依法解决前，陕西省靖边县人民法院即依据该份《司法鉴定报告》于2009年8月4日作出（2008）靖民初字第1363号民事判决，审判程序违法，已被撤销并移送至一审法院审理。由此可见，该份《司法鉴定报告》并非一审法院委托，且原委托法院审判程序违法，二审判决未采纳该份《司法鉴定报告》作为认定本案工程价款结算的依据，并无不当。

附件：案例

中华人民共和国最高人民法院
民 事 裁 定 书

（2012）民申字第1168号

再审申请人（一审被告、反诉原告，二审上诉人）：B工厂。
法定代表人：田某某，B工厂厂长。
委托代理人：翟某某，B工厂法律顾问。
委托代理人：石某某，甘肃某某诚律师事务所律师。

被申请人（一审原告、反诉被告，二审被上诉人）：A公司。

法定代表人：李某某，A公司总经理。

委托代理人：李某某，A公司职员。

再审申请人B工厂因与被申请人A公司建设工程施工合同纠纷一案，不服甘肃省高级人民法院（2012）甘民一终字第44号民事判决，向本院申请再审。本院依法组成合议庭对本案进行了审查，现已审查终结。

B工厂申请再审称：二审判决认定事实不清，适用法律错误。依据2007年修正的《中华人民共和国民事诉讼法》第一百七十九条第一款第（二）项（即《中华人民共和国民事诉讼法》第二百条第二项）的规定申请再审。具体事实和理由：1.二审法院采信了错误的证据认定工程量，继而错误判定B工厂承担虚高的工程款。（1）《工程造价鉴定书》（以下简称《鉴定书》）是无管辖权的法院进行委托，程序违法。本案起诉时，由无管辖权的兰州市七里河区人民法院违法受理，并委托了鉴定机构。后案件移送上一级法院兰州市中级人民法院审理，对工程量的鉴定，应由受理法院委托，但一审法院直接采用了无管辖权的七里河区人民法院委托的鉴定机构所作的鉴定结论，程序不符合法律的规定。（2）《鉴定书》对工程量的统计出现了极大的偏差和低级错误，B工厂已提前退场，而《鉴定书》上竟然出现A公司参加调试的费用，这样瑕疵明显的《鉴定书》，不能作为定案的依据，二审判决只是简单地把调试费去除，而不考虑《鉴定书》的虚假成分。二审法院曾对施工现场进行勘察，现场大量铁构件根本未粉刷油漆，目测非常直观，是A公司没有完成油漆粉刷的工程量。（3）双方约定的合同价格与鉴定结论差距悬殊，差异高达50%，完全违背常理，根本就不能采信。（4）《鉴定书》直接借用了A公司单方制作的《工程结算书》，不能反映出真实的工程量。《工程结算审核报告》上并没有工程结算的任何具体数据，《鉴定书》直接引用《工程结算书》属偷换概念。2.二审没有支持反诉请求，忽视B工厂提交的合法证据，明显错误。由于A公司违约提前撤离施工现场，没有完成合同约定的施工标的，B工厂不得已另行寻找第三方施工队完成剩余的施工量和消除大量的缺陷，此类额外的花费和损失B工厂在一、二审时均提交了与第三方施工队签署的合同和正规发票，均没有得到一、二审法院的支持，二审判决只是简单地认定在一审中未提出质量鉴定，没有认定B工厂提交的包括照片，合同、发票等证据，二审法院已对施工现场进行勘察，明知施工现场存在质量问题，不但没有支持B工厂的合理诉求，却让B工厂在证据充分的情形下，另行主张。

A公司提交意见称：B工厂的再审申请缺乏事实与法律依据，请求予以驳回。

本院认为：本案最初由兰州市七里河区人民法院受理，审理中，根据A公司的申请，受理法院委托具有相关资质的鉴定机构进行鉴定，鉴定结论作出后，双方当事人提交了异议，鉴定机构做了相应答复和调整。虽然当事人在兰州市七里河区人民法院审理中撤诉，重新向兰州市中级人民法院起诉，但因该鉴定结论系兰州市七里河区人民法院受理期间依法对外委托，程序合法。B工厂主张鉴定不能依据A公司单方编制的《工程结算书》作为依据。经查，《工程结算书》作出后，经双方核对确认，形成

《工程结算审核报告》，并经双方签字，且《鉴定书》"鉴定依据部分"包括施工图纸、施工安装合同、工程签证单、工程审核结算报告等资料，并非仅依据《工程结算书》。

关于刷油漆工程量的问题。2008年11月16日，A公司提交《工程结算书》，其中包括"刷油部分"的工程量及金额。2008年12月25日，双方形成《工程结算审核报告》，载明，"甲方（B工厂）对乙方（A公司）2008年11月16日上报的《工程结算书》进行了详细审核……经双方详细核对并认可，工程量做如下修改并确认（说明：表1-1中没有列出的工程量以工程结算书为准）"，表1-1中修改的项目共16项，并未涉及刷油漆部分，双方相关人员均在《工程结算审核报告》上签字，说明刷油漆部分工程量得到双方确认。故，B工厂关于鉴定程序违法、鉴定依据错误、工程量认定错误，进而否定《鉴定书》的主张依据不足，本院不予支持。

此外，B工厂反诉提出工程质量存在问题，要求A公司赔偿。鉴于一审、二审中B工厂提交的照片、相关合同及付款凭证等证据，尚不足以证明其主张，故二审判决认为"对于质量问题，上诉人B工厂可在证据充分的情形下，另行主张"，并无不妥。

综上，B工厂的再审申请不符合《中华人民共和国民事诉讼法》第二百条第二项规定的情形。根据《最高人民法院关于修改后的民事诉讼法施行时未结案件适用法律若干问题的规定》第一条的规定，依照《中华人民共和国民事诉讼法》第二百零四条第一款之规定，裁定如下：

驳回B工厂的再审申请。

审判长　　侯建军
审判员　　王季君
审判员　　李　伟
二〇一三年四月十七日
书记员　　刘亚男

第 **42** 讲

鉴定材料未经当事人质证，司法鉴定意见是否真的不能作为定案证据

一、阅读提示

众所周知，司法鉴定意见如果依据的鉴定材料没有经当事人质证，通常情形下不会被法院采信作为定案证据。那么在何种特殊情形下，鉴定意见依据的鉴定材料即使没有被当事人质证，仍然会被法院采信？

二、案例简介

2015年，劳务分包人A公司因与施工承包人B公司发生建设工程劳务合同纠纷，将B公司及发包人等相关主体一并起诉至新疆维吾尔自治区乌鲁木齐市中级人民法院（以下简称一审法院），索要相关工程款及损失。

一审法院根据A公司的申请和同意，委托与本案关联的另案中的工程造价司法鉴定机构对本案劳务费用进行鉴定。在鉴定过程中，鉴定机构要求各方当事人提交资料并参与现场勘察工作，B公司既未提交资料，也未积极配合鉴定机构对A公司提交的资料进行确认。在鉴定机构作出鉴定意见后，B公司仅对鉴定结论提出异议，从未对鉴定材料未经其质证的问题提出异议。

一审法院经审理，采信了鉴定机构作出的鉴定意见，判决B公司应当支付A公司相关工程款及损失。B公司因此不服，遂向二审法院新疆维吾尔自治区高级人民法院上诉。其上诉的主要理由之一是：本案鉴定意见依据的鉴定材料未经其质证，依法不应作为定案证据。

二审法院经审理，认为B公司在一审中并未对鉴定材料未经其质证提出过异议，直到二审时才提出，因此不采纳该上诉理由。B公司仍然坚持该理由，其后向最高人民法院申请再审。

最高人民法院经审查，认为原审法院的裁判理由合法，遂于2019年10月10日作出（2019）最高法民申3800号《民事裁定书》，驳回B公司的再审申请。

三、案例解析

从上述案情中笔者总结出的法律问题是：**本案鉴定意见所依据的主要鉴定材料的确未经B公司质证，但为何仍被原审法院采信作为定案证据？**

笔者认为：这主要是因为B公司自己无故放弃了法定的质证权利，从而导致自己承担不利的法律后果。主要分析如下：

依据《中华人民共和国民事诉讼法》等法律的相关规定（现行规定详见本讲"相关法条"），司法鉴定意见所依据的鉴定材料的确必须经过当事人质证。但是，如果当事人故意怠于行使该法定权利，甚至故意不提交自己持有的鉴定材料以阻碍司法鉴定的顺利实施，那么依法可视为其自行放弃该权利，并应承担因此导致的法律责任。本案中，B公司在一审鉴定过程中的上述行为，恰恰属于怠于行使质证的法定权利，因此原审法院认为其应该承担自己导致的不利法律后果，法院有权将鉴定意见采信作为定案证据。

正是基于上述事实及相关法律依据，本案再审法院最高人民法院才会认可原审法院的上述裁判理由，驳回了B公司的再审申请（详见本讲"裁判理由"）。

四、裁判理由

以下为最高人民法院作出的（2019）最高法民申3800号《民事裁定书》对本讲总结的上述法律问题的裁判理由：

（二）原判决认定事实的主要证据是否经过质证

经审查，一审法院在确定委托鉴定机构后，将鉴定材料交予鉴定机构，由鉴定机构组织当事人审核确认图纸、提交证据。鉴定机构接受委托后即要求各方当事人提交资料并参与现场勘察工作，B公司未在鉴定过程中提交资料，也未积极配合鉴定机构对A公司提交的资料进行确认，消极对待自己的权利，应承担不利后果。鉴定意见作出后，一审法院组织各方当事人对鉴定意见进行了质证，并通知鉴定人员到庭接受质询。B公司参与了质证和对鉴定人员的质询，有充分的机会发表对鉴定材料的意见，该公司提交的异议书只对鉴定结论表达了异议，对鉴定材料未提出异议，现该公司以鉴定材料未经质证为由申请再审，本院不予支持。

五、案例来源

（一）一审：新疆维吾尔自治区乌鲁木齐市中级人民法院（2015）乌中民四初字第27号《民事判决书》

（二）二审：新疆维吾尔自治区高级人民法院（2018）新民终439号《民事判决书》

（三）再审审查：最高人民法院（2019）最高法民申3800号《民事裁定书》（见本

讲附件：案例）

六、裁判要旨

一方当事人在法院委托的工程造价司法鉴定过程中既未提交本方的鉴定材料，也未配合鉴定机构对另一方当事人提交的鉴定材料进行质证，其后对鉴定意见也未提出鉴定材料未经其质证的异议，其行为属于消极对待自己的法定权利，应承担不利法律后果。案涉鉴定意见在无其他违反法律强制性规定的情形下，可以被法院采信作为定案证据。

七、相关法条、文件

（一）《中华人民共和国民事诉讼法》（根据2023年9月1日第十四届全国人民代表大会常务委员会第五次会议《关于修改〈中华人民共和国民事诉讼法〉的决定》第五次修正）

第十三条 民事诉讼应当遵循诚信原则。

当事人有权在法律规定的范围内处分自己的民事权利和诉讼权利。

（二）《最高人民法院关于适用〈中华人民共和国民事诉讼法〉的解释》（根据2022年3月22日最高人民法院审判委员会第1866次会议通过的《最高人民法院关于修改〈最高人民法院关于适用《中华人民共和国民事诉讼法》的解释〉的决定》第二次修正）

第三百八十七条 当事人对原判决、裁定认定事实的主要证据在原审中拒绝发表质证意见或者质证中未对证据发表质证意见的，不属于民事诉讼法第二百零七条第四项规定的未经质证的情形。

（三）《最高人民法院关于民事诉讼证据的若干规定》（法释〔2019〕19号）

第三十四条 人民法院应当组织当事人对鉴定材料进行质证。未经质证的材料，不得作为鉴定的根据。

经人民法院准许，鉴定人可以调取证据、勘验物证和现场、询问当事人或者证人。

（四）《最高人民法院关于人民法院民事诉讼中委托鉴定审查工作若干问题的规定》（法〔2020〕202号）

二、对鉴定材料的审查

3.严格审查鉴定材料是否符合鉴定要求，人民法院应当告知当事人不提供符合要求鉴定材料的法律后果。

4.未经法庭质证的材料（包括补充材料），不得作为鉴定材料。

当事人无法联系、公告送达或当事人放弃质证的，鉴定材料应当经合议庭确认。

5.对当事人有争议的材料，应当由人民法院予以认定，不得直接交由鉴定机构、鉴定人选用。

八、实务交流

（一）对于法院而言，司法行为不应保护、纵容那些自愿放弃法定权利的当事人。在建设工程诉讼中，法院不应对那些消极参与司法鉴定、拒不质证鉴定材料、拒绝提供鉴定材料的当事人采取宽容的司法态度，应依法视为他们放弃自己的法定权利，判决他们承担不利的法律后果。此外，法院在面对鉴定材料未经当事人质证的特殊情形时，不应简单机械地适用相关法律的强制性规定，武断否定司法鉴定意见的法律效力，而应追根溯源，考察当事人在司法鉴定过程中是否故意怠于行使质证权等法定权利。如果是，则应维护法律威严，判决该当事人承担相应的法律责任，依法审查鉴定意见可否作为定案证据。

（二）对于当事人而言，法律不是儿戏。在司法鉴定过程中当事人不要抱有侥幸心理，随意放弃质证等法定权利，更不要自作聪明，玩弄所谓的"法律技巧"，试图阻止法院委托的司法鉴定不能顺利完成。否则，最终仍将承担不利的法律后果。

（三）经过笔者检索，司法实践中，由最高人民法院审理的与本案裁判观点基本一致的类案相对较少，更多类案的裁判观点是：凡是司法鉴定意见所依据的重要鉴定材料未经当事人质证的，法院通常情况下不会采信该鉴定意见作为定案证据（详见本讲"参考类案"）。

九、参考类案

为使广大读者有更多的权威类案参考，笔者专门检索、提供近年来由最高人民法院作出的部分类案的生效裁判文书的裁判理由（其中，与本案上述裁判观点基本一致的正例2例，与本案上述裁判观点相反的反例4例），供大家辩证参考、指导实践。

（一）正例：最高人民法院（2020）最高法民申213号《民事裁定书》（再审审查）

《最高人民法院关于审理建设工程施工合同纠纷案件适用法律问题的解释》第二十三条规定："当事人对部分案件事实有争议的，仅对有争议的事实进行鉴定，但争议事实范围不能确定，或者双方当事人请求对全部事实鉴定的除外。"本案中，A公司和B公司对未完成的地下一层车库工程造价存在争议，A公司向一审法院申请鉴定，B公司作为发包方，有义务提供地下车库施工标准等鉴定材料，但B公司未能提供地下车库施工标准，也未提供其他能够确定地下车库工程量的鉴定依据，在此情况下，一审法院委托鉴定机构依据施工图纸、现场勘测记录等材料，按照吉林省建筑装饰工程预算定额、吉林省安装工程预算定额以及市场情况进行鉴定计算工程造价并无不当。虽然鉴定材料中的装修及计算说明和上海市某某公证处出具的公证书未经质证，但上述说明和公证书系确定施工标准的证据材料，B公司应予以提供而没有提供，且其针对鉴定结论进行质证时亦未提出其他反驳证据，二审法院在此情况下采信有关鉴定结论并无不当。

（二）正例：最高人民法院（2019）最高法民申1531号《民事裁定书》（再审审查）

本院经审查认为，A公司申请再审的理由不能成立。

第一，关于案涉工程造价鉴定程序是否严重违法的问题。经审查，一审法院虽将部分未经质证的材料移交鉴定人，但在之后的诉讼过程中，法院及鉴定人已多次明确告知A公司可向鉴定人查阅鉴定材料并提出异议，A公司也针对鉴定材料、鉴定原则、计算方法等提出多项意见，法院又多次组织听证、开庭听取了双方当事人对争议项以及相关鉴定材料的意见，鉴定人亦根据质证意见对鉴定结论进行调整并逐项说明。因此，A公司对于鉴定材料的质证权利已得到保障并实际行使，A公司关于鉴定材料未经质证，鉴定程序严重违法的理由不能成立。

（三）反例：最高人民法院（2021）最高法民再316号《民事裁定书》（再审）

本院认为，原审判决据以认定案涉工程造价的《鉴定意见书》相关鉴定材料未经依法质证，属于严重违反法定程序之情形。《鉴定意见书》"二、鉴定依据"第5、7、8、9、10项均是鉴定机构据以确定工程价款的基础性材料，原一审法院没有将上述当事人存在争议的鉴定材料进行质证，就将其移送鉴定机构，原二审法院也未进行补充质证，属违法剥夺当事人辩论权利情形，不符合民事诉讼辩论原则。因相关鉴定材料未经质证，原审法院认定"沈阳南路硬化路面拆除及恢复工程"和"部门单位院内硬化路面的破除与恢复施工"等相应的工程款造价，依据并不充分，致基本事实不清。此外，原审法院在认定管理费、税费、鉴定费用等问题的法律适用上，亦有不当。

（四）反例：最高人民法院（2020）最高法民终852号《民事裁定书》（二审）

本院认为，一审判决存在以下事实认定和法律适用方面的问题：

一、将未经质证的证据作为鉴定及认定事实的依据。《中华人民共和国民事诉讼法》第六十八条规定："证据应当在法庭上出示，并由当事人互相质证"。只有在组织双方当事人对证据进行质证的基础上，一审法院才能够对违约事实的存否及违约责任的大小、比例作出正确的判断。本院公开开庭审理本案，并要求A公司、B公司围绕案件争议焦点展开辩论。但是本院在二审中的努力，仍不能弥补一审在质证程序上的以下缺陷。1.作为认定违约责任依据的《三某某水电工程2009年下半年工程建设协调会会议纪要》未经质证。一审法院直接采信B公司组织三某某水电工程的各标段施工单位召开协调会并形成的《三某某水电工程2009年下半年工程建设协调会会议纪要》作为认定案涉工程工期延误的原因以及案涉合同违约责任的依据之一，但该证据未经当庭出示及双方当事人质证。2.作为鉴定及认定事实依据的监理日志未经质证。《最高人民法院关于审理建设工程施工合同纠纷案件适用法律问题的解释（二）》第十六条规定："人民法院应当组织当事人对鉴定意见进行质证。鉴定人将当事人有争议且未经质证的材料作为鉴定依据的，人民法院应当组织当事人就该部分材料进行质证。经质证认为不能作为鉴定依据的，根据该材料作出的鉴定意见不得作为认定案件事实的依据。"本案中，依据鉴定需要，B公司从案涉工程的监理单位借调并提供了完整的监理日志等材料用于鉴定，但鉴定前均未经一审法院组织双方当事人质证。本院认为，鉴定机构依据未经双方当事人质证的证据材料所作出的鉴定报告，人民法院不能直接作为认定本案事实的依据。一审法院直接根据鉴定报告认定相关事实，属认定事实不清。此外，一审法院在认定相关事实过程中，亦以未经质证的上述监理日志作为依据之一，亦属认定事实不清。

（五）反例：最高人民法院（2019）最高法民申1737号《民事裁定书》（再审审查）

本院经审查认为：案涉工程发包方委托审计机构审计的造价与诉讼中一审法院委托司法鉴定机构鉴定的造价差距巨大，应当查明该差距的原因。工程造价司法鉴定依据的材料应当由人民法院组织当事人进行质证，经质证不能作为鉴定依据的，不能移交司法鉴定机构作为鉴定依据。案涉合同系分包合同，双方明确约定以发包方委托审计的工程造价作为合同双方结算依据，故A公司制作的关于工程造价的签证，经由转包人B公司签署盖章报至发包方，发包方未予确认的，不能视为B公司已认可了A公司报送的签证，作为双方之间结算的直接依据，也不能作为司法鉴定的直接依据。

（六）反例：最高人民法院（2010）民提字第210号《民事判决书》（再审）

（一）关于山东省高级人民法院二审准许A公司的鉴定申请并委托鉴定单位进行鉴定，适用法律是否正确，鉴定报告是否可以作为证据予以采信问题。

本案中，B公司主张A公司欠付工程款数额的依据是山东某某会计师事务所有限公司威海分公司出具的《工程结算审核报告》，该报告系由盛某公司委托出具，而盛某公司并非本案所涉《建设工程施工合同》的缔约人，其委托结算行为亦未经上述合同缔约双方认可。且上述报告审核的依据是B公司单方提供的案涉工程决算书，该决算书亦未经发包方某某基地认可。在山东省高级人民法院二审期间，A公司提供了威海市环翠区人民检察院的侦查笔录，该笔录中案涉工程监理人员称质监站验收案涉工程时，该工程尚未完工，而上述结算审核报告及B公司提供的结算书均是在完工基础上对工程款进行的结算审核，依照上述事实可以认定山东某某会计师事务所有限公司威海分公司出具的《工程结算审核报告》，对工程款结算数额的审核不准确，不能作为证据予以采信。二审法院综合上述情况，准许A公司重新鉴定的申请，适用法律并无不当。B公司认为二审法院准许A公司重新鉴定的申请适用法律错误，本院不予支持。

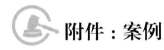

附件：案例

中华人民共和国最高人民法院
民 事 裁 定 书

（2019）最高法民申3800号

再审申请人（一审被告、二审上诉人）：B公司。住所地：江西省抚州市临川区唱凯镇。

法定代表人：彭某，B公司总经理。

委托诉讼代理人：黄某某，男，该公司工作人员。

被申请人（一审原告、二审上诉人）：A公司。营业场所：新疆维吾尔自治区乌鲁木齐市新市区河北东路南一巷8号天合大厦16C。

负责人：赵某，A公司总经理。

二审被上诉人（一审被告）：C公司。住所地：新疆维吾尔自治区乌鲁木齐市新市区天津北路168号。

法定代表人：陈某某，C公司董事长。

二审被上诉人（一审被告）：D公司。住所地：新疆维吾尔自治区乌鲁木齐市水磨沟区南湖北路933号。

法定代表人：杜某，D公司董事长。

二审被上诉人（一审被告）：E公司。住所地：深圳市南山区沙河街道高发社区深云路520-1-1华科大厦3F-1。

法定代表人：肖某，E公司总经理。

再审申请人B公司因与被申请人A公司及二审被上诉人C公司、D公司、E公司劳务合同纠纷一案，不服新疆维吾尔自治区高级人民法院（2018）新民终439号民事判决，向本院申请再审。本院依法组成合议庭进行了审查，现已审查终结。

B公司申请再审称，本案符合《中华人民共和国民事诉讼法》（以下简称民事诉讼法）第二百条第一项、第四项、第十一项规定的情形，应予再审。请求：1.撤销二审判决，重新审理本案；2.一、二审诉讼费、鉴定费由A公司负担。事实和理由：第一，原审法院程序违法。1.一审法院认定事实的主要证据未经质证。A公司提交的施工图纸、变更资料、工程量签证单、工作联系单、会议纪要等证据，一审法院未组织质证。新疆某某工程项目管理咨询有限公司（以下简称建某公司）将上述未经质证的证据作为鉴定依据，违反鉴定规则。2.建某公司依据马某某、韩某的笔录增加劳务费463713.12元，一审法院未对该份笔录组织质证。B公司未收到该份笔录。该份笔录的询问人仅一人，不是鉴定结论签名的鉴定人员或合议庭组成人员，自问自记，被询问人马某某、韩某也未出庭接受当事人发问。马某某在笔录中注明应以2016年1月15日资料本为依据。3.一审法院委托鉴定机构程序违法。一审法院未组织双方当事人选择鉴定机构，建某公司也未列入人民法院司法鉴定人名册。第二，二审法院未审理B公司部分上诉请求。B公司在民事上诉状（补充）中提出了"防水劳务费用应从鉴定结论中剔除"的上诉请求，二审判决遗漏了该项上诉请求，未作审理。第三，原审法院认定事实错误。1.黄某与B公司无隶属关系，《土建清包劳务合同》加盖的项目部专用章系黄某私刻。黄某因涉嫌私刻印章罪，被江西省抚州市临川区公安局立案侦查，目前该刑事案件正在由江西省抚州市临川区人民检察院审查起诉。A公司的实际承包人刘某某承认其是与黄某签订的《土建清包劳务合同》。B公司与黄某终止承包关系后，又将案涉工程承包给沙某某，B公司与沙某某亦不存在隶属关系，沙某某以个人名义签订《补充劳务协议》，A公司的实际承包人刘某某承认其是与沙某某签订《补充劳务协议》。因此，《土建清包劳务合同》《补充劳务协议》的合同相对人不是B公司。2.对于2015年9月28日刘某某出具的200万元借条，B公司从未认可未实际支付该200万元。该借条包含2015年4月至9月的多笔借款，从B公司与A公司的交易方式和习惯看，双方存在大量现金支付和结算，结合借条的内容及本案实际情况，B公司已经尽到了举证责任，A公司否认该借款，应承担举证责任。3.对于二期工程劳务费用55411.69元，B公司承包的是一期工程，A公司分包的劳务也是一期工程，（2017）新民终158号民事判决亦判令C公司支付B公司一期工程款，二期工程劳务费用签证单上大部分系建设方的工地代表签字，而不是马某某的签字。

A公司提交意见称，1.B公司主张黄某私刻印章的理由不成立。2.沙某某是B公司委派人员。3.B公司不配合本案审理，无法组织质证。4.案涉工程的一、二期项目原均由B公司承建，二期项目B公司虽未做完，但二期项目的三通一平及变压器、临电等前期工程是由A公司施工。

本院认为，本案是申请再审案件，应当围绕当事人申请再审的事由进行审查。B公司援引的法条是民事诉讼法第二百条第一项、第四项、第十一项，但其理由实质是围绕民事诉讼法第二百条第二项、第四项、第十一项展开。对此，本院作如下审查：

（一）原判决认定的基本事实是否缺乏证据证明

关于B公司是否为本案劳务分包合同主体的问题。B公司在原审中主张其向A公司支付了两千余万元工程劳务费、A公司未完成合同约定的工程量，并认可沙某某曾负责案涉工程施工事宜。这些事实本身即可说明B公司与A公司之间存在直接的合同关系。原判决认定黄某、沙某某代表B公司与A公司签订《土建清包劳务合同》《补充劳务协议》，B公司与A公司存在劳务合同法律关系，具有事实和法律依据。现B公司主张其与黄某、沙某某不存在隶属关系，黄某系私刻其印章与刘某某签订《土建清包劳务合同》，沙某某以个人名义与刘某某签订《补充劳务协议》，与其在原审中的主张自相矛盾，不能相洽，本院不予支持。

关于刘某某出具的200万元借条应否认定为已付工程劳务费的问题。借条是借款法律关系的证明，不是劳务合同法律关系的证明。B公司主张该200万元借条是双方对2015年4月至9月支付工程款的梳理和结算，但未能提交证据证明其主张，刘某某亦不认可其此项主张。故B公司主张以借款计入已付工程劳务费，缺乏事实和法律依据，原判决不予支持，并无不当。

关于B公司应否支付二期工程劳务费55411.69元的问题。二期工程劳务费属于马某某签证的部分，B公司在原审中明确表明经马某某认可的签证部分可以计入其应支付的费用中。同时，A公司系经B公司指示对二期相关工程提供劳务，相应劳务费用理应由指示人B公司承担。原审法院将二期工程劳务费用55411.69元计入B公司应付款，具有事实依据。

（二）原判决认定事实的主要证据是否经过质证

经审查，一审法院在确定委托鉴定机构后，将鉴定材料交予鉴定机构，由鉴定机构组织当事人审核确认图纸、提交证据。鉴定机构接受委托后即要求各方当事人提交资料并参与现场勘察工作，B公司未在鉴定过程中提交资料，也未积极配合鉴定机构对A公司提交的资料进行确认，消极对待自己的权利，应承担不利后果。鉴定意见作出后，一审法院组织各方当事人对鉴定意见进行了质证，并通知鉴定人员到庭接受质询。B公司参与了质证和对鉴定人员的质询，有充分的机会发表对鉴定材料的意见，该公司提交的异议书只对鉴定结论表达了异议，对鉴定材料未提出异议，现该公司以鉴定材料未经质证为由申请再审，本院不予支持。

关于鉴定机构的鉴定资质问题。B公司在原审中未对鉴定机构的资质提出异议，在A公司对鉴定结果提出异议、请求重新鉴定时，B公司认可鉴定机构对A公司异议的答复意见，并不同意重新鉴定。现该公司又以鉴定机构无鉴定资质为由申请再审，显悖诚信，本院不予支持。

（三）原判决是否遗漏诉讼请求

B公司上诉主张防水工程不属于A公司的施工范围，请求从工程总造价中扣除防水工程劳务费。A公司确认其未施工基础防水工程，建某公司确认该部分工程劳务费为79427.65元，二审判决已将该部分款项从总造价中扣除，未遗漏B公司此项上诉请求。

综上，B公司的再审申请不符合《中华人民共和国民事诉讼法》第二百条第二项、第四项、第十一项规定的情形。依照《中华人民共和国民事诉讼法》第二百零四条第一款、《最高人民法院关于适用〈中华人民共和国民事诉讼法〉的解释》第三百九十五条第二款规定，裁定如下：

驳回B公司的再审申请。

审判长　　欧海燕

审判员　　陈纪忠

审判员　　杨　卓

二〇一九年十月十日

法官助理　魏晓龙

书记员　　陈　璐

超出鉴定范围的司法鉴定意见，应否作为定案证据

一、阅读提示

在建设工程纠纷诉讼案中，一些司法鉴定机构并没有严格根据法院委托的鉴定范围作出鉴定意见，有的甚至超出鉴定范围鉴定。那么对于超出鉴定范围的这部分鉴定意见，法院依法应否作为定案证据？鉴定机构应如何弥补过错？当事人应如何应对？

二、案例简介

发包人A公司因与承包人B公司发生工程质量纠纷，遂将B公司起诉至辽宁省盘锦市中级人民法院（以下简称一审法院），要求其赔偿案涉不合格工程的修复费及违约金。

一审法院根据A公司的申请，委托司法鉴定机构对B公司"已完施工的地基基础、主体结构工程"的质量是否合格以及工程修复费鉴定。其后，鉴定机构作出鉴定意见，但该意见却超出了一审法院委托的鉴定范围，认定的2033167.4元工程修复费中包括了一审法院并未委托鉴定的部分装饰工程的修复费470608.22元。发现该问题后，鉴定机构作出补充鉴定意见，对此部分修复费加以区分，明确委托鉴定范围内不合格工程的修复费为1562559.18元。

本案一审法院和二审法院辽宁省高级人民法院经审理，均未采信鉴定机构超出委托鉴定范围的部分装饰工程的修复费470608.22元。A公司对此不服，遂向最高人民法院申请再审。

最高人民法院经审理，认为原审法院的裁判理由合法，遂于2018年3月22日作出（2018）最高法民申563号《民事裁定书》，驳回A公司的再审申请。

三、案例解析

从上述案情中笔者总结出的法律问题是：**本案司法鉴定机构超出法院委托的鉴定**

范围作出的相应鉴定意见——装饰工程修复费470608.22元，应否被法院采信作为定案证据？

笔者认为：不应采信。主要分析如下：

依据《最高人民法院关于民事诉讼证据的若干规定》的相关规定，法院在确定司法鉴定机构后应当出具委托书，委托书中应当载明鉴定事项、鉴定范围、鉴定目的和鉴定期限。换言之，司法鉴定机构必须根据法院出具的委托书里载明的"鉴定范围"进行鉴定。这个"鉴定范围"就像一个实心球，鉴定机构既不能突破球体的界限多鉴定，也不能缺斤少两少鉴定，而且必须做实做足这个实心球。否则，其作出的鉴定意见就会出现鉴定事项不完整，法院依法有权不采信不合乎"鉴定范围"的那部分鉴定意见。本案中，司法鉴定机构正因为超出了原审法院委托"鉴定范围"的界限，因此其超范围作出的那部分鉴定意见——装饰工程修复费470608.22元，才不会被原审法院采信作为定案证据。

正是基于上述事实及法律依据，最高人民法院在再审审查本案时才会认可原审法院的上述裁判观点（详见本讲"裁判理由"）。

四、裁判理由

以下为最高人民法院作出的（2018）最高法民申563号《民事裁定书》对本讲总结的上述法律问题的裁判理由：

本院经审查认为，根据案情及法律规定，A公司的申请再审事由不能成立，理由如下：

第一，原审判决对部分装饰工程修复费用未予支持并无不当。本案中，A公司主张B公司所施工工程存在质量问题，申请对已完施工的地基基础、主体结构工程修复费用进行鉴定，并未对装饰工程部分修复费用申请鉴定，一审法院依法委托山东某某司法鉴定中心对B公司"已完施工的地基基础、主体结构工程"是否合格进行鉴定；若不合格，对不合格工程的修复费用进行鉴定。但鉴定意见认定的2033167.4元的修复费用中包含部分装饰工程的修复费用，超过了委托范围。后鉴定机构作出补充鉴定意见，对此部分修复费用加以区分，明确委托范围内不合格工程的修复费用为1562559.18元。原审判决对该修复费用予以支持并无不当。A公司可就装饰工程部分修复费用另行主张。

五、案例来源

（一）二审：辽宁省高级人民法院（2015）辽民一终字第00568号《民事判决书》

（二）再审审查：最高人民法院（2018）最高法民申563号《民事裁定书》（见本讲附件：案例）

六、裁判要旨

建设工程司法鉴定机构超出法院委托的鉴定范围所作出的相应鉴定意见，依法不应被法院采信作为定案证据。鉴定机构在事后可以采取补充鉴定、补充说明等补正方式，将超出鉴定范围的相应鉴定意见单独区分和剥离，以便提供法院裁判认定。

七、相关法条、文件

（一）《最高人民法院关于民事诉讼证据的若干规定》（法释〔2019〕19号）

第三十二条　人民法院准许鉴定申请的，应当组织双方当事人协商确定具备相应资格的鉴定人。当事人协商不成的，由人民法院指定。

人民法院依职权委托鉴定的，可以在询问当事人的意见后，指定具备相应资格的鉴定人。

人民法院在确定鉴定人后应当出具委托书，委托书中应当载明鉴定事项、鉴定范围、鉴定目的和鉴定期限。

（二）《最高人民法院关于人民法院民事诉讼中委托鉴定审查工作若干问题的规定》（法〔2020〕202号）

14.鉴定机构、鉴定人超范围鉴定、虚假鉴定、无正当理由拖延鉴定、拒不出庭作证、违规收费以及有其他违法违规情形的，人民法院可以根据情节轻重，对鉴定机构、鉴定人予以暂停委托、责令退还鉴定费用、从人民法院委托鉴定专业机构、专业人员备选名单中除名等惩戒，并向行政主管部门或者行业协会发出司法建议。鉴定机构、鉴定人存在违法犯罪情形的，人民法院应当将有关线索材料移送公安、检察机关处理。

人民法院建立鉴定人黑名单制度。鉴定机构、鉴定人有前款情形的，可列入鉴定人黑名单。鉴定机构、鉴定人被列入黑名单期间，不得进入人民法院委托鉴定专业机构、专业人员备选名单和相关信息平台。

八、实务交流

（一）司法鉴定机构在接受法院的委托时务必严格根据法院委托的"鉴定范围"进行鉴定。不要自作主张，超范围或偷工减料做鉴定，否则不合法的鉴定意见依法不会被法院采信。如果事后发现自己的确超范围鉴定了，可以向法院主动明示该部分鉴定意见不作为法院的审查范围，或者采取补充鉴定、补充说明等方式将该部分鉴定意见单独区分或剥离。

（二）建设工程纠纷的当事人在处理涉及"鉴定范围"的事项时应把握好以下两

项工作。其一，当事人向法院申请司法鉴定时，务必要根据自己的诉讼请求确定完整的"鉴定范围"。因为法院一般根据当事人申请的"鉴定范围"确定司法鉴定委托书的"鉴定范围"。如果当事人自己申请的"鉴定范围"不能完整地反映全部的诉讼请求，其后可能会导致法院是否会准许补充鉴定、逾期举证等不利后果。其二，当事人在拿到鉴定意见时，其中一项首要工作就是要审查鉴定机构是否严格按照法院委托的"鉴定范围"鉴定。如果没有，应该在质证过程中及时向法院提出异议，建议法院通知鉴定机构补正。

（三）除了本案之外，笔者检索到最高人民法院近年来审理的部分类案（详见本讲"参考类案"），这些类案的裁判观点与本案的基本一致，即法院仅依法采信司法鉴定机构在法院委托"鉴定范围"内的鉴定意见，凡是超范围的鉴定意见，均不应采信。

九、参考类案

为使广大读者有更多的权威类案参考，笔者专门检索、提供近年来由最高人民法院作出的部分类案的生效裁判文书的裁判理由（与本案上述裁判观点基本一致），供大家辩证参考、指导实践。

（一）最高人民法院（2020）最高法民申1639号《民事裁定书》（再审审查）

A主张其自认的未完成工程数额与鉴定意见的未完成数额不一致。依照《最高人民法院关于适用〈中华人民共和国民事诉讼法〉的解释》第九十二条第三款规定，"自认的事实与查明的事实不符的，人民法院不予确认"，因此，原判决采信A自认的未完成工程数额错误。事实上，鉴定意见和当事人自认都属于证据，法院可以结合已查明事实决定采纳哪一种证据。更何况，根据鉴定事项的内容，未完工部分不属于鉴定范围，该鉴定意见本身已超出了已完成工程造价的范围。故原判决只采纳鉴定意见中关于已完成工程的鉴定数额，而未采纳关于未完成工程的鉴定数额并无不当。

（二）最高人民法院（2019）最高法民申5334号《民事裁定书》（再审审查）

最后，再审申请人主张《司法鉴定意见书》超出委托鉴定范围的理由不能成立。本院认为，一审法院委托司法鉴定的范围为"案涉修文某某五星级大酒店综合体建设项目的工程量及工程价款"，虽然鉴定结论中包含了机械停滞费126710.85元和现场管理人员工资583500元。但是A公司第三项诉讼请求系停工损失，诉讼中A公司也举示了《情况说明》和管理人员工资发放表证明停工事实，前述证据经过了庭审质证，一审法院将前述证据作为鉴定依据转交鉴定人，鉴定人依据前述鉴定资料结合约定的计价方式确定机械停滞费和现场管理人员工资并无不当。

附件：案例

中华人民共和国最高人民法院
民 事 裁 定 书

（2018）最高法民申563号

再审申请人（一审原告、二审上诉人）：A公司。住所地：辽宁省盘锦市辽滨经济区二十五号路。

法定代表人：李某某，A公司董事长。

委托诉讼代理人：董某，辽宁某某律师事务所律师。

委托诉讼代理人：孙某某，辽宁某某律师事务所律师。

被申请人（一审被告、二审上诉人）：B公司。住所地：辽宁省营口市西市区扬名里54号。

法定代表人：汪某某，B公司经理。

再审申请人A公司因与被申请人B公司建设工程施工合同纠纷一案，不服辽宁省高级人民法院（2015）辽民一终字第00568号民事判决，向本院申请再审，本院依法组成合议庭进行了审查，现已审查终结。

A公司申请再审称，原审判决认定事实错误。（一）B公司应当支付470608.22元装饰工程修复费用。根据案涉《司法鉴定意见书》，不合格工程的修复费用为2033167.4元，但原审判决以"主厂房外墙抹灰""主厂房一层垫层增厚"属于建筑装饰工程，超出了鉴定委托范围为由，扣除修复费用470608.22元。该部分装饰工程包括在合同项目内，B公司索要工程款亦包括该部分工程，所以B公司应当向A公司支付此部分工程的修复费用，原审判决对此部分予以扣除明显不当。（二）B公司存在严重违约，应当支付相应的违约金。原审判决不支持A公司关于违约金的请求是错误的。首先，A公司已按约定拨付工程款。双方合同专用条款第26条明确约定："各单项工程每月25日提交按当月已完成的、并经发包方确认的工程量的预算后，以80%的比例，在第6天付讫（含代缴代扣款项）。"合同履行过程中，从2009年9月到2009年12月底（合同到期），案涉工程量为11383508元，拨款额为9427408.4元（未含材料款），达82.8%；至2010年4月份，B公司上报工程进度为14710164.87元，已拨10807408.4元，另拨两笔材料折款133.8万元，再拨垫付B公司施工中造成事故款60万元，计拨12739708.4元，达86%；至2010年10月10日撤场，B公司一直未上报工程形象进度申请书，A公司无法审核拨款。另外，原审法院认定总工程价款为23903161.25元，尚欠工程款9495617.78元，拨款不足80%也是错误的。23903161.25元工程款中，应扣除应由B公司交纳、实际由A公司代扣的6.83%的税款1632585.91元、政策取费50万元、事故处理款60万元和质量不合格的修复费2033167.4元，还应扣除材料款

66.78万元，因此A公司欠付的工程款不足20%。其次，原审判决认定合同对违约金约定基数不明于法无据。按照惯例，违约金的基数通常是指合同的总价款。如果法院认为双方约定基数不明确，完全可以依法进行调整，但不能不予支持。就本案而言，按A公司已付款的金额为基数计算违约金是相对公平的。再者，案涉工程工期延误天数确定。案涉《司法鉴定意见书》确定的拖延工期的天数为132天（到2010年7月6日，林涛出具保证书之日），而B公司实际撤场时间为2010年10月10日，所以B公司拖延工期的天数可以确定为222天。根据《中华人民共和国民事诉讼法》第二百条第（二）项之规定申请再审，请求撤销原审判决，改判B公司增加给付不合格工程修复费用470608.22元，给付违约金15974074.82元，并承担本案全部诉讼费用。

本院经审查认为，根据案情及法律规定，A公司的申请再审事由不能成立，理由如下：

第一，原审判决对部分装饰工程修复费用未予支持并无不当。本案中，A公司主张B公司所施工工程存在质量问题，申请对已完施工的地基基础、主体结构工程修复费用进行鉴定，并未对装饰工程部分修复费用申请鉴定，一审法院依法委托山东永某司法鉴定中心对B公司"已完施工的地基基础、主体结构工程"是否合格进行鉴定；若不合格，对不合格工程的修复费用进行鉴定。但鉴定意见认定的2033167.4元的修复费用中包含部分装饰工程的修复费用，超过了委托范围。后鉴定机构作出补充鉴定意见，对此部分修复费用加以区分，明确委托范围内不合格工程的修复费用为1562559.18元。原审判决对该修复费用予以支持并无不当。A公司可就装饰工程部分修复费用另行主张。

第二，原审判决对A公司主张的违约金不予支持具有事实根据。首先，关于违约责任的承担问题。《中华人民共和国合同法》第一百二十条规定，当事人双方都违反合同的，应当各自承担相应的责任。本案中，B公司虽未按约定期限完工，但根据辽宁省高级人民法院另案生效判决认定的事实，A公司已付工程款数额不足合同约定的80%亦存在违约，故工程逾期不能认定系B公司单方违约导致。A公司关于其已按合同约定拨付工程款，案涉工程逾期是B公司无施工能力导致的主张均无证据支持，不能成立。其次，关于违约金的计算问题。一方面，案涉《建设工程施工合同》约定，每延期一天完成进度或交工，支付给发包方0.5%违约金，但未约定计算违约金的基数，A公司主张以合同总价款或以已付工程款为基数计算违约金均没有依据；另一方面，双方对案涉工程装饰工程部分的工期并无约定，工期具体迟延天数无法确定。根据上述分析，A公司主张违约金缺乏事实和合同依据，原审判决对该诉讼请求不予支持符合本案事实。

综上，A公司的再审申请不符合《中华人民共和国民事诉讼法》第二百条规定的再审事由，依照《中华人民共和国民事诉讼法》第二百零四条第一款，《最高人民法院关于适用〈中华人民共和国民事诉讼法〉的解释》第三百九十五条第二款规定，裁定如下：

驳回A公司的再审申请。

审判长　　张代恩

审判员　　王连祥

审判员　　潘　杰

二〇一八年三月二十二日

法官助理　孙　磊

书记员　　刘美月

第44讲

刑事案件的鉴定意见可否作为民事案件的定案证据

一、阅读提示

在司法实践中，一些复杂的施工合同纠纷有时会同时引发民事和刑事案件，成为刑民交叉的复杂案件。这类纠纷引发的刑事案件中，有的侦查机关会根据侦查需要依法委托工程造价鉴定机构作出鉴定意见。那么该鉴定意见可否被审理相关民事案件的法院直接作为定案证据？

二、案例简介

2015年4月，施工承包人A公司因施工合同纠纷将发包人B公司以及第三人C管理局起诉至湖南省高级人民法院（以下简称一审法院），索要相关工程款及赔偿损失。

在一审诉讼中，A公司申请对本案工程造价委托司法鉴定，一审法院遂委托工程造价司法鉴定机构建某公司鉴定。但B公司却向一审法院提交公安机关在相关刑事案件中委托的信某鉴定所作出的工程造价鉴定意见，请求法院作为定案证据。一审法院依法不予采信，最终采信建某公司作出的部分鉴定意见，并作出一审判决。

当事双方均不服一审判决，上诉至最高人民法院。其中，B公司上诉的主要理由之一是：一审法院应该采信信某鉴定所作出的鉴定意见确定本案工程造价。因为该鉴定中使用的鉴定资料系公安机关直接调取，其内容最为全面和真实，且A公司在本案造价鉴定中提交了大量伪造证据。

最高人民法院经审理，认为信某鉴定所作出的鉴定意见系公安机关出于刑事侦查目的而委托，鉴定依据的基础材料未经过双方质证，鉴定过程A公司未参与，不符合《中华人民共和国民事诉讼法》的规定，不能直接用于本案证据。因此B公司的上述上诉理由不成立。因一审判决存在其他错误，最高人民法院遂于2020年2月17日作出（2019）最高法民终1401号《民事判决书》，对一审判决改判。

三、案例解析

从上述案情中笔者总结出的法律问题是：**本案两审法院不采信相关刑事案件中侦查机关委托信某鉴定所作出的鉴定意见是否合法？刑事案件的鉴定意见可否作为民事案件的定案证据？**

笔者认为：本案两审法院不采信该鉴定意见的裁判理由合法，刑事案件的鉴定意见依法不应作为民事案件的定案证据，两者不能混同使用、相互代替。主要分析如下：

（一）刑事案件和民事案件的司法鉴定意见各自适用的法律体系不同

刑事案件的司法鉴定意见产生的过程依法应适用《中华人民共和国刑事诉讼法》的相关规定，而民事案件的司法鉴定意见产生的过程依法应适用《中华人民共和国民事诉讼法》的相关规定，两者适用的法律体系明显不同，因此不能相互代替。

本案属于民事诉讼案，信某鉴定所作出的鉴定意见是在刑事案件中产生的，其适用的是《中华人民共和国刑事诉讼法》而非《中华人民共和国民事诉讼法》的相关规定，因此依法不能直接作为本案的定案证据。

（二）刑事案件和民事案件的司法鉴定意见存在诸多法律区别

依据相关法律规定可知（详见本讲"相关法条"），刑事案件和民事案件中产生的司法鉴定意见存在以下主要法律区别：

1.委托主体不同。民事诉讼案委托司法鉴定的主体是法院。刑事诉讼案委托司法鉴定的主体是侦查机关，即公安机关或检察院。

2.启动主体不同。民事诉讼案的司法鉴定主要依据负有举证义务的当事人向法院申请而启动，法院依职权启动的法定情形很少。刑事诉讼案的司法鉴定依法由侦查机关根据办案需要依职权启动，并非依据当事人申请而启动。

3.鉴定所需的鉴定材料（检材）的确认主体不同。民事诉讼案司法鉴定需要的鉴定材料（检材）依法必须经当事人质证、确认。而刑事诉讼案司法鉴定需要的鉴定材料（检材）依法必须由侦查机关按照法定程序审查确认，不必须经当事人质证、确认。侦查机关依法必须确保检材的来源、取得、保管、送检符合法律、有关规定，与相关提取笔录、扣押物品清单等记载的内容相符，检材充足、可靠。

从上述法律区别可知，刑事案件和民事案件中产生的鉴定意见依法不可相互代替使用。因此信某鉴定所作出的鉴定意见不能作为本案的定案证据，二审法院最高人民法院才会认可一审法院的该裁判观点（详见本讲"裁判理由"）。

四、裁判理由

以下是最高人民法院作出的（2019）最高法民终1401号《民事判决书》对本讲总

结的上述法律问题的裁判理由：

1.是否应采信信某鉴定所的鉴定意见的问题。信某鉴定所鉴定意见系公安机关出于刑事侦查目的而委托，鉴定依据的基础材料未经过双方质证，鉴定过程A公司未参与，不符合《中华人民共和国民事诉讼法》的规定，不能直接用于本案中。原审法院未采用信某鉴定所的鉴定意见，并无不当，本院予以维持。B公司的该项主张与法律规定不符，本院不予支持。

五、案例来源

（一）一审：湖南省高级人民法院（2015）湘高法民一初字第7号《民事判决书》

（二）二审：最高人民法院（2019）最高法民终1401号《民事判决书》（因其篇幅过长，故不纳入本讲附件）

六、裁判要旨

在建设工程施工合同纠纷民事诉讼案中，一方当事人将相关刑事诉讼案中公安机关出于侦查目的委托鉴定机构作出的鉴定意见申请法院作为定案证据，因该鉴定意见依据的鉴定材料未经过当事人质证，且当事人也没有参与鉴定过程，因此不符合《中华人民共和国民事诉讼法》的相关规定，不能直接作为民事诉讼案的定案证据。

七、相关法条

（一）《中华人民共和国民事诉讼法》（根据2023年9月1日第十四届全国人民代表大会常务委员会第五次会议《关于修改〈中华人民共和国民事诉讼法〉的决定》第五次修正）

第七十九条　当事人可以就查明事实的专门性问题向人民法院申请鉴定。当事人申请鉴定的，由双方当事人协商确定具备资格的鉴定人；协商不成的，由人民法院指定。

当事人未申请鉴定，人民法院对专门性问题认为需要鉴定的，应当委托具备资格的鉴定人进行鉴定。

（二）《最高人民法院关于民事诉讼证据的若干规定》（法释〔2019〕19号）

第三十四条　人民法院应当组织当事人对鉴定材料进行质证。未经质证的材料，不得作为鉴定的根据。

经人民法院准许，鉴定人可以调取证据、勘验物证和现场、询问当事人或者证人。

（三）《中华人民共和国刑事诉讼法》（根据2018年10月26日第十三届全国人民代表大会常务委员会第六次会议《关于修改〈中华人民共和国刑事诉讼法〉的决定》第三次修正）

第一百四十六条　为了查明案情，需要解决案件中某些专门性问题的时候，应当指派、聘请有专门知识的人进行鉴定。

第一百四十八条　侦查机关应当将用作证据的鉴定意见告知犯罪嫌疑人、被害人。如果犯罪嫌疑人、被害人提出申请，可以补充鉴定或者重新鉴定。

（四）《最高人民法院关于适用〈中华人民共和国刑事诉讼法〉的解释》（法释〔2021〕1号）

第九十七条　对鉴定意见应当着重审查以下内容：

（一）鉴定机构和鉴定人是否具有法定资质；

（二）鉴定人是否存在应当回避的情形；

（三）检材的来源、取得、保管、送检是否符合法律、有关规定，与相关提取笔录、扣押清单等记载的内容是否相符，检材是否可靠；

（四）鉴定意见的形式要件是否完备，是否注明提起鉴定的事由、鉴定委托人、鉴定机构、鉴定要求、鉴定过程、鉴定方法、鉴定日期等相关内容，是否由鉴定机构盖章并由鉴定人签名；

（五）鉴定程序是否符合法律、有关规定；

（六）鉴定的过程和方法是否符合相关专业的规范要求；

（七）鉴定意见是否明确；

（八）鉴定意见与案件事实有无关联；

（九）鉴定意见与勘验、检查笔录及相关照片等其他证据是否矛盾；存在矛盾的，能否得到合理解释；

（十）鉴定意见是否依法及时告知相关人员，当事人对鉴定意见有无异议。

第九十八条　鉴定意见具有下列情形之一的，不得作为定案的根据：

（一）鉴定机构不具备法定资质，或者鉴定事项超出该鉴定机构业务范围、技术条件的；

（二）鉴定人不具备法定资质，不具有相关专业技术或者职称，或者违反回避规定的；

（三）送检材料、样本来源不明，或者因污染不具备鉴定条件的；

（四）鉴定对象与送检材料、样本不一致的；

（五）鉴定程序违反规定的；

（六）鉴定过程和方法不符合相关专业的规范要求的；

（七）鉴定文书缺少签名、盖章的；

（八）鉴定意见与案件事实没有关联的；

（九）违反有关规定的其他情形。

（五）《公安机关办理刑事案件程序规定》（根据2020年7月20日公安部令第159号《公安部关于修改〈公安机关办理刑事案件程序规定〉的决定》修正）

第二百四十九条　公安机关应当为鉴定人进行鉴定提供必要的条件，及时向鉴定人送交有关检材和对比样本等原始材料，介绍与鉴定有关的情况，并且明确提出要求鉴定解决的问题。

禁止暗示或者强迫鉴定人作出某种鉴定意见。

第二百五十条　侦查人员应当做好检材的保管和送检工作，并注明检材送检环节的责任人，确保检材在流转环节中的同一性和不被污染。

八、实务交流

（一）施工合同当事人在民事案件中应如何使用刑事案件中的鉴定意见？通常情况下，法院依法不应将相关刑事案件中的鉴定意见直接作为民事案件的定案证据。因此，在民事诉讼案中负有举证义务的当事人首先依法应向法院申请相关司法鉴定，以鉴定机构依法作出的鉴定意见作为定案证据，而不应将相关刑事案件中产生的鉴定意见作为本方完成举证义务的证据提交法院，否则极可能错失申请司法鉴定的举证时机，导致不利后果。如果相关刑事案件的鉴定意见对民事案件有参考价值，当事人可以作为辅助证据提交法院参考。

（二）施工合同当事人在刑事案件中应如何使用民事案件中的鉴定意见？如果当事人因施工合同纠纷同时涉及民事、刑事案件，民事案件先于刑事案件产生了经法院采信作为定案证据的鉴定意见，笔者认为该鉴定意见可以用作刑事案件的参考证据。虽然该鉴定意见的产生不符合《中华人民共和国刑事诉讼法》的相关规定，但是其鉴定材料（检材）在民事诉讼程序中依法经过当事人质证，且该证据已被法院审查、采信，因此其证据效力实质上远远高于刑事案件产生的鉴定意见的证据效力。

（三）根据笔者的深入研究，本案的上述裁判观点应该属于主流司法观点。但笔者也检索到最高人民法院审理的罕见的相反案例（详见本讲"参考类案"），该案例的裁判观点是：如果施工合同当事人在民事诉讼案中一致同意将相关刑事案件产生的鉴定意见作为定案证据，那么法院从节约成本、尊重当事人意见角度出发，可以采信该鉴定意见。

九、参考类案

为使广大读者朋友有更多的权威类案参考，笔者专门检索、提供近年来由最高人民法院作出的部分类案的生效裁判文书的裁判理由（其中，与本案上述裁判观点基本一致的正例2例，与本案上述裁判观点相反的反例1例），供大家辩证参考、指导实践。

（一）正例：最高人民法院（2019）最高法民终687号《民事裁定书》（二审）

本院认为，一审法院认定案件事实的依据《南京某某司法鉴定中心司法鉴定意见书》及《贵阳市某某局刑事科学技术研究所文件检验鉴定书》系公安机关在刑事犯罪侦查中委托作出的阶段性鉴定意见，未经生效判决认定，鉴定检材、样材提取均无A的参与，且在A明确对鉴定意见提出异议的情况下鉴定人未出庭接受双方当事人的质询。《中华人民共和国民事诉讼法》第七十八条规定："当事人对鉴定意见有异议或者人民法院认为鉴定人有必要出庭的，鉴定人应当出庭作证。经人民法院通知，鉴定人拒不出庭作证的，鉴定意见不得作为认定事实的根据；支付鉴定费用的当事人可以要求返还鉴定费用。"一审判决直接以前述两份鉴定意见作为定案依据，剥夺了A的程序参与权。A关于一审程序违法的上诉主张，具有事实和法律依据，本院予以支持。本案中，当事人均提出了司法鉴定申请，人民法院应当根据民事诉讼法相关规定对案涉《承诺书》形成时间等问题进行鉴定，查清相关事实后，结合在案其他证据，依法处理。

（二）正例：最高人民法院（2016）最高法民申2651号《民事裁定书》（再审审查）

本案中，在原审期间，A公司与B公司均未申请鉴定。申请人在再审申请中提交的司法鉴定报告是在本案二审判决生效后，公安机关受理刑事案件后委托鉴定部门作出的鉴定，该鉴定所依据的证据材料未经当事人各方质证，鉴定程序存在瑕疵。鉴定日志并无监理人员签字盖章，证据的真实性存疑。上述证据不足以证明案涉《补充协议书》中约定的工程量不实际存在。原一、二审判决认定该部分增加工程量系由C等三人施工，协议约定工程款5562000元应当支付给C等三人，并无不当。

（三）反例：最高人民法院（2013）民一终字第68号《民事判决书》（二审）

（一）关于如何认定案涉工程款数额。本焦点问题涉及建某公司的鉴定意见能否采信、《补充协议》关于工程造价下浮10%如何理解、A公司关于违约金以及停工损失的请求应否支持等。

首先，关于鉴定问题。因新某某公司和本案部分利害关系人涉嫌刑事犯罪，公安机关根据侦查需要委托建某公司对案涉工程造价进行鉴定。该鉴定非依民事案件当事人申请或人民法院依职权启动，无法纳入民事诉讼程序保证当事人行使诉权；但在一审法院征询本案当事人意见时，双方一致认可以该鉴定结论作为定案依据，一审法院从节约成本、尊重当事人意见角度出发，同意采信建某公司的鉴定结论，并无不妥。后因案件需要，一审法院还根据当事人的申请，委托建某公司就案涉项目进行了补充鉴定。在整个鉴定过程中，一审法院对建某公司出具的鉴定报告，多次组织双方当事人质证并通知建某公司的相关鉴定人员出庭接受质询。建某公司具有从事本案工程造价鉴定的相应资质，其对双方当事人特别是A公司所提的各项异议，有的予以采纳并体现在其修改后出具的补充鉴定意见中，对未能采纳的部分，也分别进行了解释和答疑。综上，一审关于鉴定工作的启动及鉴定过程，并无不当之处。A公司上诉要求重新鉴定，缺乏事实和法律依据，本院不予支持。一审法院在建某公司鉴定结论基础上，对双方存在争议的款项经过认真审查后，调增了部分工程款，得出案涉工程土建部分工程款总计137051597.52元的结论，符合本案实际情况。

法院未依法通知鉴定人出庭作证，司法鉴定意见是否都不应被采信

一、阅读提示

依据《中华人民共和国民事诉讼法》的相关规定，当事人对司法鉴定意见有异议的，鉴定人应当出庭作证，否则其作出的鉴定意见不应被法院采信作为定案证据。但是在司法实践中，如果法院没有依法通知鉴定人出庭作证，那么司法鉴定意见真的不能作为定案证据吗？答案可能超出你的想象。

二、案例简介

2014年，实际施工人A公司因与发包人B公司发生施工合同纠纷，遂将B公司起诉至郑州市中级人民法院（以下简称一审法院），索要相关工程款及损失。

一审法院根据A公司的申请，委托工程造价司法鉴定机构对本案争议的10个工程项目鉴定。在鉴定过程中，B公司一直未向鉴定机构提供本案工程施工图纸，后由A公司提供，但未经B公司质证确认。鉴定机构结合该施工图纸、本案合同等证据，并与各方不断沟通与协调，最终作出了《工程造价司法鉴定报告》（以下简称《鉴定报告》）。

在质证《鉴定报告》时，B公司在一审中既未对施工图纸未经其质证提出异议，也没有提出具体涉及鉴定结论的专业性问题需要鉴定人出庭作证。其在二审中才提出上述异议，二审法院因此组织双方当事人对施工图纸进行了补充质证。但两审法院均未通知鉴定人出庭作证，并采信《鉴定报告》作为定案证据。

B公司对此不服，遂向最高人民法院申请再审。其申请再审的主要理由之一是：《鉴定报告》依据的施工图纸未经其质证，在其对《鉴定报告》有重大异议的情况下，原审法院均未要求鉴定人出庭作证而将其径行作为定案证据，不合法。

最高人民法院经审查，认为虽然鉴定人在原审中未出庭作证，但对B公司的诉讼权利和实体权利并未造成实质性影响，B公司的上述理由及其他再审理由均不成立。遂于2019年4月23日作出（2019）最高法民申1848号《民事裁定书》，驳回其再审

申请。

三、案例解析

从上述案情中笔者总结出的法律问题是：**本案两审法院在B公司对《鉴定报告》存在异议的情况下，没有通知鉴定人出庭作证，可否直接采信《鉴定报告》作为定案证据？**

笔者认为：如果结合本案的特殊情形分析，两审法院可以这样操作，但应谨慎司法为宜。主要分析如下：

（一）从B公司对《鉴定报告》提出异议的内容分析

B公司提出《鉴定报告》依据的施工图纸在一审中未经其质证确认，的确属于司法鉴定的法律"硬伤"。但是该问题其后被二审法院采取补充质证的方式化解，因此并不能因此认定《鉴定报告》不合法。此外，该公司提出的其他异议内容在原审法院和再审法院看来，均不属于具体涉及鉴定结论的专业性问题，因此法院认为没有必要通知鉴定人出庭作证。

（二）从鉴定人强制出庭义务的立法目的分析

《中华人民共和国民事诉讼法》设置了鉴定人强制出庭义务的法律规定（详见本讲"相关法条"），其立法目的主要是保障当事人对司法鉴定意见的质证权、辩论权等诉讼权利，确保司法鉴定意见最终能够作为定案证据使用。反观本案，再审法院认为原审法院虽然没有通知鉴定人出庭作证，但基本保障了B公司对《鉴定报告》依法享有的诉讼权利，并未对该公司的诉讼权利和实体权利造成实质性影响。其言外之意即认为原审法院的上述行为没有违反法律的立法目的，因此不予支持B公司的再审申请（详见本讲"裁判理由"）。

四、裁判理由

以下为最高人民法院作出的（2019）最高法民申1848号《民事裁定书》对本讲总结的上述法律问题的裁判理由：

本院经审查认为，B公司的再审申请理由不成立，理由如下：

一、关于二审判决以案涉鉴定意见作为认定工程价款的依据是否存在主要证据未经质证的情形

从一审中委托鉴定的过程看，B公司一直未提供相关施工图纸，后A公司向鉴定机构提供了相关施工图纸，鉴定机构结合施工图纸、《钢结构工程施工合同》，通过实地勘验现场，与各方不断沟通与协调，得出了案涉鉴定结果。在一审中，双方在质证环节及庭审中对于《钢结构工程施工合同》及鉴定意见本身均进行了质证。B公司并

未对相关施工图纸提出异议，而是提出了鉴定意见依据的《钢结构工程施工合同》未实际履行，以及鉴定价格高于A公司承揽工程时提交的预算金额等意见。并没有具体提出涉及鉴定结论的专业性问题需要鉴定人出庭予以说明，因此虽然鉴定人未出庭作证，但对B公司的诉讼权利和实体权利并未造成实质性影响。二审中B公司就该图纸未经质证提出异议，二审法院也组织双方当事人对该证据进行了质证，亦对B公司的诉讼权利予以了保障。因此，B公司主张二审判决认定事实的主要证据未经质证的再审理由不能成立。

五、案例来源

（一）一审：河南省郑州市中级人民法院（2014）郑民三初字第247号《民事判决书》

（二）二审：河南省高级人民法院（2017）豫民终57号《民事判决书》

（三）再审审查：最高人民法院（2019）最高法民申1848号《民事裁定书》[见本讲附件：案例（节选）]

六、裁判要旨

当事人虽然对工程造价司法鉴定意见提出了异议，但并没有具体提出涉及鉴定结论的专业性问题需要鉴定人出庭予以说明，即使法院没有依法通知鉴定人出庭作证，只要未对当事人的诉讼权利和实体权利造成实质性影响，案涉鉴定意见依然可以被法院采信作为定案证据。

七、相关法条

（一）《全国人民代表大会常务委员会关于司法鉴定管理问题的决定》（根据2015年4月24日第十二届全国人民代表大会常务委员会第十四次会议《关于修改〈中华人民共和国义务教育法〉等五部法律的决定》修正）

十一、在诉讼中，当事人对鉴定意见有异议的，经人民法院依法通知，鉴定人应当出庭作证。

（二）《中华人民共和国民事诉讼法》（根据2023年9月1日第十四届全国人民代表大会常务委员会第五次会议《关于修改〈中华人民共和国民事诉讼法〉的决定》第五次修正）

第八十一条　当事人对鉴定意见有异议或者人民法院认为鉴定人有必要出庭的，鉴定人应当出庭作证。经人民法院通知，鉴定人拒不出庭作证的，鉴定意见不得作为认定事实的根据；支付鉴定费用的当事人可以要求返还鉴定费用。

（三）《最高人民法院关于民事诉讼证据的若干规定》（法释〔2019〕19号）

第八十一条　鉴定人拒不出庭作证的，鉴定意见不得作为认定案件事实的根据。人民法院应当建议有关主管部门或者组织对拒不出庭作证的鉴定人予以处罚。

当事人要求退还鉴定费用的，人民法院应当在三日内作出裁定，责令鉴定人退还；拒不退还的，由人民法院依法执行。

当事人因鉴定人拒不出庭作证申请重新鉴定的，人民法院应当准许。

八、实务交流

（一）对于当事人而言，如果当事人对案涉司法鉴定意见的内容有异议，最好侧重从鉴定程序是否违反法律的强制性规定、主要鉴定材料是否真实、鉴定范围是否有漏项等方面提出异议，并坚决申请法院依法通知鉴定人出庭作证。这样才能保障自己在鉴定过程中应有的质证权、辩论权等诉讼权利。

（二）对于法院而言，建议谨慎借鉴本案的裁判观点。因为现行法律并没有对法院在哪些情形下可以不要求鉴定人出庭作证作出明确规定，也没有对当事人对司法鉴定意见提出的哪些异议可以不要求鉴定人出庭作证作出明确规定。因此，法院不宜对现行法律的明确规定"打折"处理。否则，极易导致当事人及其代理律师无所适从。退一步而言，即使当事人对司法鉴定意见提出的异议可能并不重要甚至是吹毛求疵，只要其有理有据，法院通知鉴定人出庭作证，又有何妨？

（三）本案因为涉及特殊的案情，因此其裁判观点在司法实践中并不常见，不属于主流司法观点，因此建议当事人和法院不要盲从和效仿。笔者检索发现最高人民法院近年来审理的少数类案的裁判观点基本与本案的一致，更多类案的裁判观点则与本案的相反，属于主流司法观点（详见本讲"参考类案"）。

九、参考类案

为使广大读者有更多的权威类案参考，笔者专门检索、提供近年来由最高人民法院作出的部分类案的生效裁判文书的裁判理由（其中，与本案上述裁判观点基本一致的正例4例，与本案上述裁判观点相反的反例5例），供大家辩证参考、指导实践。

（一）正例：最高人民法院（2017）最高法民申1954号《民事裁定书》（再审审查）

关于原审判决程序是否违法问题。对双方争议的工程造价，一审法院委托武汉某某工程造价咨询有限责任公司进行司法鉴定，鉴定人员符合法定资质，该公司作出鉴定结论后经过双方当事人质证。A公司认为一审法院未依据法律规定通知鉴定人出庭接受质询，程序违法。本院认为，鉴定结论经过双方当事人质证，如果当事人对鉴定结论有异议，人民法院依据法律规定通知鉴定人员到庭接受质询是符合法律规定的更规范的做法。本案一审中，A公司对鉴定结论进行了质证，并对鉴定结论发表了意见，但其未向法院提交要求鉴定人出庭接受质询的申请，虽一审法院未通知鉴定人员出庭接受质询程序有不当之处，但A公司无充足证据推翻鉴定结论，不能证明一审法院的该程序瑕疵导致了实体结果错误。因此，A公司的该项理由不符合《中华人民共和国民事诉讼法》第二百条规定的原审法院违反法定程序应当再审的情形。

（二）正例：最高人民法院（2017）最高法民申4319号《民事裁定书》（再审审查）

三、关于原审中是否存在鉴定程序违法的问题。1.关于A公司称B公司超出法院举证期限申请鉴定的理由。经查，《最高人民法院关于适用〈中华人民共和国民事诉讼法〉的解释》第一百二十一条规定"当事人可以在举证期限届满前提出鉴定申请"，但并未禁止举证期限届满后提出鉴定申请，且鉴定申请已经人民法院准许，不能因此称鉴定程序违法。2.关于A公司所称鉴定范围错误的理由。经查，《资产评估报告书》对生产设备、物资、材料采用重置成本法评估，采用成新率的方式进行折算，已考虑到之前的采矿折旧和摊销。3.关于A公司所称原审鉴定人未依法出庭接受质询的理由。经查，A公司一审对《资产评估报告》不予认可，二审中鉴定人已就A公司质疑部分作出书面答复，且并无充分证据证明鉴定人未出庭接受质询影响了判决的实体结果，据此申请再审本院不予支持。

（三）正例：最高人民法院（2017）最高法民申979号《民事裁定书》（再审审查）

三、A公司称一、二审法院对《鉴定意见书》及《鉴定意见书（补充说明）》未组织庭审质证，采信该鉴定结论程序违法。但双方当事人针对《鉴定意见书》及《鉴定意见书（补充说明）》提交了详细的书面意见，证明上述鉴定意见征询了双方当事人的意见，而且鉴定机构针对双方的异议进行了书面答复。即使鉴定人员未出庭接受质询程序存在一定瑕疵，但鉴定结论征询了双方当事人的意见，经过了当事人质证，A公司的证据不足以推翻鉴定结论，二审法院采信鉴定意见书中的结论认定工程造价33111452.59元并非缺乏证据证明。

（四）正例：最高人民法院（2015）民一终字第72号《民事判决书》（二审）

关于鉴定人未出庭作证的问题。《中华人民共和国民事诉讼法》第七十八条规定，当事人对鉴定意见有异议或者人民法院认为鉴定人有必要出庭的，鉴定人应当出庭作证。本案中，根据原审查明的事实，鉴定机构认为A公司所提异议与委托鉴定的事项无关，B公司在本院二审庭审中也明确陈述，其对鉴定意见未提出书面异议。因此，鉴定人未出庭作证不违反法律规定。综上，原判决不存在严重违反法定程序的情形，

B公司和A公司该项上诉请求无法律依据，本院不予支持。

（五）反例：最高人民法院（2019）最高法民申1225号《民事裁定书》（再审审查）

本院经审查认为，根据《中华人民共和国民事诉讼法》第七十八条的规定，当事人对鉴定意见有异议或者人民法院认定鉴定人有必要出庭的，鉴定人应当出庭作证。本案中，双方当事人在原审期间对于鉴定意见均提出异议，但原审法院未通知鉴定人出庭作证，违反法定程序，未充分保障当事人质证及辩论的权利。A医院的再审申请符合《中华人民共和国民事诉讼法》第二百条第九项规定的情形。

（六）反例：最高人民法院（2019）最高法民申968号《民事裁定书》（再审审查）

根据《中华人民共和国民事诉讼法》第七十八条规定，"当事人对鉴定意见有异议或者人民法院认为鉴定人有必要出庭的，鉴定人应当出庭作证"。一审法院在A和B村委会均对鉴定报告提出异议的情况下，没有通知鉴定人员出庭作证就予以采信，违反民事诉讼法上述规定。二审法院认为案涉鉴定报告不能证明A主张的损失，故没有予以采信。因此，虽然一审法院没有通知鉴定人员出庭作证存在错误，但是鉴于二审法院没有将该鉴定报告作为本案定案依据，A据此主张二审程序违法，理由不能成立，其此项再审申请事由不能成立。

（七）反例：最高人民法院（2018）最高法民终43号《民事裁定书》（二审）

其次，原审违反法定程序。《中华人民共和国民事诉讼法》第七十八条规定："当事人对鉴定意见有异议或者人民法院认为鉴定人有必要出庭的，鉴定人应当出庭作证。经人民法院通知，鉴定人拒不出庭作证的，鉴定意见不得作为认定事实的根据；支付鉴定费用的当事人可以要求返还鉴定费用。"《最高人民法院关于民事诉讼证据的若干规定》第五十九条规定："鉴定人应当出庭接受当事人质询。鉴定人确因特殊原因无法出庭的，经人民法院准许，可以书面答复当事人的质询。"《全国人民代表大会常务委员会关于司法鉴定管理问题的决定》第十一条规定："在诉讼中，当事人对鉴定意见有异议的，经人民法院依法通知，鉴定人应当出庭作证。"本案一审中双方对《司法鉴定意见书》产生严重分歧和争议，鉴定人员应当出庭接受当事人的质询，而一审法院却并未通知特某某所的鉴定人员出庭作证，违反法定程序，导致本案基本事实未予查清。

（八）反例：最高人民法院（2018）最高法民申50号《民事裁定书》（再审审查）

本院经审查认为，根据一审庭审笔录记载的内容，可以认定，鉴定人只是在庭前的证据交换中回答了当事人提出的问题，但是未出庭作证。《中华人民共和国民事诉讼法》第七十八条规定，当事人对鉴定意见有异议或者人民法院认为鉴定人有必要出庭的，鉴定人应当出庭作证。经人民法院通知，鉴定人拒不出庭作证的，鉴定意见不得作为认定事实的根据；支付鉴定费用的当事人可以要求返还鉴定费用。本案《鉴定意见书》已经庭前质证，在庭前质证中，鉴定人回答了当事人提出的异议。本案当事人对鉴定意见有异议，人民法院应当通知鉴定人出庭作证。但法院并未通知，鉴定人并未出庭作证。一审判决依据仅经过庭前质证的《鉴定意见书》认定工程造价，程序上即有瑕疵。本案虽不符合重新鉴定的条件，但在当事人上诉已经对鉴定人未出庭作证提出异议，认为不能将鉴定意见作为定案依据的情况下，二审亦未能弥补该问题，而是直接依据在庭前质证后作出、作为鉴定意见组成部分的《补充说明》认定了本案的工程造价。原判决属于认定基本事实缺乏证据证明。

（九）反例：最高人民法院（2014）民提字第178号《民事判决书》（再审）

关于《鉴证报告》的采信及认定问题。根据再审期间本院查明的事实，原审法院采信呼和浩特市中级人民法院审理A诉B公司合作经营合同纠纷一案中委托兴某会计师事务所出具的《鉴证报告》作为认定A实际损失的证据，存在如下问题：第一，《鉴证报告》是A申请呼和浩特市中级人民法院委托兴某会计师事务所所作鉴证，因A申请撤诉，呼和浩特市中级人民法院已对该案作出撤诉处理。本案原审期间，A并未向原审人民法院提出有关损失鉴定申请，原审法院将A提供的该《鉴证报告》作为鉴定意见予以质证和认定，违反《中华人民共和国民事诉讼法》第七十六条第一款之规定，属适用法律错误。同时，依据《中华人民共和国民事诉讼法》第七十八条之规定，鉴定意见即使为原审法院依法委托，该鉴定意见在当事人提出异议的情况下，原审法院亦应通知鉴定人出庭作证，否则不能采信为认定案件事实的证据。

附件：案例（节选）

中华人民共和国最高人民法院
民 事 裁 定 书

（2019）最高法民申1848号

再审申请人（一审本诉被告、反诉原告、二审上诉人）：B公司，住所地：河南省新密市来集镇宋楼工业区。

法定代表人：慕某某，B公司执行董事。

委托诉讼代理人：白某某，北京某某律师事务所律师。

被申请人（一审本诉原告、反诉被告、二审被上诉人）：A公司，住所地：河南省新密市新华路慧沟村十三组。

法定代表人：黄某某，A公司总经理。

B公司因与被申请人A公司建设工程施工合同纠纷一案，不服河南省高级人民法院（2017）豫民终57号民事判决（以下简称二审判决），向本院申请再审。本院依法组成合议庭进行了审查，现已审查终结。

B公司申请再审称应当依照《中华人民共和国民事诉讼法》第二百条第二项、第四项、第六项、第九项、第十一项之规定再审本案。事实和理由：

（一）河南某某工程造价咨询有限公司豫兴造价（2015）鉴字第3号《工程造价司法鉴定报告》严重违反司法部的《建设工程司法鉴定程序规范》，鉴定方法违背鉴定委托书内容，鉴定意见的重要依据施工图纸未经举证质证，属于"原判决、裁定认定事实的主要证据未经质证的"情形，不能作为确定案涉工程造价的依据。在该公司对鉴定意见有重大异议的情况下，一审法院和二审法院均未要求鉴定人员出庭作证而径行作出鉴定结论和鉴定结果认定，既违反了《中华人民共和国民事诉讼法》第七十八条"当事人对鉴定意见有异议或者人民法院认为鉴定人有必要出庭的，鉴定人应当出庭作证"的规定，也属于主要证据未经质证的情形。

……

本院经审查认为，B公司的再审申请理由不成立，理由如下：

一、关于二审判决以案涉鉴定意见作为认定工程价款的依据是否存在主要证据未经质证的情形

从一审中委托鉴定的过程看，B公司一直未提供相关施工图纸，后A公司向鉴定机构提供了相关施工图纸，鉴定机构结合施工图纸、《钢结构工程施工合同》，通过实地勘验现场，与各方不断沟通与协调，得出了案涉鉴定结果。在一审中，双方在质证环节及庭审中对于《钢结构工程施工合同》及鉴定意见本身均进行了质证。B公司并未对相关施工图纸提出异议，而是提出了鉴定意见依据的《钢结构工程施工合同》未实际履行，以及鉴定价格高于A公司承揽工程时提交的预算金额等意见。并没有具体提出涉及鉴定结论的专业性问题需要鉴定人出庭予以说明，因此虽然鉴定人未出庭作证，但对B公司的诉讼权利和实体权利并未造成实质性影响。二审中B公司就该图纸未经质证提出异议，二审法院也组织双方当事人对该证据进行了质证，亦对B公司的诉讼权利予以了保障。因此，B公司主张二审判决认定事实的主要证据未经质证的再审理由不能成立。

二、关于二审判决采信鉴定意见中的计价方式是否妥当的问题

首先，B公司与A公司于2012年9月12日签订的《建筑钢结构工程施工协议书》中约定，现有钢结构主钢架指定工程（以甲乙双方最终确定的合同文本为准），委托A公司进行施工，材料由A公司制作完毕运至现场，经过磅确认后由B公司付款，并对材料价格进行了约定，以附表所确定的价格结算。钢结构加工费、安装费及其他工程内容以双方签订项目工程施工合同为准。即该工程造价的计算仍要以双方正式签订的施工合同为准，然而讼争双方于2013年8月11日签订的《钢结构工程施工合同》中，约定了每个工程的定额造价，虽然备注有以最终以B公司过磅单为准核算的内容，但该合同未约定每吨钢材价格，未约定钢结构加工费、安装费等费用，未明确

约定根据过磅单乘单价的计价方式。由于双方当事人之间签订的《建筑钢结构工程施工意向书》《建筑钢结构工程施工协议书》及最终的合同文本《钢结构工程施工合同》中对于价格的计算方法并不一致，B公司主张应当按照意向书和协议书的计价方式计算过程价款的依据不足。再者，由于案涉工程还有原料库一部分工程未施工完毕，在此情况下，A公司与B公司均表示不通过鉴定无法确定A公司的实际施工量，无法计算工程价款，双方均申请对A公司全部已经实际完成的工程量及造价进行鉴定，现B公司又主张仅应对未完工的原料库进行造价鉴定，与其当初申请鉴定的范围及意见均不相符，其再审理由不能成立。而且，案涉鉴定意见系结合相关鉴定材料，通过实地勘察，计算得出A公司的实际完成工程施工量，采取定额计价的方式计算出A公司实际完成的工程造价。与双方签订的《钢结构工程施工合同》中的工程总价相比，扣减掉B公司提供的610.111吨钢材款后，所差不大。此外，B公司主张《钢结构工程施工合同》的金额应为13699715.33元，减少部分应为让利，但相关合同条款中并无约定让利内容，其主张缺乏充分证据证明。综合本案相关事实来看，二审判决采信鉴定意见中的工程造价并无不妥，并不存在B公司所主张的二审判决采信鉴定意见采取定额计价的方式缺乏证据证明及适用法律错误的情形。

三、关于二审判决是否超出A公司诉讼请求的问题

A公司基于合同有效的认识，请求B公司支付违约金，二审判决在认定《钢结构工程施工合同》无效的情况下，没有支持A公司关于违约金的诉讼请求，而是判令B公司支付相应利息，符合法律规定。根据《最高人民法院关于审理建设工程施工合同纠纷案件适用法律问题的解释》第十七条的规定，当事人对欠付工程价款利息计付标准有约定的，按照约定处理；没有约定的，按照中国人民银行发布的同期同类贷款利率计息。据此，工程价款利息应为法定孳息性质，欠付工程价款的，应当支付工程价款利息。再者，从数额上看，A公司主张以同期贷款利率计算违约金至实际付清工程款之日，二审判决判令B公司支付欠付工程价款及利息，利息自2014年10月21日起计算至实际付清之日止，上述判项并未超出A公司所主张的数额，故B公司主张二审判决超出A公司诉讼请求的再审申请理由没有事实和法律依据，不能成立。

四、关于二审认定B公司未提交新证据是否属于适用法律错误、剥夺其辩论权的问题

是否将相关证据材料作为新证据提交法院是B公司的诉讼权利，但对于相关证据的认定则由人民法院作出判断。经查，二审审理期间，二审法院于2017年8月10日组织双方就B公司提交的十组证据进行了证据交换，又于2017年11月10日开庭审理本案，庭上采用法庭调查和法庭辩论同时进行，质辩合一的方式进行审理。A公司与B公司围绕双方提交的证据充分开展了质证和辩论，二审判决也是在此基础上作出相关证据认定。并不存在B公司主张的二审法院认定证据适用法律错误、剥夺其辩论权的情形，B公司相关申请理由不能成立。

五、关于二审判决是否遗漏应当参加诉讼当事人的问题

根据本案查明事实，A公司借用光某公司资质承揽案涉钢结构施工工程，属于借

用他人资质签订建设施工合同的情形，建设施工合同的当事人就是B公司和A公司。出借资质的光某公司不是案涉工程的当事人，其与B公司、A公司之间只形成出借建设施工资质的合同关系。本案诉讼标的是B公司和A公司之间的建设工程施工合同关系，B公司在一审中提出反诉时也仅向A公司主张工程质量造成的损失，双方均未申请追加光某公司为当事人，光某公司亦不属于必须参加诉讼的当事人，在双方就案涉工程施工合同均直接履行相关权利义务的情况下，光某公司不参加诉讼，并不影响本案事实的查明和审理。B公司现要求光某公司向其提供发票、设计图纸竣工资料及赔偿损失等，并不属于本案审查范围，因此B公司以此主张本案遗漏应当参加诉讼当事人的申请理由不能成立。

另外，诉讼费和鉴定费分担问题不属于再审审查范围，B公司就此提出的主张，本院不予审查。

综上，B公司的再审申请不符合《中华人民共和国民事诉讼法》第二百条第二项、第四项、第六项、第九项、第十一项规定的情形。本院依照《中华人民共和国民事诉讼法》第二百零四条第一款，《最高人民法院关于适用〈中华人民共和国民事诉讼法〉的解释》第三百九十五条第二款规定，裁定如下：

驳回B公司的再审申请。

审判长　　包剑平

审判员　　朱　燕

审判员　　谢　勇

二〇一九年四月二十三日

法官助理　陈其庆

书记员　　王　悦

法院首次委托的司法鉴定机构无能力鉴定，
应否另行委托鉴定

一、阅读提示

在建设工程诉讼案中，当事人有时会遇到法院首次委托的司法鉴定机构因为多种原因声称案件不具备鉴定的技术条件，因此终止委托。对此，有的法院会照单全收鉴定机构给出的这些理由，不再另行委托其他鉴定机构鉴定。法院这样做是否合法？是否会变相剥夺当事人申请司法鉴定的举证权利？如果你是该当事人或其代理律师，该如何破局解围？

二、案例简介

2015年，承包人A公司因与发包人B公司发生建设工程施工合同纠纷，将其起诉至宁夏回族自治区银川市中级人民法院（以下简称一审法院），索要相关工程款及损失。

一审法院根据A公司的申请，委托相关司法鉴定机构对该公司承建本案施工的实际工程量和工程造价进行鉴定。其后，鉴定机构出具《关于终止鉴定委托的决定》，认为本案鉴定标的物中工程施工方较多，鉴定范围无法明确，提供的检材缺乏有利依据支持鉴定，因此终止鉴定委托。

一审法院和二审法院宁夏回族自治区高级人民法院均认可鉴定机构终止鉴定委托的理由，认为本案无法进行司法鉴定，且A公司没有举证证明自己实际完成的工程量及工程款，依法应承担举证不能的法律责任。因此分别作出一审判决和二审判决，驳回该公司的诉讼请求。

A公司不服上述判决，向最高人民法院申请再审。其根据本案一审、二审的相关证据，证明自己在本案的已完工程量和工程款可以被区分并进行司法鉴定，认为鉴定机构终止委托的理由不符合事实，原审法院应该再次委托其他鉴定机构鉴定。

最高人民法院经审查，认为A公司的上述申请理由成立，遂于2019年8月14日作出（2019）最高法民再167号《民事裁定书》，撤销本案一审判决和二审判决，发回一审法院重审。

三、案例解析

从上述案情中笔者总结出的法律问题是：**当本案A公司不认可鉴定机构提出的终止鉴定委托的理由且能举证反驳时，原审法院应否再次委托其他具备鉴定能力的司法鉴定机构鉴定？**

笔者认为：结合本案案情，原审法院应该至少给A公司一次另行委托其他司法鉴定机构鉴定的机会。主要分析如下：

其一，从相关法律依据分析。现行法律并没有明确规定当事人仅有一次机会向法院申请委托司法鉴定。尤其是当法院首次委托的司法鉴定机构因为种种原因终止委托后，没有法律规定当事人因此丧失了再次申请司法鉴定的权利和机会，更没有法律规定法院因此有权拒绝当事人再次申请委托鉴定。因为，法律要保障当事人基本、必要的举证权利，要保障法院有义务查明案件的基本事实。否则，就会助长部分法院动则以当事人举证不能为由判决其败诉，案结无法事了。因此，本案原审法院没有再次委托其他能够胜任本案鉴定的司法鉴定机构，没有法律依据。

其二，从本案事实分析。尽管本案鉴定机构出具了终止委托的书面理由，但是这些理由是否成立，法院应该独立审查，而不应照单全收，顺水推舟，作为判决A公司举证不能的败诉理由。事实上，A公司在一审和二审中提供了大量证据，能够证明鉴定机构终止鉴定的理由难以成立。在此情形下，原审法院为了保障当事人的举证权利，为了保障法院能够尽可能地借助司法鉴定机构查明本案基本事实，理应给A公司至少一次申请鉴定的机会，另行委托其他具备能力的鉴定机构鉴定。当然，如果原审法院能够根据在案证据查明本案基本事实，也可以不再次委托鉴定。

正是基于上述事实及理由，本案再审法院最高人民法院才会支持A公司的上述理由，撤销两审判决（详见本讲"裁判理由"）。

四、裁判理由

以下为最高人民法院作出的（2019）最高法民再167号《民事裁定书》对本讲总结的上述法律问题的裁判理由：

一般来讲，建设工程施工合同纠纷涉及的事实问题专业性较强，需要由鉴定机构就相关问题提出意见。经当事人申请鉴定后，在选定的鉴定机构无法鉴定的情况下，若当事人对鉴定机构无法鉴定持有异议，为充分保障当事人权利，人民法院可另行委托具备资质的鉴定机构，或者依据举证责任的分配原则和双方当事人的过错程度对全案证据进行分析，进而对案件事实作出认定。

　　具体到本案，第一，虽然B公司主张案涉工程由国某某宁夏分公司完成施工，但国某某宁夏分公司在本案一审时提交证明并当庭陈述：其进场施工时，案涉工程已完成施工，该公司仅是在无施工图纸的情况下对相关设施进行了修整养护。若结合本案其他证据能够证实国某某宁夏分公司所述属实且B公司无其他证据予以反驳，依照《最高人民法院关于适用〈中华人民共和国民事诉讼法〉的解释》第一百零八条和《最高人民法院关于民事诉讼证据的若干规定》第二条、第五条第二款有关举证责任的规定，可以对案涉工程是否已经A公司施工完毕进行认定。第二，一审法院依据A公司申请委托宁夏某某科学院园艺研究所对A公司实际完成的工程量和工程造价进行鉴定，后宁夏某某科学院园艺研究所于2016年12月23日以"鉴定标的物中工程施工方较多，鉴定范围无法明确；提供检材中缺乏有力依据支持实际发生工程量和工程造价的评估的进行"为由，依据《司法鉴定程序通则》（已于2016年5月1日废止）第二十七条第一款第三项、第四项的规定终止鉴定。在宁夏某某科学院园艺研究所明确表示完成鉴定所需的技术要求超出其技术条件和鉴定能力的情况下，一审法院可再行委托具有相应技术条件和鉴定能力的鉴定机构对本案相关专业性问题进行鉴定。或者在认为不需要再次鉴定的情况下，按照举证责任分配，结合案涉证据，作出事实认定。据此，原判决以无法鉴定为由认定A公司承担举证不能的法律责任并判决驳回其诉讼请求，属认定基本事实不清。

五、案例来源

　　（一）一审：宁夏回族自治区银川市中级人民法院（2015）银民初字第248号《民事判决书》
　　（二）二审：宁夏回族自治区高级人民法院（2017）宁民终134号《民事判决书》
　　（三）再审：最高人民法院（2019）最高法民再167号《民事裁定书》（见本讲附件：案例）

六、裁判要旨

　　建设工程施工合同纠纷涉及的事实问题专业性较强，需要由司法鉴定机构就相关问题提出意见。经当事人申请鉴定后，在选定的鉴定机构无法鉴定的情况下，若当事人对鉴定机构无法鉴定持有异议，为充分保障当事人权利，人民法院可另行委托具备资质的鉴定机构，或者依据举证责任的分配原则和双方当事人的过错程度对全案证据进行分析，进而对案件事实作出认定。而不应以案涉争议问题无法鉴定为由认定申请鉴定的当事人承担举证不能的法律责任。

七、相关法条

（一）《中华人民共和国民事诉讼法》（根据2023年9月1日第十四届全国人民代表大会常务委员会第五次会议《关于修改〈中华人民共和国民事诉讼法〉的决定》第五次修正）

第七十九条　当事人可以就查明事实的专门性问题向人民法院申请鉴定。当事人申请鉴定的，由双方当事人协商确定具备资格的鉴定人；协商不成的，由人民法院指定。

当事人未申请鉴定，人民法院对专门性问题认为需要鉴定的，应当委托具备资格的鉴定人进行鉴定。

（二）《建设工程造价鉴定规范》GB/T 51262—2017

3.3.4　有下列情形之一的，鉴定机构应当自行回避，向委托人说明，不予接受委托：

1.担任过鉴定项目咨询人的；

2.与鉴定项目有利害关系的。

3.3.5　有下列情形之一的，鉴定机构不予接受委托：

1.委托事项超出本机构业务经营范围的；

2.鉴定要求不符合本行业执业规则或相关技术规范的；

3.委托事项超出本机构专业能力和技术条件的；

4.其他不符合法律、法规规定情形的。

不接受委托的，鉴定机构应在本规范第3.3.1条规定期限内通知委托人并说明理由，退还其提供的鉴定材料。

3.3.6　鉴定过程中遇有下列情形之一的，鉴定机构可终止鉴定：

1.委托人提供的证据材料未达到鉴定的最低要求，导致鉴定无法进行的；

2.因不可抗力致使鉴定无法进行的；

3.委托人撤销鉴定委托或要求终止鉴定的；

4.委托人或申请鉴定当事人拒绝按约定支付鉴定费用的；

5.约定的其他终止鉴定的情形。

终止鉴定的，鉴定机构应当通知委托人（格式参见本规范附录B），说明理由，并退还其提供的鉴定材料。

八、实务交流

（一）当事人应正确分析司法鉴定机构终止鉴定的理由，并采取不同的应对举措。

在司法实践中，法院委托的司法鉴定机构作出终止委托的原因并非全部合法合理、实事求是。原因有很多（详见本讲"相关法条"），但可以归结为以下三类：第一类是因为鉴定机构自身的原因导致。例如自己的鉴定能力不足，委托事项超过自己的鉴定范围，自己依法应当回避等。第二类是因为自身之外的客观原因导致。例如鉴定材料极度缺失，发生不可抗力，法院解除委托等。第三类是因为某些不可明示的原因导致。例如鉴定机构遭遇他人违法干扰、阻挠、威胁等，此时一般会找其他理由和借口终止委托。

针对第一类理由，申请鉴定的一方当事人无须举证反驳，可以直接申请法院另行委托有能力的鉴定机构鉴定，此时法院不应拒绝。针对第二类理由，如果的确符合事实，申请鉴定的一方当事人可以试着申请法院再次委托鉴定，但最好把主要精力放在搜集、补充证据上。针对第三类理由，申请鉴定的一方当事人应该举证否定它，并坚持申请法院另行委托其他有担当、有能力的鉴定机构鉴定。

（二）法院应该对鉴定机构终止委托的理由进行公正地审查和甄别，不应盲目采信。法院应该站在保障当事人的举证权利、竭尽可能查明案件基本事实的司法高度，结合全案证据，审查首次委托的鉴定机构终止委托的理由是否成立。尤其是要甄别这些理由是否属于上述第三类理由。在绝大多数建设工程诉讼案中，无法鉴定承包人已完工程量和工程造价的可能性很小，因为只要承包人施工了，就会有痕迹、成品以及承包人投入的人工、材料、机械等证据，这些证据或多或少都能鉴定出承包人实际完成的工程量和造价。因此，事在人为，法院何必吝啬再给当事人一次申请司法鉴定的机会。

（三）除了本案外，笔者检索到一件最高人民法院审理的与本案裁判观点基本一致但却非常独特的案件（详见本讲"参考类案"）。该案件的原审法院为了查明案件的基本事实，竭尽全力协助施工人试图完成举证义务，先后多次委托多家司法鉴定机构甚至是寻找专家论证，但均因受限于客观条件，最终无法鉴定。虽然结果很遗憾，但原审法院司法为民、如我在诉、力图案结事了的司法行为非常值得广大法院学习。

九、参考类案

为使广大读者有更多的权威类案参考，笔者专门检索、提供近年来由最高人民法院作出的部分类案的生效裁判文书的裁判理由（与本案上述裁判观点基本一致），供大家辩证参考、指导实践。

最高人民法院（2019）最高法民申3015号《民事裁定书》（再审审查）

本院认为，关于原审法院是否应当委托鉴定的问题。经查，一审法院根据A的申请委托平顶山市某某建设工程咨询有限公司进行鉴定，该公司于2014年12月8日出具《关于平顶山市夏威夷大酒店新视听四楼、地下浴区装修工程造价鉴定退回说明》，将该鉴定退回一审法院，理由为：（一）施工范围不明确，缺少双方认可的施工图纸。

（二）材料价格没有约定，无法鉴定。后一审法院根据A的申请委托北京某某工程造价咨询有限公司进行鉴定，该公司先后于2015年1月8日、2015年4月15日分别出具《平顶山市司法鉴定退档函》《司法鉴定委托退回说明》，将该鉴定两次退回一审法院，理由分别为：（一）因案涉工程计算工程量及造价所需的基础资料欠缺，对委托事项无法作出合理的鉴定结论。（二）因A提供的竣工图纸虽经质证但B酒店、C、D不认可，暂无法鉴定。一审法院另聘请李某斌、廖某芳、程某政就案涉工程是否符合鉴定条件召开专家讨论会，该三位专家均认为现有证据不具备鉴定条件，无法进行鉴定。一审法院还根据A在庭审中的申请，委托驰某工程管理有限公司进行工程造价鉴定，该公司先后于2017年12月11日、2017年12月21日分别出具《关于B酒店四楼、地下洗浴区装修装饰项目鉴定资料存在的有关问题》《司法鉴定委托退回说明》，将该鉴定退回一审法院，理由为：（一）建议双方对施工合同、施工范围、工程结算资料（竣工图、变更签证等）等达成一致意见。（二）双方对鉴定材料相关内容争议较大，无法进行鉴定。二审法院为确定工程量和工程范围至B酒店查看工程现场，后又咨询鉴定和评估机构专家，亦认为本案不能通过鉴定和评估来认定工程价款。一、二审法院多次委托鉴定机构或咨询专家意见，均因A未能提供充分证据致使案涉装修工程不具备鉴定条件被退回或认为不宜进行鉴定，二审法院据此根据《中华人民共和国民事诉讼法》第六十四条"当事人对自己提出的主张，有责任提供证据"的规定，认定A应承担举证不能的法律后果，并无不当。

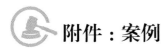

附件：案例

中华人民共和国最高人民法院
民事裁定书

（2019）最高法民再167号

再审申请人（一审原告、二审上诉人）：A公司。住所地：宁夏回族自治区银川市兴庆区前进街162号5楼。

负责人：郑某，A公司经理。

委托诉讼代理人：郭某，宁夏某某律师事务所律师。

委托诉讼代理人：韩某某，宁夏某某律师事务所律师。

被申请人（一审被告、二审被上诉人）：B公司。住所地：宁夏回族自治区银川市德胜工业园区德胜西路3号。

法定代表人：马金明，B公司董事长。

委托诉讼代理人：牛某某，宁夏某某律师事务所律师。

委托诉讼代理人：王某某，宁夏某某律师事务所律师。

再审申请人A公司因与被申请人B公司建设工程施工合同纠纷一案，不服宁夏回族自治区高级人民法院（2017）宁民终134号民事判决，向本院申请再审。本院于

2019年3月28日作出（2018）最高法民申3225号民事裁定提审本案。本院依法组成合议庭审理了本案。再审申请人A公司的委托诉讼代理人郭某、被申请人B公司的委托诉讼代理人王某某到庭参加诉讼。本案现已审理终结。

A公司申请再审称，1.撤销宁夏回族自治区高级人民法院（2017）宁民终134号民事判决及宁夏回族自治区银川市中级人民法院（2015）银民初第248号民事判决，依法改判B公司支付A公司工程款4207266元及逾期付款利息1009743.84元（计算至款项付清之日止），或依法发回重审；2.本案一审、二审、再审费用由B公司承担。事实和理由：1.B公司应支付A公司工程款4207266元。A公司与B公司于2011年1月7日签订了《工程施工合同》，由A公司承包银川香溪美地国奥村景观（示范区）的土建工程、绿化种植工程、喷泉喷灌工程以及其他附属工程。工程总面积约1.6万平方米。工程总价款为6227266.9元。2010年12月至2011年8月，经B公司确认增加工程量98万元。2011年6月13日，国奥村及宁夏回族自治区首府绿化办对1.6万平方米示范绿化区进行验收，确认A公司施工的绿化工程已达验收标准。A公司将案涉工程交付B公司使用至今。A公司在一审、二审期间提交的B公司案涉工程主管崔某的《证人证言》、宁夏回族自治区首府绿化办及B公司负责人签字的《工程验收单》、B公司负责人王某文出具的《情况说明》、案涉工程量清单《汇总表》、B公司认可的《工程签证单》能够证明A公司已经按照合同要求完工的事实，不存在诉讼请求无事实依据的情形。2.A公司施工的案涉工程不存在施工方较多，鉴定范围无法明确的情形。宁夏回族自治区银川市绿化养护管理站虽然于2009年、2010年建设养护案涉土地，但是《银川市绿地认建认养协议书》《占地面积统计书》及《占地苗木统计清单》显示，其与A公司所栽种的树木在树种及规格上都存在明显不同，不存在区分不开的情形。2011年底，B公司因人事变动及分公司解散，对案涉工程不予结算，不继续支付工程款，A公司无法继续养护。2013年8月20日，B公司与国某某宁夏分公司签订了维修改造合同，国某某宁夏分公司在一审中提交了《证明》，该公司负责人也出庭作证国某某宁夏分公司是在A公司已完工的工程上进行了为期17天的简单维修整改工作，国某某宁夏分公司与B公司的结算清单对施工范围和补种树木有明确记载，不存在和A公司所种植的树木无法区分的情形，也不存在二审法院认定的离场至起诉长达四年之久致使无法鉴定的情况。即使存在无法区分的情形，A公司也多次跟鉴定机构沟通，同意从总工程量中对无法区分的树木予以扣减。且除绿化工程外，案涉工程中其他三项土建、喷淋、灌溉等可以单独进行鉴定，该三项工程预算金额高出B公司已支付的工程款300万元。3.原判决认定2011年3月22日B公司向A公司支付5万元工程款属认定事实错误。2011年3月8日，B公司与国某某宁夏分公司签订了一份合同价款为5万元的苗木移植工程协议书，约定苗木移植费5万元，B公司2011年3月22日支付的是该笔费用，且转账凭证明确记载是移植费而非工程款，领款人也不是A公司。一审法院将上述移植费用计入B公司与A公司已付工程款，属认定事实错误。二审法院仅以一审时A公司的质证意见作为定案依据，也属认定事实错误。综上，A公司依据《中华人民共和国民事诉讼法》第二百条第二项的规定，申请再审。

B公司辩称，原判决认定事实及适用法律正确，A公司的再审申请缺乏事实和法律依据，依法应予驳回。1.A公司只完成了部分案涉工程，其提交的证据无法证实其已完成案涉合同约定的工程且工程质量合格的事实。2.案涉工程性质特殊，导致具备鉴定资质的鉴定机构非常少。案涉工程自开工至A公司起诉已经四年之久，且并非由A公司独立完成，而是由第三方最终完成施工。在此情况下，受委托的鉴定机构明确表示无法鉴定，责任不应归属一、二审法院和鉴定机构。3.关于2011年4月15日付款5万元的性质问题，A公司表述付款时间错误，有争议的应是2011年4月15日付款的5万元，而不是A公司再审申请时所述2011年3月22日付款的5万元。在一审庭审时，A公司对B公司2011年4月15日向其付款5万元的证据当庭自认无异议，其后又举出的证据与本案事实没有关联性。

本院再审认为，根据A公司的再审请求及双方的辩论意见，本案争议焦点为A公司对案涉工程是否完成施工以及B公司是否欠付工程价款的问题。

A公司与B公司于2011年1月7日订立的《园林绿化建设工程施工合同》系双方当事人真实意思表示，不违反法律、行政法规的强制性规定，为有效合同。合同签订后A公司投入人力和设备进行施工，B公司亦支付部分工程价款，双方当事人对此事实均无异议，仅对案涉工程是否完工以及是否欠付工程价款问题有争议。

一般来讲，建设工程施工合同纠纷涉及的事实问题专业性较强，需要由鉴定机构就相关问题提出意见。经当事人申请鉴定后，在选定的鉴定机构无法鉴定的情况下，若当事人对鉴定机构无法鉴定持有异议，为充分保障当事人权利，人民法院可另行委托具备资质的鉴定机构，或者依据举证责任的分配原则和双方当事人的过错程度对全案证据进行分析，进而对案件事实作出认定。

具体到本案，第一，虽然B公司主张案涉工程由国某某宁夏分公司完成施工，但国某某宁夏分公司在本案一审时提交证明并当庭陈述：其进场施工时，案涉工程已完成施工，该公司仅是在无施工图纸的情况下对相关设施进行了修整养护。若结合本案其他证据能够证实国某某宁夏分公司所述属实且B公司无其他证据予以反驳，依照《最高人民法院关于适用〈中华人民共和国民事诉讼法〉的解释》第一百零八条和《最高人民法院关于民事诉讼证据的若干规定》第二条、第五条第二款有关举证责任的规定，可以对案涉工程是否已经A公司施工完毕进行认定。第二，一审法院依据A公司申请委托宁夏某某科学院园艺研究所对A公司实际完成的工程量和工程造价进行鉴定，后宁夏某某科学院园艺研究所于2016年12月23日以"鉴定标的物中工程施工方较多，鉴定范围无法明确；提供检材中缺乏有力依据支持实际发生工程量和工程造价的评估的进行"为由，依据《司法鉴定程序通则》（已于2016年5月1日废止）第二十七条第一款第三项、第四项的规定终止鉴定。在宁夏某某科学院园艺研究所明确表示完成鉴定所需的技术要求超出其技术条件和鉴定能力的情况下，一审法院可再行委托具有相应技术条件和鉴定能力的鉴定机构对本案相关专业性问题进行鉴定。或者在认为不需要再次鉴定的情况下，按照举证责任分配，结合案涉证据，作出事实认定。据此，原判决以无法鉴定为由认定A公司承担举证不能的法律责任并判决驳回其诉讼请求，属认定基本事实不清。

依照《中华人民共和国民事诉讼法》第二百零七条第一款、第一百七十条第一款第三项规定，裁定如下：

一、撤销宁夏回族自治区高级人民法院（2017）宁民终134号民事判决及宁夏回族自治区银川市中级人民法院（2015）银民初第248号民事判决；

二、本案发回宁夏回族自治区银川市中级人民法院重审。

审判长　　丁广宇

审判员　　王东敏

审判员　　陈纪忠

二〇一九年八月十四日

法官助理　吕　昕

书记员　　郭　姣

第 47 讲

工程款计价标准约定不明或未约定，能否依据定额鉴定

一、阅读提示

当事人提交备案的施工合同约定了工程款的计价标准，但其后签订的补充协议确认该施工合同仅用于备案，却又未明确约定工程款的计价标准。在此情形下，承包人已完工程款的计价标准依法应如何确定？法院可否将定额作为其计价标准？

二、案例简介

2010年11月23日，施工总承包人A公司经投标中标后与发包人B公司签订《天津市建设工程施工合同》（以下简称《备案合同》），约定将天津市某大厦工程发包给B公司总承包，合同总价为253627126元，可调价。

其后，双方签订《关于编号为塘施2011-102备案合同的补充协议》（以下简称《补充协议》），确认此前签订的《备案合同》仅作备案使用，双方将另行签订补充及变更协议，另行约定合同单价、计价方式、工期、工程质量等内容。但此后双方并未再签订补充及变更协议。

在上述施工合同履行过程中，双方产生纠纷，A公司因此停工撤场，并于2016年将B公司起诉至天津市高级人民法院（以下简称一审法院），诉请确认双方签订的《备案合同》无效，并索要剩余工程款及相关损失。

在一审诉讼中，一审法院根据A公司的申请，委托工程造价司法鉴定机构对A公司在本案的已完工程造价进行鉴定。该鉴定机构没有以《备案合同》和《补充协议》作为工程款的计价依据，而是以定额作为计价依据，并在此基础上确定下浮率为24.66%。

一审法院经审理，认为《备案合同》因违反《中华人民共和国招标投标法》的规定而无效，且并非双方的真实意思表示，《补充协议》也未明确约定本案工程款的计价标准和方法，因此采信鉴定机构以定额为计价依据的鉴定方法，酌定在定额基础上下浮12.33%计算B公司的已完工程款，遂作出一审判决。A公司和B公司均对此不服，

均上诉至最高人民法院。

最高人民法院经审理，认为一审法院认定A公司已完工程款的判决理由合法合理，A公司和B公司的该项上诉理由均不成立。因一审判决存在其他错误，最高人民法院于2019年6月28日作出（2019）最高法民终412号《民事判决书》，对一审判决部分改判。

三、案例解析

从上述案情中笔者总结出的法律问题是：**本案《备案合同》和《补充协议》能否作为工程造价司法鉴定的计价依据？如不能，对于承包人A公司的已完工程造价，能否以定额为计价标准做司法鉴定？**

笔者解析如下：

（一）本案《备案合同》和《补充协议》能否作为工程造价司法鉴定的计价依据

答案是否定的。因为《备案合同》因违反《中华人民共和国招标投标法》的规定依法属于无效合同。虽然依据本案审理时施行的《最高人民法院关于审理建设工程施工合同纠纷案件适用法律问题的解释》（法释〔2004〕14号，以下简称《建工司法解释一》，被法释〔2020〕16号文件废止）第二条的规定："建设工程施工合同无效，但建设工程经竣工验收合格，承包人请求参照合同约定支付工程价款的，应予支持。"本案当事人可以据此向一审法院主张参照《备案合同》约定的工程款计价标准鉴定A公司已完工程造价，但是本案有一个特殊的事实是：当事双方还签订了一份《补充协议》，该协议写明《备案合同》仅作为备用使用，并非双方的真实意思表示，而且双方也没有按照《备案合同》的约定实际履行。因此该《备案合同》不能作为本案工程款的计价依据。

其后，本案双方签订的《补充协议》可以说是一份意向性补充协议。因为它并没有对工程款的计价标准补充约定，而是约定双方将来再对此另行签订补充及变更协议，具体约定。遗憾的是，双方此后并未再签订补充及变更协议，直至产生诉讼。因此，《补充协议》也不能作为本案工程款的计价依据。

（二）承包人A公司的已完工程造价能否以定额为计价标准做司法鉴定

从上述分析可知，本案《备案合同》和《补充协议》均不能作为工程款的计价依据，即当事双方截至诉讼时都没有对A公司已完工程款的计价标准作出明确约定。那么在此情形下，一审法院应该如何操作？

对于此类情形，当前的司法实践中，有的法院会参照《建工司法解释一》第十六条的规定："当事人对建设工程的计价标准或者计价方法有约定的，按照约定结算工程价款。因设计变更导致建设工程的工程量或者质量标准发生变化，当事人对该部分工程价款不能协商一致的，可以参照签订建设工程施工合同时当地建设行政主管部门发布的计价方法或者计价标准结算工程价款。建设工程施工合同有效，但建设工程经竣工验收不合格的，工程价款结算参照本解释第三条规定处理。"依法委托工程造价司法鉴定机构以定额为计价标准鉴定承包人的已完工程造价。本案一审法院和鉴定机构即是参照上述规定以定额为计价标准，并结合具体案情酌定了A公司已完工程造价。因此，二审法院最高人民法院才会认可一审法院的上述做法，不支持当事人的该项上诉理由（详见本讲"裁判理由"）。

四、裁判理由

以下为最高人民法院作出的（2019）最高法民终412号《民事判决书》对本讲总结的上述法律问题的裁判理由：

关于焦点问题二，A公司已完工程部分的造价如何认定问题。根据已查明事实，A公司在停工时，已经施工至正负零以上六层，且对于工程质量，B公司未提出异议，故对于A公司已经完成的工程部分，B公司应当支付相应工程价款。关于计价依据，双方当事人存在争议，B公司主张按照《备案合同》约定计算工程价款，A公司主张按照定额及市场信息价计算工程价款。本院认为，一方面，A公司和B公司通过签订补充协议，明确《备案合同》仅作为备案使用，实际施工之合同金额及性质、付款方式、合同单价、计价方式、工期、工程质量、工程范围及其他等内容再另行签订补充协议及变更协议确定，即双方均明确《备案合同》约定的合同单价、计价方式等不是双方真实意思表示，但双方在此之后并未另行签订补充协议及变更协议，故双方对于工程款结算没有明确约定。另一方面，A公司和B公司在招标前进行实质性谈判为双方行为，双方对于《备案合同》无效均有过错。同时，A公司在停工前向B公司送达了停工通知，该通知载明A公司停工系基于B公司不及时支付工程款所致。结合鉴定机构的鉴定意见书，B公司确实存在大量欠付工程款的情形。综合上述情形，一审判决充分考虑双方真实意思并结合过错、施工进度等具体情形，在二者主张的结算标准之间平衡双方利益居中自由裁量，按照在定额基础上下浮12.33%计算工程款，并无明显不当。A公司和B公司关于此点的上诉请求和理由均不能成立。

五、案例来源

（一）一审：天津市高级人民法院（2016）津民初86号《民事判决书》

（二）二审：最高人民法院（2019）最高法民终412号《民事判决书》（因其篇幅过长，故不纳入本讲附件）

六、裁判要旨

发包人与承包人先后签订了施工合同及补充协议，明确约定施工合同仅作备案使用，并不实际履行。但双方签订的补充协议并没有明确约定工程款的计价标准，其后对此也没有另行约定。因此，法院依法可以认定当事双方对工程款的计价标准没有约定。

上述施工合同因故提前终止后，对于承包人主张的已完工程款，法院可以依法委托工程造价司法鉴定机构以定额为计价依据进行鉴定，并可以综合考虑当事双方真实意思并结合过错、施工进度等具体情形，在二者主张的结算标准之间平衡双方利益，居中自由裁量，按照在定额基础上下浮一定比例计算工程款。

七、相关法条

（一）《中华人民共和国民法典》（2020年5月28日第十三届全国人民代表大会第三次会议通过）

第五百一十条　合同生效后，当事人就质量、价款或者报酬、履行地点等内容没有约定或者约定不明确的，可以协议补充；不能达成补充协议的，按照合同相关条款或者交易习惯确定。

第五百一十一条　当事人就有关合同内容约定不明确，依据前条规定仍不能确定的，适用下列规定：

（一）质量要求不明确的，按照强制性国家标准履行；没有强制性国家标准的，按照推荐性国家标准履行；没有推荐性国家标准的，按照行业标准履行；没有国家标准、行业标准的，按照通常标准或者符合合同目的的特定标准履行。

（二）价款或者报酬不明确的，按照订立合同时履行地的市场价格履行；依法应当执行政府定价或者政府指导价的，依照规定履行。

（三）履行地点不明确，给付货币的，在接受货币一方所在地履行；交付不动产的，在不动产所在地履行；其他标的，在履行义务一方所在地履行。

（四）履行期限不明确的，债务人可以随时履行，债权人也可以随时请求履行，但是应当给对方必要的准备时间。

（五）履行方式不明确的，按照有利于实现合同目的的方式履行。

（六）履行费用的负担不明确的，由履行义务一方负担；因债权人原因增加的履行费用，由债权人负担。

第七百九十三条　建设工程施工合同无效，但是建设工程经验收合格的，可以参照合同关于工程价款的约定折价补偿承包人。

建设工程施工合同无效，且建设工程经验收不合格的，按照以下情形处理：

（一）修复后的建设工程经验收合格的，发包人可以请求承包人承担修复费用。

（二）修复后的建设工程经验收不合格的，承包人无权请求参照合同关于工程价款的约定折价补偿。

发包人对因建设工程不合格造成的损失有过错的，应当承担相应的责任。

　　（二）《最高人民法院关于审理建设工程施工合同纠纷案件适用法律问题的解释（一）》（法释〔2020〕25号）

　　第十九条　当事人对建设工程的计价标准或者计价方法有约定的，按照约定结算工程价款。

　　因设计变更导致建设工程的工程量或者质量标准发生变化，当事人对该部分工程价款不能协商一致的，可以参照签订建设工程施工合同时当地建设行政主管部门发布的计价方法或者计价标准结算工程价款。

　　建设工程施工合同有效，但建设工程经竣工验收不合格的，依照民法典第五百七十七条规定处理。

　　第二十四条　当事人就同一建设工程订立的数份建设工程施工合同均无效，但建设工程质量合格，一方当事人请求参照实际履行的合同关于工程价款的约定折价补偿承包人的，人民法院应予支持。

　　实际履行的合同难以确定，当事人请求参照最后签订的合同关于工程价款的约定折价补偿承包人的，人民法院应予支持。

八、实务交流

　　（一）在建设工程行业中，承包人尤其是包工头等实际施工人先施工后签合同，结果直至双方发生诉讼时施工合同都未签订；或者虽然签订，但施工合同对工程款的计价标准和计价方法约定不明，甚至没有约定的情况并不少见。一旦双方发生诉讼，无论施工合同是否被法院认定有效或无效，对承包人而言或多或少都会造成一定的损失。因此，建议承包人无论如何都应设法与发包人或上家签订一份施工合同，尤其是要明确约定工程款的计价标准。

　　（二）需要注意的是，对于当事人对工程款的计价标准和计价方法约定不明或者没有约定的施工合同纠纷案件，司法实践中存在以下两种裁判观点：一种是本案法院采取的裁判观点。即法院依法委托工程造价司法鉴定机构以"定额"为计价标准鉴定承包人的已完工程造价。该类裁判观点近年来较为常见。另一种是法院依法委托工程造价司法鉴定机构以"市场价（信息价）"为计价标准鉴定承包人的已完工程造价。该类裁判观点在多年前早已存在，近年来较少被法院采用。上述两种裁判观点在最高人民法院作出的裁判文书里均有论证和采用（详见本讲"参考类案"）。

九、参考类案

　　为使广大读者有更多的权威类案参考，笔者专门检索、提供近年来由最高人民法院作出的以及入选《最高人民法院公报》的部分类案的生效裁判文书的裁判理由（其中，与本案上述裁判观点基本一致的正例2例，与本案上述裁判观点相反的反例1

例），供大家辩证参考、指导实践。

（一）正例：最高人民法院（2016）最高法民申3159号《民事裁定书》（再审审查）

关于原审判决将鉴定结论作为认定本案工程造价的依据是否缺乏证据证明及适用法律错误的问题。本案中，在双方当事人对已完成的工程量无争议，但对应采用何价格进行结算产生争议的情况下，一审法院根据A公司提交的双方签字盖章的《A公司施工10小时进度确认书》《基（底）层施工每日确认表》《基（底）层施工退场确认表》等施工过程中的签证，对工程造价进行司法鉴定，符合证据规则。B公司以上述签证材料涉嫌伪造，向公安机关报案，公安机关虽然立案侦查，但长期未果。一审法院根据本案案情，在确定民事诉讼结果与公安机关侦查不发生冲突的情况下，根据A公司的申请委托鉴定机构按照国家定额对工程价款进行补充鉴定，以定额测算的工程造价为依据，就部分诉讼请求先行判决，符合法律规定，也未超过A公司的诉讼请求。原审对该鉴定意见的采信，亦充分考虑了B公司权利。因此，原审判决依据鉴定结论作为确定案涉工程款的依据，符合本案实际情况，处理结果并无不当。

（二）正例：最高人民法院（2013）民抗字第9号《民事判决书》（再审）

本院认为：本案再审中双方当事人争议的主要问题是益某公司作出的鉴定报告能否采信问题。根据本院庭审时出庭作证的益某公司鉴定人员的陈述，其作出的鉴定报告的计算方法是图纸套定额。鉴定人员所述图纸为该鉴定报告第二部分第3项的"计算依据"，即A公司提交的送检材料——设计施工图（复印件）、横断面图（复印件）、施工复测成果（原件）、检验申请批复单（复印件）。由此，益某公司作出的鉴定报告的主要计算依据是复印件。依照《最高人民法院关于民事诉讼证据的若干规定》第六十九条第（四）项的规定，无法与原件、原物核对的复印件、复制品，不能单独作为认定案件事实的依据。益某公司在其作出的鉴定报告中虽表述"现场勘查记录、笔录"为其鉴定依据，但根据再审庭审中鉴定人员的陈述，鉴定人员到施工现场主要是看工程是否完工，由于工程已经竣工，也没有办法挖开来具体看。由此，本院认为，益某公司作出的鉴定报告的主要计算依据是复印件，且其亦未经现场核查，因而该鉴定报告的鉴定依据不足。原审中，B公司已提出该鉴定报告存在多算、错算、未扣除税款等问题，但原审对B公司提出的该鉴定报告是否存在上述问题没有进行具体审核。不过，由于B公司在原审中存在不积极配合鉴定，不及时提供鉴定材料，亦未提供原件证明鉴定依据的复印件虚假，因此，B公司关于不应采信益某公司作出的鉴定报告而应按工程量清单价进行结算的主张以及在本院再审中提出重新鉴定的申请，本院不予支持。……故本院在对益某公司作出的鉴定报告予以采信的基础上，对其确定的工程造价金额进行调整，即将该鉴定报告中确定的8312129元中所含的材料款2667586元和税金289780元予以扣减后的余额5354763元确定为B公司应付A公司的工程款数额。

（三）反例：最高人民法院（2011）民提字第104号《民事判决书》（再审，入选《最高人民法院公报》2012年第9期）

1.再审法院最高人民法院对该案的裁判理由：

本院认为，第一，本案应当通过鉴定方式确定工程价款。尽管当事人签订的三份建设工程施工合同无效，但在工程已竣工并交付使用的情况下，根据无效合同的处理原则和建筑施工行为的特殊性，对于A公司实际支出的施工费用应当采取折价补偿的方式予以处理。本案所涉建设工程已经竣工验收且质量合格，在工程款的确定问题上，按照《最高人民法院关于审理建设工程施工合同纠纷案件适用法律问题的解释》第二条的规定，可以参照合同约定支付工程款。但是，由于本案双方当事人提供了由相同的委托代理人签订的、签署时间均为同一天、工程价款各不相同的三份合同，在三份合同价款分配没有规律且无法辨别真伪的情况下，不能确认当事人对合同价款约定的真实意思表示。因此，该三份合同均不能作为工程价款结算的依据。一审法院为解决双方当事人的讼争，通过委托鉴定的方式，依据鉴定机构出具的鉴定结论对双方当事人争议的工程价款作出司法认定，并无不当。

第二，本案不应以定额价作为工程价款结算依据。一审法院委托实某造价公司进行鉴定时，先后要求实某造价公司通过定额价和市场价两种方式鉴定。2007年1月19日，实某造价公司出具的鲁实信基鉴字〔2006〕第006号鉴定报告载明，采用定额价结算方式认定无异议部分工程造价为15772204.01元，其中直接工程费和措施费合计12097423.01元，有异议部分工程造价为39922.82元。一、二审判决以直接工程费和措施费合计12097423.01元作为确定工程造价的依据；山东省高级人民法院再审判决则以无异议部分15772204.01元作为工程造价。首先，建设工程定额标准是各地建设主管部门根据本地建筑市场建筑成本的平均值确定的，是完成一定计量单位产品的人工、材料、机械和资金消费的规定额度，是政府指导价范畴，属于任意性规范而非强制性规范。在当事人之间没有作出以定额价作为工程价款的约定时，一般不宜以定额价确定工程价款。其次，以定额为基础确定工程造价没有考虑企业的技术专长、劳动生产力水平、材料采购渠道和管理能力，这种计价模式不能反映企业的施工、技术和管理水平。本案中，A公司假冒中国某某冶金建设公司第五工程公司的企业名称和施工资质承包案涉工程，如果采用定额取价，亦不符合公平原则。再次，定额标准往往跟不上市场价格的变化，而建设行政主管部门发布的市场价格信息，更贴近市场价格，更接近建筑工程的实际造价成本。此外，本案所涉钢结构工程与传统建筑工程相比属于较新型建设工程，工程定额与传统建筑工程定额相比还不够完备，按照钢结构工程造价鉴定的惯例，以市场价鉴定的结论更接近造价成本，更有利于保护当事人的利益。最后，根据《中华人民共和国合同法》第六十二条第（二）项规定，当事人就合同价款或者报酬约定不明确，依照合同法第六十一条的规定仍不能确定的，按照订立合同时履行地的市场价格履行；依法应当执行政府定价或者政府指导价的，按照规定履行。本案所涉工程不属于政府定价，因此，以市场价作为合同履行的依据不仅更符合法律规定，而且对双方当事人更公平。

　　第三，以市场价进行鉴定的结论应当作为定案依据。实某造价公司根据一审法院的委托又以市场价进行了鉴定，并于2007年9月26日出具的造价鉴定补充说明（二）指出，案涉工程综合单价每平方米388.35元，工程总造价11355354元。一审法院认为，实某造价公司按市场价结算方式出具的鉴定结论主要是以山东某某永君翼板有限公司委托山东某某工程造价咨询有限公司所作的鲁正基审字〔2004〕第0180号《关于山东某某永君翼板有限公司钢结构厂房工程结算的审核报告》为鉴定依据，而该报告委托主体不是合同双方当事人，该报告所涉452万元的施工合同是无效合同，且该鉴定结论缺乏较充分的工程同期材料、人工、机械等工程造价主要构成要素的市场价格资料作依据。但是，实某造价公司于2007年8月10日出具的补充说明（一）已经明确载明，鲁正基审字〔2004〕第0180号造价咨询报告中的综合单价388.35元，比较符合当时的市场情况。对于这一鉴定结论，双方当事人均未提供充分证据予以反驳。《关于山东某某永君翼板有限公司钢结构厂房工程结算的审核报告》委托主体是否为本案合同双方当事人，以及该报告所涉452万元施工合同是否有效，均不影响对综合单价每平方米388.35元的认定。一、二审和原再审判决对以市场价出具的鉴定结论不予采信的做法不当，应予纠正。本案所涉工程总面积为29240平方米，故工程总造价按市场价应为11355354元。鉴于B公司已经支付工程款11952835.52元，B公司在一审判决后没有上诉；二审维持一审判决后，B公司亦没有提出申请再审，因此，本案工程总造价可按一审确定的12097423.01元，作为B公司应当支付的工程款项。

　　2.《最高人民法院公报》对该案归纳的裁判要旨：

　　鉴定机构分别按照定额价和市场价作出鉴定结论的，在确定工程价款时，一般应以市场价确定工程价款。这是因为，以定额为基础确定工程造价大多未能反映企业的施工、技术和管理水平，定额标准往往跟不上市场价格的变化，而建设行政主管部门发布的市场价格信息，更贴近市场价格，更接近建筑工程的实际造价成本，且符合《中华人民共和国合同法》的有关规定，对双方当事人更公平。

第 **48** 讲

当事人提出各自认可的结算依据，工程造价
司法鉴定机构应如何处理

一、阅读提示

在建设工程施工合同纠纷诉讼案中，当事人经常提供本方认可的工程款结算依据供工程造价司法鉴定机构鉴定，而不认可对方提供的结算依据。鉴定机构面对此种僵局，应该怎么处理为宜？如果你是当事人或代理律师，怎么判断鉴定机构的处理办法是否合法合规？

二、案例简介

2018年，施工承包人A公司因与发包人B公司发生建设工程施工合同纠纷，将其起诉至新疆维吾尔自治区高级人民法院（以下简称一审法院），索要相关工程款及损失。B公司则提出反诉。

一审法院根据A公司的申请，委托工程造价司法鉴定机构对案涉已完工程进行工程造价鉴定。在鉴定过程中，当事人对本案桩基基础工程款的结算依据产生重大争议。A公司认为应当以其与分包人山西某某岩土工程勘察总公司签订的《联众国际大厦地基处理及桩基工程施工承包合同》作为结算依据；B公司认为应当以其与A公司签订的《联众国际大厦建设工程施工补充协议》作为结算依据。但鉴定机构仅依据A公司主张的结算依据鉴定桩基工程造价，且被一审法院采信。B公司对此不服，遂以此为主要理由之一向最高人民法院上诉。

最高人民法院经审理，认为鉴定机构在本案中可按照当事双方主张的结算依据分别鉴定工程造价，作为法院参考的裁判依据，因此B公司的上诉理由成立。遂于2019年12月27日作出（2019）最高法民终1863号《民事裁定书》，将本案发回一审法院重审。

2020年12月，本案双方在一审法院重审中达成和解协议，遂向一审法院撤诉，本案至此落幕。

三、案例解析

从上述案情中笔者总结出的法律问题是：**在本案当事双方对案涉工程款的结算依据产生重大争议且提出了各自的结算依据时，鉴定机构仅根据A公司主张的结算依据进行鉴定，是否合法合规？**

笔者认为：鉴定机构的上述做法涉嫌以鉴代审，既不符合法院主导审判的诉讼原则，也不符合工程造价鉴定的相关规定。主要分析如下：

其一，鉴定机构的做法不符合法院主导审判的诉讼原则。司法鉴定机构在诉讼中是为当事人和法院提供独立专业服务的专业机构，在鉴定过程中绝不能越俎代庖、以鉴代审。当本案当事人均对案涉工程款的结算依据表示异议，且提出了各自的结算依据时，鉴定机构作为司法鉴定机构无权自行决定采信哪一方提供的结算依据作为鉴定依据。因为该事项涉及本案法律事实的认定，它属于法院的审判职权，鉴定机构无权代替法院甚至逾越法院自行决定。

其二，鉴定机构的做法也不符合工程造价鉴定的相关规定。参照本案审理时施行的《建设工程造价鉴定规范》GB/T 51262—2017第5.3.6条的规定："当事人分别提出不同的合同签约文本的，鉴定人应提请委托人决定适用的合同文本，委托人暂不明确的，鉴定人可按不同的合同文本分别作出鉴定意见，供委托人判断使用。"鉴定机构在本案中恰当的做法应该是将当事人争议适用哪一种结算依据的问题交由一审法院判断和决定，或者可以分别根据当事人提供的两种结算依据分别鉴定，供一审法院审判时参考。遗憾的是，鉴定机构并没有参照上述规定执行，一审法院也没有及时纠正该错误，极可能导致认定本案基本事实不清。

正是基于上述事实及理由，最高人民法院才会裁定将本案发回一审法院重审（详见本讲"裁判理由"）。

四、裁判理由

以下为最高人民法院作出的（2019）最高法民终1863号《民事裁定书》对本讲总结的上述法律问题的裁判理由：

另外，双方当事人对案涉桩基基础工程款结算依据存在争议，A公司认为应当以其与山西某某岩土工程勘察总公司签订的《联众国际大厦地基处理及桩基工程施工承包合同》作为结算依据；B公司认为应当以其与A公司签订的《联众国际大厦建设工程施工补充协议》作为结算依据。在双方对结算依据存在重大争议的情况下，鉴定机构可按照双方主张的结算依据分别作出造价鉴定作为法院裁判依据。本案中鉴定机构仅依据A公司主张的结算依据作出该部分工程造价，重审时可依据B公司主张的结算依据作出补充鉴定意见。

五、案例来源

（一）一审：新疆维吾尔自治区高级人民法院（2018）新民初91号《民事判决书》

（二）二审：最高人民法院（2019）最高法民终1863号《民事裁定书》（见本讲附件：案例）

六、裁判要旨

在工程造价司法鉴定过程中，当施工合同当事双方对工程款结算依据存在重大争议的情况下，鉴定机构无权自行选择其中一方提供的结算依据作为鉴定依据，可按照双方主张的结算依据分别作出造价鉴定，作为法院的裁判依据。

七、相关法条、文件

（一）《最高人民法院关于人民法院民事诉讼中委托鉴定审查工作若干问题的规定》（法〔2020〕202号）

二、对鉴定材料的审查

3.严格审查鉴定材料是否符合鉴定要求，人民法院应当告知当事人不提供符合要求鉴定材料的法律后果。

4.未经法庭质证的材料（包括补充材料），不得作为鉴定材料。

当事人无法联系、公告送达或当事人放弃质证的，鉴定材料应当经合议庭确认。

5.对当事人有争议的材料，应当由人民法院予以认定，不得直接交由鉴定机构、鉴定人选用。

（二）《建设工程造价鉴定规范》GB/T 51262—2017

5.3.6　当事人分别提出不同的合同签约文本的，鉴定人应提请委托人决定适用的合同文本，委托人暂不明确的，鉴定人可按不同的合同文本分别作出鉴定意见，供委托人判断使用。

八、实务交流

（一）工程造价司法鉴定机构在鉴定过程中务必要厘清当事人提出的争议事项哪些属于鉴定机构的职权决定，哪些属于法院的职权决定。凡是自己拿捏不准的争议事项，建议首先提交委托法院定夺，再根据法院的指示开展鉴定工作，否则极易踩踏"越俎代庖、以鉴代审"的红线。

（二）本案上述法律问题在司法实践中较为常见，近年来已有部分省级高级人民法院重视了这个法律问题，只是从地方司法文件的角度为当地人民法院和工程造价司法鉴定机构指明了解决办法。例如，《北京市高级人民法院关于审理建设工程施工合同纠纷案件若干疑难问题的解答》（京高法发〔2012〕245号）对此问题就作出了明确规定，其第34条"工程造价鉴定中法院依职权判定的事项包括哪些？"指出解决办法："当事人对施工合同效力、结算依据、签证文件的真实性及效力等问题存在争议的，应由法院进行审查并做出认定。法院在委托鉴定时可要求鉴定机构根据当事人所主张的不同结算依据分别作出鉴定结论，或者对存疑部分的工程量及价款鉴定后单独列项，供审判时审核认定使用，也可就争议问题先做出明确结论后再启动鉴定程序。"可供当事人、律师参考。

九、参考类案

为使广大读者有更多的权威类案参考，笔者专门检索、提供近年来由最高人民法院作出的部分类案的生效裁判文书的裁判理由（与本案上述裁判观点基本一致），供大家辩证参考、指导实践。

（一）最高人民法院（2021）最高法民申1986号《民事裁定书》（再审审查）

二、关于原审程序是否违法的问题。A公司称本案鉴定机构接受委托的时间为2015年9月3日，作出鉴定意见书的时间为2016年12月2日，超过法定的鉴定期限；对阳台面积的计算方式出现常识性错误，调整后又出具两种意见，故鉴定意见书应无效。原审判决采信上述鉴定意见，程序违法。对此本院认为，第一，本案鉴定系一审法院依法委托，鉴定期限的长短因鉴定繁简而异。第二，案涉《工程承包合同》中没有明确建筑面积的计算规则。A公司要求阳台按照半面积计算，B要求阳台按照全面积计算，故鉴定机构按两种标准分别作出鉴定结论，以供法院参考并无不当。且二审判决已支持A公司要求阳台按照半面积计算的主张。故A公司以此主张鉴定意见无效、原审程序违法不能成立。

（二）最高人民法院（2021）最高法民再318号《民事判决书》（再审）

因双方对工程量及工程价款存在异议，一审法院委托贵州某某工程造价司法鉴定所对工程量及工程价款进行鉴定。双方当事人在评估机构组织下已就评估事宜达成了《天柱县城冷水溪至邦洞道路建设项目一标段变更工程量鉴定协调事项》，对工程量的变更、人工费的调整等部分事项达成了一致意见。贵州某某工程造价司法鉴定所按一审法院鉴定要求，分别按双方不同意见作出了鉴定结论及补充鉴定意见供参考（方案一、方案二差别仅在于破碎石方单价，方案一按合同约定的2004定额，方案二按机械破碎石方单价执行115元/m³）。

（三）最高人民法院（2017）最高法民申979号《民事裁定书》（再审审查）

二、A公司主张一审法院委托的鉴定机构明显存在"以鉴代审"情形，违反法律规定。其理由是双方签订的《建筑安装施工总承包合同》第二条第9款的约定前后不一致，需要法院依法查清并予以认定，不应直接交由鉴定机构认定。一审中双方争议的是依据哪份合同进行结算，根据双方当事人的申请，一审法院将双方的申请事项均委托鉴定机构进行司法鉴定，并委托鉴定机构根据双方的申请依据分别作出结论，法院对最终采信哪个结论进行了评析，阐述了事实和法律依据。一审法院的委托行为不存在"以鉴代审"的情形。且《建筑安装施工总承包合同》对工程造价执行计价标准等事项约定具体明确，完全具备由鉴定机构进行鉴定的条件。A公司称该合同第二条第9款约定前后不一致，只是其单方的理解，不能否定鉴定机构依据该合同约定作出的鉴定结论。

（四）最高人民法院（2017）最高法民申2775号《民事裁定书》（再审审查）

（二）关于二审判决采信《司法鉴定意见书》和《补充鉴定》的部分鉴定结论是否错误的问题。根据《中华人民共和国民事诉讼法》第六十三条规定，鉴定意见只是证据的一种，是专业机构针对相关专门性问题出具的专业意见，与其他证据形式在本质上并无区别，人民法院可以根据案件情况对鉴定意见决定是否采信，以及对哪一部分予以采信。基于前述论断，在不能认定《备忘录》是双方已经就工程计价标准进行变更的情况下，一审法院要求鉴定机构按照《施工合同》约定的计价标准进行鉴定属于法院采信证据范畴，不存在干涉鉴定机构鉴定的情形。根据一审法院查明的事实，双方当事人对于根据《施工合同》的计价原则作出的鉴定造价为40951951.53元以及六个项目鉴定结论的数额本身无异议，但是对于各类工日单价调整问题、工程类别划分的取费问题、土石方工程取费问题、甲供材定额价是否参与下浮的问题、材料调差问题、分包工程配合费问题六个项目的鉴定造价是否应当纳入结算范围存在争议，且《补充鉴定》也针对双方当事人争议的六个项目及其工程造价分别作出了鉴定结论。因此，除去A公司未施工工程量造价，《司法鉴定意见书》与《补充意见》之间区别仅在于上述六个项目是否被纳入了结算范围。

附件：案例

中华人民共和国最高人民法院
民 事 裁 定 书

（2019）最高法民终1863号

上诉人（一审原告、反诉被告）：A公司。住所地：新疆维吾尔自治区乌鲁木齐市水磨沟区五星北路259号5-6楼。

法定代表人：于某，A公司总经理。

委托诉讼代理人：潘某某，A公司法务部主任。

委托诉讼代理人：张某某，新疆某某律师事务所律师。

上诉人（一审被告、反诉原告）：B公司。住所地：新疆维吾尔自治区乌鲁木齐市新市区长春中路819号澳龙广场E座5层518室。

法定代表人：陈某某，B公司总经理。

委托诉讼代理人：徐某某，北京市某某线律师事务所律师。

委托诉讼代理人：李某某，北京市某某线律师事务所律师。

上诉人A公司因与上诉人B公司建设工程施工合同纠纷一案，不服新疆维吾尔自治区高级人民法院（2018）新民初91号民事判决，向本院提起上诉。本院依法组成合议庭对本案进行了审理。

本院认为，B公司在一审时提起反诉，请求A公司赔偿因施工质量不合格造成的损失800万元（最终以司法鉴定为准），为此B公司在一审时申请依据施工图纸对已完成工程进行工程质量鉴定并计算已完成工程不合格需返工及加固修复的费用，一审以B公司未提供工程质量存在缺陷的相关证据未完成基本举证义务为由未准许鉴定申请。工程质量是否合格，是否需要进行修复以及修复费用的确定均属于专业问题，根据《中华人民共和国民事诉讼法》第七十六条第一款的规定，B公司对此有权向法院申请鉴定，一审未准许工程质量鉴定不仅影响当事人的实体权利，而且影响当事人的程序利益，剥夺当事人的举证权利。

另外，双方当事人对案涉桩基基础工程款结算依据存在争议，A公司认为应当以其与山西某某岩土工程勘察总公司签订的《联众国际大厦地基处理及桩基工程施工承包合同》作为结算依据；B公司认为应当以其与A公司签订的《联众国际大厦建设工程施工补充协议》作为结算依据。在双方对结算依据存在重大争议的情况下，鉴定机构可按照双方主张的结算依据分别作出造价鉴定作为法院裁判依据。本案中鉴定机构仅依据A公司主张的结算依据作出该部分工程造价，重审时可依据B公司主张的结算依据作出补充鉴定意见。

依照《中华人民共和国民事诉讼法》第一百七十条第一款第四项的规定，裁定如下：

一、撤销新疆维吾尔自治区高级人民法院（2018）新民初91号民事判决；

二、本案发回新疆维吾尔自治区高级人民法院重审。

上诉人B公司预交的二审案件受理费611932.54元予以退回，上诉人A公司预交的二审案件受理费135299.81元予以退回。

审判长　　陈纪忠

审判员　　杨　卓

审判员　　欧海燕

二〇一九年十二月二十七日

法官助理　赵　静

书记员　　王伟明

第49讲

司法鉴定机构撤销原审法院采信的鉴定意见，原审生效判决应否再审

一、阅读提示

在建设工程纠纷诉讼案中，由于术业有专攻，法院直接采信其依法委托的司法鉴定机构作出的鉴定意见并据此作出生效判决，这类司法现象非常普遍。如果其后该鉴定机构向当事人出具了撤销原审鉴定意见的文件等证据，那么原审生效判决应否因此再审？再审法院应如何审查？本讲以入选2016年第5期《人民司法·案例》的一则案例为例，一一解析。

二、案例简介

2012年5月，施工承包人A公司将发包人B公司起诉至河南省新乡市中级人民法院（以下简称一审法院），要求B公司支付剩余工程款及利息损失。

一审中，A公司提交了一份经B公司加盖公章的《证明》，用以证明B公司承认尚欠A公司的工程款具体金额。但B公司否认该公章的真实性，因此申请一审法院依法委托相关司法鉴定机构鉴定。其后，该鉴定机构作出了鉴定意见，鉴定《证明》里B公司的公章为真公章。因此，一审法院和二审法院河南省高级人民法院均采信该鉴定意见，据此判决B公司向A公司支付剩余工程款及利息损失。

B公司不服二审判决，其后取得了该鉴定机构出具的《关于撤销豫公专痕鉴字0072号鉴定书决定》（以下简称《撤销决定》），并将其作为新证据向最高人民法院申请再审。

最高人民法院经审查，认为该鉴定机构出具的《撤销决定》只是表明其撤销了原审鉴定意见，而非新的鉴定意见，不足以推翻原鉴定结论，依法不能认定为申请再审的新证据。因B公司申请再审的理由均不成立，该院遂于2015年11月10日作出（2015）民申字第2169号《民事裁定书》，驳回了B公司的再审申请。

三、案例解析

从上述案情中笔者总结出的法律问题是：**本案鉴定机构在二审判决生效后出具的《撤销决定》依法是否属于当事人申请再审的新证据？其能否否定原审鉴定意见的证据效力？**

笔者认为：答案是否定的。主要分析如下：

其一，从相关法律依据分析。本案鉴定机构虽然在二审判决生效之后出具了《撤销决定》，自行撤销了其在一审作出的鉴定意见，从证据形成的时间节点分析，《撤销决定》属于新证据。但是根据本案申请再审时施行的《最高人民法院关于适用〈中华人民共和国民事诉讼法〉审判监督程序若干问题的解释》（法释〔2008〕14号，现已被修订）第十条第一款第三项的规定："申请再审人提交下列证据之一的，人民法院可以认定为民事诉讼法第一百七十九条第一款第（一）项规定的"新的证据"：……（三）原审庭审结束后原作出鉴定结论、勘验笔录者重新鉴定、勘验，推翻原结论的证据。"（该法条现已被废止），《撤销决定》不属于上述规定中的新证据，只有该鉴定机构对本案重新作出新的鉴定意见并推翻原审鉴定意见，该新的鉴定意见依法才属于当事人申请再审的新证据。

其二，从法院对原审鉴定意见的实质性审查分析。再审法院没有仅根据该鉴定机构出具的一纸《撤销决定》就武断否定原审鉴定意见的合法性，应该实质性审查了原审鉴定意见是否存在《撤销决定》所称的错误，该错误属于瑕疵性错误，还是严重性错误？是否严重违反司法鉴定相关的强制性法律规定？如果不存在上述严重错误，再审法院理应驳回当事人的再审申请。本案最高人民法院基本是循此审查思路断案的（详见本讲"裁判理由"）。

四、裁判理由

以下为最高人民法院作出的（2015）民申字第2169号《民事裁定书》对本讲总结的上述法律问题的裁判理由：

1.关于《撤销决定》是否属于新证据，根据《最高人民法院关于适用〈中华人民共和国民事诉讼法〉审判监督程序若干问题的解释》第十条第三款的规定，"原庭审结束后原作出鉴定结论、勘验笔录者重新鉴定、勘验，推翻原结论的证据"才属于《中华人民共和国民事诉讼法》第一百七十九条第一款第（一）项规定的"新的证据"。河南某某司法鉴定中心出具的《撤销决定》只是表明撤销了原鉴定，而非新的鉴定，不足以推翻原鉴定结论，不能认定为新证据。故此项申诉理由不能成立。

五、案例来源

（一）一审：河南省新乡市中级人民法院（2012）新民五初字第14号《民事判

决书》

（二）二审：河南省高级人民法院（2013）豫法民一终字第76号《民事判决书》

（三）再审审查：最高人民法院（2015）民申字第2169号《民事裁定书》（见本讲附件：案例）

六、裁判要旨

原审法院采信其依法委托的司法鉴定机构作出的鉴定意见并据此作出生效判决后，该鉴定机构向当事人出具了撤销其原审鉴定意见的文件，当事人以此作为新证据向相关法院申请再审。再审法院经审查，如果确认原审鉴定意见不存在重大违法错误，那么依法可以认定鉴定机构出具的撤销文件不足以推翻原审生效判决，驳回当事人的再审申请。

七、相关法条

（一）《最高人民法院关于民事诉讼证据的若干规定》（法释〔2019〕19号）

第四十二条　鉴定意见被采信后，鉴定人无正当理由撤销鉴定意见的，人民法院应当责令其退还鉴定费用，并可以根据情节，依照民事诉讼法第一百一十一条的规定对鉴定人进行处罚。当事人主张鉴定人负担由此增加的合理费用的，人民法院应予支持。

人民法院采信鉴定意见后准许鉴定人撤销的，应当责令其退还鉴定费用。

（二）《中华人民共和国民事诉讼法》（根据2023年9月1日第十四届全国人民代表大会常务委员会第五次会议《关于修改〈中华人民共和国民事诉讼法〉的决定》第五次修正）

第二百一十一条　当事人的申请符合下列情形之一的，人民法院应当再审：

（一）有新的证据，足以推翻原判决、裁定的；

（二）原判决、裁定认定的基本事实缺乏证据证明的；

（三）原判决、裁定认定事实的主要证据是伪造的；

（四）原判决、裁定认定事实的主要证据未经质证的；

（五）对审理案件需要的主要证据，当事人因客观原因不能自行收集，书面申请人民法院调查收集，人民法院未调查收集的；

（六）原判决、裁定适用法律确有错误的；

（七）审判组织的组成不合法或者依法应当回避的审判人员没有回避的；

（八）无诉讼行为能力人未经法定代理人代为诉讼或者应当参加诉讼的当事人，因不能归责于本人或者其诉讼代理人的事由，未参加诉讼的；

（九）违反法律规定，剥夺当事人辩论权利的；

（十）未经传票传唤，缺席判决的；

（十一）原判决、裁定遗漏或者超出诉讼请求的；

（十二）据以作出原判决、裁定的法律文书被撤销或者变更的；

（十三）审判人员审理该案件时有贪污受贿，徇私舞弊，枉法裁判行为的。

八、实务交流

（一）对于司法鉴定机构而言，由于建设工程案件的复杂性，其在原审作出的鉴定意见难免会存在或大或小的错误，因此应本着实事求是、合法合规的原则，尽量主动自纠错误，并及时向当事人和原审法院或再审法院出具自纠错误的证明文件。虽然自纠错误非常考验人性，但笔者还是期待光辉人性的出现。

（二）对于当事人而言，如果当事人的确发现原审法院采信的鉴定意见存在重大违法错误，应该依法依规要求原审鉴定机构实事求是地自纠错误，并出具撤销文件或者作出补充鉴定意见或重新鉴定意见。尽管当事人取得这一成果在现实中异常艰难，但凡是法律上可行的事情，事在人为。

（三）对于原审法院尤其是再审法院而言，建议仍应本着尊重事实、公正司法的原则，实质性审查司法鉴定机构出具的撤销文件、原审鉴定意见等关键证据。而不应为了维护原审错误的生效裁判的"权威性"，想方设法否定撤销文件等证据的效力，否则只会损害司法公信力。具体而言，对于原审鉴定机构出具的撤销文件等新证据，法院除了审查其证据效力之外，依法仍应重点审查原审鉴定意见是否存在重大违法错误。如存在，则应否定原审鉴定意见的证据效力。反之，则应确认原审鉴定意见的证据效力。

（四）需要注意的是，本案依据的《最高人民法院关于适用〈中华人民共和国民事诉讼法〉审判监督程序若干问题的解释》（法释〔2008〕14号）第十条第一款第三项的规定目前已经废止，但并不意味着今后司法鉴定机构在原审法院作出采信其鉴定意见的生效判决后仅出具撤销文件就足以推翻原审生效判决，这是远远不够的。

（五）本案虽然是2015年的案例，但是类似案例在当前当事人申请再审的司法实践中日益常见，而且不同的法院、不同的当事人对这类问题的理解存在较大争议。经检索，笔者发现最高人民法院对此类问题均持有不同观点（详见本讲"参考类案"），因此仍然值得继续探究。

九、参考类案

为使广大读者有更多的权威类案参考，笔者专门检索、提供最高人民法院近年作出的以及入选《人民法院案例库》的部分类案的生效裁判文书的裁判理由（不限于建设工程案，其中与本案上述裁判观点基本一致的正例1例，与本案上述裁判观点相反的反例1例），供大家辩证参考、指导实践。

（一）正例：安徽省高级人民法院（2015）皖民提字第00081号《民事判决书》（再审，入选《人民法院案例库》，编号2023-16-2-333-003）

在民事诉讼案件中，鉴定机构作出的鉴定意见是证据种类之一，该证据经当事人质证、法院查证属实作为生效裁判的定案依据后，未有法定事由、未经法定程序，鉴定机构即作出撤销鉴定意见的决定，妨碍了民事诉讼，应属无效。

（二）反例：最高人民法院（2019）最高法民申3270号《民事裁定书》（再审审查）

本案审查期间，中某某公司提交《A、B与C公司建设工程施工合同纠纷工程造价鉴定问题回复函》称，大信司鉴所〔2017〕价鉴字第014号司法鉴定意见中子项目综合单价有误，将B、A已完工程的工程量占合同约定项目工程量的百分比由49.78%调整为49.77%。

本院认为，由于中某某公司具函称鉴定意见有误，并对B、A已完工程的工程量占合同约定项目工程量的百分比进行调整，本案一、二审判决认定事实的主要证据已发生变化。

依照《中华人民共和国民事诉讼法》第二百零四条、第二百零六条，《最高人民法院关于适用〈中华人民共和国民事诉讼法〉的解释》第三百九十五条第一款规定，裁定如下：

一、指令辽宁省高级人民法院再审本案；

二、再审期间，中止原判决的执行。

 **附件：案例**

中华人民共和国最高人民法院
民 事 裁 定 书

（2015）民申字第2169号

申请再审人（一审被告，二审上诉人）：B公司。住所地：河南省新乡市平原路28号新市场二楼。

法定代表人：董某某，B公司董事长。

委托代理人：张某，B公司职工。

被申请人（一审原告，二审被上诉人）：A公司。住所地：河南省沈丘县槐店镇闸北路1号。

　　法定代表人，李某某，A公司董事长。

　　委托代理人：李某某，河南新某某律师事务所律师。

申请再审人B公司为与A公司建设工程施工合同纠纷一案，不服河南省高级人民法院（2013）豫法民一终字第76号民事判决，向本院申请再审。本院依法组成合议庭进行了审查，现已审查完毕。

　　B公司申请再审称：一审二审判决文书所依据的最主要的证据是河南某某司法鉴定中心《关于B公司印章检验鉴定书豫公专〔2012〕痕鉴字第0072号》。2014年11月11日该中心以《关于撤销豫公专痕鉴字0072号鉴定书决定》文件，撤销了原鉴定书（附撤销决定复印件）。而该证据是证明被申请人向法庭提交的2010年11月30日《证明》（证明中涉及双方当事人对工程款的决算额）中所盖B公司公章是否真实，进而证明载有双方工程决算额的《证明》是否有效的关键证据。申请人认为撤销原鉴定结论，就意味着上述《证明》无效，不能作为定案依据。另外，申请人认可二审判决书判定的1600000元材料费和误工费款项，但二审判决书同时也认定了申请人已付给被申请人应从工程款中扣除的1729692元（13405806.16元－11676114.16元＝1729692元）款项，所以，这两笔款项应该相互冲抵。

　　本院认为，本案争议焦点为：河南某某司法鉴定中心出具的《撤销决定》是否属于新证据，是否足以推翻原二审判决的相应判项；二审判决书判定的B公司应支付给A公司的1600000元材料费和误工费款项能否与二审判决书中从A公司请求支付的工程款中扣除的1729692元冲抵的问题。

　　1.关于《撤销决定》是否属于新证据，根据《最高人民法院关于适用〈中华人民共和国民事诉讼法〉审判监督程序若干问题的解释》第十条第三款的规定，"原庭审结束后原作出鉴定结论、勘验笔录者重新鉴定、勘验，推翻原结论的证据"才属于《中华人民共和国民事诉讼法》第一百七十九条第一款第（一）项规定的"新的证据"。河南某某司法鉴定中心出具的《撤销决定》只是表明撤销了原鉴定，而非新的鉴定，不足以推翻原鉴定结论，不能认定为新证据。故此项申诉理由不能成立。

　　2.二审判决书判定的B公司应支付给A公司的1600000元材料费和误工费款项能否与二审判决书中从A公司请求支付的工程款中扣除的1729692元冲抵的问题，材料费和误工费与工程款属于不同性质的款项，能否冲抵，应由双方当事人协商确定，不属于我院审查范围。另外，1729692元是二审法院从A公司主张的应付工程款13405806.16元中扣除的款项，在二审判决书中二审法院已经将该笔款项扣除，判决B公司支付给A公司11676114.16元。B公司主张冲抵，实质上是要求在二审法院扣除A公司请求工程款的基础上再次扣除，于法于理均无据，本院不予支持。

　　综上，原二审判决认定事实清楚，适用法律正确。B公司的再审申请不符合《中华人民共和国民事诉讼法》第二百条规定的情形。本院依照《中华人民共和国民事诉讼法》第二百零四条第一款之规定，裁定如下：

驳回B公司的再审申请。

审判长　　沙　玲

审判员　　李京平

审判员　　郑　勇

二〇一五年十一月十日

书记员　　陆　昱

第**50**讲

这件建设工程"司法文件"真伪难辨，
连最高法院法官都莫衷一是

一、阅读提示

多年来包括最高人民法院在内的国内不少法院在审理案件时，仍在依据所谓2002年8月5日出台的《最高人民法院关于审理建设工程合同纠纷案件的暂行意见》裁判案件。但是，该司法文件是最高人民法院所作，还是他人炮制？是否真的存在？是否是最高人民法院内部使用的参考文件？其为何纵横建设工程法律界20余年都真伪难辨？为何连最高人民法院的裁判文书对该文件的真伪都莫衷一是？

二、案例简介

2019年，承包人A公司因与发包人B公司发生施工合同纠纷，双方均不服二审法院贵州省高级人民法院作出的（2018）黔民终1080号《民事判决书》，均向最高人民法院申请再审。该院于2020年6月25日作出（2019）最高法民申5481号民事裁定，提审本案。

B公司提出的再审请求之一是：按《最高人民法院关于审理建设工程合同纠纷案件的暂行意见》（以下简称《建工暂行意见》）第二十条的规定结算案涉工程款。

最高人民法院经再审，于2020年11月20日对本案作出（2020）最高法民再320号《民事判决书》，其中明确指出上述《建工暂行意见》并非本院发布的文件，亦不存在该"司法解释"。因此B公司要求对案涉工程重新结算的再审请求，本院不予支持。

三、案例解析

从上述案情中笔者总结出的法律问题是：**本案发包人B公司再审请求依据的《建工暂行意见》是否真实存在？是否是最高人民法院制定？该文件是否可以作为国内法院审理建设工程纠纷案的裁判依据？**

笔者认为：答案是否定的。主要分析如下：

其一，既然审理本案的最高人民法院在其作出的生效判决里亲自确认《建工暂行意见》并非其发布的"司法文件"，亦不存在该"司法解释"，笔者宁愿信其言。国内任何法院都不应依据该子虚乌有的"司法文件"裁判案件，否则就是错案。任何当事人如果仍然坚持依据该文件主张权利，无异于无本之源，依法不应得到任何法院的支持。

其二，迄今为止，最高人民法院制定、公布的关于建设工程施工合同的司法解释共计三件。第一件是自2005年1月1日起施行的《最高人民法院关于审理建设工程施工合同纠纷案件适用法律问题的解释》（法释〔2004〕14号）。第二件是自2019年2月1日起施行的《最高人民法院关于审理建设工程施工合同纠纷案件适用法律问题的解释（二）》（法释〔2018〕20号）。第三件是自2021年1月1日起施行的《最高人民法院关于审理建设工程施工合同纠纷案件适用法律问题的解释（一）》（法释〔2020〕25号）。上述第一件和第二件司法解释其后均施行至2020年12月31日，均被《最高人民法院关于废止部分司法解释及相关规范性文件的决定》（法释〔2020〕16号）废止（详见本讲"相关法条"），它们的替代品是上述第三件司法解释。该第三件司法解释实际是将第一件和第二件司法解释"合二为一"并适度修订而成。因此，所谓的《建工暂行意见》的确不是最高人民法院正式对外公布的"司法解释"，但不知为何大行其道？

正是基于上述事实，本案再审法院最高人民法院才没有支持B公司的上述再审请求（详见本讲"裁判理由"）。

四、裁判理由

以下为最高人民法院作出的（2020）最高法民再320号《民事判决书》对本讲总结的上述法律问题的裁判理由：

需要特别说明的是，B公司所主张依据的"最高人民法院关于审理建设工程合同纠纷案件的暂行意见"，并非本院发布的文件，亦不存在该"司法解释"。B公司要求对案涉工程重新结算的请求，本院不予支持。

五、案例来源

（一）一审：贵州省黔南布依族苗族自治州中级人民法院（2017）黔27民初93号《民事判决书》

（二）二审：贵州省高级人民法院（2018）黔民终1080号《民事判决书》

（三）再审审查：最高人民法院（2019）最高法民申5481号《民事裁定书》

（四）再审：最高人民法院（2020）最高法民再320号《民事判决书》〔见本讲附件：案例（节选）〕

六、裁判要旨

经最高人民法院在其作出的（2020）最高法民再320号《民事判决书》查明、认定，所谓的2002年8月5日出台的《最高人民法院关于审理建设工程合同纠纷案件的暂行意见》并非该院发布的"司法文件"，亦不存在该"司法解释"。

七、相关法条

（一）《最高人民法院关于废止部分司法解释及相关规范性文件的决定》（法释〔2020〕16号）

为切实实施民法典，保证国家法律统一正确适用，根据《中华人民共和国民法典》等法律规定，结合审判实际，现决定废止《最高人民法院关于适用〈中华人民共和国民法总则〉诉讼时效制度若干问题的解释》等116件司法解释及相关规范性文件（目录附后）。

本决定自2021年1月1日起施行。

附件：最高人民法院决定废止的部分司法解释及相关规范性文件的目录

序号	标题	发文日期及文号
1	……	……
……	……	……
……	……	……
23	最高人民法院关于审理建设工程施工合同纠纷案件适用法律问题的解释	2004年10月25日 法释〔2004〕14号
24	最高人民法院关于审理建设工程施工合同纠纷案件适用法律问题的解释（二）	2018年12月29日 法释〔2018〕20号

（二）《最高人民法院关于审理建设工程施工合同纠纷案件适用法律问题的解释（一）》（法释〔2020〕25号）

为正确审理建设工程施工合同纠纷案件，依法保护当事人合法权益，维护建筑市场秩序，促进建筑市场健康发展，根据《中华人民共和国民法典》《中华人民共和国建筑法》《中华人民共和国招标投标法》《中华人民共和国民事诉讼法》等相关法律规定，结合审判实践，制定本解释。

第四十五条　本解释自2021年1月1日起施行。

八、实务交流

（一）对于参与建设工程诉讼案的当事人、律师以及法官，如果此前并不确定《建工暂行意见》是否真实存在，至今是否合法有效，那么至少从读到本讲之日起，今后永远不要将该子虚乌有的"司法文件"作为办案依据。尤其是律师和法官不要引用它了，否则真的是以讹传讹，贻害无穷。

（二）《建工暂行意见》名义上是自2002年8月5日起出台施行的，而中国第一件关于建设工程施工合同纠纷的司法解释是其后自2005年1月1日起施行的《最高人民法院关于审理建设工程施工合同纠纷案件适用法律问题的解释》（法释〔2004〕14号）。即在2005年1月1日之前，国内没有统一的建设工程案件司法指导文件，那么《建工暂行意见》作为一件内部指导性"司法文件"，是否有存在的可能性？他人为何要冒充最高人民法院炮制《建工暂行意见》、欺骗世人？该行为可是要面临伪造国家机关公文罪的刑罚的。

（三）《建工暂行意见》被法律界以讹传讹至今20余年，期间竟然没有被广泛质疑其真伪。直至2020年11月，媒体报道了重庆市检察院第五分院在办案中发现并核实了此问题，该文件才引起世人关注。但令人不解的是，该检察院是通过向当地人民法院调查和在中国裁判文书网搜索相关裁判文书的方式来论证《建工暂行意见》的真伪的，费时费力。其为何不依法直接向最高人民法院求证？这样所取得的调查结论不更直接、更具权威性？难道其中有难言之隐？

（四）关于《建工暂行意见》是否子虚乌有？或者不是出于最高人民法院之手、实为他人炮制？或者仅是最高人民法院当初的内部指导文件？这些疑问其实只有最高人民法院最清楚。这些疑问如果由最高人民法院直接释疑并公之于众，才最有权威性和可信度。其他单位和个人的论证其实都属于间接解读，公信力远不及作为当事人的最高人民法院。

（五）为了确认《建工暂行意见》的真伪，笔者曾于2021年3月15日通过电子邮件向最高人民法院公开的院长信箱求证，可惜至今没有收到任何回复。于是，笔者只能学习重庆市检察院第五分院的调查方法，通过案例检索的方式间接论证《建工暂行意见》的真伪。经检索，笔者发现全国不少法院错误引用《建工暂行意见》的案例真不少，甚至少数地方法院至今仍在错误引用。即使是最高人民法院截至2020年之前作出的裁判文书，既有直接否认该文件存在的，也有间接承认该文件存在的（详见本讲"参考类案"），可见并不是最高人民法院所有的办案法官对这个真伪问题都有职业敏感性。

九、参考类案

为使广大读者朋友有更多的权威类案参考，笔者专门检索、提供近年来由最高人民法院作出的部分类案的生效裁判文书的裁判理由（其中，与本案上述裁判观点基本一致的正例3例，与本案上述裁判观点相反的反例5例），供大家辩证参考、指导实践。

（一）正例：最高人民法院（2019）最高法民申1873号《民事裁定书》（再审审查）

经查，A医院据以主张适用的《最高人民法院关于审理建设工程合同纠纷案件的暂行意见》并非颁布实施的合法有效的规定，亦无《建筑安装工程费用项目组成与计算》这一文件，而住房和城乡建设部印发的《建筑安装工程费用项目组成》并非司法解释，效力位阶低于前述司法解释，且修改后并未规定直接费用和间接费用的支付条件。故A医院主张仅应向B支付施工成本的再审申请理由没有法律依据，不能成立。

（二）正例：最高人民法院（2018）最高法民申1242号《民事裁定书》（再审审查）

A集团提起本案诉讼是基于其与B公司签订的《建设工程施工合同》要求B公司支付工程款，因此本案为建设工程施工合同纠纷。而老某某粮管所系与B公司签订《联合建房协议》的一方当事人，根据该协议，老某某粮管所负责提供土地，B公司负责建房，并不涉及工程施工以及工程款支付问题。A集团与老某某粮管所之间并无合同关系，其也并未将老某某粮管所列为本案被告，对于A集团与B公司之间的建设工程施工合同纠纷，老某某粮管所并非必须参加诉讼的当事人。因此，B公司主张应追加老某某粮管所为被告参加本案诉讼的再审申请理由不能成立。至于B公司所依据的《最高人民法院关于审理建设工程合同纠纷案件的暂行意见》，并非本院发布的司法解释，不作为裁判依据。

（三）正例：最高人民法院（2010）民抗字第16号《民事判决书》（再审）

本院认为，A公司申诉称，根据《最高人民法院关于审理建设工程合同纠纷案件的暂行意见》第十八条"具备法人资格的承包人内部分支机构，在其营业执照的经营范围内对外签订的建设工程合同，应视为承包人对其行为已授权，其签订的合同有效，并应以该承包人的建筑资质等级结算工程款"的规定，A公司系中某某建的内部分支机构，故本案合同应为有效。为此，原审适用法律错误。但最高人民法院并无A公司如上所称的司法解释，故A公司所称原审判决违反司法解释没有根据。

（四）反例：最高人民法院（2020）最高法民申1742号《民事裁定书》（再审审查）

关于原审法院审理程序是否错误的问题。A公司认为张某某涉嫌伪造印章，已被公安机关立案侦查，本案应当中止审理。首先，张某某涉嫌伪造印章的行为未有定论，不具备中止审理的条件。其次，不论印章真假与否，都不能成为阻却A公司对案涉款项承担连带责任的事由。A公司依据《最高人民法院关于审理建设工程合同纠纷案件的暂行意见》第五条，认为庆阳市某某安装公司为本案必须参加诉讼的当事人，因本案不符合该暂行意见第五条的适用条件，不能适用，且该暂行意见第四条亦明确指出施工人作为原告起诉的，不必将被挂靠建筑施工企业列为共同被告。A公司的此项申请再审理由不能成立。

（五）反例：最高人民法院（2020）最高法民终264号《民事判决书》（二审）

《中华人民共和国合同法》第二百六十九条第一款规定："建设工程合同是承包人进行工程建设，发包人支付价款的合同"。《中华人民共和国民法总则》第一百七十八条第三款规定："连带责任，由法律规定或者当事人约定"。据原审查明，首先，从签订合同主体看，案涉装饰工程施工合同的发包方为A公司，承包方为B公司，C公司与D公司均未在合同上签字盖章，不是案涉施工合同的主体。其次，从合同实际履行看，B公司是向A公司支付的案涉装饰工程履约保证金，同时也是向A公司发书面函件催讨工程款，其已收工程款亦是由A公司支付，案涉合同履行双方应认定为A公司与B公司。此外，B公司亦未提供充分证据证明D公司与A公司之间就案涉工程存在委托关系，即不能证明A公司系受D公司委托签订、履行案涉装饰工程合同。D公司与A公司签订《智能终端及智能小家电指挥循环产业园项目投资合同》，双方形成投资合同关系；A公司与B公司签订《×××区西美电子信息产业园办公及厂房装饰工程施工合同》，双方形成施工合同关系，两者为相互独立的法律关系。案涉工程不存在转包或者违法分包的情形，B公司提供的证据不能证明案涉装饰工程系D公司与A公司合作建设，也不能证明D公司对案涉工程享有实际利益。故B公司主张本案应适用《最高人民法院关于审理建设工程施工合同纠纷案件适用法律问题的解释》第二十六条及《最高人民法院关于审理建设工程合同纠纷案件的暂行意见》第七条的规定要求D公司承担连带责任的上诉理由不能成立，不予支持。

（六）反例：最高人民法院（2019）最高法民申6791号《民事裁定书》（再审审查）

A公司主张应依照《最高人民法院关于审理建设工程合同纠纷案件的暂行意见》第五条之规定，将实际施工人吴某某列为共同被告，但该条规定适用范围应仅限建筑施工企业因建筑工程合同被起诉的情形。本案反诉并非基于建筑工程合同提起的诉讼请求，而是基于物权遭受侵害及租金损失的物权请求权提起的反诉，故未追加吴某某作为共同被告并无不当。

（七）反例：最高人民法院（2018）最高法民申2034号《民事裁定书》（再审审查）

A公司主张二审判决对案涉工程取费未予扣除系适用法律错误，应依据《最高人民法院关于审理建设工程合同纠纷案件的暂行意见》第二十条、第二十一条的规定予以扣除。前述暂行意见颁布、实施日期为2002年8月5日。《最高人民法院关于审理建设工程施工合同纠纷案件适用法律问题的解释》第二条规定："建设工程施工合同无效，但建设工程经竣工验收合格，承包人请求参照合同约定支付工程价款的，应予支持。"第二十八条规定："本解释自2005年1月1日起施行。施行后受理的第一审案件适用本解释。施行前最高人民法院发布的司法解释与本解释相抵触的，以本解释为准。"故二审判决依据《最高人民法院关于审理建设工程施工合同纠纷案件适用法律问题的解释》作出认定，并无不当。A公司的该项再审申请理由不能成立。

（八）反例：最高人民法院（2018）最高法民申3310号《民事裁定书》（再审审查）

（三）A公司对案涉已完成的工程应支付的工程款和利息并非A公司的损失，而是其应履行的法定的义务；安信公司在新郑市住房和城乡建设局罚款后和发送《033号工作联系函》后继续施工的行为，并不是造成损失的原因。且A公司所依据的《最高人民法院关于审理建设工程合同纠纷案件的暂行意见》并非有效的司法解释。A公司相关申请再审理由不成立。

 附件：案例（节选）

中华人民共和国最高人民法院
民 事 判 决 书

（2020）最高法民再320号

再审申请人（一审原告、二审上诉人）：A公司，住所地贵州省贵阳市南明区花果园彭家湾花果园项目C区11栋1单元28层4号花果园社区。

法定代表人：黄某，A公司董事长。

委托诉讼代理人：李某，贵州某某律师事务所律师。

委托诉讼代理人：顾某，贵州某某律师事务所律师。

再审申请人（一审被告、二审上诉人）：B公司，住所地贵州省黔南布依族苗族自治州都匀市经济开发区剑水村村委会大楼四楼。

法定代表人：钟某某，B公司董事长。

委托诉讼代理人：钟某某，女，B公司董事长助理。

委托诉讼代理人：赵某某，男，B公司总经理。

再审申请人A公司因与再审申请人B公司建设工程施工合同纠纷一案，均不服贵州省高级人民法院（2018）黔民终1080号民事判决，向本院申请再审。本院于2020年6月25日作出（2019）最高法民申5481号民事裁定提审本案。本院依法组成合议庭，开庭审理了本案。再审申请人A公司的委托诉讼代理人李某、再审申请人B公司的委托诉讼代理人钟某某和赵某某到庭参加诉讼。本案现已审理终结。

A公司再审请求：1.撤销贵州省高级人民法院（2018）黔民终1080号民事判决第三项，对于有争议的1410506.6元不予扣减；2.重新确定一、二审诉讼费及司法鉴定费的负担。事实与理由：……

B公司辩称，……

B公司再审请求：1.撤销贵州省高级人民法院（2018）黔民终1080号民事判决；2.改判驳回A公司的全部诉讼请求；3.诉讼费、鉴定费由A公司承担；4.追究案涉项目中做假证的刑事责任，维护购房业主的权益；5.按《最高人民法院关于审理建设工程合同纠纷案件的暂行意见》第二十条的规定结算案涉工程款。事实与理由：1.……2.因案涉建设工程施工合同无效，原审判决B公司承担违约责任就失去了合同依据及法律依据，应当按照《最高人民法院关于审理建设工程合同纠纷案件的暂行意见》第二十条的规定结算。3.……

A公司公司辩称，……

A公司向一审法院起诉请求：1.判令B公司立即向A公司支付工程款12347692.16元；2.判令B公司向A公司支付拖欠工程款产生的违约金（以12347692.16元为基数，按同期银行贷款利率的双倍，自2016年7月16日计算至款项清偿完毕为止，暂计至2017年4月16日为1111292.29元）；3.判令B公司向A公司赔偿停工损失费3027053.33元。

一审法院认定事实：2011年4月26日，A公司与B公司签订《建设工程施工合同》，合同约定主要内容：……

合同签订后，A公司组织人员和机械进场施工。2011年7月5日，B公司向A公司抄送《关于规范"富源·东山生态园"项目施工现场的对外联系工作的通知》，载明：……。2011年8月30日，B公司向A公司发送《工作联系单》，载明：……。2013年12月20日，A公司承建的富源·东山生态园C栋建筑工程，经验收为合格。2014年10月31日，A公司向B公司递交一份《报告》，由于富源·东山生态园C栋建筑工程，经验收并全部合格，将富源·东山生态园C栋移交B公司。B公司工作人员魏某彬于2014年11月4日签收。……

此后双方发生的工程签证单及工程结算材料均有B公司指定工作人员的签名。根据双方合同约定，B公司对A公司报送的工程进度款进行审核后，先后向A公司支付了部分工程进度款。2017年7月14日，B公司向一审法院提交付款凭证共计174张，组织双方当事人进行质证，一审法院确认B公司已向A公司预付工程进度款78065000元。

本案在审理中，2017年7月18日，B公司向一审法院提出《司法鉴定申请书》，请求对本案所涉工程量及工程价款进行司法鉴定。2018年6月7日，贵州某某工程造价司法鉴定所出具《富源·东山生态园项目工程工程造价鉴定意见书》（以下简称《鉴定意见书》）。2018年7月9日，一审法院通知A公司、B公司到庭质证，同时通知贵州某某工程造价司法鉴定所到庭接受A公司与B公司的质询。根据A公司与B公司的质证意见以及对贵州某某工程造价司法鉴定所质询意见，一审法院确认案涉工程造价金额为83856523.94元。

　　一审法院认为，双方争议焦点为：一、A公司与B公司签订《建设工程施工合同》及《补充协议》是否有效；二、B公司是否应向A公司支付工程款；三、B公司是否应向A公司承担违约责任及赔偿损失。

　　……

　　一审法院依照《中华人民共和国合同法》第五十二条第五项、五十八条、《中华人民共和国招标投标法》第三条第一款第一项、《最高人民法院关于审理建设工程施工合同纠纷案件适用法律问题的解释》第一条第三项、第二条、第十三条、《中华人民共和国民事诉讼法》第七十六条之规定，判决：1.A公司与B公司签订的《建设工程施工合同》及《补充协议》无效；2.B公司于本判决生效后十五日内给付A公司工程价款3275828.22元；3.B公司于本判决生效后十五日内给付A公司经济损失为900460元；4.驳回A公司的其他诉讼请求。如果未按本判决指定的期间履行给付金钱义务，应当依照《中华人民共和国民事诉讼法》第二百五十三条规定，加倍支付迟延履行期间的债务利息。案件受理费120716元，由A公司负担20716元，B公司负担100000元；工程造价鉴定费800000元，由A公司负担10000元，B公司负担700000元。

　　A公司不服一审判决，上诉请求：1.撤销一审判决第二项和第四项，并依法改判；2.本案一审、二审诉讼费及鉴定费全部由B公司承担。

　　B公司不服一审判决，上诉请求：1.撤销一审判决，驳回A公司的全部诉请；2.A公司承担一审、二审诉讼费和鉴定费。

　　二审法院查明，……

　　……

　　二审法院认为，本案争议焦点为：（一）《建设工程施工合同》《补充协议》《关于增加工程价款的补充协议》效力；（二）A公司是否有权向B公司主张支付工程款；（三）《鉴定意见书》能否作为认定本案工程价款的依据；（四）劳保费、水电费支出、室外道路及附属工程、土石方工程是否应在工程款扣除；（五）工程质量保修金是否应退还，数额为多少；（六）已付工程款为多少；（七）A公司主张的工程款违约金是否应予支持，数额为多少；（八）一审法院支持A公司主张的停工损失为900460元是否正确。

　　……

　　……

　　二审法院依照《中华人民共和国民事诉讼法》第一百七十条第一款第三项规定，判决：1.维持贵州省黔南布依族苗族自治州中级人民法院（2017）黔27民初93号民事判决第三项；2.撤销贵州省黔南布依族苗族自治州中级人民法院（2017）黔27民初93号第一项、第四项；3.变更贵州省黔南布依族苗族自治州中级人民法院（2017）黔27民初93号第二项为：B公司于本判决生效后十五日内给付A公司工程款2305763.49元及违约金（违约金以2305763.49元为基数，按照中国人民银行同期同类贷款利率2倍，从2016年11月29日起计算到实际付清之日止）；4.驳回A公司其他诉讼请求；5.驳回A公司其他上诉请求；6.驳回B公司其他上诉请求。如果未按本判决指定的期间履行给付金钱义务，应当依照《中华人民共和国民事诉讼法》第二百五十三条规定，加倍支付迟延履行期间的债务利息。一审案件受理费120716元，工程造价鉴定费800000元，由A公司负担710333元，由B公司负担210383元。二审案件受理费153722.6元，由A公司负担40452.6元，由B公司负担113270元。

A公司再审中提交了以下证据：1.鉴定人贵州弘某工程建设咨询有限公司于2019年8月8日出具的《"富源·东山生态园项目工程"工程造价鉴定范围说明》……

B公司质证认为：……

B公司提交了以下证据：1.《关于都匀市（州、区）钟某萍举报余某金挂靠国有企业违法承包工程线索核查情况的办结报告》……

A公司质证认为：……

……

对于当事人举示的其余证据，均不足以实现其证明目的，且大部分系复印件无法核实真实性，不能采信作为认定事实的依据。

本院对原审认定的事实予以确认。

本院认为，本案的争议焦点为：（一）案涉《建设工程施工合同》是否有效；（二）B公司是否应当向七冶A公司支付工程款，如果应支付，金额如何认定；（三）B公司应否承担停工损失。结合认定的事实，具体评析如下：

（一）关于案涉《建设工程施工合同》的效力问题

本院认为，案涉《建设工程施工合同》，系当事人双方真实意思表示，且不违反法律和行政法规强制性规定，合法有效……

（二）关于工程款的认定与支付问题

1.《鉴定意见书》能否作为确定工程款的依据

B公司主张，因鉴定材料未经质证，且为A公司单方提交，鉴定程序严重违法；鉴定材料中存在大量不规范、重复或无效的签证单；鉴定结论没有单列争议项，未按实际施工人资质单列管理费和利润；取费依据不符合合同约定等，导致鉴定造价与实际造价相差上千万元，《鉴定意见书》不能作为确定工程款的依据。本院认为，《鉴定意见书》系有资质的鉴定人作出，鉴定资料经过当事人质证，尽管存在质证后由A公司工作人员单方运送鉴定资料的程序瑕疵，但鉴定人在鉴定过程中充分征求了双方当事人意见。鉴定意见书作出后，一审法院于2018年7月9日组织鉴定人和双方当事人询问，鉴定人对B公司提出的异议进行了回应和说明。2018年7月18日经一审法院准许，鉴定人再次组织B公司、A公司对工程量进行核对，但B公司并未对工程量进行核对，只进行单方记录。B公司认为鉴定材料中存在大量不规范、重复无效的签证单，但未明确指出具体存在哪一些争议签证单应交由法院进行认定。现并无证据证明用于鉴定的材料未经过质证或被篡改、造假，且鉴定人对鉴定资料有争议部分已进行了单列。因合同有效，鉴定人按照合同约定计价，未单列管理费和利润亦无不当，《鉴定意见书》应予采信作为案涉工程价款的认定依据。需要特别说明的是，B公司所主张依据的"最高人民法院关于审理建设工程合同纠纷案件的暂行意见"，并非本院发布的文件，亦不存在该"司法解释"。B公司要求对案涉工程重新结算的请求，本院不予支持。

2.造价鉴定范围是否包含案外人所作工程

......

3.已付工程款中应否扣除20万元借款

......

4.能否以工程质量问题拒付工程款

......

综上，B公司应付工程款为：83131559.57元工程款－748184.04元工程质量保证金（工程款×3%×30%）－78679800元已付款＝3703575.53元。

（三）关于B公司应否承担停工损失的问题

......

综上，A公司的再审请求部分成立，B公司的再审请求不成立。依照《中华人民共和国合同法》第四十四条、第六十条，《最高人民法院关于审理建设工程施工合同纠纷案件适用法律问题的解释》第十三条、第十四条，《中华人民共和国民事诉讼法》第二百零七条第一款、第一百七十条第一款第二项规定，判决如下：

一、撤销贵州省高级人民法院（2018）黔民终1080号民事判决及贵州省黔南州布依族苗族自治州中级人民法院（2017）黔27民初93号民事判决；

二、B公司于本判决生效后十五日内给付A公司工程款3703575.53元及违约金（违约金以3703575.53元为基数，按照中国人民银行同期同类贷款利率的2倍，从2016年11月29日起计算至2019年8月19日，从2019年8月20日起按照全国银行间同业拆借中心公布的同期贷款市场报价利率的2倍计算至全部款项付清之日止）；

三、B公司于本判决生效后十五日内给付A公司停工损失900460元；

四、驳回A公司的其他诉讼请求。

一审案件受理费120716元，由A公司负担84467元，由B公司负担36249元；工程造价鉴定费800000元，由A公司负担559776元，由B公司负担240224元；二审案件受理费153722.6元，由A公司负担23095.6元，由B公司负担130677元。

审判长　　叶　欢

审判员　　冯文生

审判员　　叶　阳

二○二○年十一月二十日

法官助理　余　鑫

书记员　　隋艳红